l'Enciclopedia Ferrari

l'Enciclopedia Ferrari

フェラーリ エンサイクロペディア

Rizzoli

QUATTRORUOTE

フェラーリ エンサイクロペディア

2005年 9月30日　初版第1刷印刷
2005年10月15日　初版第1刷発行

翻　訳：松本 葉
監　修：川上 完, CG編集部
編集協力：日比谷一雄
発行者：渡邊隆男
発行所：株式会社二玄社　〒101-8419 東京都千代田区神田神保町2-2
　　　　営業部：〒113-0021 東京都文京区本駒込6-2-1　電話03-5395-0511
印刷：図書印刷株式会社
製本：牧製本印刷株式会社

ISBN4-544-40001-5　Printed in Japan

JCLS (株)日本著作出版権管理システム委託出版物
本書の無断複写は著作権法上の例外を除き禁じられています。
複写を希望される場合は、そのつど事前に(株)日本著作出版権管理シ
ステム(電話 03-3817-5670, FAX 03-3815-8199)の許諾を得てください。

＊本著はEditoriale Domus刊『l'Enciclopedia Ferrari』の日本語版です。

Progetto grafico e impaginazione：Stefano Tosi
Coordinamento editoriale：Caterina Giavotto, Cristina Sartori
Redazione：Giovanna Patrone
Disegni：Bruno e Giulio Betti
con la collaborazione di Alberto Ipsilanti per la sezione "Automobili"
Hanno collaborato：Alessandro della Mora
Emanuele Capone
Giuseppe Busso
Ferrari S.p.A.
Massimo Calzone (Archivio Quattroruote)

Nessuna parte di questo libro può essere riprodotta o trasmessa in
qualsiasi forma o con qualsiasi mezzo elettronico, meccanico o altro
senza l'autorizzazione scritta dei proprietari dei diritti e dell'editore
©2004 Editoriale Domus S.p.A.
Via G. Mazzocchi 1/3, Rozzano (MI)
©2004 RCS Libri Spa, Milano
Tutti i diritti riservati

www.quattroruote.it
www.rizzoli.rcslibri.it

Contents

7	神話の源
9	情熱のエンジニア
10	フェラーリ前史
12	1947 神話誕生
18	1948 最初の手応え
24	1949 レースから公道へ
28	1950 世界へデビュー
32	1951 成長するフェラーリ
36	1952 フォーミュラ1の女王
40	1953 すべてを掴みとるフェラーリ
44	1954 グラントゥリズモでの勝利
48	1955 モデナ対シュトゥットガルト
50	1956 甦った栄誉
54	1957 ディーノ誕生
60	1958 喜びと悲しみと
64	1959 不可能な挑戦
66	1960 1日1台のフェラーリ
70	1961 勝利と革新
76	1962 GTO伝説
82	1963 スポーツカー・ストーリーの始まり
84	1964 8気筒のデビューと勝利
90	1965 フェラーリ 1-0 フォード
92	1966 決別や労働争議――不運の間で
96	1967 巨人と子供
100	1968 デイトナという名の神話
104	1969 トリノと組む
108	1970 カヴァリーノ、再び跳ねる
112	1971 ルマン・ボイコット
116	1972 額縁で飾りたい一年
120	1973 グラントゥリズモの重要な転換
124	1974 マラネロの復活
126	1975 横置きギアボックスの成功
130	1976 炎と雨
134	1977 戻ってきた栄光
136	1978 エアロダイナミクスの失速
138	1979 最後のひと吠え
142	1980 休息
144	1981 ターボとの蜜月
148	1982 輝きと悲劇
152	1983 サイドスカートの終焉
154	1984 これからの伝統
160	1985 夢と化したタイトル
162	1986 爆発するパワー
164	1987 フェラーリ40周年
168	1988 エンツォ、告別
172	1989 改革の足音
176	1990 もう一歩
178	1991 混沌と首位
180	1992 究極のエアロダイナミクス
184	1993 作業中
188	1994 海の向こう側での勝利
192	1995 12気筒、最後の唸り
198	1996 新たな未来
202	1997 勝利の方程式
204	1998 前進
208	1999 技術の勝利
212	2000 帰ってきたタイトル
218	2001 ライバル不在
224	2002 歴史的記録
230	2003 疲れが見えた英雄
234	2004 7度目の挑戦
240	フェラーリ総覧
252	フェラーリを駆ったドライバー
271	フェラーリF1のエンジニア
274	索引
279	参考文献

「仕事をしていると、素材が形を成していく音がハーモニーとなって聴こえる。それはまるで生命が誕生する瞬間のようだ。魂の不思議に近づいた気がするが、しかしいまだに私は、私自身の魂について何もわかってはいない」

エンツォ・フェラーリ

神話の源

半世紀の間に世界中で、フェラーリに関する何百冊もの本が出版された。フェラーリそのものについて記したものもあれば、ひとつのモデルだけを扱ったものもあり、また数種のモデルについて語ったものもある。

今回、われわれがこの本を出版するに至った理由は、まさにここにある。すなわち、すべてを包括したフェラーリの本を作る——。

まず、1947年から2004年までにマラネロで製作された、コンペティションマシーンからグラントゥリズモまで、70台以上にも及ぶすべてのフェラーリの"ポートレート"を並べることから作業はスタートした。ばっさりと"割った"、もしくは"透けている"質の高いイラストを順に集める作業は、クワトロルオーテにとって"究極の資料集"を作りあげることを意味した。テクニカルデータを整え、それぞれのモデルの成り立ちを語り、批評し、スポーツシーンだけでなく、フェラーリが関わったさまざまなストーリーを綴る。さらに、これらを1年ごとにはっきりと区切り、その年、フェラーリが存在した意味を定義することで、フェラーリのたゆみない進化を、読者に伝えたいと考えたのである。

進化に継続性をもたらした原因は、フェラーリ自体が生み出した栄光と苦難にあり、それこそがフェラーリの神話の源となっている。ゆえにこの本では技術の部分にスポットを当てることが重要な意味を持つのである。なぜならエンツォ・フェラーリが作りあげたカヴァリーノの伝説と彼自身の人生は、すべて「素材が形を成していく音がハーモニーとなって聴こえる」ことを基盤に成り立っているからだ。

加えてこの本のなかでは、これまで語られることのなかった話題にも触れている。2003年にミハエル・シューマッハーによって史上初めて達成された6度目（4回連続）のタイトル獲得まで、58年にも及ぶモータースポーツシーンを眺めることによって、知られざるチームの顔、企業としてのマラネロの新しい面を浮かびあがらせた。

巻末には2004年までにフェラーリのステアリングを握ったすべてのワークス・ドライバーを、1回限りで終わったドライバーも含めて、もれなく紹介している（これも初めてのことだろう）。

カヴァリーノの隠された顔、その素晴らしい姿を楽しんでいただければ幸いである。

1923年、イタリアGPが行なわれたモンツァにて。歴史に残る1枚だ。"スクーデリア"アルファの面々で、中央がエンツォ・フェラーリ。そして左から、ジュゼッペ・カンパリ、技術者のルイジ・バッツィ（その後ろがエンツォ）、アントニオ・アスカーリ、レース中に亡くなったウーゴ・シヴォッチ。

情熱のエンジニア

この本の基本テーマである"インジェニェーレ（エンジニア）"エンツォ・フェラーリの技術的哲学——。この点について重要な証人である子息のピエロ・フェラーリに話を訊いた。

——父君は自身の生んだフェラーリを"クレアトゥーレ（Creature＝生き物）"と定義しました。彼の言葉を引用すると、「作り手には、自分のクレアトゥーレがどんなものになるか、想像がつくものだ。パッションを分かちあう職人たちが行なう作業を信頼することによって、こうでなければならないというディテールに至るまでが見えてくる」ということですが、これはレトリックではありませんか。

「彼の本当の気持ちですよ。いつもそう言っていました。だからこそ、作業の工程が一から見える工場を自分の近くに置いたんです。自分が欲したクルマの出来上がっていく工程を——そう、金属が固まって、そしてパーツになるというふうに、素材に命が吹き込まれていくのを見ることが好きでした」

——どうやってあなたに自動車の魅力を伝えたんですか。

「直接的になにかを教えるということではなかった。というより、彼の近くにいて伝わらないということはあり得ないですよ。

子供の頃、父が訪ねてくると、挨拶もそこそこに、私は庭におりて彼が乗ってきたクルマの周りをうろうろしたものです（ランチア・アプリリア、フィアット1400と1900が印象に残っています）。運転手のペッピーノに話を聞くのが楽しみでした。それからしばらくすると、父はフェラーリに乗ってくるようになって、ちょっとしたドライブに出掛けるようになったんです。いつも運転するのは父でしたが、ペッピーノも山ほどの工具やパーツ（ピストンまで欠かせなかった）と一緒に後ろに座っていました。私は、走ることを楽しみ、走ることに震え、そして自分のクルマに生命を注ぐことに喜びを感じている父を見ると、とても嬉しかったですね」

——父君はよくプロジェクトに介入されたんですか。

「しょっちゅうです。最初に"イノベーション"を口にするのはいつも彼でした。時には、コストや実現の可能性を考えてブレーキをかけなければならなかったほどです（遅かったミドシップエンジンへの移行は例外です。あれは彼のアイデアではなかった。でも、良い結果が予測できるデータが揃うとすぐゴー・サインを出した。12気筒の250Pなんかがいい例です）。

すべてのニューモデルは、レース用もグラントゥリズモも、もちろん全員で検討して決めましたが、彼が方向づけをすることもよくあった。ロードバージョンのデザインを父が選ぶこともありましたね。マーケティングを考えたり、商業的な成功を狙うなんてことはまったくないひとで、自分の直感に忠実でした。1969年にフィアットがフェラーリ社の一部を買収してからも同じです。特に契約書にそう記してあったわけではありませんが、暗黙の了解があったんです」

——若い頃から父君は、自動車というのは「情熱を注いで愛するクレアトゥーレだ」と記しておられます。ここで指す自動車とはあくまでレーシングカーのことで、ロードバージョンには距離を置いておられたのではありませんか。

「贔屓、という意味ではイエスですが、距離を置いていた、というのはノーです。彼のパッションがコンペティションに向いていたのは確かですが、彼が好きだったのはエンジンが成果を挙げることでした。技術的結果を見せるというか……。ターゲットは"パワーアップ"に定められていて、彼がもっとも興奮したのはいわゆる"ターボの時代"ですよ。500馬力ちょっとだった1500ccの6気筒があれよあれよという間に1000馬力になった、これには感動していました。でも、この技術的進歩についてはロードバージョンでも同じことでした。ただ、ロードバージョンでは性能と同じくらい、見た目の良さも大切にしていました。技術革新への興味は、つまり、こういう形でグラントゥリズモにも向いていたということです。一例を挙げれば、60年代の275GTB／GTSのようにトランスアクスルを採用したのは父のアイデアでした。また、1976年の400GTにアメリカ製の3段オートマチックを載せたスキャンダラスな一件も、父の主導で行なわれたことです。父は理想的なフェラーリのグラントゥリズモは、高いパフォーマンスを備えたスポーツカーであるとともに長距離ドライブや街中の渋滞にも適したものでなくてはならないと考えていました。たとえば彼が日常の足にしたのは2＋2モデルで、しばしば自分でテストしてディテールを分析したものです。

完璧なフェラーリのエンジンは、彼にとっては12気筒でした。12気筒エンジンは、レーシングマシーンなら高回転とパワーを実現できるし、グラントゥリズモでは太いトルクと低回転からのスムーズな加速によって、優れたドライバビリティを実現することができるからです」

右：ピエロ・フェラーリ。父が製作した12気筒エンジン搭載の4シーター、1948年型166インテルのシートにて。
1945年、モデナのカステルヴェトロに生まれる。20歳でフェラーリ社入社。父親のかたわらで同社の経営や組織を学ぶ。現・フェラーリ副社長、同社の10％の株を所有。

左：モータースポーツの神話を築きあげたエンツォ・フェラーリ。

Ferrari | 9

アウト-アヴィオ815のシャシーはフィアット508Cをベースに開発された。モデナ製エンジンのパワーに耐えられるよう強化されている。サスペンション、ブレーキ、ギアボックス、ステアリングもフィアット製。

左：1940年のミッレミリアを走る2台のアウト-アヴィオ815。前がランゴーニ／ナルディ組、後ろを行くのがアルベルト・アスカーリで、コ・ドライバーは（いとこの）ジョヴァンニ・ミノッツィ。

Ferrari フェラーリ前史

語り継がれる話には必ず"それ以前"がある。フェラーリのストーリーも然りだ。フェラーリが自動車会社としてスタートしたのは1947年だが、そのときにはすでに20年以上にもわたる栄光の日々を積み上げていたのである。

エンツォ・フェラーリは1898年、モデナに生まれた。生粋のモデナっ子である。若い頃はCMN（Costruzioni Meccaniche Nazionali）やアルファ・ロメオのドライバーとしてレースに参戦し、1924年にはコッパ・アチェルボで優勝し、カヴァリエレ勲章を贈られている。1932年、愛息ディーノの誕生によってヘルメットを脱ぐが、レース界から離れることはなかった。

1929年12月1日、スクーデリア・フェラーリを結成。シンボルマークは、モデナのカラーであるカナリアの黄色地に、黒い跳ね馬を描いたものだった。これは1923年にサヴィオのサーキットで出会ったパオリーナ＆エンリコ・バラッカ夫妻から贈られたもので、エンツォの勇敢なドライビングに感動した彼らが、戦闘機パイロットであった息子のフランチェスコが愛機に描いていた跳ね馬をエンツォに寄贈したのである。フェラーリはこれをチームのシンボルマークとした。1933年のはじめ、アルファが正式にレースから撤退すると、スクーデリア・フェラーリはアルファのワークスチームとなった。

■メイド・イン・モデナのアルファ

この時期、モデナのスクーデリア・フェラーリでは1台のクルマが生まれようとしていた。アルファ・ロメオではない。いや、純粋なアルファ・ロメオではないと言ったほうが正しいだろう。実際、このクルマのボディにはカヴァリーノ・ランパンテが描かれていたのだ（1932年のスパ・フランコルシャンにアルファ・ロメオ8C2300MMとして登場）。

1935年にはモノポストのビモトーレがデビューした。このマシーンはアルファ・ロメオ製8気筒エンジンを2基（計6ℓ）搭載しており、タツィオ・ヌヴォラーリがフライング・キロメータ

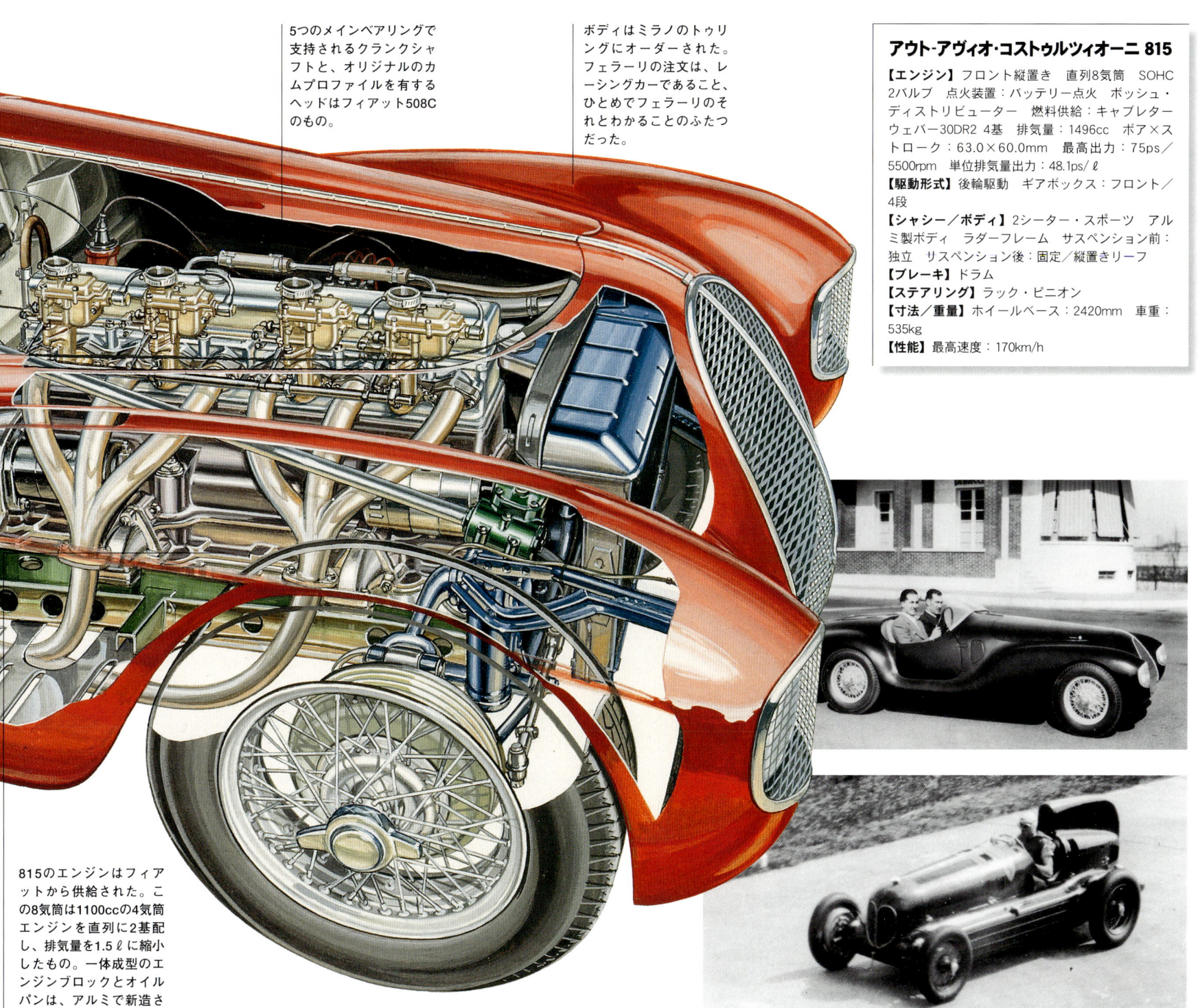

5つのメインベアリングで支持されるクランクシャフトと、オリジナルのカムプロファイルを有するヘッドはフィアット508Cのもの。

ボディはミラノのトゥーリングにオーダーされた。フェラーリの注文は、レーシングカーであること、ひとめでフェラーリのそれとわかることのふたつだった。

> **アウト-アヴィオ・コストゥルツィオーニ 815**
> 【エンジン】フロント縦置き　直列8気筒　SOHC 2バルブ　点火装置：バッテリー点火　ボッシュ・ディストリビューター　燃料供給：キャブレター ウェバー30DR2 4基　排気量：1496cc　ボア×ストローク：63.0×60.0mm　最高出力：75ps／5500rpm　単位排気量出力：48.1ps／ℓ
> 【駆動形式】後輪駆動　ギアボックス：フロント／4段
> 【シャシー／ボディ】2シーター・スポーツ　アルミ製ボディ　ラダーフレーム　サスペンション前：独立　リスペンション後：固定／縦置きリーフ
> 【ブレーキ】ドラム
> 【ステアリング】ラック・ピニオン
> 【寸法／重量】ホイールベース：2420mm　車重：535kg
> 【性能】最高速度：170km/h

815のエンジンはフィアットから供給された。この8気筒は1100ccの4気筒エンジンを直列に2基配し、排気量を1.5ℓに縮小したもの。一体成型のエンジンブロックとオイルパンは、アルミで新造された。

右上：1940年のアウト・アヴィオ815のステアリングを握る若き日のアルベルト・アスカーリ(22歳)。

右下：1935年、タツィオ・ヌヴォラーリが"ビモトーレ"で速度記録を達成する。このマシーンはモデナのスクーデリア・フェラーリで製作された。エンジンはアルファ・ロメオの8気筒を搭載する。

ー＊で321.428km/h、同マイルで323.125km/hという世界最高速度記録を達成している。

1938年1月、スクーデリア・フェラーリは、アルファ・ロメオのワークス・チーム「アルファ・コルセ」誕生に伴い、それまでの役割を終える。エンツォ・フェラーリはアルファ・コルセのディレクターに就任するが、翌年9月6日にはフェラーリとアルファ・ロメオの関係に終止符が打たれた。このとき交わされた契約書には、今後4年間、つまり1943年までフェラーリの名を冠するクルマの製作を禁止するという一項が盛り込まれていた。

1939年9月1日、スクーデリア・フェラーリと同じ場所、モデナのトレント・トリエステ通り11番地に「アウト・アヴィオ・コストゥルツィオーニ」が誕生する。この会社の業務は、イタリア王国空軍航空機乗員養成所用に、小型の4気筒水平対向エンジンを製作することだったのだが——。エンツォのレース界への想いはあまりに強かった。1940年、ミッレミリアに参加する2台のクルマが製作され、最終的にはサーキットを舞台に暴れまわることになるのだった。

■ アンティプリマ・フェラーリ：815

モデル・ブレシア、シャシーナンバー815——これがこのクルマの身分証明書である。トゥーリング製のボディを纏い、直列8気筒1500cc（ここから815と命名された）、75ps／5500rpmのエンジンを搭載する。ほとんどのパーツがフィアット製で、エンジンは508Cの4気筒1100ccユニット2基をベースに造られた。設計はアルベルト・マッシミーノの手による。

1940年4月28日のブレシアでは、アルベルト・アスカーリがいとこのジョヴァンニ・ミノッツィと、ロタリオ・ランゴーニ・マキャベリ侯爵がエンリコ・ナルディと、それぞれ組んでミッレミリアを走った。2台とも完走は叶わなかったが、コンストラクターとしてのフェラーリの挑戦は、このときに始まったのである。

＊フライング・キロメーター／マイル：測定区間を1km、あるいは1マイルとし、最高速度に保った状態でこの区間を通過したときの平均速度。

1947 神話誕生

　戦争ですらエンツォ・フェラーリの情熱を妨げることはできなかった。

　1943年の終わり、マラネロの自分の土地で、彼はおもにボールベアリング用油圧研磨機を製作する工作機械の工場を始める。モデナからマラネロに移ったのは、戦争中に制定された工業疎開の法律によって、モデナを出ることを余儀なくされたためである。

　仕事には事欠かず、モデナで40人だった従業員がマラネロでは160人にまで増えた。この工作機械にはアウト-アヴィオ815同様、カヴァリーノ・ランパンテのマークが入っていた。

　戦争に終わりが見えはじめたころ、フェラーリは再び夢に想いを馳せるようになった。自動車を製作するという夢である。それもレーシングマシーンだけでなく、自らの名を記したクルマを造るという夢だ。

　そこで、エンツォはジョアキーノ・コロンボにコンタクトを取った。彼はアルファ・コルセのデザイン部門の責任者であり、アルフェッタ158に携わっていたが、戦前に造られたこのマシーンは、モデナのスクーデリア・フェラーリで製作されたものだったのだ。

　コロンボに課せられた使命は1.5ℓ12気筒エンジンの製作で、彼はさっそく仕事に取りかかった。1945年夏、イタリアがまだ戦争で受けた打撃に喘いでいた頃のことである。コロンボの作業はエンジンのみに留まらず、シャシーの製作にまで及んだ。ところが、最後まで遂行することなく、彼は事業を再開したアルファに戻ってしまう。しかし1946年、そのアルファ・ロメオからコロンボの意思と設計図を引き継いだひとりの男がやってくる。ジュゼッペ・ブッソという名のその男は、ミラノからマラネロに住まいを移し、技術部門の責任者となった。

　そして1946年9月26日、ついに新しい12気筒が試験台に上がったのである。

上：タツィオ・ヌヴォラーリによるフェラーリ125Sでの初レース。フォルリ・サーキットにて。マントヴァ生まれのドライバーが勝利を飾る。1947年7月6日のことだった。続く7月13日のパルマでも再び勝利を得た。

左：1947年3月12日、マラネロの工場前にて。最初のフェラーリが吠える。コメンダトーレ・フェラーリが、とうとう自分の名前を冠したクルマに乗る日がやってきた。車名は125S。写真を撮影したのはジュゼッペ・ブッソである。

上：ジュゼッペ・ブッソ（一番左）、125S（数字は単気筒あたりの排気量に由来）を製作したメカニックたちと、サイクルフェンダーを備える125S。

ブッソ「フェラーリを成長させた男」

ジュゼッペ・ブッソ。1977年までアルファ・ロメオの共同経営者を務める。1947年、125Sの誕生とともにフェラーリの技術部門の責任者となった人物。

——当時のフェラーリはどんな感じでしたか？

「活気に満ちていましたよ。戦争が終わったばかりで、さあこれからだとばかりに腕まくりを始めた時期であり、何より自動車を造りたいと誰もが思っていた。プロジェクトに関する白熱した議論が夕食のときまで時間を忘れて交わされたものです」

——コメンダトーレの様子は？

「いつだって彼は、良くも悪くも、自分のしたいことを相手に納得させる術に長けていた。時には冷酷なほどにね」

——125Sの成功を信じていましたか？

「この革命的プロジェクトには、成功を確信させるだけの裏づけがありましたから。だめなら工作機械の製作に戻ればいいじゃないかとも言っていましたが」

——あなたはどんな影響を与えたんですか？

「私がフェラーリに入ったときには、ジョアキーノ・コロンボがすでに1台目のサンプルを完成させていたので、私は必要と思われる修正を行ないましたが、12気筒は1.5ℓスポーツには荷が重いと思いました。テストベンチではパワーが75〜90ps、時には100psまで上がったこともありますが、これではエンジンは壊れてしまいます。回転が上がると、バルブ・スプリングとベアリングがだめになる。そこで英ヴァンダーヴェル製のベアリングの採用を決め、これで問題を解決しました」

■125S──最初のフェラーリ

エンジンの完成からおよそ5ヵ月後、マラネロを出た1台の2シーター・スポーツがアベトーネの道を走った（とはいえ、この時点ではボディシェルがまだ完全ではなかったが）。このクルマには「125」という名が与えられた。これは、フェラーリの伝統に則って1気筒の排気量数を車名としたものである（つまり、総排気量の1500を気筒数12で割ると125となる）。

125の重要性は、フェラーリ初のオリジナルエンジンということにのみ認められるわけではない。エンツォ・フェラーリの想いが込められていることこそが、125に重要な意義を与えているのだ。彼が自著『Le Mie Gioie Terribili』で記しているように、30年代のドラージュGPマシーンや、アントニオ・アスカーリが駆ったパッカードのV12に魅せられたことに、伝説は端を発している。

もちろん、12気筒を選択することは技術的な面からも必然だった。同じ排気量のエンジンなら、12気筒は8気筒に比べてストロークが短くて済む。高回転化を実現できるばかりか、8気筒エンジンより全高を低く設計できるのだ。これによってクルマの重心も低くなり、ハイパフォーマンスが約束される──。この点が重要だったのである。

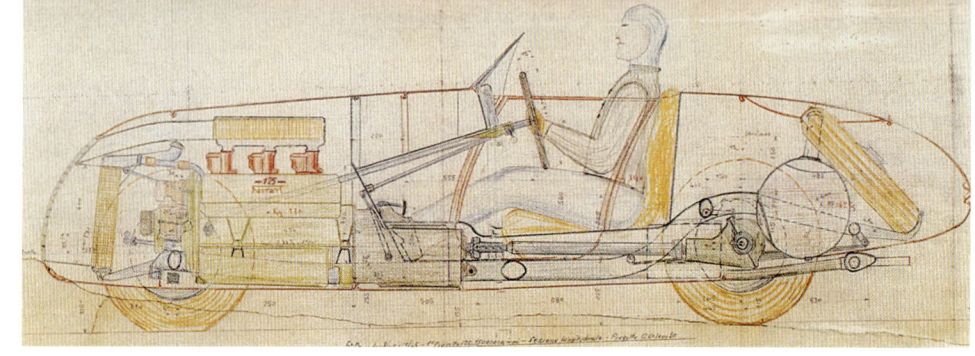

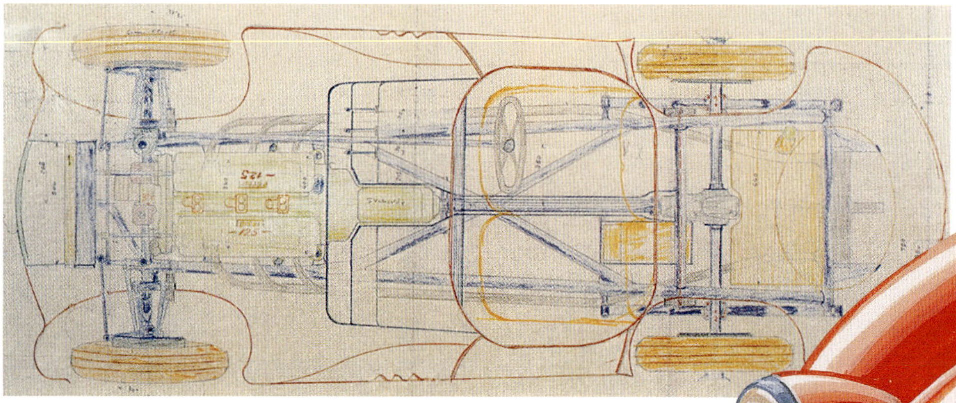

ジョアキーノ・コロンボのサインが入った最初の設計図。125Sの製作に用いられた。

3基のツインチョーク・キャブレター、ウェバー30DCFは12気筒エンジンの上に、垂直に配置された。フロントマスク上部から長いインテークを介してキャブレターにエアが供給される。

1947年5月25日のローマGPでフェラーリに初優勝をもたらした125S。ステアリングを握ったのはフランコ・コルテーゼ。設計から製作、命名まで、すべてマラネロで行なわれた最初のカヴァリーノ・ランパンテが、初めてライバルをなぎ倒した。

1947年5月11日、ピアツェンツァ。フェラーリの初レース。125Sを駆ったのはフランコ・コルテーゼで、残るところ3周までトップを行ったが、燃料系のトラブルによりリタイア。

125の60度V型12気筒は、実に革新的なエンジンだった。当初、鋳造作業は外部に発注されていたが、数ヵ月のうちにフェラーリは自社での鋳造を可能にした。チェーン（3連）駆動のシングルカムを片バンクずつに備え、アルミ製ピストンと削り出しのクランクシャフトを持ち、ビッグエンド部が斜めにカットされている。この手法は1957年まで続けられた。なお、最高出力は100ps／7000rpmとなっている。

シャシーは斬新なエンジンと比べると古典的なタイプといえるが、この時代としては珍しい油圧ダンパーが採用されている。シャシーはミラノのジルコが製作を請け負った。

ボディは2種類が用意された。まずは、クラシックなスパイダー・スポーツ（125Sと呼ばれた。Sはスポルトを意味する）で、丸みを帯びたデザインが目に付く。続いて登場したのはSC（スポルト・コルサ）で、葉巻型のデザインと、サイクルフェンダー（ボディから離して設置された、モーターサイクルのそれを思わせるフェンダー）が特徴である。SCのなかにはレーシング仕様とするために、ライトが外されたものもあった。

■デビューと勝利

1947年5月11日、ピアツェンツァ・サーキットにて、フランコ・コルテーゼのドライブで歴史上初めてのフェラーリがデビューを飾る。スタートは良くなかったが、次第に調子をとり戻した彼はトップを快走していた。ところが、ゴールまであと3周を残し、リタイアしてしまう。原因は燃料供給系にトラブルが生じたためであった。

フェラーリが自動車史入りを遂げた歴史的瞬間は、1947年5月25日にやってきた。ピアツェンツァから丸2週間後にあたるこの日、フランコ・コルテーゼがテルメ・カラカッラで行なわ

V12はこの時代では小さな宝石といえるだろう。切削加工されたクランクシャフトは7つのメインベアリングで支持され、120度のクランクピン・アングルを有する。

125Sのスパルタンなダッシュボード。どこもかしこもスパルタンで、快適というには程遠い。すべてにおいて機能性と軽量化が優先されているのだ。

れたローマGPで、初の勝利をフェラーリにもたらしたのだ。サクセスストーリーは、その後もヴェルチェッリ、ヴィジェヴァーノ、ヴァレーゼと続いた。タツィオ・ヌヴォラーリもまた、フェラーリのステアリングを任された。そして彼、"ニヴォラ"も、フォルリとパルマで2度の勝利をもぎ取ったのである。

■エボリューション

　フェラーリは勝利という名声を築きあげていく。125の次に登場したのは、125をベースに排気量を1903ccまで拡大し、25psのパワーアップを図ったモデルで、159Sと名づけられた。これも伝統に沿って、排気量を気筒数で割った数が車名となっている。

　エンジンの改良を手掛けたのはジュゼッペ・ブッソであった。125Sとの相違は、前述のように、排気量アップに伴い最高出力が125ps／7000rpmとなった点にある。また、159Sのキャリアは短いものだったが、重要な役割も果たしている。それは、同年10月12日、レイモン・ソマーがトリノGPを制し、フェラーリが国際的なレベルに達しているという事実を証明したことである。このヴァレンティノ公園に設けられたサーキットでのレースは、ライバルたちに大差をつけての優勝だった。

16～17ページ：フランコ・コルテーゼ（No.46）。1947年6月15日、ヴィジェヴァーノのサーキットにて。彼の横はバルビエリのマセラーティ1500と、フィアット・スタンゲリーニに乗るグイド・スカリアリーニ。

125S

【エンジン】 フロント縦置き　60度V型12気筒 SOHC　2バルブ　チェーン駆動　点火装置：コイル式　燃料供給：キャブレター　ウェーバー30DCF 3基　潤滑：ウェットサンプ　排気量：1497cc　ボア×ストローク：55.0×52.5mm　最高出力100ps／7000rpm　単位排気量出力：66.8ps／ℓ

【駆動形式】 後輪駆動　ギアボックス：フロント／5段

【タイア】 前後：5.50×15

【シャシー／ボディ】 2シーター・スポーツ　アルミ製ボディ　スチール製ラダーフレーム　前：独立Aアーム・横置きリーフ、油圧レバー式ダンパー　後：固定縦置き半楕円リーフ／油圧レバー式ダンパー　スタビライザー　燃料タンク：ドライバーズシート後方（容量：75ℓ）

【ブレーキ】 ドラム

【ステアリング】 ウォーム・ローラー

【寸法／重量】 ホイールベース：2420mm　トレッド（前／後）：1255mm／1200mm　全長×全幅×全高：4500×1550×1025mm　重量：750kg

【性能】 馬力荷重：7.5kg／ps

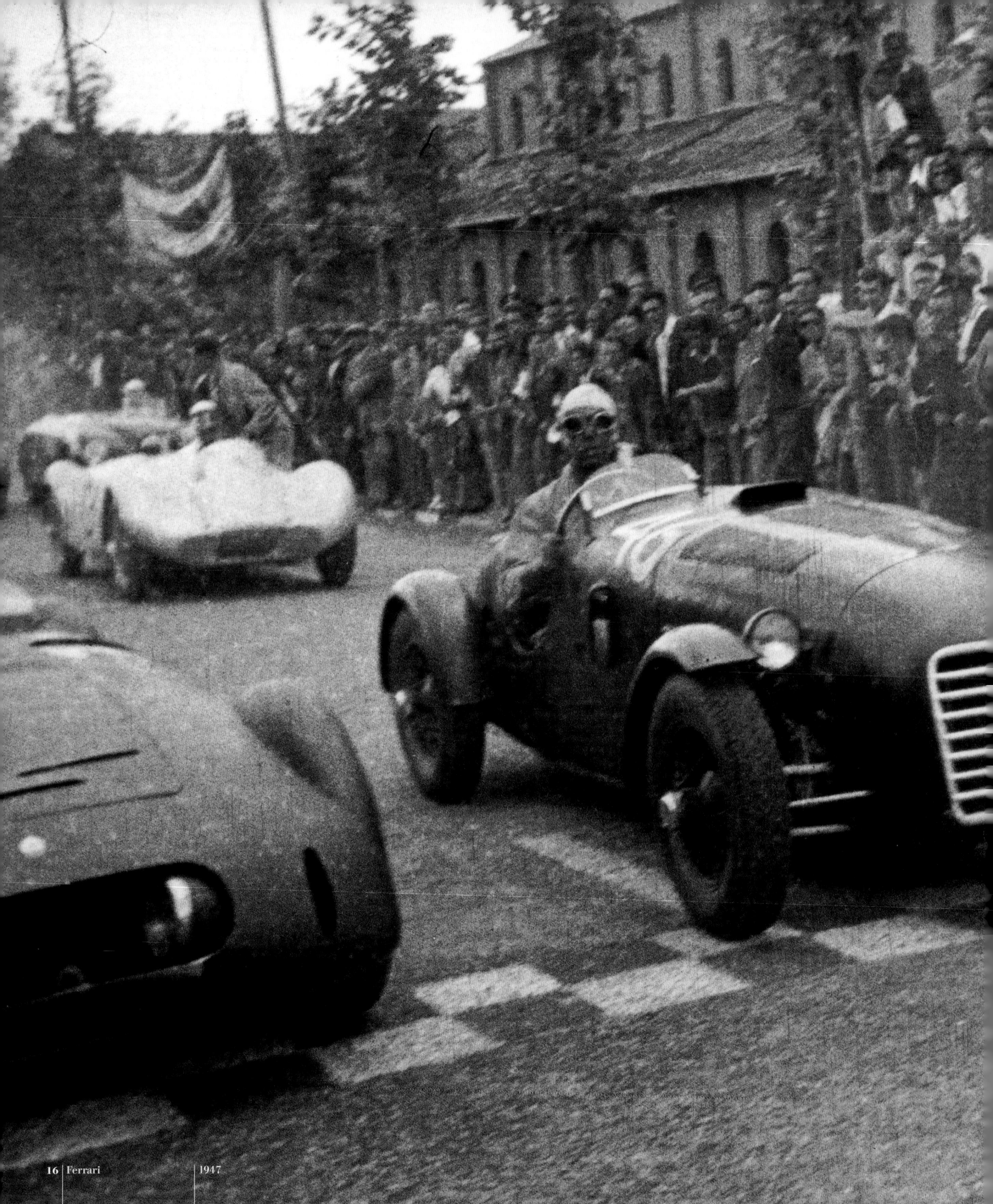

1948 最初の手応え

　フェラーリの歴史上、1948年はとても重要な年である。勝利を確認した年。そして、いやおそらく、技術が順調に育っていることを確認した年——。
　技術の発展（技術といえば、ジュゼッペ・ブッソはアルファ・ロメオに戻り、代わってジョアキーノ・コロンボがアルファを辞めて、フェラーリの技術部門を統率することになった）はさまざまなモデルに表われている。拡大した車種バリエーションは、まさにマラネロの多才さを物語っていた。生まれたばかりの会社だというのに、レギュレーションで許される範囲の限界ぎりぎりまで、大小さまざまな改良を加えな がら、絶好のタイミングでクルマを仕上げていったのである。

■2ℓ12気筒

　1947年は、5ヵ月の間に7つの勝利を獲得して幕を下ろした。この年の初頭から採用されたレギュレーションで、グランプリに出場できるクルマのパワーユニットは1.5ℓスーパーチャージャー、もしくは4.5ℓ自然吸気とされたが、これが「フォーミュラ1」と呼ばれるカテゴリーの規格となった。1948年1月には新しいカテゴリーとして、「フォーミュラ2」が生まれる。こちらはスーパーチャージャー未搭載で、最大 排気量は2ℓと規定された。
　1500cc、2000ccエンジンの両方を持っていたフェラーリは、まず2000ccから改良を始める。159Sをベースに12気筒の2ℓが誕生。これが166SCで、スポーツカー選手権で走ることになる。ボディも159Sから流用されたが、そのフォルムは魚雷型で、ノーズの先が絞りこまれている。ドライバーズシートはやや後方に配置された。軽合金製のエンジンには3基のツインチョーク・キャブレター、ウェバー32DCFが採用され、125psから130psへとわずかながらもパワーアップした。
　さらに強力なパワーを備えたのが166F2であ

上：初のフェラーリF1マシーンとなった166。雨のなか、レイモン・ソマーがトリノのレースを走る。

左：トリノのヴァレンティノ・サーキットで行なわれた1948年のイタリアGPの模様。前列右がフェラーリのシングルシーター、166F1で、ステアリングを握るのはレイモン・ソマー（最終的に3位）。横は2台のアルファ・ロメオ（ウィミーユ／No.52とトロッシ）、そしてヴィロレージのマセラーティ（No.40）。

右：フェラーリ166F1のコクピット。

下：トゥリングが架装した166スパイダー・ミッレミリア。"バルケッタ"の名のほうが知られているだろう。フェラーリの伝説となった、高価格の一台である。

る。SCとの違いは、マラネロのワークス・ドライバーの手に委ねられる点だ。同じエンジンながら、こちらは最高出力155ps／7000rpmを発揮する。その燃料には、通常のガソリンに代わり、3種混合燃料（ガソリン／ベンゼン／エチルアルコール）が使用された。ホイールベースが2.3mから2.16mに短縮され、ヘッドライトおよびサイクルフェンダーは当然省かれた。

Sと命名された3番目の166シリーズは、2台しか製作されなかった。シャシーに使用されたのは125Sで（ボディは新造、エンジンは166からの流用）、ホイールベースも2.42mと変わらない。最初に製作された166Sはオープンタイプのボディを持ち、フロントノーズはスクエアなデザインで、アルミ製の広いラジエターグリルが装着された。次に造られた2台めは4シーター・クーペだった。ボディはいずれもトリノのアレマーノが手掛けている。流用を受けたエンジンは、166SC／F2のそれと比べ、さしたる違いは見られず、フェラーリのカタログによれば最高出力は90ps／5600rpmとされている。キャブレターはウェバー32DCFだが、新たに設置されたウォーターチューブ上にマウントされている。また、吸気チャンバーにはエアフィルターが二重に装着されているが、これは当時の未舗装道を考慮し、埃よけのために備えられたも

1948年のバリGP、フェラーリ166のステアリングを握るタツィオ・ヌヴォラーリ。その奥は"キッコ"ランディ。クルマは同じく166で、彼が勝利者となる。

166SCの2ℓ12気筒。燃料は通常のガソリンではなく、混合燃料（ガソリン／ベンゼン／エチルアルコール）を使用。これによって130psのパワーを発生する。

ヌヴォラーリ伝説

　1948年、タツィオ・ヌヴォラーリはメカニックのセルジオ・スカンピネッリと組んで、166SCでミッレミリアに参加する。基本的にマシーンは高い競争力を備えていたものの、信頼性に問題があった。すでに55歳となっていたヌヴォラーリは、ゴールすることはできなかったが、それでも伝説入りを果たす。
　――同じマシーンで参加したコルテーゼがリタイアすると、ヌヴォラーリがトップに立った。ボローニャ付近では、マセラティを駆る2位のアスカーリに35分もの差をつけていた。ところが、ローマにヌヴォラーリが着いたとき、マシーンにはエンジンフードもフェンダーも見当たらなかった。レースの途中で次々と脱落し、まるでパーツが走っているかのような状態だったのだ。結局、彼はリタイアを余儀なくされた。レッジョ・エミリアでリア・スプリングのピンが外れ、メカニックが彼を説得したのである。さしものタツィオ・ヌヴォラーリでも、これでレースを続けるのは無理な話だ――。

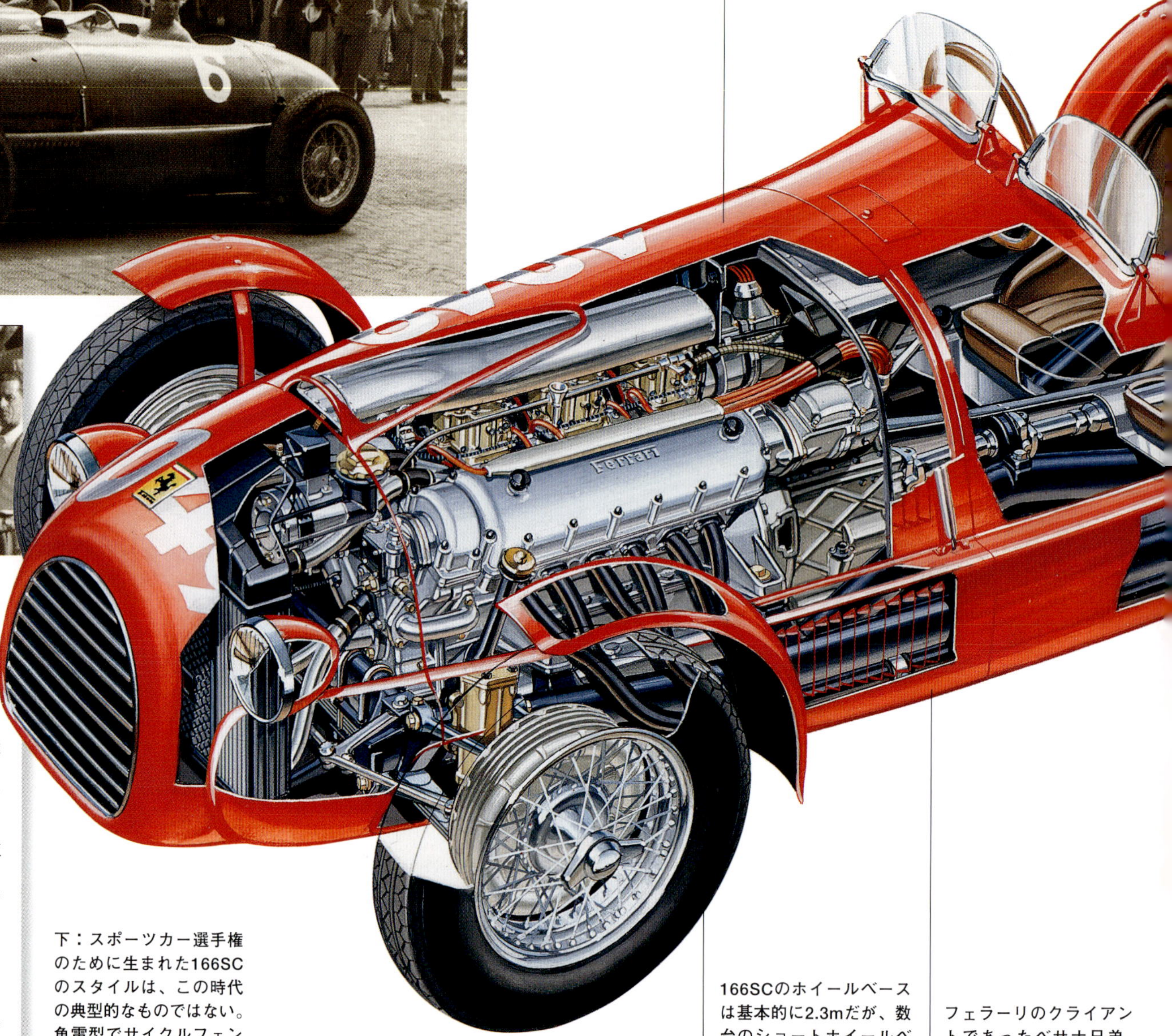

下：スポーツカー選手権のために生まれた166SCのスタイルは、この時代の典型的なものではない。魚雷型でサイクルフェンダーを備え、ラジエターグリルはタイプによって異なるが、だいたいがスクエアだ。

166SCのホイールベースは基本的に2.3mだが、数台のショートホイールベース仕様（2.16m）も製作された。難しいコースレイアウトを持つサーキット用である。

フェラーリのクライアントであったベサナ兄弟、ガブリエーレとソアーヴェはコッパ・デッレ・ドロミテに166SCで参加し、3位入賞を果たした。

のだろう。このシステムは、オーバークールを避け、高速運転時にエンジンが安定するように考えられたものだった。
　さて、SとSCとを比較してみると、車重についてはSが900kgでSCが500kg、最高速度はSの150km/hに対してSCは220km/hとなっている。この数値は、フェラーリがSを初めてのロードバージョンとするつもりだったことを暗示している。しかし、この時代のフェラーリのクライアントは誰もが熱心なドライバーでもあったため、この2台のSもレース界に足を踏み入れることになったのだった。
　166はさまざまなレースで雄姿を見せつけ

- ●タルガ・フローリオ
  ①ビオンデッティ/トゥルベツコイ（166S）
- ●ミッレミリア
  ①ビオンデッティ/ナヴォーネ（166S）
- ●バリGP
  ①フランチェスコ・ランディ（166SC）
- ●パリ12時間
  ①キネッティ/セルスドン（166SC）
- ●ガルダ・サーキット
  ①ニーノ・ファリーナ（125F1）

フェラーリ166、F2バージョン。1949年、ヴィロレージ、アスカーリ、ボネット、ファンジオといった4人のドライバーに、この恐るべきマシーンは託された。

125F1として知られるようになったこのマシーン、元は125グランプリと呼ばれた。1.5ℓ12気筒で、ルーツのシングルステージ・スーパーチャージャーを搭載。1949年のイタリアGPからダブル・ステージ方式となった。

230psという野蛮な出力に対応するギアは5段。なお、標準では4段。

125F1のエンジンとシャシーはコンベンショナルなタイプが採用されている。その代わり、この時代のフェラーリが力を入れたのはボディ・ディメンションで、ホイールベースも全長も徐々に短くなっていく。

215F1

【エンジン】 フロント縦置き　60度V型12気筒　SOHC　2バルブ　チェーン駆動　ルーツ・スーパーチャージャー　点火装置：コイル式　燃料供給：キャブレター　ウェバー40DO3C 3基　排気量：1497cc　ボア×ストローク：55.0×52.5mm　最高出力：230ps/7000rpm　単位排気量出力：153.6ps/ℓ
【駆動形式】 後輪駆動　ギアボックス：フロント/4段　LSD
【タイア】 前：5.50×16　後：6.50×16
【シャシー／ボディ】 シングルシーター　アルミ製ボディ　スチール製ラダーフレーム　前：独立 Aアーム/横置きリーフ、油圧レバー式ダンパー　後：独立 トランスバースアーム/縦置きリーフ、油圧レバー式ダンパー　燃料タンク：ドライバーズシート後方（容量：120ℓ）
【ブレーキ】 ドラム
【ステアリング】 ウォーム・ローラー
【寸法／重量】 ホイールベース 2160mm　トレッド（前／後）：1278mm/1250mm　全長×全幅×全高 3685×1400×1025mm　重量：700kg
【性能】 最高速度：260km/h
　馬力荷重：3.043kg/ps

た。このうち、1947年10月12日に行なわれたトリノGPでのソマーの活躍を記念して、インテルというグレード名を冠した166が登場したのである。

■ミッレミリアのビオンデッティ

イゴール・トゥルベツコイ皇太子とブルーノ・ステルツィ伯爵から166SCのオーダーが入った。しかし、マラネロでの生産が間に合わなかったため、やむなく注文品を166Sのオープン・モデルに変更してもらい、彼らはこれをタルガ・フローリオの練習用に使うことにした。

4月3日、クレメンテ・ビオンデッティはトゥルベツコイと組んでタルガに出場する。クルマはこの166Sだった。SCに比べ、Sは高い信頼性を備えていたため、これが幸いして、ふたりはみごとに優勝した。

ところで、レースに使用された166Sは、オリジナルのそれとはかなり異なっていた。ツインチョーク・キャブレター3基を装備、最高出力は110ps/6000rpmまで上げられ、車重は800kgに減量されていたのだ。

同年5月2日にブレシアをスタートしたミッレミリアで、ビオンデッティは再び166Sのステアリングを握るが、このときのマシーンはクローズド・ボディだった。ナヴォーネと組んだ彼

上：1948年型フェラーリ。右は166のミッレミリア・バルケッタ、左は166クーペ。どちらもボディはトゥリング。

166Sクーペ・アレマーノに乗るクレメンテ・ビオンデッティ。優勝を飾った1948年のミッレミリアにて。

は、イタリアの公道レースとしてはもっとも有名だったミッレミリアで優勝を果たす。フェラーリの名が初めてこのレースの黄金のリストに載った瞬間であった。

ミッレミリアを制したことにより、さらに勢いを増したフェラーリは1949年のレースに目標を定め、2シーターを用意する。166シリーズの最後を飾ることになるこのモデルは166MMと命名され、1948年のトリノ・ショーで発表された。フェラーリにとって初めての、自動車ショーへの出品でもあった。トゥリングのサインが入ったオープンのボディを持つフェラーリのスポーツカーはバルケッタと呼ばれた。これを機に、カヴァリーノ・フェラーリのオープン・ボディのクルマはバルケッタという名が通称となったのである。

■目標はグランプリ

この時期マラネロでは、グランプリ用のシングルシーターとして125が誕生する。結果の如何に関わらず、競争力のあるマシーンには違いなかった。125は9月5日、トリノで行なわれたイタリアGPでデビューを果たす。フェラーリはドライバーにソマー、ファリーナ、プリンス・ビラの3名を擁し、それぞれにマシーンを託した。トリノでは、ウィミューのアルファ・ロメオとヴィロレージのマセラーティに2周の後れをとったものの、ソマーが雨のなかを3位でゴール。続くモンツァのグランプリではソマーとファリーナは共にリタイアしたが、10月24日のガルダでは125F1が勝利を飾った。ライバルとなるような相手がいなかったレースとはいえ、いずれにしても勝利には違いなかった。このシングルシーターは1949年、翌50年と各地のレースで活躍した。

125に搭載されたエンジンは、宝石と称されたエンジンだった。ボアがストロークより長いオーバースクエア（55.0×52.5mm）で、これこそがフェラーリ・エンジンの最大の特徴であ

この時代の典型的なラダーフレームにリジッドアクスルが組み合わされる。ボディはトゥリングでアルミ製。スチール製シャシーの上に載せられている。

166インテルのエンジンは、当時の劣悪な道路事情を考慮して、110psから90psにデチューンされたV12。当初ツインチョーク・キャブレターは1基だったが、レース用で3基に増強された。

166インテル

【エンジン】フロント縦置き 60度V型12気筒 SOHC 2バルブ チェーン駆動 点火装置：コイル式 燃料供給：キャブレター ウェバー32DCF 3基 排気量：1995cc ボア×ストローク：60.0×58.8mm 最高出力：90ps/6000rpm 単位排気量馬力：45.1ps/ℓ
【駆動形式】後輪駆動 ギアボックス・フロント／4段 LSD
【タイア】前：5.50×16 後：6.00×15
【シャシー／ボディ】クーペ／スパイダー アルミ製ボディ（トゥリング） スチール製ラダーフレーム 前：独立 Aアーム／横置きリーフ，ダンパー 後：固定 トランスバースアーム／縦置きリーフ，ダンパー
【ブレーキ】ドラム
【ステアリング】ウォーム・ローラー
【寸法／重量】ホイールベース：2620mm トレッド：前1240／後1240mm 重量：900kg
【性能】馬力荷重：10kg/ps

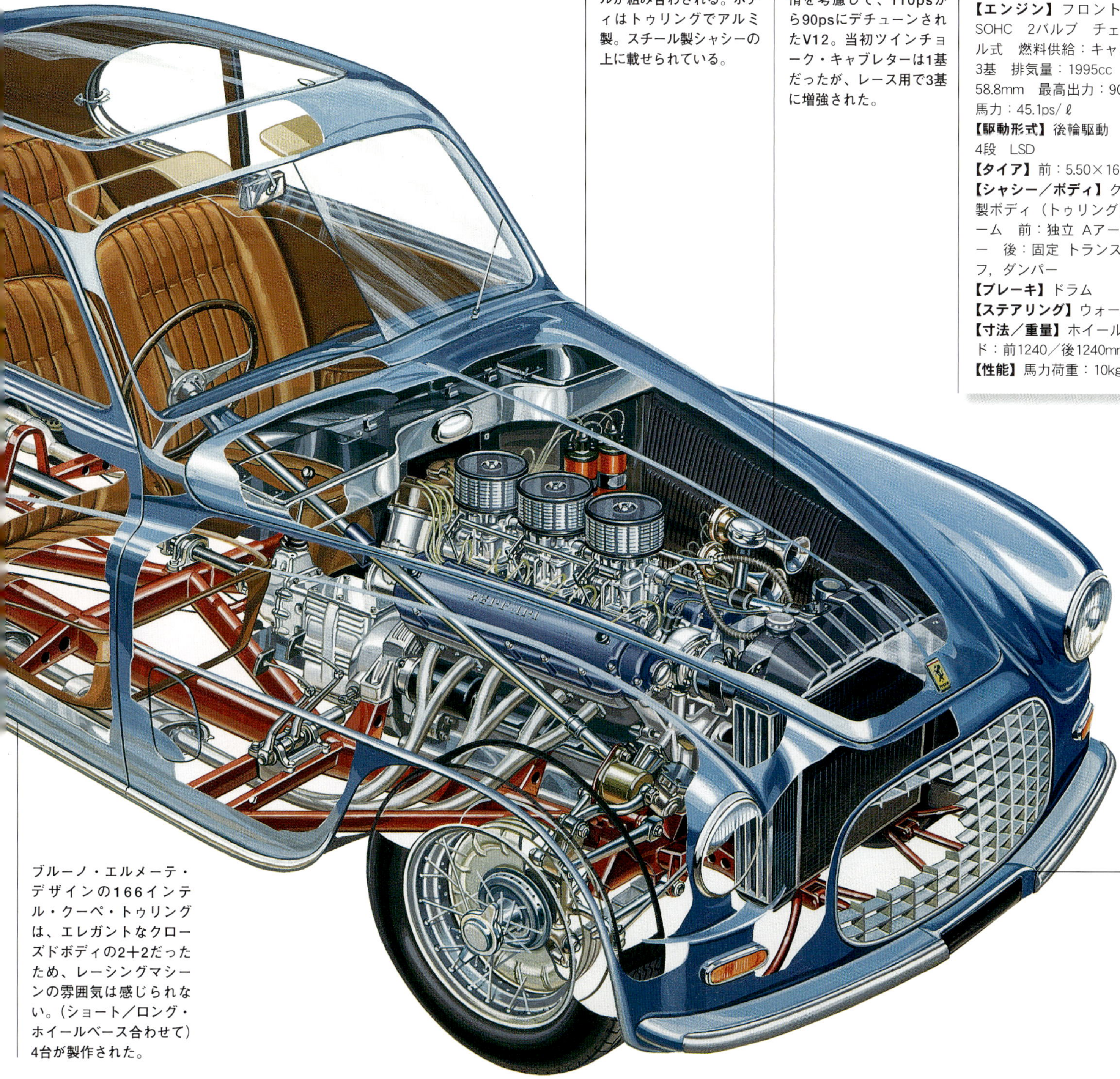

ブルーノ・エルメーテ・デザインの166インテル・クーペ・トゥリングは、エレガントなクローズドボディの2+2だったため、レーシングマシーンの雰囲気が感じられない。（ショート／ロング・ホイールベース合わせて）4台が製作された。

166インテルの美しいボディの中身には125F1のシャシーが用いられている。重量は900kgだったが、レース用に800kgまで軽量化された（出力は90psから110psに増強）。

り、この時代にあっては実に革新的であったのだ。ライバルに比して高回転でエンジンを回すことができ、それは理論上では10000rpmまで可能とされていたが、実際には点火システムの問題から8000rpmが最高値だった。パワーは、アルファ・ロメオ・アルフェッタが400psだったのに対し、初期の125は230psだったが、1949年のイタリアGPからは2ステージ方式スーパーチャージャーとツインカムを採用した結果、280psにパワーアップした。

いっぽう、シャシーやサスペンション、ブレーキは伝統に沿ったもので、シャシーはスチール製、ブレーキにはドラム式が採用されていた。

1948年のフィレンツェGP、最前列を行くフェラーリはクレメンテ・ビオンデッティの166インテル・コルサ。2列目を行くのが166F2（No.4）でこのレースを制したレイモン・ソマー。

1949 レースから公道へ

上：1949年、モンツァで行なわれたグランプリ。ファン・マヌエル・ファンジオがフェラーリ（2列目No.34）を駆ってデビューした。最前列には3台のフェラーリが並ぶ。ドライバーはボネット（No.38）、アスカーリ（No.12）、ヴィロレージ（No.30）。優勝はファンジオが獲った。

1948年がフェラーリにとって、レースにおける重要な年だったとすれば、1949年は文字どおり、フェラーリが観衆のいる公道に姿を現した年といえるだろう。

当時のハイソサエティの間では、美しくパワーのあるクルマを運転することがちょっとした流行になっていた。そのクルマとは、もちろんフェラーリのことである。

■インテル——初のロードバージョン

フェラーリにとって166S、なかでも特にクーペは、ロードゴーイング・バージョンとしての性能を試される役割を担っていた。1948年、デビューに先駆けてトリノ・ショーで166インテルが公開される。このクルマは4シーターで、いわばグラントゥリズモのエリートのような存在であった。インテルという名前はこの時からレース界と切り離されたクルマの代名詞となったのだ。

インテルは166の派生車種だが、ロードゴーイング・バージョンということで、エンジンは扱いやすいようチューニングされた。コロンボが設計した2ℓ12気筒ユニットは166SCのものを流用し、新しく32mm径のキャブレターが採用された。最高出力は90ps／5600rpm、最高速度は150km/hを発揮する。ボディは総アルミ製で、車重は800kgである。

2年間で38台が世に送り出されたが、マラネロでシャシーまでが製作され、その後、ヴィニャーレ、ギア、トゥリング、ベルトーネ、スタビリメンティ・ファリーナ、そしてアレマーノといったこの時代の優れたカロッツェリアによってボディ架装された。そのほとんどが4シーターだったが、なかにはベルリネッタ2シーターや2+2、そしてカブリオレも造られた。

華やかなりし1930年代のように、偉大なカロッツェリアの手によってワンオフのフェラーリも誕生する。世界の自動車メーカーが大量生産に向かうなかで、フェラーリは自分だけのクル

左：ブルノで行なわれたチェコスロバキアGPでは125F1に乗るイギリス人、ピーター・ホワイトヘッドが優勝した。

横：1949年のヨーロッパGP、モンツァにて。アスカーリがフェラーリ125F1で勝利。

1949　Ferrari | 25

- ●タルガ・フローリオ
  ①ビオンデッティ／トゥルベツコイ（166インテル）
- ●ミッレミリア
  ①ビオンデッティ／サラミ（166MM）
- ●ブリュッセルGP
  ①ルイジ・ヴィロレージ（166F2）
- ●ルマン24時間
  ①キネッティ／セルスドン（166MM）
- ●スイスGP
  ①アルベルト・アスカーリ（125F1）
- ●スパ・フランコルシャン24時間
  ①キネッティ／ルーカス（166MM）
- ●ザンドフォールトGP
  ①ルイジ・ヴィロレージ（125F1）
- ●イタリア＆ヨーロッパGP
  ①アルベルト・アスカーリ（125F1）

下：オスペダレッティのサーキットにて。前を行くのは125F1に乗るアルベルト・アスカーリ。ミラノ生まれのドライバーは1949年、バリ、ベルナ、シルヴァーストン、モンツァ、ブエノス・アイレスでも勝利した。

右：左から、フェリーチェ・ボネット、エンツォ・フェラーリ、フェデリコ・ジベルティ、ジジ・ヴィロレージ。マラネロのトラットリアにて。

上：マラネロのスポーツカーでミッレミリアを再び制したビオンデッティ／サラミ組。クルマは166MM。

下：1949年型125F1。

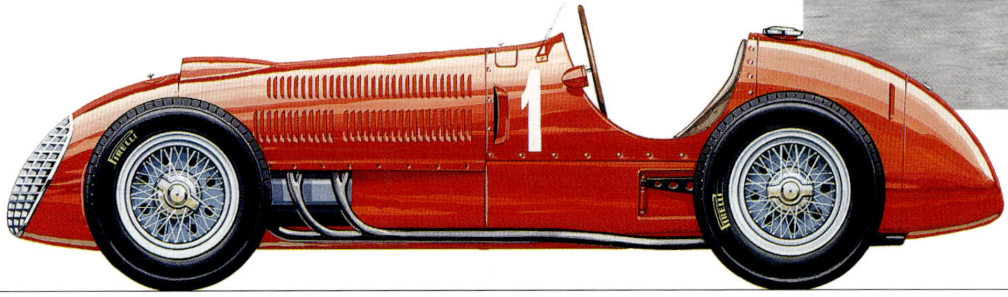

上：166F2（No.14）を駆るフェリーチェ・ボネット。メレスのタルボ"4.5"12気筒との闘い。

マを求めるクライアントを大切にした。ホイールベースひとつとっても、2.5mから2.62mまでのバリエーションが見られるのは、このためである。

■トゥリングのイノベーション

166インテル・トゥリングには、穴あきプレスホイールに代表されるような新しい試みが見てとれる。フロントガラスひとつとってみても、二分割か、もしくは一体型でも直立タイプが主流だった当時としては重要なモディファイを行なっている。このクルマは166MMと共に1948年のトリノ・ショーで4シーター・クーペとなって紹介された。

インテルの生産は1950年の秋までであった。この年、166インテルはモディファイを受け、エンジンがパワーアップし（36mm径のキャブレター採用により最高出力105ps／6000rpmまで向上）、最高速度も180km/hとなったが、重量も増加した（900kg）ため、敏捷性が殺がれる結果となった。

■勝つためのバルケッタ

166インテルが世界のVIPの心を掴む一方で、166MMとF2、125F1はエンツォ・フェラーリの目論見どおり（勝利イコール業績）、マラネロのコンストラクターとしての名声を高める。なかでもトゥリングが手掛けた166MMバルケッタはヨーロッパのレースで多くの勝利を勝ち取った。レースを走ったのは、パワフルなエンジンを持ちながら同時に高い信頼性を備えたショートホイールベース仕様で、スポーツカー選手権のレース用に仕上げてあった。

しかし、この年の最初の勝利はインテルによってもたらされた。タルガ・フローリオでクレメンテ・ビオンデッティが獲得したものである。ビオンデッティ（50歳）は4月に行なわれたミッレミリアでも4度目の優勝を果たし、これを祝してMM──ミッレミリアというバージ

左："ありえない写真"と言われた1枚。アウレリオ・ランプレディ（左）とジョアキーノ・コロンボ、強烈なライバル心を燃やすふたりが同席している。

下：ミッレミリアで2位となったフェリーチェ・ボネットの166MM。これぞこの時代の典型的なフェラーリのドライビング・スタイルである。

ョンが生まれたのだ。このとき、2位にはフェリーチェ・ボネット、4位にはピエロ・タルフィが入賞した。

いっぽう、フォーミュラ1では125F1がアルベルト・アスカーリとルイジ・ヴィロレージによって3度の優勝を遂げる。しかし、この年もっとも印象的だったという点では、ルマン24時間レースを忘れることはできない。ルイジ・キネッティ／セルスドン卿組が166MMで最長距離と性能指数、ふたつの部門で優勝を飾り、戦後のルマン初の勝利はマラネロにもたらされたのだった。

1949年型シリーズが並ぶマラネロのオフィス。

1949　Ferrari 27

左：ドリーノ・セラフィーニと166F2。ガルダ・サーキットで行なわれたこのレースでは、同じく166F2に乗ったアスカーリが優勝した。

下：アルベルト・アスカーリ（275F1）。1950年、モナコGPにて。ファンジオ（アルファ・ロメオ158）に続いて2位でゴール。写真はタバコ屋コーナーを行くシーン。

右：フェラーリ・ベルリネッタ・トゥリング195S（生産台数は7台）。パワーとエレガンスが見事に調和している。V型12気筒2341ccエンジンで、出力は170ps。

1950 世界へデビュー

　F1の世界への進出は、フェラーリの進むべき道に変化をもたらした。

　当然のことながら目標は勝つことであり、フェラーリは勝利のために、これまで以上の努力を重ねた。シーズンが始まるやいなや、F1を筆頭に、ミッレミリアや公道レース、耐久レースといった重要なレースで好成績を収めていく。さらにこの時期、フェラーリはプロダクション・モデルの開発においても目覚しい進歩をみせたのだった。

　1949年シーズンはイタリアGPでのアルベルト"チッチョ"アスカーリの勝利で幕を閉じる。この勝利はフェラーリにとって決定的なもので あり、非常に重要なものと位置づけられた。同時に、それはフェラーリの今後進むべき方向をも示していた。

　すなわち、フェラーリはスーパーチャージャーに別れを告げ（フェラーリがF1エンジンにスーパーチャージャーを搭載したのは、1980年シーズンの実験用のみ）、レギュレーションに対応する4.5ℓ自然吸気エンジンの開発を目指したのである。この方向転換の指揮を執ったのはアウレリオ・ランプレディで、1947年の終わりにフェラーリに入ったこのリボルネーゼ（リボルノ生まれの意）は、1951年にジョアキーノ・コロンボが辞職すると、テクニカル・ディ レクターに就任した。

■アルファ・ロメオ・ハンティング

　ジョアキーノ・コロンボはV型12気筒の生みの親だが、彼が造りあげたのは排気量の小さなエンジンだった。ランプレディが目指したのは大排気量のエンジンであり、同時にF1でのタイトル獲得だった。

　当初、無敵のアルファ・ロメオを前にして、それはマラネロにとってはあたかも絵空事のように思われたものだった。1950年当時、アルファのパワーは突出しており、ミラノ生まれのシングルシーターはニーノ・ファリーナを世界チ

ミッレミリアを制覇したジャンニーノ・マルツォット。クルマは195Sのベルリネッタ・トゥリング。

375F1のドライビング・ポジションはゆったりとしたものだが、シートにサイド・サポートは見当たらない。体を支えるために、ドライバーは左足を立て、大径のステアリングホイールにしがみつかなければならなかった。50年代半ばまで、このドライビング・スタイルが続いた。

375F1のギアは4段でデフと一体で後方に配される。このトランスアクスルを採用したのは前後の重量配分を適正にし、運動性能を高めるためだった。

1950年、モンツァのイタリアGPにて。最初のF1フェラーリ、4.5ℓ自然吸気エンジン搭載の375。フェラーリがアルファと同じ土俵で戦う。アルフェッタのニーノ・ファリーナにアスカーリ／セラフィーニが続いた。

ャンピオンの座に導いていた。

これに対し、フェラーリは段階を踏んでパワーアップを図っていった。まずは275F1を手掛けた。125F1のシャシーを用いたこのマシーンの排気量は3322ccで、出力は300psを誇る。ランプレディは1949年にコロンボが製作したチェーン駆動のSOHC（片バンクあたり1本）ユニットをあきらめ、新エンジン開発の決定を下し、ミッレミリアでアスカーリ／ヴィロレージ組が駆る275S用に新しいエンジンを搭載してテストを行なった。F1デビューはベルギーGPで、ステアリングを握ったのはアルベルト・アスカーリであったが、結果は5位に留まった。

ニューF1のサスペンションは、リアに縦置きリーフが2枚備わるド・ディオンが採用された。ホイールベースは125F1より短くなり、また燃料タンク容量を拡大した（140ℓ→195ℓ）。125F1では燃料供給のためのピットストップによりタイムロスしていたからである。

7月30日、ジュネーヴで行なわれたナショナルGPで、アスカーリが排気量4102cc（ボアを72.0mmから80.0mmに拡大した）、335psのシングルシーターのステアリングを握る。9月3日にモンツァで行なわれたイタリアGPでは最高出力350ps／7000rpmを発する375F1がデビュー。ステアリングを握ったアスカーリはトップを走

っていたが、途中でクルマがトラブルに見舞われ、ドリーノ・セラフィーニのマシーンに乗り換えてレースを継続したが、2位という結果に終わった。

しかし、いよいよフェラーリは優勝の瞬間に立ち会うことになる。舞台はバルセロナで行なわれたペナ・リンGPでのことだ。ノンタイトル戦ではあったが、とにもかくにも勝利をもぎ取ったのだった。

■ダブルのスーツで勝利

この時期、フェラーリにとってスポーツカー選手権で最も重要だったのはミッレミリアだっ

30 | Ferrari　　1950

- ●F1世界選手権ドライバー順位
①ニーノ・ファリーナ（アルファ・ロメオ）
②ファン・マヌエル・ファンジオ（アルファ・ロメオ）
③ルイジ・ファジョーリ（アルファ・ロメオ）
⑤アルベルト・アスカーリ（125F1／375F1）
⑨ピーター・ホワイトヘッド（125F1）
- ●マルセイユGP
①ルイジ・ヴィロレージ（166F2）
- ●ミッレミリア
①G.マルツォット／クロサーラ（195S）
- ●ローマGP
①アルベルト・アスカーリ（166F2）
- ●ドロミテ・カップ
①ジャンニーノ・マルツォット（195S）
- ●パリ12時間
①キネッティ／ルーカス（166MM）
- ●ガルダ・サーキット
①アルベルト・アスカーリ（166F2）
- ●サンティアゴGP
①ファン・マヌエル・ファンジオ（166SC）

一番上：166インテル・カブリオレ。スタビリメンティ・ファリーナ製。パリ・サロンで公開されたクルマである。

上：166インテル・クーペ・ヴィニャーレ。生産開始は1950年秋。

375F1はフェラーリにとってシングルシーターの分岐点となるクルマだ。大排気量の自然吸気エンジンのカムシャフトはバンクあたり1本のSOHCである。

タイアは375F1の弱点だった。ありあまるエンジンパワーが多大な負担を掛け、頻繁に交換を強いられた。

た。マシーンは出力が高められ、166S、195Sと命名された。

排気量は2341ccで、ボア・ストロークの見直し（65.0×58.5mm）が図られ、出力は170psにまで向上し、これを搭載したスパイダーが出場したタルガ・フローリオでデビューを飾る。続いてスパイダーと同様のトゥーリング製ベルリネッタが登場、これがミッレミリアに挑むことになる。ダブルの背広を着込んだジャンニーノ・マルツォットがステアリングを握り、ミッレミリアを制覇。この勝利によって彼はジェントルマン・ドライバーの伝説入りをしたのだった。

このミッレミリアには3322ccのスパイダー・トゥーリング（275S）も参加しているが、F1用に準備されたマシーンであり、あくまでもテスト参加だった。しかし、より重要な意味を持っていたのはロードバージョンの195インテルだろう。このマシーンは166インテルの後継モデルで、このレースで主役となったエンジン（ただし出力は135psにデチューンされている）を搭載していた。

375F1

【エンジン】フロント縦置き　60度V型12気筒　SOHC　2バルブ　チェーン駆動　点火システム：コイル式　燃料供給：ツインチョーク・キャブレター　ウェバー46DCF-3 3基　潤滑：ドライサンプ　排気量：4494cc　ボア×ストローク：80.0×74.5mm　最高出力：360ps／7300rpm（後に380ps／7500rpm）　単位排気量出力：80.1ps／ℓ（後に84.6ps／ℓ）

【駆動形式】後輪駆動　ギアボックス：トランスアクスル／4段　LSD

【タイア】前：5.50×16　後：7.50×17（後に7.50×16）

【シャシー／ボディ】シングルシーター　アルミ製ボディ　スチール製ラダーフレーム　前：ダブルウィッシュボーン／横置きリーフ、油圧レバー式ダンパー　後：ド・ディオン／横置きリーフ、油圧レバー式ダンパー　燃料タンク：ドライバーズシート後方（容量：195ℓ）

【ブレーキ】ドラム

【ステアリング】ウォーム・ローラー

【寸法／重量】ホイールベース2320mm　トレッド（前／後）：1278mm／1250mm　全長×全幅×全高：3937×1428×960mm　車重：850kg

【性能】最高速度：320km/h　馬力荷重：2.35kg/ps

1951 成長するフェラーリ

- ●F1ワールド・チャンピオン
  ① ファン・マヌエル・ファンジオ（アルファ・ロメオ）
  ② アルベルト・アスカーリ（375F1）
  ③ ホセ・フロイラン・ゴンザレス（375F1）
- ●F1グランプリ
  イギリスGP／シルヴァーストーン
  ① ホセ・フロイラン・ゴンザレス（375F1）
  ドイツGP／ニュルブルクリンク
  ① アルベルト・アスカーリ（375F1）
  イタリアGP／モンツァ
  ① アルベルト・アスカーリ（375F1）
- ●ジーロ・ディ・シチリア
  ① V.マルツォット／フォンターナ（212エクスポルト）
- ●ミッレミリア
  ① ヴィロレージ／カッサーニ（340アメリカ）
- ●トゥール・ド・フランス
  ① "パニィボン"／バラケット（212エクスポルト）
- ●カレラ・パナメリカーナ
  ① タルフィ／キネッティ（212インテル）

　1951年7月14日、南イギリスのシルヴァーストーン・サーキット、イギリスGPでの出来事である。

　空は重く雨が降り出しそうだったが、乾いた空気が辺りを覆っていた。パリで161回目のフランス建国記念日が祝われたこの日、レースを制したのはホセ・フロイラン・ゴンザレスだった。がっしりとした体つきの、笑顔が似合う赤ら顔のアルゼンティン人ドライバーで、彼にとってはグランプリにおける初の優勝だった。クルマは赤いシングルシーターで、フロントノーズにカヴァリーノ・ランパンテが踊っていた。この優勝は歴史の1ページを飾る記念すべきものであった。というのも、フェラーリにとってもF1世界選手権における初の勝利だったのである。

■最初のサクセス

　イギリスGPでの勝利により、F1で勝ちを得るための助走期間は終わった。

　この勝利はふたつの重要な意味を持っていたといえる。ひとつは目標であったアルファ・ロメオとの戦いを制したこと、もうひとつは技術面での勝利である。4500cc自然吸気エンジンで1500ccスーパーチャージャー・エンジンを相手に、互角以上に渡りあった事実は大きい。

　結果的に、ワールド・チャンピオンシップはアルファ・ロメオが手にした。この年からアルファ・ロメオのドライバーがファンジオに替わっていたとはいえ、それでも2年連続のタイトル獲得には違いなかった。もっとも、フェラーリにもシリーズタイトルを獲得できる可能性はあったのだ。だが、最後にペナ・リンで行なわれたスペインGPでタイアの選択を誤り、そのチャンスを惜しくも逃し、タイトルをアルファ・ロメオに譲る結果となったのだった。

　しかし、カーザ・ミラネーゼ（「ミラノの家」「ミラノ人たち」の意。つまりアルファ・ロメオのこと）にとってはこれが最後の勝利となった。なぜなら、シーズン終了後、アルファ・ロメオはレースからの撤退を宣言したからである。

右上：ヴィニャーレがデザインしたフェラーリ212エクスポルト。

右中：この166MMは1951年のミッレミリアにジャンニーノ・マルツォットの注文でカロッツェリア・フォンターナが製作した興味深い1台である。

右下：こちらもヴィニャーレのグラントゥリズモ、195インテル（2.3ℓ／135ps）。

上：1951年型フォーミュラ1のフェラーリ・シングルシーター。マラネロのガレージにて。多くのグランプリに向けてここからスタートする。

下：ドロミテ・カップに参戦したフェラーリ・クーペ、ヴィニャーレ212エクスポルト。このレースでは勝利こそ逃したが、代わって1951年のトゥール・ド・フランスとジーロ・ディ・シチリアで優勝を果たした。

32ページ上：1951年、最終戦でのアルベルト・アスカーリ。ファンジオとの闘いでタイトルを逃したバルセロナにて。

32ページ下：ホセ・フロイラン・ゴンザレスが駆るフェラーリ375F1のシルヴァーストーンでのワンシーン。1951年のイギリスGPにて。フェラーリにとって（ファンジオのアルファ・ロメオ159を押さえての）初めてのGP優勝だった。

■ベルリネッタのヴィロレージ

1951年は充実した年だった。ルイジ・ヴィロレージがミッレミリアを制覇、これはマラネロにとっては連続4回目の勝利だった。"ジジ"が運転したのはベルリネッタ・ヴィニャーレで、正式車名は340アメリカである。車名に用いられる数字（単一の排気量を意味する）からもわかるとおり4101ccという、フェラーリのグラントゥリズモとしては大排気量のエンジンを搭載したクルマで、アメリカ市場へのデビューを目指して造られたものだった。

実際のところ、340アメリカはグラントゥリズモというより、コンペティションカーであり、テクニカルな部分においてはまさにレース用だった。最高出力230ps、最高速度240km/hを発揮し、次のモデルとなる342アメリカとはまったく異なっていた。

■グラントゥリズモの成長

排気量の拡大はフェラーリのすべてのGTに適用された。ストロークはそのままに（58.8mm）、ボアを63.0mmから65.0mmに拡大したことで排気量2562ccを得た212が登場。このクルマには212インテルとエクスポルトの2種が用意された。

インテルは、1940年代後半に生まれた195インテルをベースに開発されたもので、出力は15ps向上しており、150psを発揮した。カレラ・パナメリカーナで1位と2位に輝いたが、本来レース仕様であったのはエクスポルトのほうだった。

エンジンはよりパワフルで（170ps／200km/h）、ショートホイールベースのシャシーは166MMを改良したものであり（212インテルの2.6mに対して2.25m）、パオロ・マルツォットがステアリングを握ったジーロ・ディ・シチリアやトゥール・ド・フランスなど、多くのレースで優勝を飾った。1952年型212インテルはまた、その後、長い付き合いとなるピニン・ファリーナがフェラーリのためにボディを手掛けた最初のモデルである。

34～35ページ：1951年、モンツァで行なわれたイタリアGPのスタート風景。アスカーリ（No.2）とゴンザレス（No.6）が駆る2台のフェラーリがファリーナ（No.34）とファンジオ（No.38）のアルファ・ロメオ・ティーポ159アルフェッタの横に並ぶ。優勝はアスカーリ、2位はゴンザレスだった。

1951 | Ferrari | 33

1952 フォーミュラ1の女王

上：1952年、ニュルブルクリンクで行なわれたドイツGPで、500F2を駆り優勝したアルベルト・アスカーリ。この年、彼は初のワールド・チャンピオンのタイトルを獲得した。

左：メルセデスとの激しいバトルののち、ミッレミリアを制したブラッコ／ロルフォ組のフェラーリ250Sベルリネッタ・ヴィニャーレ。

375F1はフェラーリを勝利に導くシングルシーターだった。

ライバルであったアルファ・ロメオは、レースの継続が困難な状況に見舞われたため撤退したが、それに代わるライバルは現れなかった。また、コンペティターが減ることを恐れたオーガナイザーが世界選手権の規格の変更を行ない、チャンピオンシップをF1からF2に移したため、フェラーリはこのシーズンをF2で走ることにした。

1951年秋、F2マシーン、500F2が誕生する。まさにピッコラ（小さな）フェラーリたるこのクルマを絶好調のアルベルト・アスカーリが駆り、マラネロは世界チャンピオンとなったのだった。

■初のワールド・チャンピオン

500F2は、1951年9月23日、モデナのアウトドロモにその姿を現す。4気筒直列エンジン（アウレリオ・ランプレディ設計）を搭載した最初のフェラーリである。排気量は1985ccで、例に洩れず、この排気量を切り上げた数値、2000を気筒数で割ったものがモデル名とされた。1気筒2バルブのDOHCで、点火システムはダブルイグニッションを採用している。当初170psだった出力は、1952年には185ps／7500rpmとなる。12気筒エンジンに比べてトルクが太く、車重が45kg軽いため、パワーウェイトレシオは15%の向上をみた。なにより可動パーツの約65%の減量が興味深い。なぜなら、パーツが少ないということは、壊れる可能性も低くなるからである。まさにレース仕様といえる。

他のGPマシーン同様、シャシーはマシーン全体の性能を左右するものである。エンジンの搭載位置は後方に下げられ、一方でトランスアクスルのギアボックスは比較的前方に配された。1952年初めから、ディストリビューターの搭載位置も変更している。重量バランスを考慮した結果、エンジン前方、クランクシャフトの同軸上に移動させたのである。低い重心は重量配分の面で実に効果的で、リアのド・ディオン・アクスルと相まって、高いロードホールディング

●F1グランプリ・ドライバー順位
①アルベルト・アスカーリ（500F2）
②ニーノ・ファリーナ（500F2）
③ピエロ・タルフィ（500F2）

●F1グランプリ
スイスGP／ブレムガルテン
①ピエロ・タルフィ（500F2）

ベルギーGP／スパ・フランコシャン
①アルベルト・アスカーリ（500F2）

フランスGP／ルーアン
①アルベルト・アスカーリ（500F2）

イギリスGP／シルヴァーストーン
①アルベルト・アスカーリ（500F2）

ドイツGP／ニュルブルクリンク
①アルベルト・アスカーリ（500F2）

オランダGP／ザンドフォールト
①アルベルト・アスカーリ（500F2）

イタリアGP／モンツァ
①アルベルト・アスカーリ（500F2）

●ジーロ・ディ・シチリア
①P. マルツォット／マリーニ（166MM）

●コッパ・ドーロ・デラ・シチリア
①エウジェニオ・カステロッティ（195S）

●ドロミテ・カップ
①P. マルツォット／マリーニ（225S）

●ミッレミリア
①ジョヴァンニ・ブラッコ（250S）

●モナコGP
①ジャンニーノ・マルツォット（225S）

●ノットゥーラ・ディ・メッシーナ10時間
①ビオンデッティ／コルナッキア（212エクスポルト）

500F2

【エンジン】フロント縦置き　直列4気筒　DOHC 2バルブ　ギア駆動　点火システム：コイル式　燃料供給：ツインバレル・キャブレター　ウェバー45DOE 2基　潤滑：ドライサンプ　排気量：1985cc　ボア・ストローク：90.0×78.0mm　最大出力：185ps／7500rpm　単位排気量出力：93.2ps／ℓ
【駆動形式】後輪駆動　ギアボックス：トランスアクスル／5段　LSD
【タイア】前：5.50×16　後：6.00×16
【シャシー／ボディ】シングルシーター　アルミ製ボディ　スチール製ラダーフレーム　前：ダブルウィッシュボーン／横置きリーフ，油圧レバー式ダンパー　後：ド・ディオン／横置きリーフ，油圧レバー式ダンパー　燃料タンク：ドライバーズシート後方（容量：150ℓ）
【ブレーキ】ドラム
【寸法／重量】ホイールベース：2610mm　トレッド（前／後）：1278mm／1250mm　全長×全幅×全高：3988×1402×1050mm　車重：560kg
【性能】最高速度：260km/h　馬力荷重：3.03kg/ps

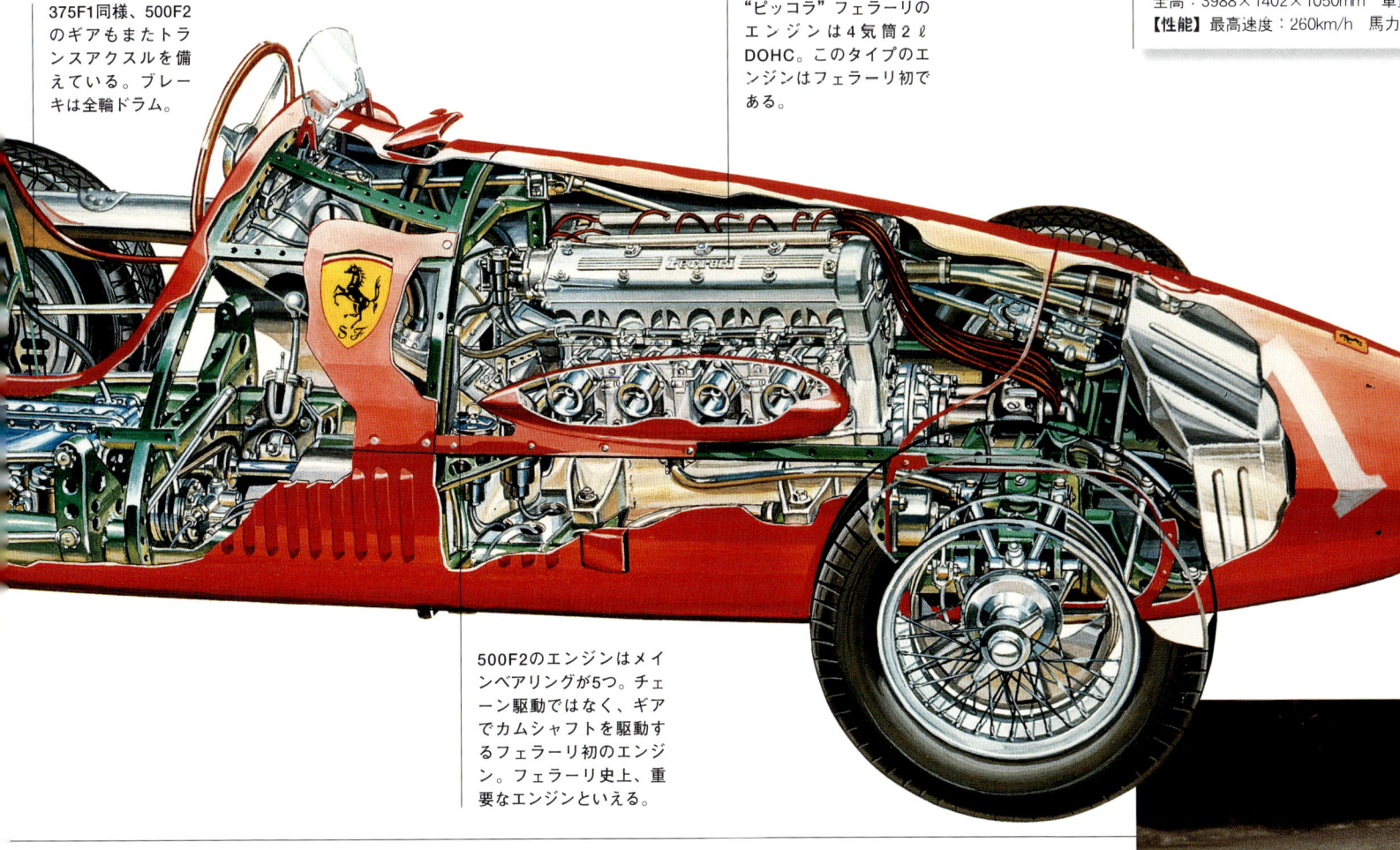

375F1同様、500F2のギアもまたトランスアクスルを備えている。ブレーキは全輪ドラム。

"ピッコラ"フェラーリのエンジンは4気筒2ℓDOHC。このタイプのエンジンはフェラーリ初である。

500F2のエンジンはメインベアリングが5つ。チェーン駆動ではなく、ギアでカムシャフトを駆動するフェラーリ初のエンジン。フェラーリ史上、重要なエンジンといえる。

と制動力を発揮、このマシーンのクォリティの高さを感じさせた。

2年間（1952〜1953年）で、このマシーンは勝つべきレースにすべて勝ったといえる。正確にいえば、合計で33戦に出場し、30回もの勝利を手にした。その内訳は、1953年イタリアGP以外のすべてのグランプリで優勝を飾り、2年連続のワールド・チャンピオンとなった。まさに無敵だったのである。なお、ステアリングを握ったのはアスカーリ、ヴィロレージ、ファリーナ、タルフィ、そして若きイギリス人ドライバー、マイク・ホーソーンだった。

■インディアナポリスでの失敗

とにかく勝利の年だった。どこに行ってもフェラーリは勝った。1952年の勝利数はなんと57回を数える。あたかも、勝つことはフェラーリにとって容易であるかのようだった。だが、レースがそんなに甘くはない現実を、インディアナポリス500マイルで思い知らされることになる。

アメリカにおけるフェラーリのインポーターであったルイジ・キネッティは、このレースへの参加を希望するクライアント用に3台のクルマを注文した。いっぽう、このレースに参加するアスカーリもまた自分用に1台を求めたため、合計4台のフェラーリが発注される。マシーンは

右：ニュルブルクリンクでフェラーリ500F2のステアリングを握るアルベルト・アスカーリ。左のフロントタイアがサーキットの外周側のラインに触れていることが見てとれる。

1952年、ヴィニャーレは、フロントに変更を加えた212インテルを製作している。これは前年、ゴンザレスのために造られたクーペで、その年の166MMのデザインを踏襲したもの。いわばゴンザレス・スペシャルである。

左：カレラ・パナメリカーナ用に製作されたスペシャルの340ベルリネッタ・メキシコ・ヴィニャーレ。

下：212インテル・カブリオレ。見事なまでに美しい2シーターである。ピニン・ファリーナによる初のフェラーリ。

（350psではなく）400psを発生する旧375F1で、最高速度は325km/hに達していたが、このレースを制するには充分とはいえなかった。

さて、マシーンのセッティング不足が祟り、インディアナポリスのオーバルコースで満足に戦うことができたのは、アスカーリだけだった。予選結果は平均時速216.101km/hで19位に終わったものの、彼自身のラップタイムの最高と最低の差はわずか0.8秒と安定していた。しかし、本戦ではタイアのハブが壊れてリタイアを余儀なくされる。こうして、フェラーリのワークスとしてのインディアナポリス500への参戦は1回で幕を閉じることになった。

212インテル

【エンジン】フロント縦置き　60度V型12気筒　SOHC　2バルブ　チェーン駆動　燃料供給：ツインバレル・キャブレター　ウェバー32DCF　潤滑：ドライサンプ　排気量：2562cc　ボア×ストローク：68.0×58.8mm　最高出力：160ps/7000rpm　単位排気量出力：62.3ps/ℓ
【駆動形式】後輪駆動　ギアボックス：フロント/5段
【タイア】5.90×15
【シャシー/ボディ】2+2クーペ　アルミ製ボディ（ヴィニャーレ）　スチール製ラダーフレーム　前：ダブルウィッシュボーン/横置きリーフ, 油圧レバー式ダンパー　後：トレーリングアーム/縦置き半楕円リーフ, 油圧レバー式ダンパー　燃料タンク：ドライバーズシート後方（容量：105ℓ）
【ブレーキ】ドラム
【ステアリング】ウォーム・ローラー
【寸法/重量】ホイールベース：2600mm　トレッド（前/後）：1270mm/1250mm　全長×全幅×全高：3579×1559×1295mm　車重：1000kg
【性能】最高速度：200km/h　馬力荷重：6.25kg/ps

高い評判を得た212インテルの生産は1953年まで続けられた。ボディはヴィニャーレのほか、ギア、ピニン・ファリーナ、トゥリング、アボットでも製作された。

下：212ヴィニャーレのインテリア。

一番下：212のバルケッタ・トゥリング。美しいロードモデルだが、同時にレース用フェラーリの顔も併せ持つ。

212インテルのクーペ・ヴィニャーレは、160psのV型12気筒2562cc SOHCエンジンを搭載。クラシカルな技術とは正反対に、デザインはオリジナルで斬新だ。最初の212インテルはカロッツェリアの作品（もちろんヴィニャーレ）であることがスタイルの美しさの秘密に違いない。

■5回目のミッレミリア

フェラーリを満足させる結果は、公道レースから訪れた。ジョヴァンニ・ブラッコがもたらしたミッレミリアでの5回目の勝利のことである。クルマは250Sヴィニャーレ（2953cc／230ps／SOHC／ホイールベース2.25m）で、この新しいレース用GTフェラーリのデビュー戦は、クリングのメルセデス・ベンツ300SLとの激しいバトルの末にミッレミリアを制するという、実にスリリングでセンセーショナルなものだった。

フェラーリにとってこのクルマは重要なモデルであった。250Sは3ℓV12の始まりを意味し、1964年までロードバージョン／コンペティションカーともに多く生産された、250GTファミリーの先駆けともいえるものだったからである。

同時に340アメリカのエボリューション・モデルもお目見えする。居住性を向上させるためホイールベースを2.42mから2.65mに延長し、新しいギアボックスは5段から4段へ変更、エンジンをデチューンし（230psから200psへ）、重量を増やし（900kgに対して1200kg）、342アメリカという名称が与えられた。といっても生産期間はわずか4ヵ月で台数も限られていたのだが、フェラーリの歴史をみれば、大排気量を備えた初めてのロードカーという点で、このクルマの持つ意味は大きいといえる。

1953 すべてを掴みとるフェラーリ

上：モンツァで行なわれたイタリアGPで、同じくフェラーリに乗るニーノ・ファリーナの前を行くアルベルト・アスカーリ。このチャンピオン・ミラネーゼは2度目となる世界タイトルを獲得した。

レースを始めて7年目のこの年、フェラーリは勝って勝って勝ちまくった。アルベルト・アスカーリ──ミラノ生まれのこのドライバーは、恐ろしいほど冷静に2年連続でチャンピオンの座を手に入れ、あっという間に歴史にその名を残した。

無敵の500F2でファンジオを倒し、チームメイトの若いドライバーをも叩きのめした。トップに立つと相手を心理的に追いつめ、チェッカードフラッグが振られる前に勝敗を決めていた。アルベルトはレースでもテストのごとく速かった。シーズン中の8GPのうち、ポールポジションを6回獲得、うち5回優勝した。スパ・フランコルシャンで行なわれたベルギーGPとブレムガルテンでのスイスGPのみ、この年のライバルであったファン・マヌエル・ファンジオの駆るマセラーティに先行を許した。

同時に、1953年はフェラーリにとってはもう1台の、タイアが露出していないマシーンでのレースの年でもある──。

■オール・フォー・スポーツ

カヴァリーノ・ランパンテは大衆を飽きさせることがなかった。

ミッレミリアで飾った7回目の勝利。その立役者は、ヴェネトで代々、繊維業を営む家系に生まれたジャンニーノ・マルツォットで、彼は兄弟のパオロ同様、血液の代わりにオイルが流れているようなドライバーだった。マルツォットはライバルを蹴落とし、記録的な速度（平均速度142.347km/h）でブレシアに戻る。2位に入ったファンジオとの差は11分。マシーンは新しいスポーツカー、340MMのスパイダー・ヴィニャーレで、このバルケッタが速いばかりでなく丈夫であることも見せつけたのだった。

エンジンに340（4101cc）のV12（最高出力300ps／最高速度270km/h）を搭載しているこのマシーンは、ヴィロレージ／カッサーニ組が駆ったジーロ・ディ・シチリアでも勝利した。

40 | Ferrari　1953

- ●F1・ドライバーズチャンピオンシップ
  ① アルベルト・アスカーリ（500F2）
  ② ファン・マヌエル・ファンジオ（マセラーティ）
  ③ ニーノ・ファリーナ（500F2）
  ④ マイク・ホーソーン（500F2）
- ●ワールド・スポーツカー・チャンピオンシップ
  ① フェラーリ
- ●F1グランプリ
  アルゼンティンGP／ブエノス・アイレス
  ① アルベルト・アスカーリ（500F2）
  オランダGP／ザンドフォールト
  ① アルベルト・アスカーリ（500F2）
  ベルギーGP／スパ・フランコルシャン
  ① アルベルト・アスカーリ（500F2）
  フランスGP／ランス
  ① マイク・ホーソーン（500F2）
  イギリスGP／シルヴァーストーン
  ① アルベルト・アスカーリ（500F2）
  ドイツGP／ニュルブルクリンク
  ① ニーノ・ファリーナ（500F2）
  スイスGP／ブレムガルテン
  ① アルベルト・アスカーリ（500F2）
- ●ジーロ・ディ・シチリア
  ① ヴィロレージ／カッサーニ（340MM）
- ●ミッレミリア
  ① G. マルツォット／クロサーラ（340MM）
- ●ドロミテ・カップ
  ① パオロ・マルツォット（250MM）
- ●スパ・フランコルシャン24時間
  ① ファリーナ／ホーソーン（375MM）
- ●ペスカーラ12時間
  ① マリオーリ／ホーソーン（375MM）
- ●ノットゥーラ・ディ・メッシーナ10時間
  ① カステロッティ／ムジテッリ（250MM）
- ●ニュルブルクリンク1000km
  ① アスカーリ／ファリーナ（340MM）

左：1953年のタルガ・フローリオで250MMスパイダー・ヴィニャーレに乗るピエロ・スコッティ。

下：250MMでミッレミリアを制覇したG. マルツォット／クロサーラ組。

一番下：多くの勝利を集めた500F2の4気筒DOHCエンジン。

アスカーリ──ステアリングを握るミラネーゼ

アルベルト・アスカーリ（1918年7月13日ミラノ生まれ。写真は1955年5月26日モンツァにて）はフェラーリでF1の世界タイトルを手にした最初のイタリア人ドライバー。芸術家の息子であった彼の父親、アントニオ・アスカーリは、戦前に最も活躍したドライバーであり、1924年のイタリアGPで優勝したが、翌25年6月28日、モンレリー・サーキットで事故死を遂げた。

元モーターサイクルのレーサーだったアルベルトの、フェラーリでの活躍は見事のひとことに尽きる。フォーミュラ1、フォーミュラ2、フォーミュラ・リブレで5シーズンを走り、そのうち優勝は37回に達する。さらにこの37回のうち、13回がF1のものだった。イタリアのチャンピオンシップでは4回優勝している。

1947年から49年までの間にマセラーティとバトルを繰り返して4回優勝、そのほか3回にわたる優勝には、ランチアとの激闘のすえに勝利した、1954年のミッレミリアでの輝かしい栄誉も含まれる。F1チャンピオンシップには合計32回参加しており、そのうち最速ラップを記録したのは11回、ポールポジションは14回、フロントローからのスタートは25回を数えた。

フェラーリは勝利だけを求めた。2ℓスポーツ用の166MM、3ℓスポーツ用の250MM、そして世界選手権には340MMといった具合に、このシーズンはすべてのカテゴリーで勝つマシーンが用意された。

1953年は、公道（ミッレミリア／カレラ・パナメリカーナ）／サーキット双方に適用するクルマで戦う、ワールド・スポーツカー・チャンピオンシップが誕生した年でもあった。

この年に開催された7つのレースのうち、最初のセブリング12時間にこそフェラーリはエントリーしなかったが（ルンケン／ハッセン組がプライベートで出場、7位に入り、チャンピオ

上：独特なフォルムのフェラーリ166スパイダー。デザインはスカリオーネ、カロッツェリアはアバルトである。この貴重な写真は、自身の製作したクルマの室内を眺めるカルロ・アバルト。

右：375アメリカ。ピニン・ファリーナが手掛けた2+2シーター・クーペである。

右奥：166MMヴィニャーレ・バルケッタ・コンペティション。ピュアで魅力的なレーシングマシーンだ。

下：モンツァで行なわれたグランプリで優勝した、250MMピニン・ファリーナに乗るジジ・ヴィロレージ。コーナー（ポルフィード）で見せる、この時代のフェラーリの典型的な挙動を示す一枚。

ンシップの有効ポイントを稼ぎ出した）、次のレースからは快調に飛ばしていく。優勝をものにしたミッレミリアでは7台のワークスカーを送りこみ（プライベートで参加したフェラーリは19台！）、そのうち3台がパワフルな340MMだった。6月13日に開催されたルマン24時間は失敗に終わったが、スパ・フランコルシャン24時間とニュルブルクリンク1000kmでは340MMが優勝を飾った。また、F1に全精力を注ぐため、そして移動コストを考慮して、トゥーリスト・トロフィーとカレラ・パナメリカーナの2レースのオフィシャル・エントリーは見送ったが、カレラ・パナメリカーナではプライベートで参加したマンチーニ／サルヴィアーティ組（フランコ・コルナッキアにより、フェラーリから受けとった4台の4.5ℓスポーツがメキシコの地に運ばれた）が340MMで4位に入り、最後のポイントを得る。これによって、フェラーリは初のワールド・スポーツカー・チャンピオンシップを獲得したのだった。

■3ℓクラス

1952年ミッレミリアを制覇した250Sと、1954年に登場する250GTの間に、フェラーリは1台のグラントゥリズモを製作している。

250MMと名づけられたこのクルマのエンジ

42　Ferrari　1953

左上：空力に富んだすばらしいスタイル。バンパーは見当たらず、サイドウィンドーは複雑な装置を排除した、シンプルなスライド式──。166MMベルリネッタ・ピニン・ファリーナは、レース用に造られたワンオフ・モデルである。

左下：212クーペ・ヴィニャーレ（1台のみ）。トリノ・ショーに出品されたもの。

下：2台の375MM。どちらもピニン・ファリーナの作品で、オープンタイプとクーペ。375MMの4.5ℓ12気筒エンジンは実にパワフルで、最高出力340ps、最高速度290km/hを誇った。

ンは3ℓで、このクラスのレースを制するために用意されたが、プロのドライバーに向けて造られたものではない。次に出る250GTを意識してシャシーは長くなっているが（ホイールベースが250Sの2.25mに対し、2.4m）、レース仕様の性格がまだ色濃く残っていた（240psを発生するエンジンは、250Sより10ps向上している）。

ボディを手掛けたのはピニン・ファリーナとヴィニャーレで、1台だけモレッリが手掛けている（スパイダー）。ちなみにピニン・ファリーナが担当したのはベルリネッタで、この250MMを駆ったジュリオ・カビアンカが1953年のミッレミリアで9位に入った。

このころ、ますますアメリカのマーケットを意識するようになっていたフェラーリは、パリ・サロンで342アメリカのエボリューション・モデルを発表する。375アメリカと名づけられたこのクルマは特大のグラントゥリズモである。300psの出力を発揮するエンジンは、排気量4522ccのV型12気筒、最高速度は250km/hを記録した。特徴的なのはボディの長さ（ホイールベース2.8m）で、現在までに製作されたフェラーリのなかで最も堂々としたクルマといえる。ほとんどのボディはピニン・ファリーナが担当し（3台のみヴィニャーレ）、なおいっそうマラネロとの関係を深めたのだった。

500モンディアルは、アルベルト・アスカーリによってもたらされた、2度にわたるF1の世界タイトル獲得を記念して製作されたモデルである。500F2の親戚ともいえる4気筒2ℓを搭載したこのバルケッタ・スポーツは、敏捷性に富み、すばらしく速い。多くのレースで勝利を獲得し、特に1953〜54年にはプライベート・エントリーのドライバーたちの手によって大活躍した。1954年のミッレミリアではヴィットリオ・マルツォットが2位入賞を果たし、このマシーンの存在が大きく認められることになったのである。

1953　Ferrari 43

1954 グラントゥリズモでの勝利

上：モンツァで行なわれたトロフェオ・スーペル・コルテマジョーレにて。前列はコルナッキア／ジェリーニ組が駆る250モンツァ（3位）、追うのはムッソ／マントヴァーニ組が駆るマセラーティ250S。750モンツァのホーソーン／マリオリ組が優勝した。

　1954年はフェラーリがサーキットよりも公道で活躍した年である。

　F1で厳しい戦いを続ける一方、フェラーリは2年連続してワールド・スポーツカー・チャンピオンシップを制覇する。しかし、これよりも重要な出来事は、フェラーリ自身にとって、新しい歴史の1ページを開くようなクルマを生み出したことにちがいない。

　そのクルマを生産することは極めて冒険的な試みであり、その後のプロダクション・モデルの運命を左右する重大な役割を担っていた。そして、その冒険は報われた。大衆はますますフェラーリを愛するようになり、フェラーリに対する情熱はますます高まっていったのである。そのクルマの名は250GTという。

■**不滅のクルマ**

　ほぼシリーズ生産されたといっていいだろう。1949年から54年までの間にフェラーリのグラントゥリズモは200台製作されたが、その10年後の1964年、つまり生産中止となった年の250GTの生産台数は670台にも上った。

　250GTは文字どおり不滅のロードカーであり、クルマのダイヤモンドと称された。ゴージャスでパワフルなグラントゥリズモ、エクスクルーシヴ、ハイスピードでの旅を実現するクルマ──レースでの経験がこの宝石を誕生させたのである。レースシーンでの成功は、選ばれたクライアントと、他のメーカーとの差別化を生み出した。そしてそれは、他のブランドにはとうてい真似のできないことだった。

　パリ・サロンで披露された250GTには、コロンボの設計したV型12気筒のシリンダーブロック（ボア・ストローク＝73.0×58.8mm）をベースに改良されたユニットが搭載されていた。排気量は2953ccで、初期型の出力は225psとされる（後に240psまでの向上をみる）。ホイールベースは、クルマにコンパクトなイメージを与えるために2.60mとされ、シャシーの構造材

一番上：ランスで行なわれたフランスGPでのひとコマ。ステアリングを握るフェラーリ553F1から火がでたため、クルマから脱出しようとするゴンザレス。

上：マイク・ホーソーンと553。バルセロナのスペインGPにて。1954年、フェラーリはF1で2度勝っているが、ここでの勝利はそのうちの1回。

下：アスカーリはモンツァのイタリアGPでランチアを離れ、フェラーリ625に乗った。予選では2位。最前列でスタートしたがエンジンが壊れ、リタイアとなる。

はリアアクスルの上を通る。342アメリカから流用されたギアボックスは4段でクラッチは乾式単板となる。フロントサスペンションにはコイルスプリングが採用され、それまでの横置きリーフに比べて走行安定性が高められた。初期型の最高速度は217km/hだが、その後240km/hにまで伸びている。

クーペ・バージョンはピニン・ファリーナが架装し（1台のみ先行して、ベルギー王妃リリアン・ド・レシーのためにヴィニャーレが架装）、このクルマはすぐに評判となった。そして、その評判は実に長い間続くことになったのだった。

■裏切られたフェラーリ

ところでこの年、フォーミュラ1の世界では3つの出来事が起きる。

ひとつめはレギュレーションの変更である。500F2のひとり勝ちを止めようと、排気量の規定が2.0ℓから2.5ℓとなった。ふたつめは、メルセデスの登場だ。革新的なシングルシーター、W196を持ち込み、さらにアルベルト・アスカーリとともに、この時期、絶好調だったドライバー、ファン・マヌエル・ファンジオを獲得していた。3つめは、アスカーリがルイジ・ヴィロレージとともにランチアに移ってしまったこと。「裏切られた」と、エンツォの嘆きは深かった。

1954 | Ferrari | 45

映画監督のロベルト・ロッセリーニのオーダーで製作され、パリのジョルジュ・サンク・ホテルに運ばれたスペシャルボディの375MMピニン・ファリーナ。

上：モンツァで撮影された250MMベルリネッタ・ピニン・ファリーナ。

右：ピニン・ファリーナがボディを担当した最初の250ヨーロッパ。カロッツェリアによるボディの注文生産が行なわれていた時代である。パリ・サロンでデビュー。

下：エンツォ・フェラーリ。ミッレミリアのスタート地点であるブレシアにて、ジャーナリストとともに。

いずれにしても、この年のフェラーリのシングルシーターは500F2の代替えで、高いパフォーマンスを持たなかったため、そういう意味ではフェラーリはアスカーリの期待に応えることはできなかったに違いない。553F1（2497cc／4気筒／260ps、そのフォルムから"スクワーロ＝サメ"と呼ばれた）も、625F1（2498cc／4気筒／250ps、運転しやすかったため、多くのドライバーに好まれた）も、この年の不運から抜け出す助力にはならなかった。フェラーリのドライバーはスーパーパワーのメルセデスを前になす術を持たず、実際この年にフェラーリが勝利したのは、ホセ・フロイラン・ゴンザレスによるシルヴァーストーンでのイギリスGPと、マイク・ホーソーンによるペドラルベでのスペインGP、この2回だけだった。一方のファン・マヌエル・ファンジオは、マセラーティ時代に続いてメルセデスで2度目のタイトルを獲得した。

■カレラ・パナメリカーナでの優勝

だが、ホットなニュースはワールド・スポッツカー・チャンピオンシップからやってくる。2年連続でタイトルを獲得したのである。この勝利に貢献したのは、コンペティション用ニュー・スパイダーの375プラスだった。
このかくも偉大なスポーツカー（4954cc）は、

Ferrari　1954

- ●F1ドライバーズ・チャンピオンシップ
①ファン・マヌエル・ファンジオ（マセラーティ＆メルセデス・ベンツ）
③ホセ・フロイラン・ゴンザレス（625F1）
④マイク・ホーソーン（625F1）
- ●ワールド・スポーツカー・チャンピオンシップ
①フェラーリ
- ●F1グランプリ
イギリスGP／シルヴァーストーン
①ホセ・フロイラン・ゴンザレス（625F1）
スペインGP／バルセロナ
①マイク・ホーソーン（625F1）
- ●ブエノス・アイレス1000km
①ファリーナ／マリオーリ（375MM）
- ●ルマン24時間
①ゴンザレス／トランティニアン（375プラス）
- ●スーペル・コルテマジョーレGP
①ホーソーン／マリオーリ（750モンツァ）
- ●カレラ・パナメリカーナ
①ウンベルト・マリオーリ（375プラス）

フェラーリ750モンツァ（初期のボディ製作はピニン・ファリーナ、続いてスカリエッティ）。3ℓ4気筒、250psのスポーツカー。1955年、プライベート参加のドライバーの間で特に人気を博した。

ルマン24時間、カレラ・パナメリカーナというふたつのワールド・タイトルの掛かったレースでフェラーリに勝利を導いた。パワフルでスピーディなこのマシーンの出力は344ps、最高速度は300km/hである。プライベート参加のドライバーが駆ったのは、シャシーをストレッチしたピニン・ファリーナ・デザインの375MMだったが、ワークスチームが頼りにした"モンスター"とこのマシーンの違いは明白で、375MMのエンジンフードにはエアスクープが付いていた。

レース・デビューを飾ったのはジーロ・ディ・シチリアである。ステアリングを握ったのはウンベルト・マリオーリで、彼は最初から最後までレースを支配し、それはドライバーがエンナでゴールし、マシーンを降りてからも続いた。マシーンの成功は疑いの余地のないものだった。

フェラーリは、カレラ・パナメリカーナでの優勝で1年を終えた。それは同時に375プラスの終わりをも意味していた。とはいえ、歴史に残るマシーンであることに変わりはない。それはサイドボディに描かれた派手な文字のせいであるともいえる。メキシコでは石油会社、モービル・エスカドロン1・2・3がスポンサーになっていたのだ。クルマは勝つためだけにあるのではない、宣伝にも役立つのだということを、このマシーンは世界に知らしめたのだった。

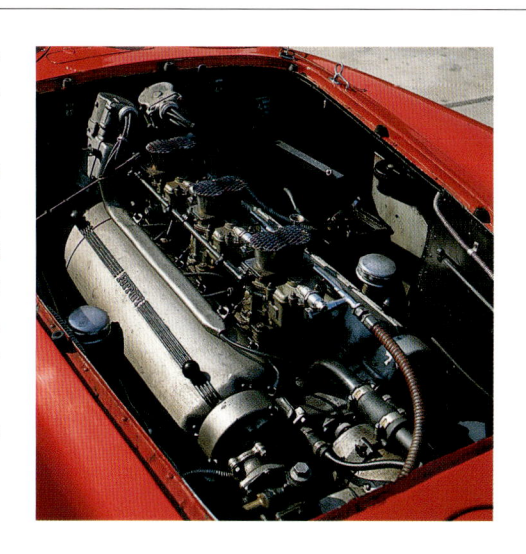

パワフルな375ミッレミリア。左はそのエンジン。340psを発揮する12気筒である。この時代のミッレミリアのような、栄誉ある伝統のレースのために造られた。

1954 Ferrari 47

1955 モデナ対シュトゥットガルト

●F1グランプリ・ドライバー順位
①ファン・マヌエル・ファンジオ（メルセデス・ベンツ）
②スターリング・モス（メルセデス・ベンツ）
③エウジェニオ・カステロッティ（ランチアD50および555F1／625F1）
④モーリス・トランティニアン（625F1）

●F1グランプリ モナコGP／モンテカルロ
①モーリス・トランティニアン（625F1）
●ジーロ・ディ・シチリア
①ピエロ・タルフィ（118LM）
●タルガ・デル・ムジェッロ
①ウンベルト・マリオーリ（750モンツァ）
●ノットゥーラ・ディ・メッシーナ10時間
①カステロッティ／トランティニアン（750モンツァ）

左：ずば抜けたクルマ、フェラーリ375アメリカ。330psの2シーター・カブリオレである。ベルギー元国王レオポルドIII世のために製作された。

下：珍しいフェラーリ。ギア製作のツートーンカラーの375MM。

良いシーズンもあれば、悪いシーズンもある。
1955年はフェラーリにとって、長く終わりの見えないシーズンだった。F1ではメルセデスが独占状態で勝ち続けた。ファンジオが3度目のタイトルを獲得、フェラーリはこてんぱんに叩きのめされた。フェラーリが勝利したのはたった一度だけで（メルセデスが勝利を逃したのもこのときのみ）、これほど悪い成績を残したのは1950年以来のことだった。もっとも1950年はデビューイヤーだったわけだが──。

唯一の勝利を果たしたのは、ドライバーにモーリス・トランティニアンを擁したモンテカルロだが、フェラーリ625F1の強さというよりは、彼のコンスタントな走りっぷりと運の良さが勝因といえるレースだった。

そんな状況のなかで、フェラーリは625F1に加えて、もう1台の新しいマシーン、555F1の製作を決意する。"スーパー・スクワーロ"、すなわちスーパーなサメと呼ばれたマシーンには、しかし、"スーパー"な部分は乏しかった。それでもそれなりの結果は残している。555F1はスリークでコンパクトなマシーンであり、ベースとなった553F1に比べると重量配分が改善されているが、"気性"が激しく運転しにくいためにドライバーには受けが悪く、なによりスピードではメルセデスに太刀打ちできなかった。とはいえ、2498cc 4気筒エンジンを積んだ最後のF1用フェラーリという意味では記録に残るものである。

■アスカーリとルマンに伸びた魔の手

1955年はふたつの悲運に見舞われたシーズンだった。

第一の運命の日、5月26日──。この日、アルベルト・アスカーリが死んだ。モンツァで友人、エウジェニオ・カステロッティのフェラーリ750モンツァを試乗中の出来事だった。カステロッティはランチアでのドライバー仲間だったが、フェラーリで耐久レースに出場しており、この日もスーペル・コルテマジョーレGPの準

48 Ferrari 1955

左：1955年もまた前年同様、フェラーリは無敵のメルセデスW196の攻撃を被った（写真はフランスGPでの1シーン、ヘルマンの前を行くゴンザレス）。

下：1955年、フェラーリのF1での唯一の勝利はモーリス・トランティニアンによってもたらされた。マシーンは625F1、モナコGPでのことだった。

一番下：1955年7月26日は歴史に残る日である。レースを撤退するランチアからF1の全財産が届けられた。

備をしていた。モナコGPでの事故から復帰したアスカーリは（海に突っ込み、ひどい打撲を負った）、モンツァで完全復活を果たそうとしていたが、それは実ることなく、悲劇で幕を下ろしたのだった。

そのうえ、さらなる惨劇がフランスで待っていた。第二の運命の日、6月15日──。ルマン24時間レースが進行中だったこの日、80人もの死者を出す大惨事が起きた。スタンドの正面でオースティン・ヒーレーとピエール・ルベーのワークス・メルセデスが接触、メルセデスが観客席に突っ込んだのである。

アスカーリの死と経営難によって、ランチアはレースからの撤退を決意した。そして7月26日、D50を含めたすべてのマシーンとテストデータをフェラーリに贈った。加えて、不調から抜け出す助けとなるであろうこの贈り物とともに、ランチアのV8の設計者であったヴィットリオ・ヤーノがフェラーリにやってくることになった。（1965年まで）彼はマラネロのコンサルタントとなったのである。

この年、フェラーリはワールド・スポーツカー・チャンピオンシップすら獲得することができなかった。年も押し詰まる12月に、ナッソーで250GTに乗るアルフォンソ・デ・ポルターゴ侯爵がもぎ取った勝利が、唯一のものだった。

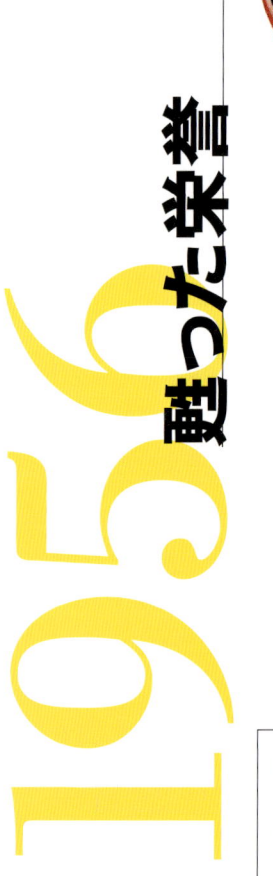

オリヴィエ・ジャンドビアンのために、1956年のアルゼンティンGP用に仕立てられた、元ランチアのV型8気筒エンジンを搭載したフェラーリ555スーパー・スクワーロ。

黄色地に黒いカヴァリーノ・ランパンテを描いたフェラーリD50のエンブレム。このマシーンを完成させずに終わったランチアの技術をベースに、フェラーリが改良発展させたもの。車重625kg。

ディファレンシャル付きの横置きトランスアクスル・ギアボックス。ギアボックスとドライブシャフトは着座位置を低く、重心を下げるために、センターではなくサイドに置かれた。

ランチアでは燃料タンクをサイドに設置してあったが、フェラーリではエアロダイナミクスを考慮してオイルタンクとともにドライバーズシートの後ろに配置した。

1956 甦った栄誉

D50F1

【エンジン】軽合金製　フロント縦置き　90度V型8気筒　DOHC　2バルブ　チェーン駆動　点火システム：コイル式　燃料供給：ツインバレル・キャブレター　ソレックス40PⅡ 4基　潤滑：ドライサンプ　ギアボックス・クーラー　排気量：2486cc　ボア×ストローク：76.0×68.5mm　最高出力：265ps/8000rpm　単位排気量出力：106.6ps/ℓ

【駆動形式】後輪駆動　ギアボックス：トランスアクスル/5段　LSD

【タイア】前：5.50×16　後：7.00×16

【シャシー/ボディ】シングルシーター　アルミ製ボディ　チューブラー・フレーム　前：ダブルウィッシュボーン/コイル、テレスコピック・ダンパー　スタビライザー　後：ド・ディオン/油圧レバー式ダンパー（イタリアGPから、ダブルウィッシュボーン/テレスコピック・ダンパー）

【燃料タンク】初期はボディサイド，その後ドライバーズシートの後方（容量：190ℓ）

【ステアリング】ラック・ピニオン

【寸法/重量】ホイールベース：2280mm　トレッド（前/後）：1270mm/1270mm　全長×全幅×全高：3850×1448×962mm　車重：640kg

【性能】最高速度：280km/h　馬力荷重：2.43kg/ps

エンツォ・フェラーリは落胆した2シーズンからの立ち直りをみせた。

経営面も含めて、多くの困難を抱えていた最後の時期にあたるこの年、再び勝つためのマシーンを手に入れたのだった。元ランチアのD50に加えて、ドライバーにもナンバーワンであったファン・マヌエル・ファンジオを迎えた。こうしてシーズンを戦い、再び勝利を手にしたのである。また、ミッレミリアではエウジェニオ・カステロッティが、雨のなか優勝を飾る。

しかし、エンツォ・フェラーリ自身にとっては、過酷な運命の年、極めて厳しい試練の年でもあったのだ――。6月30日、ひとり息子を失った。愛するアルフレード、愛称ディーノ――。病気との長く苦しい闘いの果てのことだった（彼は筋ジストロフィーに苦しんでいた）。

■ファンジオとともに新世界へ

マラネロが行なった改良（およびメルセデスの撤退）によって、D50はついに栄光のウィニング・マシーンに変身した。ファンジオはフェラーリのマシーンが改善されていることを感じとり、モデナに引っ越す。チームはファンジオに、エウジェニオ・カ

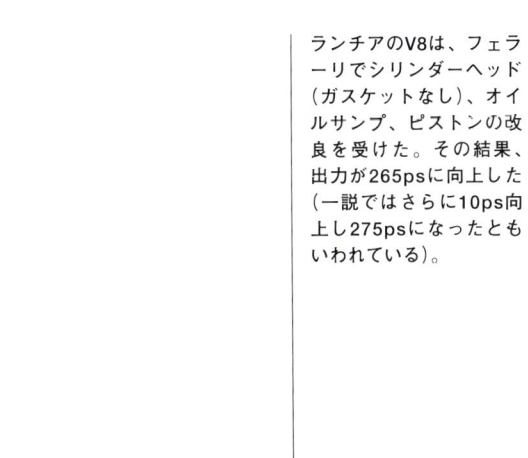

ランチアのV8は、フェラーリでシリンダーヘッド（ガスケットなし）、オイルサンプ、ピストンの改良を受けた。その結果、出力が265psに向上した（一説ではさらに10ps向上し275psになったともいわれている）。

上：フェラリスタたち。ピーター・コリンズ（No.2）、ファン・マヌエル・ファンジオ（No.1）と、マセラーティのスターリング・モス（No.7）を追うエウジェニオ・カステロッティ（No.3）。ドイツGPにて。

右：ミッレミリアで290MM（320ps）を駆るエウジェニオ・カステロッティ。このレースを制した。

ステロッティやルイジ・ムッソと同様、アスカーリを彷彿させる優れた才能と速さを見いだしていた。シーズン最後のレース、モンツァのイタリアGPで、ファンジオのマシーンにトラブルが発生した際、勝利の可能性がありながらも彼に自分のマシーンを譲ってレースを続けさせたイギリス人のピーター・コリンズの振る舞いは、現在でも語り草となっている。

1956年型D50は前年のランチアのシングルシーターを発展改良させたマシーンである。90度V型8気筒（2486cc／265ps）エンジンを搭載し、ギアボックスはリアに低く傾けて設置され、ドライブシャフトはドライバーズシートの左側を貫通していた。結果、前後の重量配分がほぼ完璧（50：50）となり、ドライバーズシートも他のシングルシーターに比べて低い位置に取り付けられている。したがって、空力の向上にも寄与するという効果も生み出していた。

フェラーリがD50に施した変更は限られたものであった。ボディ両サイドに設置されていたふたつの燃料タンクを合わせてドライバーズシートの後ろ側に配置することにより、ホイールベース間にスペースを作り、エアロダイナミクスを向上させたこと

左奥：250GTピニン・ファリーナ2+2。ヨーロッパ市場向けに製作された。

左：貴重な410スーパーアメリカ・クーペ・スポルト。アメリカ向けのボディ架装はギアが担当。

ピニン・ファリーナ製ボディのフェラーリ410スーパーファストは、もちろんアメリカ人向け。パリ・サロンでデビューした。5ℓ、340ps。

■雨に強いカステロッティ

エウジェニオ・カステロッティは才能に恵まれたアグレッシヴで勇敢な、そしてその風貌からは想像しがたいが、長いレースに強いタフなドライバーだった。4月29日、激しい雨が叩きつけるなかを優勝したミッレミリアで彼が駆ったのは、オープンタイプのマシーンだった。マスコミはこぞって彼を英雄と書きたてた。恐れをものともせぬドライバー、カステロッティはコリンズ、ムッソ、ファンジオら、チームメイトを引き離し、彼らを呆れさせた。もちろんこの勝利はマシーンのおかげでもある。彼のマシーンはカヴァリーノ・ランパンテの最新スポーツ、290MMだったからだ。

3491ccのV型12気筒はSOHCであるにもかかわらず、実にパワフルで（320ps／7300rpm）速いマシーンだった。先代モデルに比してシャシーはより洗練されており、多くの補強パイプが接合され、剛性が高められている。ホイールベースは慣例どおり2.35mであった。

フェラーリ290MMの性能と信頼性の高さは、この年、フェラーリに3度目のワールド・スポーツカー・チャンピオンシップをもたらした。スウェーデンで行なわれた最後のグランプリではマセラーティと同ポイントだったが、フィル・ヒルと組んだモーリス・トランティニアン、ピーター・コリンズと組んだヴォルフガング・フォン・トリップス、彼らがドライブする290MMは1-2フィニッシュを成し遂げた。

また、パリ・サロンには410スーパーアメリカ（410SA）が登場する。パワフルな

52 | Ferrari　1956

●F1ドライバーズ・チャンピオンシップ
①ファン・マヌエル・ファンジオ (D50)
②スターリング・モス (マセラティ)
③ピーター・コリンズ (D50)
⑥エウジェニオ・カステロッティ (D50)
●ワールド・スポーツカー・チャンピオンシップ
①フェラーリ

●F1グランプリ
アルゼンティンGP/ブエノス・アイレス
①ファンジオ/ムッソ (D50)
ベルギーGP/スパ・フランコルシャン
①ピーター・コリンズ (D50)
フランスGP/ランス
①ピーター・コリンズ (D50)
イギリスGP/シルヴァーストーン
①ファン・マヌエル・ファンジオ (D50)

ドイツGP/ニュルブルクリンク
①ファン・マヌエル・ファンジオ (D50)
●セブリング12時間
①ファンジオ/カステロッティ (860モンツァ)
●ジーロ・ディ・シチリア
①コリンズ/クレマンタスキー (857S)
●ミッレミリア
①エウジェニオ・カステロッティ (290MM)

●スーペル・コルテマッジョーレGP
①コリンズ/ホーソーン (500TR)
●スウェーデンGP
①トランティニアン/ヒル (290MM)
●トゥール・ド・フランス
①デ・ポルターゴ/ネルソン (250GT)

上：悪天候にもかかわらず優勝を飾った、ミッレミリアでのエウジェニオ・カステロッティのドライビング風景。マシーンは290MM。

左：500テスタロッサ。カロッツェリアはスカリエッティ。4気筒2ℓスポーツは、出力180ps。

下：フランスGPでフェラーリD50を駆るエウジェニオ・カステロッティ。ミラノのローディ生まれのこのドライバーは、チームメイトだったピーター・コリンズに続いて2位でゴールした。

GTで、名前からわかるとおり、アメリカ市場に向けたフェラーリである。375のアメリカの改良版で、アメリカ人の目を釘づけにした。排気量は最大（4963cc）、出力も最高（340ps）なら最高速度もすごい（250km/h）。このモデルはイラン国王、レザー・パフラヴィーも購入している。

■テスタロッサ登場

この年のもうひとつのニュースは500テスタロッサ、500TRの登場だろう。

500モンディアルのエボリューション・モデル（エンジンは同様に1985ccの4気筒だったが、出力は190psに上げられた）で、コンペティションにプライベート・エントリーするドライバーから高い評価を受け、長く人気を博すことになるマシーンである。テスタロッサ（赤い頭）という名前はヘッドカバーの色に由来する。

設計はアルベルト・マッシミーノで、彼はヴィットリオ・ベレンターニ、アンドレア・フラスケッティとともにテクニカルスタッフとしてマラネロ入りした人物である。彼らの使命はヤーノのもと、1955年に退社したランプレディのプロジェクトを引き継ぐことにあった。

1957 ディーノ誕生

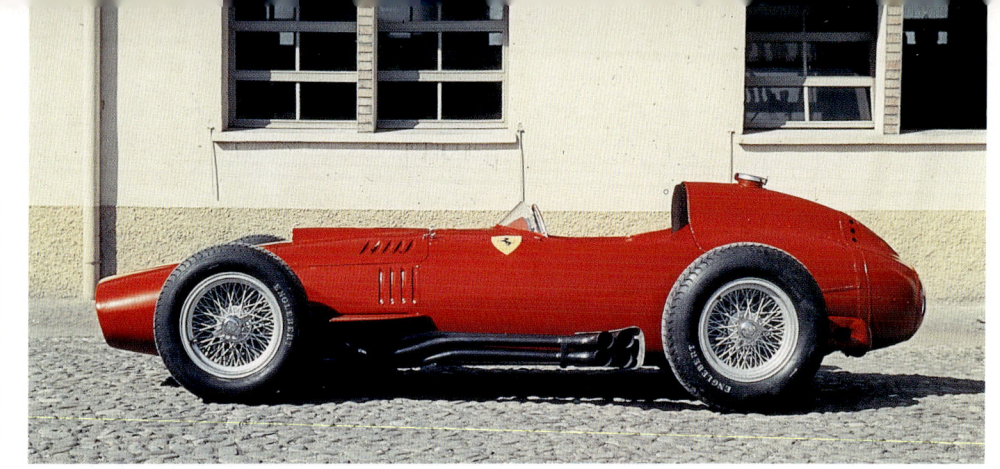

中：フェラーリ335S

上右：フェラーリ335Sのコクピット。傾斜したステアリングホイールが特徴。390psの335Sは、それまでのどのフェラーリよりもパワフルだ。マセラーティとコンストラクターズ・チャンピオンを巡り、しのぎを削った。

上左：1957年のグランプリ用シングルシーター。V型8気筒275psの801はD50の改良版だが、評判は決して良くはなかった。

エンツォ・フェラーリは再び難しい時期に差しかかっていた。

会社は順調に成長し、GTは人気を博した。しかし、問題は一個人であるエンツォ・フェラーリの心の中にあった。

3月14日、レース・シーズン開幕前、モデナでエウジェニオ・カステロッティが亡くなる。F1シーズンが始まれば間違いなくスクーデリア・フェラーリを引っ張っていったであろうドライバーが、テスト中に起きた事故で命を落したのである。技術的に問題があったのか（ギアのトラブル）、もしくは人為的ミスか（この時期、カステロッティは心の問題を抱えていた）、原因は不明であった。いずれにしても、それはフェラーリにとって衝撃的な出来事だった。アスカーリ、息子ディーノ、そしてカステロッティ、3人の身近な人間が相次いで亡くなったのだから――。

■息子に捧げる

そんななか、この年の明るいニュースのひとつは、早世した愛息ディーノに関係のあることだった。それは息子に捧げるV6エンジンの誕生である。この6気筒エンジンの製作はフェラーリにとって初めてのことで、ヤーノの監督のもと、ディーノ自身が参加してプロジェクトが進められていたものだ。搭載されたのはフォーミュラ2（レギュレーションが変わり、1.5ℓとなった）のシングルシーター、ディーノ156F2（1489cc 65度V6／180ps）だった。このエンジンはフェラーリの栄光に磨きをかけた。そのデビューは4月28日に開催されたナポリGPである。ステアリングを握ったはルイジ・ムッソで、3位に入賞した。その後、ランスのレースでステアリングを握ったトランティニアンが1位でゴールする。

ところが、またしても不幸がフェラーリ

- ●F1ドライバーズ・チャンピオンシップ
  ①ファン・マヌエル・ファンジオ（マセラーティ）
  ②スターリング・モス（ヴァンウォール）
  ③ルイジ・ムッソ（801）
  ④マイク・ホーソーン（801）
- ●ワールド・スポーツカー・チャンピオンシップ
  ①フェラーリ
- ●ブエノス・アイレス1000km
  ①ムッソ／グレゴリー／カステロッティ（290MM）
- ●ジーロ・ディ・シチリア
  ①ジャンドビアン／ウォッシャー（250GT）
- ●ミッレミリア
  ①ピエロ・タルフィ（315S）
- ●ランス12時間
  ①ジャンドビアン／フレール（250GT）
- ●クープ・ドゥ・ヴィテスF1──ランス
  ①ルイジ・ムッソ（D50）
- ●トゥール・ド・フランス
  ①ジャンドビアン／ビアンキ（250GT）
- ●ベネズエラGP
  ①コリンズ／ヒル（335S）

ミッレミリアを走るアルフォンソ・デ・ポルターゴ侯爵とコ・ドライバーのエド・ネルソン。ふたりはグイディッツォーロで9人の見物人を巻き込んだ事故で亡くなる。この事故によって、このブレシアを起点にしたレースは取り止めとなった。

上：ミッレミリアの優勝者であるピエロ・タルフィ。マシーンは315Sで、335Sよりわずかに排気量が少ない（4023ccに対して3783cc）。

下：ヴォルフガング・フォン・トリップス。モナコGPにて。マシーンはフェラーリ801。エンジン・トラブルによってカジノに上がる坂の頂上付近でリタイアとなった。

を襲う。モデナでテクニカル・ディレクターのアンドレア・フラスケッティが、2台目の156F2の試乗中に亡くなったのである。

このマシーンがデビューしてからエンツォは、我が家のように感じていたモンツァとモデナで行なわれる金〜土曜日の予選以外、グランプリに足を運ぶことはなくなった。もっとも、行っても行かなくても変わりはなかっただろう。D50の後継として801（F157）と呼ばれたこのマシーンの調子は、決して良いとはいえなかったのだ。

おそらくクルマの不調とは無関係だったろうが、マセラーティの高額なオファーと競争力の高いマシーンに魅かれ、ファンジオはフェラーリを離れた。離れた理由には、エンツォ・フェラーリとの複雑な関係や疑惑、いやがらせの渦中にいることに対する疲労も含まれていたのかもしれない。

結局、このシーズンは悲惨な戦績で幕を閉じる。優勝できなかったフェラーリを尻目に、ファンジオとマセラーティは意気揚々と凱旋した。

ところでこの時期、フェラーリはこれまでの排気量を使った車名の付け方から、シリンダー数"8"を織り込んだものに変更している。この801のあと、フェラーリが

1957　Ferrari 55

左：フェラーリ410スーパーアメリカ、カロッツェリアはピニン・ファリーナ。このタイプは16台製作された（プロトタイプは1956年製作）。

下：ピニン・ファリーナの250GT。カロッツェリア・ボアーノ・ダ・エレーナによってシリーズ生産された（80台）。

一番上：クーペ・スーパーファスト。410スーパーアメリカ（340ps）シリーズのスペシャル・モデル。色はボディがブルー、ルーフは明るいグレー。室内は革。ボディはピニン・ファリーナ。

上：250GT、これもボディはピニン・ファリーナ製のカブリオレ。パリ・サロンに出品された。

次に8気筒をF1で使うのは1964年のことで、このマシーンは158と呼ばれた。

■最後のミッレミリア

タルフィの駆るフェラーリがミッレミリアで優勝を果たす。フェラーリにとっては8回目の勝利であり、レース後に決定となった公道使用の禁止によって、これが最後のレースとなった。なぜなら、このミッレミリアでは、グイディッツォーロ（マントヴァ郊外）の悲劇として記憶に残ることになるほどの惨事が起きたからである。レース中事故を起こしたアルフォンソ・デ・ポルターゴ侯爵と彼のコ・ドライバーであったエド・ネルソンに加え、9人もの観衆が巻き添えで亡くなった。さらに痛ましいのは、巻き込まれた9人のうち5人が8歳から10歳までの子供たちだったことである。1957年5月12日に起きた悲劇は、タイアのバーストが原因だった。マシーンの性能に見合ったタイアを装着していなかったとして、エンツォ・フェラーリは起訴される。いくつかのメディアは、まだ判決前にもかかわらず、彼を激しく非難した（『オセルバトーレ・ロマーノ』紙はエンツォを、我が子をむさぼり食う"サトゥルヌス"＝クロノスに喩えた）。結局、判決は無罪だった。事故から4年2ヵ月と19日後のことである。

ポルターゴが事故を起こしたときのマシーン、335S（4023cc／390ps／300km/h）のことは忘れさられたが、335Sはタルフィが運転していた315S（3783cc／360ps／290km/h）に近いもので、この時点までに製作されたフェラーリのなかでもっともパワーのあるマシーンであった。しかし、このフェラーリはすぐに生産中止となる。この年、このクラスの排気量が3ℓになったからである。

さまざまな出来事に見舞われながらも、

左：ボアーノ・デザインの奇想天外な250GT。

右：オリヴィエ・ジャンドビアンはミッレミリアで250GTを駆り、タルフィとフォン・トリップスの2台のフェラーリに続き、3位に入賞。

右中：セイデルのフェラーリ250GT、ニュルブルクリンクにて。このマシーンの高いパフォーマンスと信頼性が人気を呼び、プライベート・ドライバーに大人気の1台だった。

右下：フェラーリ250GTザガート。1957年のミッレミリアにて。ステアリングを握ったのはルリオ／カルリ組。

下：トゥール・ド・フランスではオリヴィエ・ジャンドビアンがフェラーリで優勝を飾る。写真は3台のフェラーリ。トランティニアン（No.169）、ジャンドビアン（No.170）、セイデル（No.172）。

58～59ページ：1957年のモナコGP。801でコースアウトしたマイク・ホーソーンがフォン・トリップスのマシーンを操った（数周したのち、返したが……）。

マラネロは4度目のワールド・スポーツカー・チャンピオンシップのタイトルを獲得する。それはパワーアップした290MMの偉業といえるだろう。このマシーンは、フォン・トリップスによってミッレミリアで2位、コリンズによってニュルブルクリンク1000kmレースでも2位を獲得した。そのうえ、コリンズはスウェーデンGPでも2位となり、このレースによってフェラーリはポイントの上でタイトルを確実なものとした。そして、最後のグランプリであるベネズエラで、コリンズ／ヒル組がみごとに優勝したのだった。

1957 | Ferrari | 57

58 | Ferrari | 1957

1957   Ferrari | 59

1958 喜びと悲しみと

フェラーリ250GTトゥール・ド・フランス。1958年型。美点は、その美しさと速さにある。

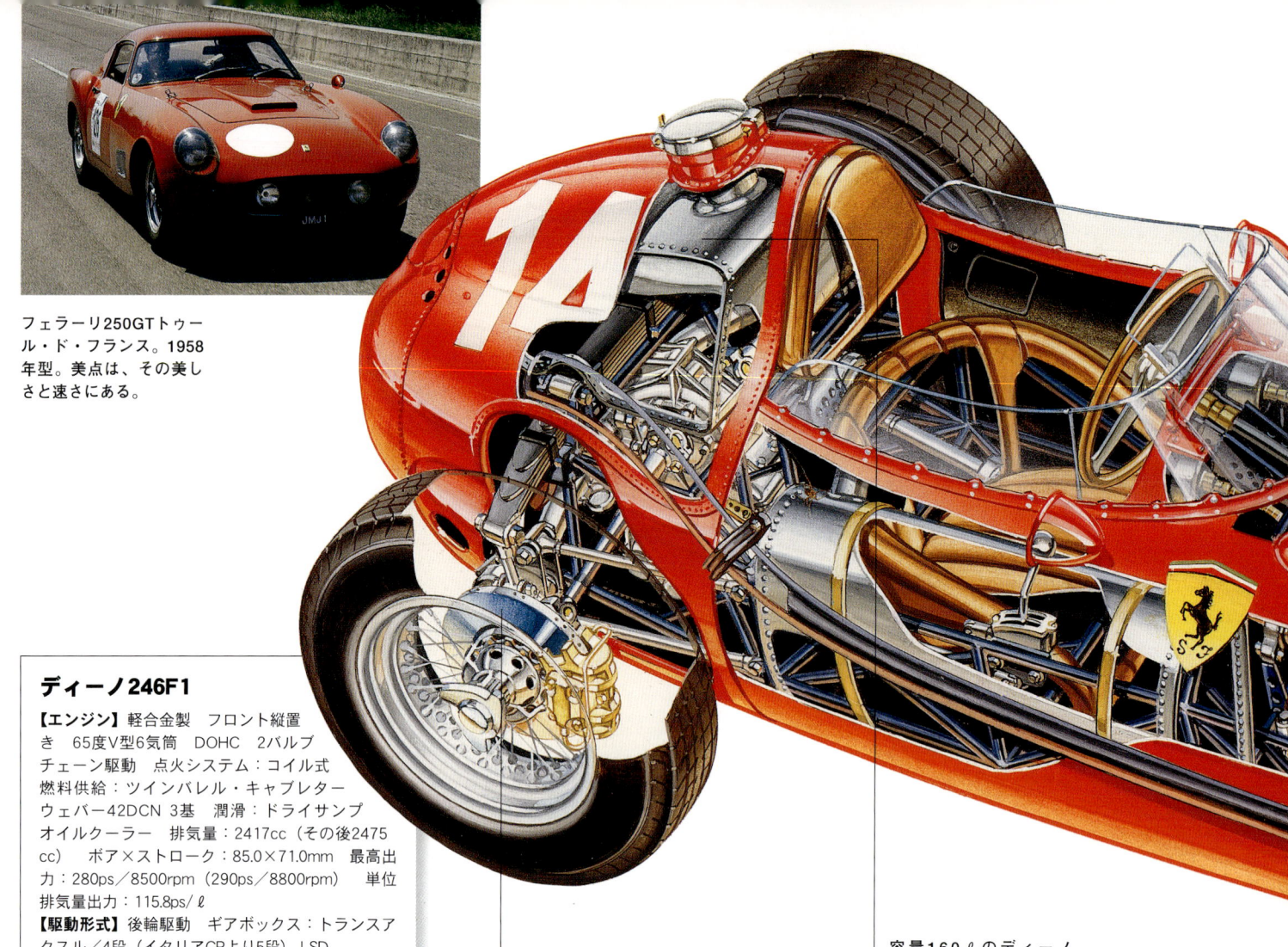

ディーノ246F1

【エンジン】軽合金製　フロント縦置き　65度V型6気筒　DOHC　2バルブ　チェーン駆動　点火システム：コイル式　燃料供給：ツインバレル・キャブレター　ウェバー42DCN 3基　潤滑：ドライサンプ　オイルクーラー　排気量：2417cc（その後2475cc）　ボア×ストローク：85.0×71.0mm　最高出力：280ps／8500rpm（290ps／8800rpm）　単位排気量出力：115.8ps／ℓ

【駆動形式】後輪駆動　ギアボックス：トランスアクスル／4段（イタリアGPより5段）　LSD

【タイア】前：5.50×16　後：6.50×16

【シャシー／ボディ】シングルシーター　アルミ製ボディ　チューブラー・フレーム　前：ダブルウィッシュボーン／コイル，テレスコピック・ダンパー　スタビライザー　後：ド・ディオン／横置きリーフ，油圧レバー式ダンパー　燃料タンク：ドライバーズシート後方（容量：160ℓ）

【ブレーキ】ドラム（後にディスク）

【ステアリング】ウォーム・ローラー

【寸法／重量】ホイールベース：2160mm（後に2320mm）トレッド（前／後）：1270mm（後に1220mm）／1240mm（後に1190mm）　全長×全幅×全高：4030×1500×980mm　重量：560kg

【性能】最高速度：280km/h　馬力荷重：2.0kg/ps（1.93kg/ps）

ディーノ246F1はディスクブレーキを採用した最初のフェラーリである。イタリアGPでデビューを飾った。

容量160ℓのディーノ246F1の燃料タンク。燃料は混合ではなく航空用ガソリン（avgas）が用いられた。フェラーリは1958年の燃料に関するレギュレーションにいち早く対応している。

フェラーリ・プリマベーラ

1958年にスクーデリア・フェラーリを襲ったホーソーン（写真）の引退と事故死は、フェラーリ・プリマベーラの輝かしい伝説の終わりを意味した。1956年12月に誕生したこのチームは、アスカーリやファンジオに代わる若い才能溢れたメンバーが揃っていたことからプリマベーラ（＝春）と呼ばれたのである。エウジェニオ・カステロッティ、アルフォンソ・デ・ポルターゴ、ルイジ・ムッソ、ピーター・コリンズ、マイク・ホーソーン──。カステロッティのようにテスト中であったケースもあれば、引退後、メルセデス300SLに乗る友人、ロブ・ウォーカーとジャガーMk.IIで競り合ううちに亡くなったホーソーンのようなケースもあったが、ドライビングの最中であったということだけは、いずれのドライバーの死にも共通していたことである。

1958年はフェラーリが圧倒的な強さを見せた年だった。

勝つべきものにはすべて勝った。フォーミュラ1からワールド・スポーツカー・チャンピオンシップまで、さらにタルガ・フローリオ、ルマン24時間、セブリング12時間、そしてトゥール・ド・フランス──。だが、代償も大きかった。またもやチームのドライバーが亡くなったのである。

■6気筒のサクセス

1958年はフェラーリの6気筒エンジンが絶賛を博した年だ。1961年のものとはまったく異なり、ディーノ156F1を改良したディーノ246F1は、マイク・ホーソーンにワールド・タイトルをもたらす。だが、シーズンは決して安楽ではなかった。最強のライバル、マセラティはフランスGPを最後にF1から撤退（ファンジオにとっても最後のGPとなる）したが、他のチームも強くなっていた。なかでもヴァンウォールとスターリング・モスはフェラーリの強敵となった。フェラーリの2回の勝利に対し、ヴァンウォールはすでに6回も勝っていた。しかし、苦戦を続けていたホーソーンにひと筋の光が差す。フェラーリのスポーツ部門のディレクター、ロモロ・タヴ

60 | Ferrari　　1958

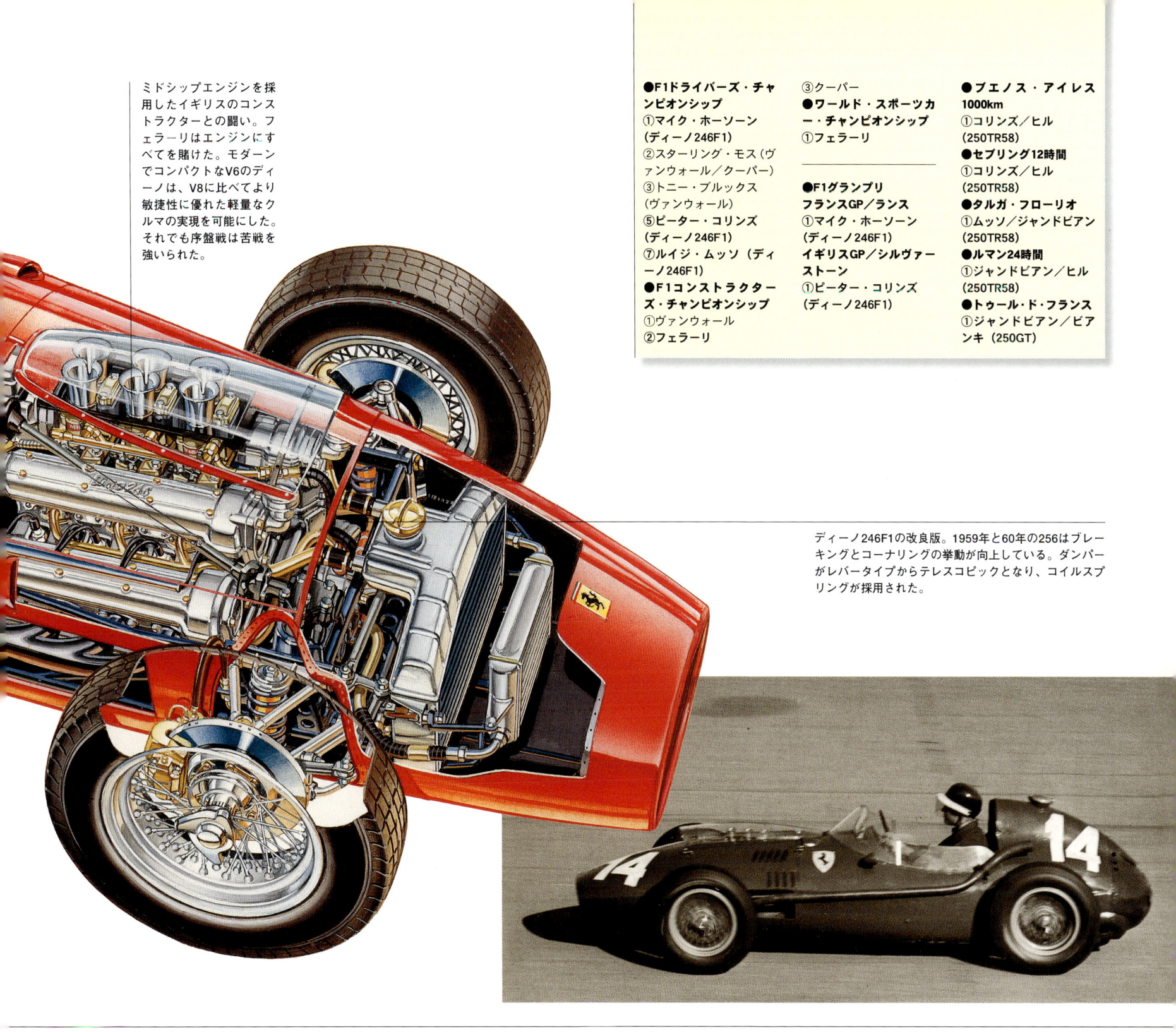

ミドシップエンジンを採用したイギリスのコンストラクターとの闘い。フェラーリはエンジンにすべてを賭けた。モダーンでコンパクトなV6のディーノは、V8に比べてより敏捷性に優れた軽量なクルマの実現を可能にした。それでも序盤戦は苦戦を強いられた。

●F1ドライバーズ・チャンピオンシップ
①マイク・ホーソーン（ディーノ246F1）
②スターリング・モス（ヴァンウォール／クーパー）
③トニー・ブルックス（ヴァンウォール）
⑤ピーター・コリンズ（ディーノ246F1）
⑦ルイジ・ムッソ（ディーノ246F1）
●F1コンストラクターズ・チャンピオンシップ
①ヴァンウォール
②フェラーリ

③クーパー
●ワールド・スポーツカー・チャンピオンシップ
①フェラーリ

●F1グランプリ
フランスGP／ランス
①マイク・ホーソーン（ディーノ246F1）
イギリスGP／シルヴァーストーン
①ピーター・コリンズ（ディーノ246F1）

●ブエノス・アイレス1000km
①コリンズ／ヒル（250TR58）
●セブリング12時間
①コリンズ／ヒル（250TR58）
●タルガ・フローリオ
①ムッソ／ジャンドビアン（250TR58）
●ルマン24時間
①ジャンドビアン／ヒル（250TR58）
●トゥール・ド・フランス
①ジャンドビアン／ビアンキ（250GT）

ディーノ246F1の改良版。1959年と60年の256はブレーキングとコーナリングの挙動が向上している。ダンパーがレバータイプからテレスコピックとなり、コイルスプリングが採用された。

モンツァで行なわれたイタリアGPでトニー・ブルックス（ヴァンウォール）に続いて2位に入賞したマイク・ホーソーン。最後の最後までスターリング・モスと競ったが、最終的にはホーソーンが1958年のF1チャンピオンの座についた。

ォーニ指揮下でチームがうまく機能しはじめたのだ。だが、F1コンストラクターズ・チャンピオンは、ヴァンウォールが獲得。同時にフロントエンジン・シングルシーターが勝利した最後のシーズンとなった。

シーズンの序盤、ディーノ246F1の戦いは厳しいものだった。ドライバーたちはエンジン（2417cc 65度V6／280ps）の不調を感じ、セッティングに問題があるとエンツォに直訴した。エンツォは精確な調整を命じ、シーズン中盤までにはどうにかライバルたちと比肩するまでにエンジンの調子は高まった。シーズン最初の2戦は、エンジンをドライバーの後方に載せたシングルシーターがF1史上初めて優勝を遂げた。アルゼンティンではモスが、モンテカルロではトランティニアンのドライブでクーパー・クライマックスが勝った。これについて聞かれたエンツォは「馬は前で荷車を引っ張るものだ」と答えたという。

マラネロはシャシーとブレーキについても苦戦した。ヴァンウォールのシャシーは軽く、ディスクブレーキが奢られていた。いっぽう、フェラーリは相変わらずドラムブレーキを使った。ピーター・コリンズはエンツォに、ディスクブレーキへの変更を求め、自分の250GTにイギリスでディスクブレーキを装着させた。コリンズが事故死すると、ホーソーンはエンツォにディスクブレーキの装着を強要、9月7日、ついにモンツァで行なわれたイタリアGPから、フェラーリはディスクブレーキ仕様となった。

■あまりに高くついた代償

勝利の値段はとてつもなく高いものについた。ランスで行なわれたフランスGPで、ホーソーンと優勝を賭けて競り合っていたルイジ・ムッソがコースアウトし、死亡する。コースで一番のタイトベント（カルヴェール・コーナー）でチームメイトと限界

1958 Ferrari 61

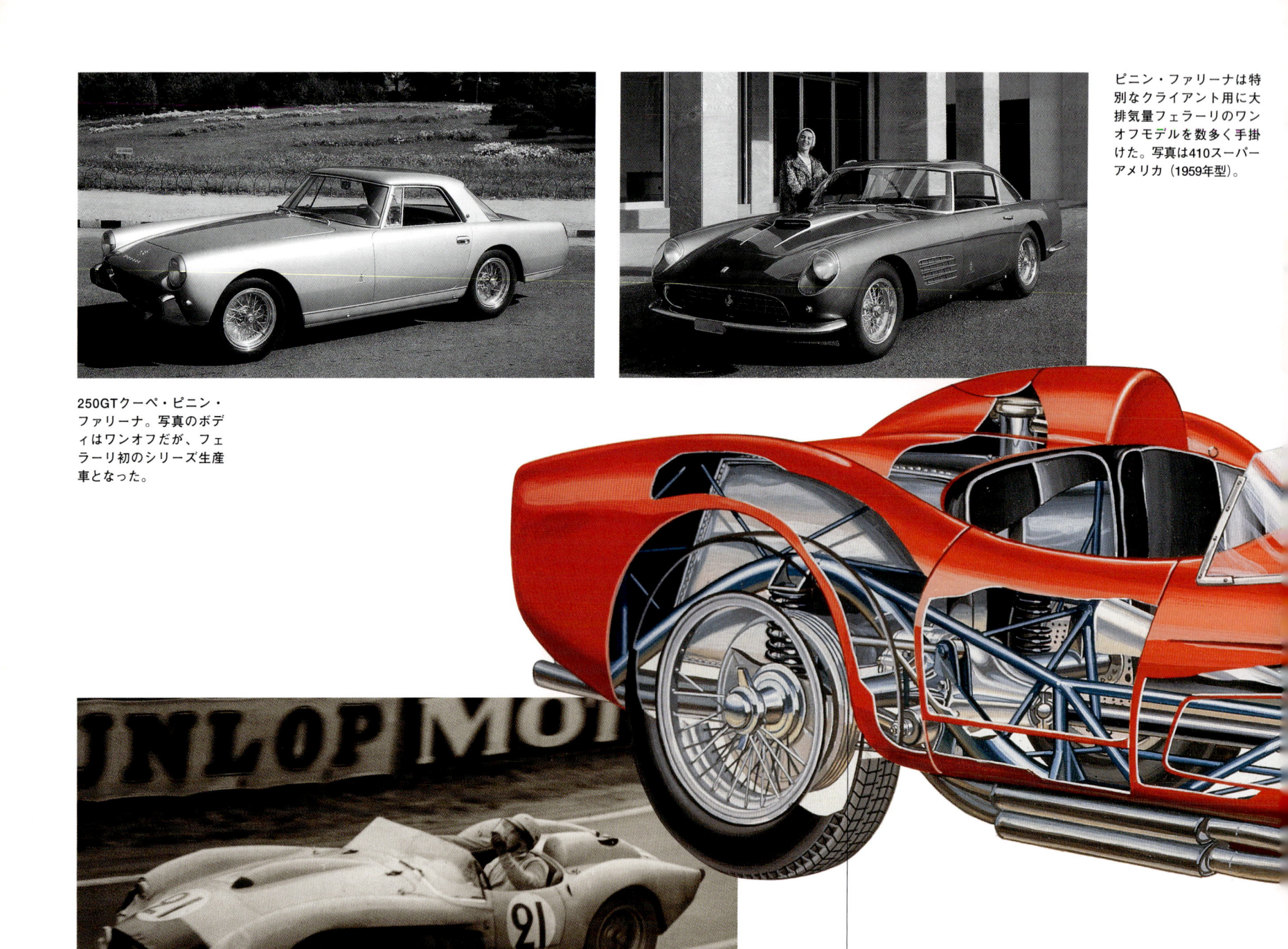

250GTクーペ・ピニン・ファリーナ。写真のボディはワンオフだが、フェラーリ初のシリーズ生産車となった。

ピニン・ファリーナは特別なクライアント用に大排気量フェラーリのワンオフモデルを数多く手掛けた。写真は410スーパーアメリカ（1959年型）

当初250テスタロッサのブレーキはドラム式だったが、その後ディスクブレーキとなった。リアの鋼管フレームに付くのはコイルを介したリジッドアクスルである。

上：1958年のルマン。250テスタロッサは耐久レースに適したマシーンで、ジャンドビアン／ヒル組が優勝。プライベート・エントリーのデ・シャンジー／"ビューリー"組が7位に付けた。

に挑んだ結果だった。

この1ヵ月後（8月3日）、今度はピーター・コリンズのフェラーリがニュルブルクリンクでコースアウトし、木に激突してしまう。放りだされたコリンズは重傷を負い、やがて死亡した。マイク・ホーソーンに僅差で続くトニー・ブルックスを必死に追っていた最中の出来事であった。

チャンピオンのタイトルを手にしたマイク・ホーソーンは、レースの世界から引退した。引退後の1月19日、三たび悲劇が訪れる。ビジネスランチをとりにロンドンにジャガーで向かう途中、メルセデス・ベンツに乗った友人、ロブ・ウォーカーにばったり出くわした彼は、すぐさま公道でスピードレースを始めてしまう。飛ばすマイクと彼を追うロブ、道路はウェットコンディション――。タイトコーナーがまさに命取りになった。あまりにも大きな代償であった。

■テスタロッサⅡ

アンドレア・フラスケッティが亡くなったあと、カルロ・キティが技術部門の責任者となった。アルファ・ロメオでの経験を活かし、キティはフェラーリをどんどん進化させていく。注目すべき最初の仕事はスポーツカー選手権への着手であった。まず手掛けた250テスタロッサ、もしくはTR58と呼ばれるマシーンは、すぐにルマン（カヴァリーノ・ランパンテにとっては3度目）とタルガ・フローリオを征服、その結果、フェラーリはこのカテゴリーで5度目の優勝を手にしたのだった。

このマシーンは2年前に出た500TRの改良発展型で、4気筒の代わりにV12を搭載する。排気量は新レギュレーションに合わせて2953cc（最高出力300ps）となっており、多くの改良を受けながら、1962年まで頂点の座に君臨した。

夢の一台。フェラーリ250GTスパイダー・カリフォルニア。1960年型。57年、発売に先駆けて発表され、62年まで生産された。

TRの心臓部。エンジンは3ℓのV12（300ps）である。一般クライアント用（リアがリジッドアクスル）とワークス用（リアが独立サスペンション）の2種類が用意された。

250テスタロッサ（1958）

【エンジン】 フロント縦置き　60度V型12気筒　SOHC　2バルブ　チェーン駆動　点火システム：コイル式　燃料供給：ツインバレル・キャブレター　ウェバー38DCN 6基　潤滑：ドライサンプ　排気量：2953cc　ボア×ストローク：73.0×58.8mm　最高出力：300ps/7500rpm　単位排気量出力：101.6ps/ℓ
【駆動形式】 後輪駆動　ギアボックス：トランスアクスル／4段　LSD
【タイア】 前：5.50×16　後：6.00×16
【シャシー／ボディ】 2シーター・スポーツ　アルミ製ボディ（デザイン：ピニン・ファリーナ／架装：スカリエッティ）　チューブラー・フレーム　前：ダブルウィッシュボーン／コイル，テレスコピック・ダンパー　スタビライザー　後：ド・ディオン／コイル，テレスコピック・ダンパー（後に独立懸架）　燃料タンク：ドライバーズシート後方（容量：140ℓ）
【ブレーキ】 ドラム（後にディスク）
【ステアリング】 ウォーム・ローラー
【寸法／重量】 ホイールベース：2350mm　トレッド（前／後）1308mm／1300mm　重量：800kg
【性能】 最高速度198～270km/h　馬力荷重：2.7kg/ps　燃費：26ℓ／100km

1958年型250TRのスタイリングはエアロダイナミクスに優れていた。改良を受けたため、サイドの形状に変更がみられる。1962年までに34台が製作されている。

■ "ダブルフェイス" のグラントゥリズモ

1958年には最も美しい3ℓエンジン搭載の3台のグラントゥリズモが登場する。

最初は250GTベルリネッタである。スタイリング・デザインはピニン・ファリーナが、ボディ製作はスカリエッティが担当した。250GTのレース用車で、排気量2953ccのエンジンは280ps（最高速度270km/h）を発する。トゥール・ド・フランスをはじめ、多くのレースで優勝したこのマシーンは、一般には250GTトゥール・ド・フランスと呼ばれる。多数のプライベート・ドライバーによりレースに出場した。

ピニン・ファリーナが製作したのは公道用クーペで、250GTクーペ・ピニン・ファリーナIIと呼ぶ。ボディ・サイドまで回り込んだリア・ウィンドーと低めのウェストラインが特徴。240psを発するエンジンで最高速度250km/hに達する。シリーズ生産となった初めてのフェラーリで、3年間で350台を生産した。

■ カリフォルニアを夢みて

1958年は、美しさという点において、250GTスパイダー・カリフォルニアの年だ。やはりデザインはピニン・ファリーナで、実際のボディ製作はスカリエッティによる。ホイールベースは2.6mと変わらないが（後に2.4mに短縮）、ベルリネッタと同じエンジンは240psから280psにチューンされた。世界中から大歓迎された。特に、テノール歌手のマリオ・デル・モナコのような世界のVIPに選ばれた。

しかし、伝説の一台に留まるだけで満足するようなクルマではなかった。レースのチェッカードフラッグを受けないかぎり、真のフェラーリと認められないのだ。1959年のルマンでグロスマン／タヴァノ組により5位入賞を果たし、悩みは解消した。

1958　Ferrari　63

初期の250GTベルリネッタ。インテリムと呼ばれた（6台製作）。ルマンで姿を現す。

250GTベルリネッタのエンジンは2953ccのV12。カヴァリーノ・ランパンテのグラントゥリズモである。レース用には特別なエンジンが用意された。そのティーポ168は出力が240psから280psに向上している。

250GTはシリーズ生産されたが、その数は極めて少ない。写真は1960年型。

1959 不可能な挑戦

パリ・サロンで登場した250GTベルリネッタ。後にショートホイールベース・ベルリネッタ、もしくはSWB（Short Wheel Base）と呼ばれる。シャシーナンバー539を採用したボディのデザインはピニン・ファリーナで、製造はスカリエッティが担当。フロントサスペンションのダブルウィッシュボーンと、4輪ディスクブレーキ、フロントミドシップエンジンが特徴。

　1959年に用意されたフェラーリのF1マシーンは、246F1を発展させた256F1であった。
　このマシーンは、フェラーリのできうる限りの改良を施されたが、問題は依然フロントエンジンだったことにあった。
　1958年のチャンピオンに輝いたディーノ246F1のダンパーはレバータイプだったが、256F1にはテレスコピック式が採用された。また、リーフ＋ド・ディオンに代えて、コイルスプリング付き独立型のリアサスペンションを装着した。エンジンは従来のV型6気筒だが、2417ccから2474cc（出力290ps）に拡大されている。5段ギアボックスは、すでに1958年のモンツァから使用されているものである。

■ミドシップエンジンの勝利

　256F1は新しいフェラリスタ、トニー・ブルックスによってフランスGPとドイツGPで2度勝利する（ドイツGPでは旧式のディーノ246F1に乗るダン・ガーニーが2位に入賞）。しかし、フロントエンジンは明らかに時代遅れとなりつつあった。事実、この年、ドライバーにオーストラリア人のジャック・ブラバムを擁し、クーパー・クライマックスがF1史上初のミドシップマシーンとしてワールドチャンピオンに輝いている。翌60年まで2年間、クーパーはその強さを発揮し、17GP中11回の勝利を収めた。
　トニー・ブルックスはドライバーズ・タイトルで2位となり、フェラーリの面目を保った。いっぽう、ジャン・ベーラはフランスGPのあと、チームを去った。その約1ヵ月後の8月1日、彼はドイツGPでポルシェを運転中に事故で亡くなっている。
　ワールド・スポーツカー・チャンピオンシップでも、フェラーリは王座をアストン・マーティンに譲ることになった。ルマン24時間でも同様にタイトルを逃す。もは

64 | Ferrari　1959

ディーノ246F1に乗るダン・ガーニー。1959年のイタリアGPにて。結果は4位だった。

●F1ドライバーズ・チャンピオンシップ
①ジャック・ブラバム（クーパー）
②トニー・ブルックス（256F1）
③スターリング・モス（BRM）
④フィル・ヒル（256F1）
●F1コンストラクターズ・チャンピオンシップ
①クーパー
②フェラーリ
③BRM
●F1グランプリ
フランスGP／ランス
①トニー・ブルックス（256F1）
ドイツGP／アヴス
①トニー・ブルックス（246F1）
●セブリング12時間
①ヒル／ジャンドビアン／ガーニー（250TR59）
●トゥール・ド・フランス
①ジャンドビアン／ビアンキ（250GT）

ベルリネッタのリアサスペンションはリジッドアクスルである。性能的に充分だったため、縦置きリーフにテレスコピックダンパーが組み合わされたトレーリングリンクという、非常に古典的なものが採用された。

下：ディスクブレーキを採用した340psの400スーパー・アメリカ。フィアット社の社長、ジャンニ・アニエッリのためにピニン・ファリーナが製作した1台。

一番下：400スーパー・アメリカ・カブリオレ・ピニン・ファリーナ。6台が製作された。1960年ブリュッセル・ショーにてデビュー。

250GTベルリネッタは、スチール・ボディ（1160kg）の公道用豪華バージョンのルッソと、アルミ製ボディを持つ（110kg軽量）コンペティツィオーネの2種類が用意された。1959年から62年まで、ルッソが89台、コンペティツィオーネが73台製作された。

ポイントは短くなったホイールベースにある。200mm縮小され、2600mmから2400mmに。これによりハンドリング性能が高まり、タイトコーナーでも敏捷性に富んだ（＝レースに適した）マシーンになった。

や250テスタロッサは成す術を持たなかったのである。翻って、テスタロッサと似たボディを持つV6マシーン、"ピッコラ"ディーノ196（1984cc／195ps）と246S（2498cc／245ps）はプライベート・ドライバーたちの活躍によって健闘していた。

■夢のスパイダー

GTクーペ・ピニン・ファリーナⅡ（1958年）に続き、ピニン・ファリーナが250GTのオープン・モデルを製作する。非常にエレガントなボディラインを纏うマシーンで、高い性能と印象的なフォルムを持つスパイダー・カリフォルニアに比して、250GTスパイダー・ピニン・ファリーナⅡは明らかに公道向きといえた。シャシーやエンジンもクーペⅡと変わらず、ブレーキは1959年型の他のモデル同様、ディスク（ダンロップ製）が採用されている。

このモデルはデビュー直後から評判が上々で、当初40台のみ生産する予定が、最終的には200台となった。1962年に250GTスパイダー・ピニン・ファリーナⅡの生産が終了するが、これにより275GTSがデビューする1964年の終わりまで、フェラーリはオープン・モデルを持たないことになる。

1959 | Ferrari | 65

1960 1日1台のフェラーリ

上：1960年のフランスGP。ミドシップエンジンの時代である。ジャック・ブラバム（No.16／優勝）のクーパー・クライマックスと、フォン・トリップス（リタイア）の差は、まさにこの時点での技術の違いとレースの変化を象徴するものだった。

マニュファクチュアラーとしてのエンツォ・フェラーリの目標がようやく達成された。マラネロで初めて1日1台のフェラーリが生産されるようになったのだ。1960年に製造されたフェラーリは306台で、年間労働日数を超える台数である。この生産台数に先駆けて、ある重要な決定が下された。5月23日、20年にわたってエンツォ・フェラーリひとりの所有であったアウト-アヴィオ・コストゥルツィオーニに代わり、SEFAC（Societa Esercizio Fabbriche Automobili e Corse）という名の株式会社が登記されたのだ。

250GTはすでに商業的成功を収めていたし、さまざまなクライアントの新たな需要に応えるべく、多種多様なモデルが待機していたが、満を持して登場したのが250GT 2+2である。フェラーリ初の4シーターGTの生産は、彼らが絶対の信頼を置くピニンファリーナに委ねられた（イタリア共和国大統領ジョヴァンニ・グロンキの勧告により、この時点から『ピニン・ファリーナ』は『ピニンファリーナ』と表記を変えた）。2+2は独立したカロッツェリアでの少量生産しかされていなかったから、シリーズ生産という意味でも初めての試みだった。

2+2ボディは2シーターの250GTに比べると全長／全幅ともわずかに拡大されているが、ホイールベースに変更はない。室内のスペースを考慮してエンジンは20cmほど前に移動、シャシーは手直しを受けている。

■忘れたいF1

フェラーリにとって、1960年のF1はいわば暗黒期であった。この年がマラネロにとって、フロントエンジンのマシーンで戦った最後のF1になる。マシーンは前年モデルの256F1にわずかに手を入れた（まだ246F1も使われていた）程度のものだった。

フェラーリは、コンストラクターズ部門

●F1ドライバーズ・チャンピオンシップ
①ジャック・ブラバム（クーパー・クライマックス）
②ブルース・マクラーレン（クーパー・クライマックス）
③スターリング・モス（ロータス・クライマックス）
④フィル・ヒル（256 F1）
⑥ヴォルフガング・フォン・トリップス（256 F1／156F2）

●F1コンストラクターズ・チャンピオンシップ
①クーパー
②ロータス
③フェラーリ

●ワールド・スポーツカー・チャンピオンシップ
①フェラーリ

●F1グランプリ
イタリアGP／モンツァ
①フィル・ヒル（256F1）

●ブエノス・アイレス1000km
①ヒル／アリスン（250 TR59/60）

●ルマン24時間
①ジャンドビアン／フレール（250TR59/60）

●トゥール・ド・フランス
①メレス／ベルガー（250GT）

●パリ1000km
①ジャンドビアン／ピアンキ（250GT）

下：モンツァでのイタリアGP。フロントエンジンの256F1のギンサーが、ミドシップエンジン（V6／1.5ℓ）の156F2に乗るフォン・トリップスを"引っ張る"。最終的にギンサーが2位、フォン・トリップスは5位だった。

左：ベルトーネが生産したオリジナルボディの250GT。

下：250GT 2+2ピニンファリーナ。1963年まで生産された。

68〜69ページ：250TRのステアリングを握るオリヴィエ・ジャンドビアン。ポール・フレールと組みルマンで勝利した。後ろはもう1台の250TR。ロドリゲス／ピレット組がステアリングを握る（2位）。

で3位、ドライバー部門はチームのなかで最も優秀であったフィル・ヒルが5位だった。ジャック・ブラバムとクーパー・クライマックスがライバルを圧倒し、2年連続でチャンピオンの座を獲得したのだった。シーズン中、フェラーリが唯一手にした勝利は、フィル・ヒルが制したイタリアGPだけだったが、この時はイギリスのコンストラクターがミラノ自動車クラブに対して抗議を行ない、レースは混乱の極みに陥った。

2.5ℓエンジンにとっても、これが最後のF1となった。1961年からレギュレーションが変更され、最大排気量が1.5ℓとされたのである。マラネロも新レギュレーションに対応すべく、即座に作業に取り掛かった。

いっぽう、ワールド・スポーツカー・チャンピオンシップではフェラーリがみごとに復活を遂げる。それは熟成された250テスタロッサによって獲得した勝利だった。

■ボローニャ大学からの学位贈呈

7月7日、ボローニャ大学は工学博士の名誉博士号をエンツォ・フェラーリに贈る。この時を境に、エンツォは"インジェニェーレ（エンジニア）"と呼ばれることを好むようになった。

1960 Ferrari 67

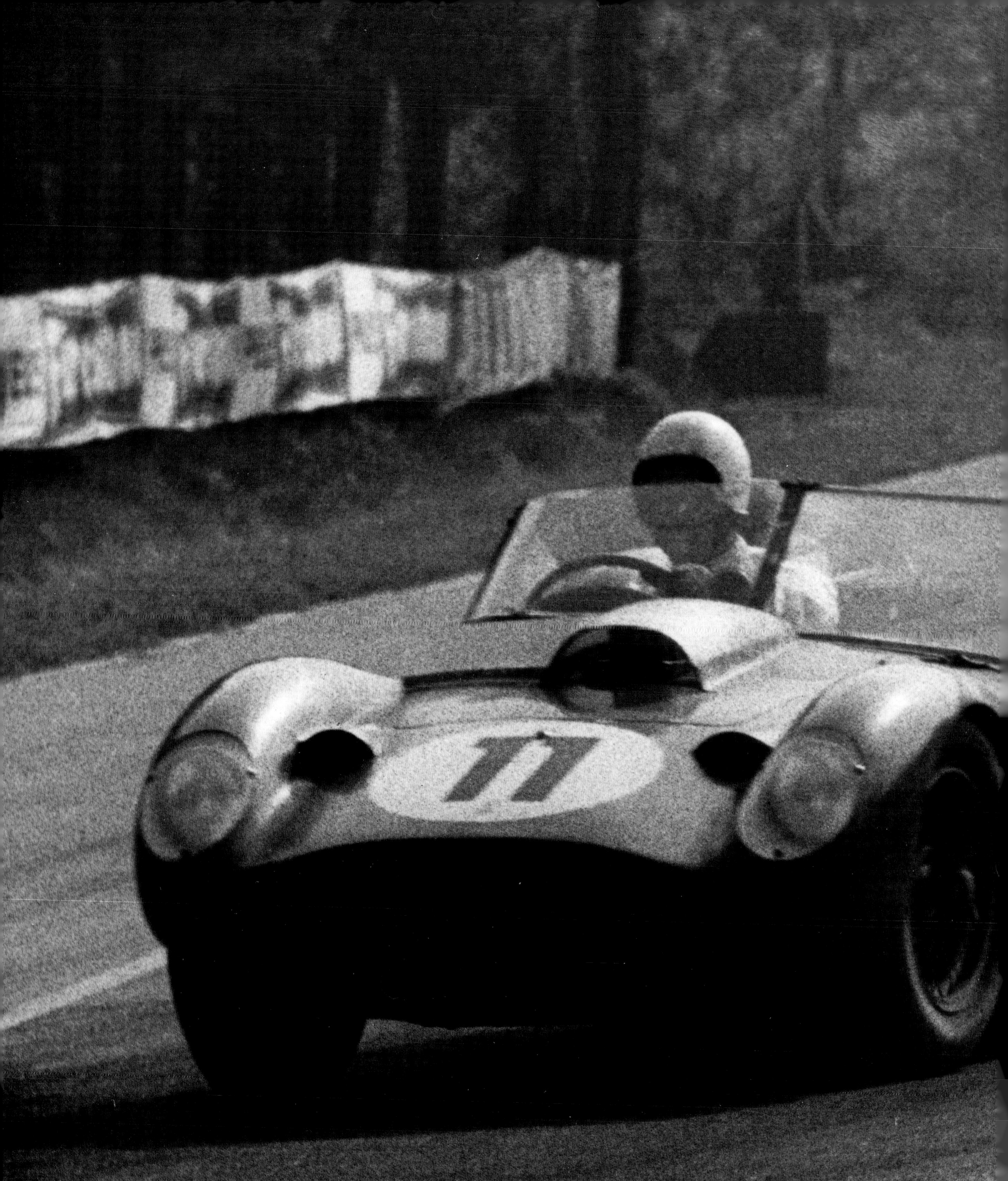

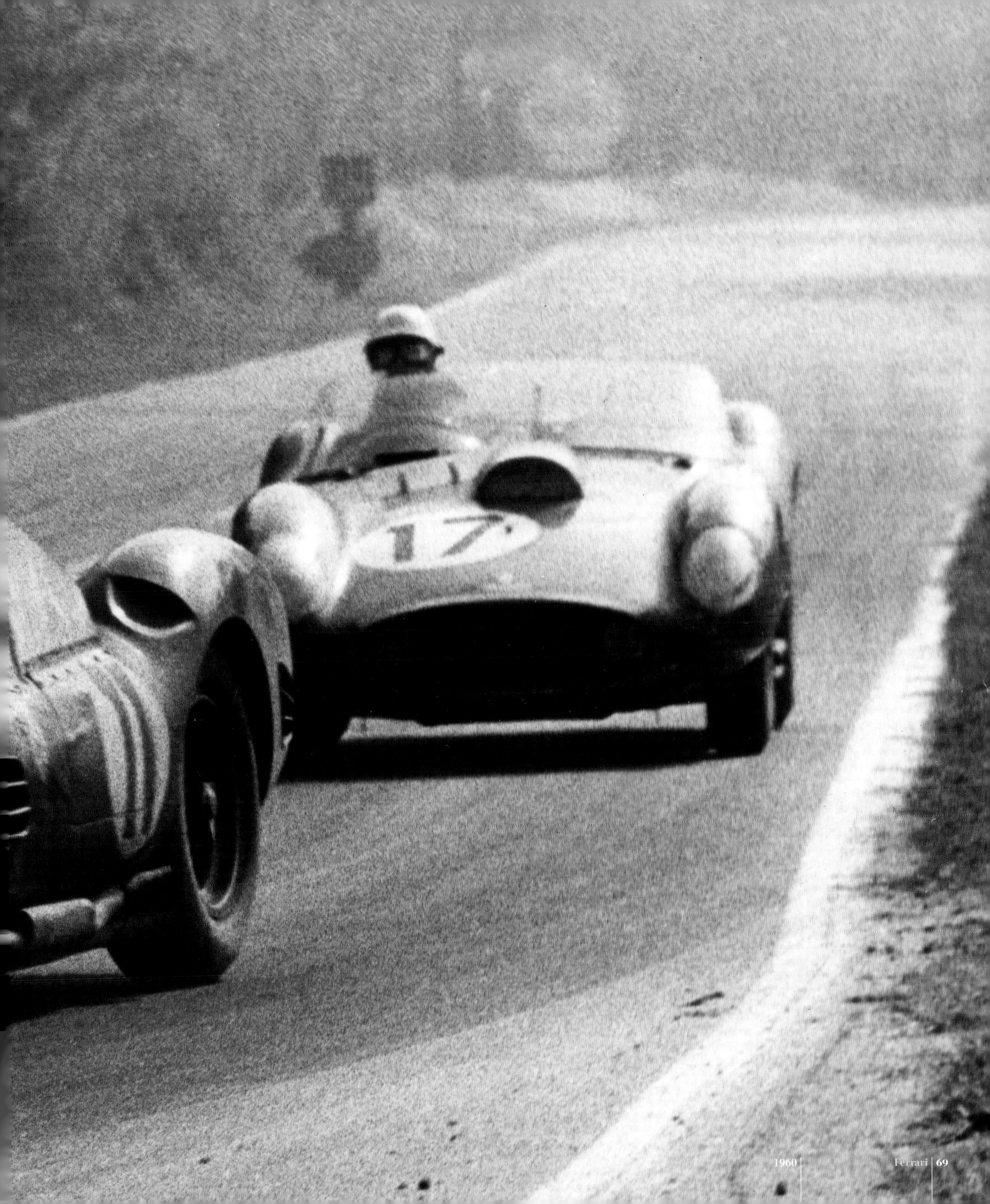

1961 勝利と革新

上：フェラーリ156F1に乗るフィル・ヒル。1961年、ニュルブルクリンクで行なわれたドイツGPにて。結果は3位だった。

左：ルマン24時間に出場したメレス／パークス組の250テスタロッサ。ヒル／ジャンドビアン組の250TR61に続き2位。

71ページ：ザンドフールトで行なわれたオランダGPでフェラーリ156F1に乗るヴォルフガング・フォン・トリップス（優勝）。1961年シーズン、フォン・トリップスはイギリスGPでも優勝している。

　これは歴史的な出来事といえるだろう。
　1960年5月29日、モナコGPが行なわれたモンテカルロでスターティング・グリッドに並んだフェラーリのうち、リッチー・ギンサーのマシーンは、試験的にフロントエンジンの246F1をミドシップに換装した246Pだった。この時は6位という結果に終わったが、9月4日のモンツァではヴォルフガング・フォン・トリップスがV6のミドシップエンジンを搭載した156F2でイタリアGPに出場し、驚くべきパフォーマンスを発揮する。同じ排気量のヘルマンのポルシェを引き離し、F2カテゴリーで優勝したのである。こうしてフェラーリはミドシップエンジンの道に進むことを決意した。

　この年のレギュレーション変更を受け、1.5ℓエンジンを載せなければならなかったが、マラネロの準備は万端に整っていた。156F1はすでに完成しており、出番待ちの状態だったのだ。このマシーンでフィル・ヒルがドライバーズ・タイトルを獲得し、1952年と53年の、あの2シーズンを走った500F2を彷彿させる活躍を見せつけたのだった。

■156F1──美しく、そして強いマシーン

　エンジンは1477cc V6を搭載する。初期型は65度のV型だったが、その後、カルロ・キティはバンク角を120度とし（コネクティングロッドを改良、シリンダーヘッドを小さくし、クランクシャフトも変更）、より軽量でコンパクトなエンジンの製作に成功した。加えて、重心も低くなっている。なによりパワーアップしたことが大きく、その出力は初期型の65度が180psだったのに対し、120度に改良後は190psとなった。このマシーンは、モンテカルロで行なわれたモナコGPでデビューを飾る。
　156F1のデザインはフロントのツイン・ラジエターグリルが特徴である。その独特

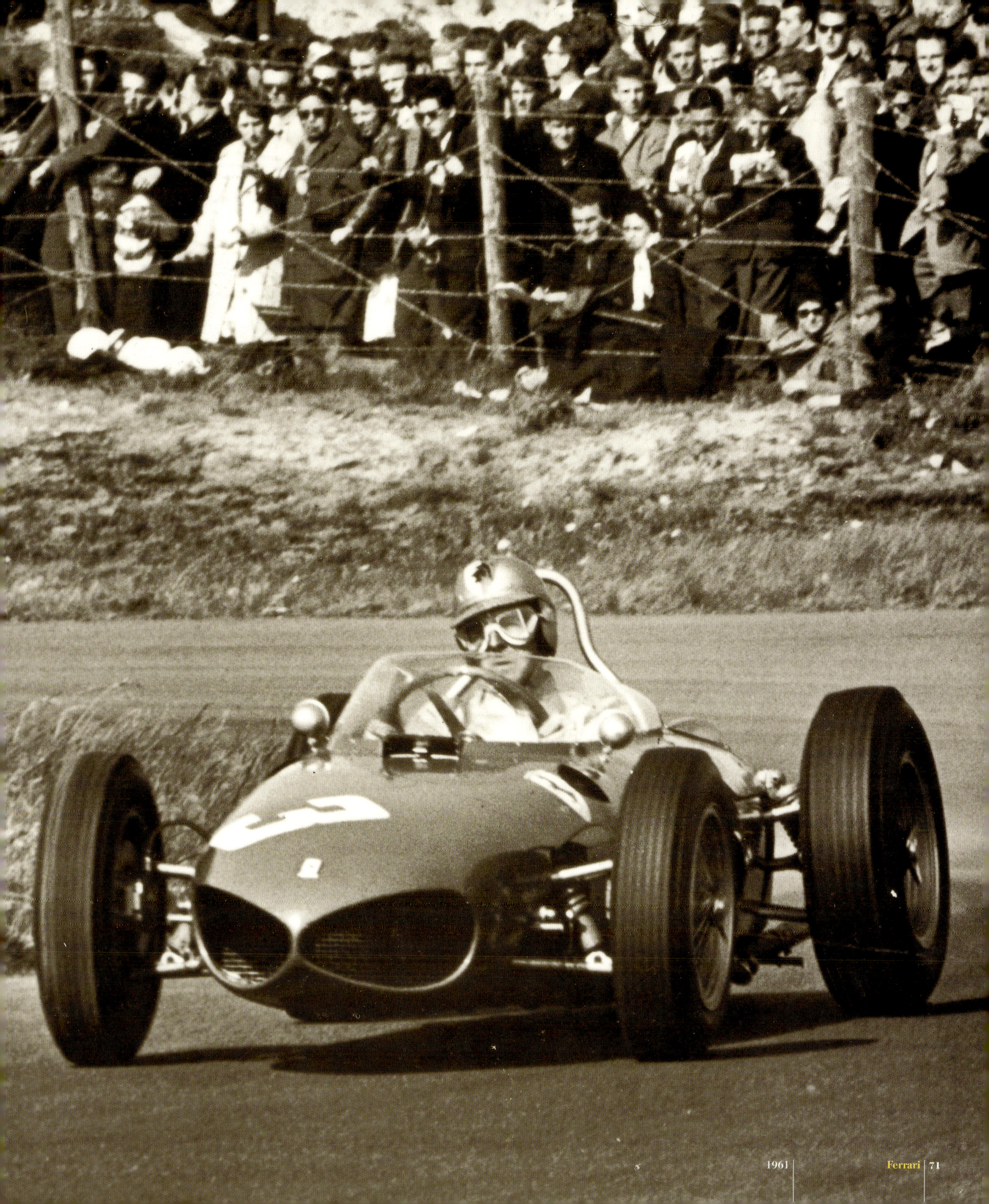

156F1は65度V型6気筒のエンジンを搭載してデビューしたが、その後、65度V6は、パワーアップした120度のV6となり、このパワーユニットでの活躍が始まる。バンク角の広いV型エンジンのメリットは、シングルシーターの重心が低くなることである。

156F1の改良型ではドライバーのポジションが"寝そべった"格好になっている。ジム・クラークのロータス25がこのスタイルを真似した。このポジションのおかげで、フロントノーズが短くなり、エアロダイナミクスは飛躍的に向上した。

バンク角120度のエンジンは効率が良かった。というのも、ひとつのクランクピンにコンロッドをふたつ取り付けることができるため、回転モーメントを低減でき、重心も低くすることが可能となったからである。

1961年、フィル・ヒルはF1ドライバーズ・タイトルを獲得し、チャンピオンとなる。写真はドイツGPが行なわれたニュルブルクリンクの有名なコーナー、カルーセルにて。3位入賞（優勝はロータスのモス）。

なマスクのために、時を移さず"シャークノーズ"と呼ばれたが、最初のミドシップエンジンとなった*フェラーリ246SPにも同じものが採用されている。

このシングルシーターF1のドライバーは、プレクシグラス製の広いフロントシールドと、ヘッド後方部分に控えるロールバーで守られている。独立式のサスペンションを採用し、ギアボックスは5段でZF製LSDを備え、アルミ製のボディはエアロダイナミクスに優れていた。

156F1はライバルをなぎ倒していった。象徴的な例を紹介すると、スパ・フランコシャンのベルギーGPでフェラーリは上位4位を独占している。フェラーリにとってはタイトルの獲得など、まるで赤子の手をひねるかのようにたやすかったのである。

ワールド・チャンピオンシップでは、フィル・ヒルの29ポイントに対し、チームメイトであるヴォルフガング・フォン・トリップスが33ポイントを獲得してトップにいた。そのトップドライバーが駆るフェラーリは、しかし、コースアウトする。文字どおりコースを外れたフェラーリが観衆のなかに突っ込み、ドライバーと14人の観衆が亡くなったのである。この事故のために、

ディーノ 156F1

【エンジン】軽合金製　ミドシップ縦置き　65度（後に120度）V型6気筒　DOHC　2バルブ　チェーン駆動　点火システム：コイル式　燃料供給：ウェバー42DCN 3基（後にトリプルチョーク40F3C 2基）　潤滑：ドライサンプ　オイルクーラー　排気量：1481cc（後に1477cc）　ボア×ストローク：67.0×70.0mm（後に73.0×58.8mm）　最高出力：180ps／9200rpm（190ps／9500rpm）　単位排気量出力：121.9ps／ℓ（後に128.6ps／ℓ）
【駆動形式】後輪駆動　ギアボックス：リア／4段LSD
【タイア】前：5.50×13　後：7.00×13
【シャシー／ボディ】シングルシーター　アルミ製ボディ　チューブラー・フレーム　前：ダブルウィッシュボーン／コイル, テレスコピック・ダンパー　スタビライザー　後：ダブルウィッシュボーン／コイル, テレスコピック・ダンパー　スタビライザー　燃料タンク：150ℓ
【ブレーキ】ベンチレーテッド・ディスク
【ステアリング】ラック・ピニオン
【寸法／重量】ホイールベース：2320mm　トレッド（前／後）：1200mm／1200mm（後に1190mm）　全長×全幅×全高＝4060×1380×1000mm　重量：440kg
【性能】最高速度：260km/h　馬力荷重：2.44kg/ps（後に2.13kg/ps）

*編注：156F1は"フェラーリ"と認識されにくかったため。

●F1ドライバーズ・チャンピオンシップ
①フィル・ヒル（156F1）
②ヴォルフガング・フォン・トリップス（156F1）
③スターリング・モス（ロータス）
④ダン・ガーニー（ポルシェ）
⑤リッチー・ギンサー（156F1）
●F1コンストラクターズ・チャンピオンシップ
①フェラーリ
②ロータス
③ポルシェ
●ワールド・スポーツカー・チャンピオンシップ
①フェラーリ

●セブリング12時間
①ヒル／ジャンドビアン（250TR61）
●タルガ・フローリオ
①フォン・トリップス／ジャンドビアン（246SP）
●ルマン24時間
①ヒル／ジャンドビアン（250TR61）
●ペスカーラ4時間
①バンディーニ／スカルラッティ（250TR61）
●トゥール・ド・フランス
①メレス／ベルガー（250GT）
●パリ1000km
①P. ロドリゲス／R. ロドリゲス（250GT）

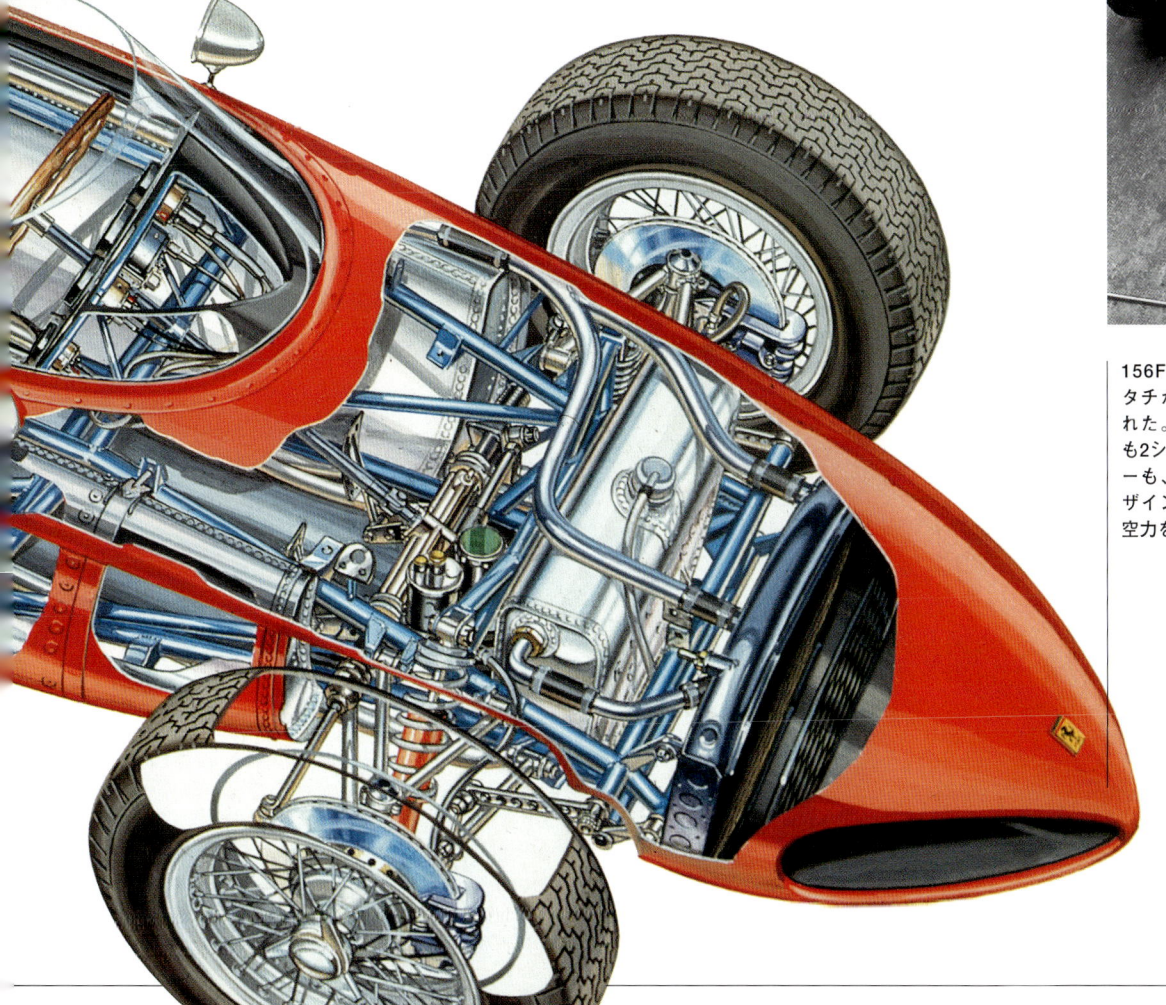

156F1のマスクはそのカタチから"サメ"と呼ばれた。シングルシーターも2シーターのスポーツカーも、フロントは同じデザイン。もちろんこれは空力を考慮してのことだ。

上：156F1計画は"すべてはリアに"。チューブラー・フレームは頑丈で、ギアボックスークラッチはリアアクスル後方に配置されている。パワフルな190psのV6は4気筒のイギリス勢をなぎ倒していった。

下：ミラノ生まれのドライバー、ジャンカルロ・バゲッティ（156F1／No.50）がダン・ガーニー（ポルシェ）の前を行く。1961年のノンスGPにて。歴史に残る感動的な勝利であった。

フェラーリはシーズン最後のレース、ワトキンス・グレンで行なわれるアメリカGPへの参加を見送った。それでもフィル・ヒルはアメリカ人ドライバーとして初めてのF1チャンピオンに輝いたのだった。

1961年はまた、フェラーリが初めてフォーミュラ1のコンストラクターズ・チャンピオンに輝いた年でもあった。

■重役たちの離散（ディアスポラ）

11月、コメンダトーレは苦しい時期を迎えることになった。

カルロ・キティ（技術責任者）、ジオット・ビッザリーニ（実験部門責任者）、スポーツ部門のディレクターであったロモロ・タヴォーニ、商業部門ディレクターのジェロラモ・ガルディーニ、経営部門ディレクターのエルマンノ・デラ・カーザ、生産部門のディレクターを務めていたフェデリコ・ジベルティ、工場の責任者であったファウスト・ガラッシ、そして人事部門を統括していたエンツォ・セルミ、この8人の重役がフェラーリから去っていったのだ。退社の理由は明確にされておらず、エ

1961 Ferrari 73

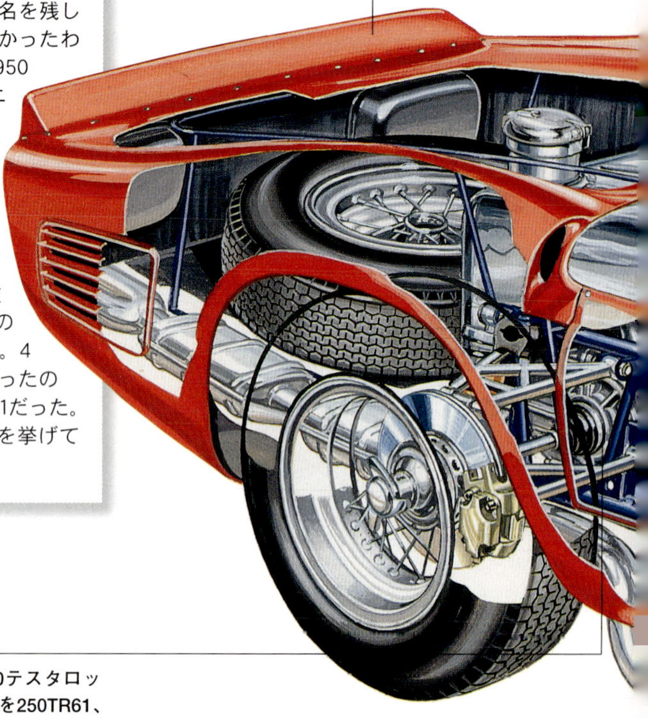

250TR61の空力は飛躍的に向上している。ダブル・エアインテークのほか、リアにはスポイラーが採用されたが、これは車重の増加に対応するためである。

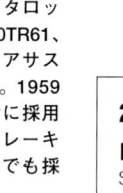

スターになったバゲッティ

ジャンカルロ・バゲッティ（ミラノ生まれ／1934年12月25日〜1995年11月27日）はその才能によってフェラーリ史上に名を残したのであって、才能に結果が伴わなかったわけではない。F1のデビュー戦で（1950年5月13日、イギリスGPで勝利したニーノ・ファリーナ以来）でいきなり勝ったこと、それが彼の名を歴史に刻んだ。残念なことに、このデビュー戦となった1961年のフランスGPが、彼にとって最初で最後のタイトル戦での勝利になってしまった。というのも、フランスGP以前にも、彼は156F1で2度勝っているが、どちらのレースもノンタイトル戦だったのだ。4月25日、シラクサGPで勝利、彼が乗ったのはミドシップエンジンのフェラーリF1だった。続いて5月14日、ナポリGPでも勝利を挙げている。

1961年型250テスタロッサ、またの名を250TR61、このマシーンのリアサスペンションは独立。1959年の250TRですでに採用されたディスクブレーキが、このマシーンでも採用されている。

250テスタロッサ

【エンジン】フロント縦置き　60度V型12気筒　SOHC　2バルブ　チェーン駆動　点火システム：コイル式　燃料供給：ツインバレル・キャブレター　ウェバー38DCN 6基　潤滑：ドライサンプ　排気量：2953cc　ボア×ストローク：73.0×58.8mm　最高出力：330ps／7500rpm　単位排気量出力：111.8ps/ℓ
【駆動形式】後輪駆動　ギアボックス：フロント／5段　LSD
【タイア】前：5.50×16　後：6.00×16
【シャシー／ボディ】2シーター・スポーツ　アルミ製ボディ（スカリエッティ製）　チューブラー・フレーム　前：ダブルウィッシュボーン／コイル, テレスコピック・ダンパー　スタビライザー　後：ダブルウィッシュボーン／コイル, テレスコピック・ダンパー　スタビライザー　燃料タンク：ドライバーズシート後方（容量：140ℓ）
【ブレーキ】ディスク
【ステアリング】ウォーム・ローラー
【寸法／重量】ホイールベース：2410mm　トレッド（前／後）：1308mm／1300mm　重量：750kg
【性能】最高速度：270km/h　馬力荷重：2.27kg/ps

上：オリジナルの250GTはピニンファリーナ・デザイン。一番上はスーパーアメリカのテールを模したスペシャル・バージョン。次の250はオランダのベルンハルト殿下の案を具現化した一台で、もちろんピニンファリーナ・デザイン。一番下はフェラーリ400スーパーアメリカ。

ンツォの妻にキティが平手打ちをくらったために"クーデター"を起こしたという説もある。いずれにしても、エンツォはひとりになった。8人のうち2人は1ヵ月後に戻ってきたが、残りの6人はATS（Automobilli Turismo e Sport）を立ち上げた。

■最初のスポイラー

この1年はスポーツカーとグラントゥリズモの両部門で勝利を続けた年だった。F1での成功と同時に、"ミドシップエンジン計画"はクローズド・モデルをも巻き込んだ。こうして生まれたのが246SPである。エンジンは出力275psを発する2417ccのディーノV6を搭載する。小さくて扱いやすく、軽快なフットワークを有するマシーンだった。すなわち、タルガ・フローリオ（優勝）やニュルブルクリンクといった、コーナーの多いサーキット向きだったのだ。3月、モンツァでカルロ・キティはこの2シーターの後部にフィンを取りつけ、リッチー・ギンサーを擁しテストを行なう。この試験走行において、直線は速いものの、コーナーでの安定性に欠けていたため、キティはリア最後部に鉄板の"唇"（後のスポイラー）を装着することにした。その結果、直線での速度がわずかに落ちはしたが、車重を増やすことなく、後輪に荷重をかけるのに有効なことが証明された。

リアのサスペンションは独立、ギアボックスとクラッチはリアにオーバーハングし

246SP（2417cc V6／275ps）のフォン・トリップス／ジャンドビアン／ギンサーによるウィニングラン。タルガ・フローリオにて。ミドシップ2シーター・フェラーリ初の勝利。

250TR61のエンジンはクラシックな3ℓV12 SOHC。4ℓの330TRi LMにはドライサンプが採用された。出力は390ps。

て配置された。リアブレーキはディスク式で、インボードブレーキとなっている。デビューレースは、ギンサー／フォン・トリップス組が参戦したセブリング12時間だった。優勝は確実と思われていたが、トリップスがフロントを壊してリタイアし、幻に終わった。しかしながら、246SPはこのセブリング12時間を除き、1961年と62年の2年間で幾多の栄光を手にしている。

■スポーツカー・チャンピオンシップの
　新時代

246SPは250TRとともに、ワールド・スポーツカー・チャンピオンシップのタイトル獲得に貢献する。オリヴィエ・ジャンドビアンとフィル・ヒルが乗る1961年型250TRはルマン24時間で、マラネロにとって5度目となる勝利に輝いた。

250TR61はテスタロッサのなかでも並外れたマシーンだった。このマシーンの改良版として、1962年に4ℓの330TRi LMがデビューする。このV12には、1960年型TR同様、ドライサンプが採用されており、出力は360psとなるが、この時点ではまだフロント配置である。またリアサスペンションは1960年から独立式となっている。

250GTベルリネッタ・ショートホイールベースには、1960年のパリ1000kmとトゥール・ド・フランスの勝利ですでに実力を確認ずみの280psの3ℓV12が搭載され、エレクトロン製のオイルサンプが装着された。

この年、モスがトゥーリスト・トロフィーを、メレス／ドゥメイ組がオーヴェルニュ6時間をそれぞれ制覇した。並行して、スチール・ボディ／バンパー／昇降可能のサイドウィンドーを採用し、室内を革仕様に設えられた豪華な、最高出力240psのベルリネッタ・ストラダーレ（ルッソ）の生産も続けられた。

1961　　Ferrari | 75

GTOにはリーフスプリング付きのリジッドアクスルがリアに採用されている。つまり、シャシーはレース用GTマシーンに限りなく近いということだ。ホイールベースは250GT SWBと同じ（2400mm）。

フロントエンジンのGTOはクラシカルなスポーツカーのレイアウトを採る。パワフルで力強い伝説のV12と4輪ディスクブレーキを備え、レーシング・チューブラー・フレームを採用。公道でもサーキットでも、世界のGTでは向かうところ敵なしの状態だった。

1962 GTO伝説

1962年、ベルチェットのパルマーポッジョのレースで、勝利に向かって疾走するルドヴィコ・スカルフィオッティのフェラーリ196 SP。この年、ヨーロッパ・ヒルクライム・チャンピオンに輝いた。

250GTO

【エンジン】軽合金製　フロント縦置き 60度V型12気筒　SOHC　2バルブ　チェーン駆動　点火システム：コイル式　燃料供給：ツインバレル・キャブレター　ウェバー38DCN 6基　潤滑：ドライサンプ　排気量：2953cc　ボア×ストローク：73.0×58.8mm　最高出力：300ps／7500rpm　単位排気量出力：101.6ps／ℓ
【駆動形式】後輪駆動　ギアボックス：フロント／5段　LSD
【タイア】フロント6.00×16　リア6.00×16
【シャシー／ボディ】2シーター・ベルリネッタ　アルミ製ボディ（スカリエッティ製）　チューブラー・フレーム　前：ダブルウィッシュボーン／コイル，テレスコピック・ダンパー　スタビライザー　後：固定　縦置きリーフ／コイル，テレスコピック・ダンパー　燃料タンク：ドライバーズシート後方（容量：133ℓ）
【ブレーキ】ディスク
【ステアリング】ウォーム・ローラー
【寸法／重量】ホイールベース：2400mm　トレッド（前／後）：1354mm／1350mm　全長×全幅×全高：4325×1600×1210mm　重量：900kg
【性能】最高速度：280km/h　馬力荷重：3.00kg/ps

　250GTOの神話はほとんど偶然の産物である。いや、ある別の試みから予想外に生まれたと言ったほうが正確かもしれない。

　すべてのフェラーリの中で最も美しく魅力的であり、最も愛されたクルマを造るにあたり、マラネロにはプロジェクトを記したものはなにひとつ残っていない。下書きすら見当たらず、ただアイデアがあっただけなのである。それもジオット・ビッザリーニひとりの頭の中に——。

　ビッザリーニは飛行機をこよなく愛するリボルノ生まれの天才で、フェラーリの実験部門を統率していた。彼のアイデアとは単に250GT SWBを改良するというものだった。しかし、どのように改良すべきだろうか。ベルリネッタのエンジンをできるかぎり下に、そして後ろに置く。そうなるとエンジンフードも低く下げなければならない。"急降下"した尖ったフロントにスパッと切り落とされたテール、それは空力特性の向上に効果的ではないか——。

　ビッザリーニの試行錯誤のすえ、1961年半ばにGTOとなるべきクルマの輪郭が出来上がった。しかしこの年の暮れ、ほかの重役たちとともに彼はフェラーリから去っていってしまったのである。

　フェラーリが彼の後釜に据えたのは、弱冠25歳のエンジニア、マウロ・フォルギエーリだった。彼もまた優秀ではあったが、いかんせん若すぎると言われたものだ。し

76 | Ferrari　　1962

右：1963年トゥール・ド・フランス。このレース独特のスタート風景である。最前列の左からフェラーリ250GTO、優勝者となるギシェ／ベーラ組、バンディーニ／タヴァノ組、アバーテ／ビアンキ組（2位）。

250GTOのエンジンは新しいものでなかった。3ℓV12（300ps）、ドライサンプを有した同時代の250TRの改良版だ。なかには、ロングストローク・ユニットに手を入れた4ℓエンジン搭載のGTOも登場した。

フロントの3つのインテークは横長楕円の"ロ"の上に位置する。GTOのボディはスカリエッティの職人が造りだした。

下：156F1に乗るリカルド・ロドリゲス。1962年のドイツGPが行なわれたニュルブルクリンクにて。このメキシコ人ドライバーは派手に飛ばしたが、結果は7位、優勝はBRMのグレアム・ヒルに攫われた。

かしコメンダトーレの勘はまたしても的中する。1972年から73年にかけ一度は手を引くが、最終的には1984年まで彼はエンジニアのトップとして活躍する。生みの親はビッザリーニで、彼がこのクルマの方向性を決めたとしても、GTOをまとめ上げたのがフォルギエーリであることは明白だった。

■3度のワールドチャンピオン

250GT SWBの改良版として誕生したGTOだったが、すぐに独立したモデルとなる。名前も然りで、本来シンプルに"GT"や、単に"ホモロゲーション"を意味する"O"と呼ばれるはずだったが、GTのあとにそれを意味するアルファベットを入れることになり、"GTオモロガート"、すなわち"GTO"の誕生となったわけである。

最初のプロトタイプは、1961年9月、モンツァでスターリング・モスがテストした。最終モデルは1962年2月24日にマラネロでメディアに披露されている。3年間で36台が生産された。エンジンは3ℓV12（2953cc）だが、4ℓエンジン（330LMと同じ3967cc）を搭載したものも3台造られた。

1962年から64年まで3年連続で、GTOはマラネロにインターナショナルGTチャン

1962 Ferrari 77

- ●F1ドライバーズ・チャンピオンシップ
  ①グレアム・ヒル（BRM）
  ②ジム・クラーク（ロータス）
  ③ブルース・マクラーレン（クーパー）
  ⑥フィル・ヒル（156F1）
  ⑪ジャンカルロ・バゲッティ（156F1）
- ●F1コンストラクターズ・チャンピオンシップ
  ①BRM
  ②ロータス
  ③クーパー
  ⑤フェラーリ
- ●インターナショナルGTチャンピオンシップ・グループIII（2000cc超クラス）
  ①フェラーリ
- ●スピード＆耐久ワールド・チャレンジ
  ①フェラーリ
- ●ヨーロッパ・ヒルクライム・チャンピオンシップ
  ①ルドヴィコ・スカルフィオッティ（196SP）
- セブリング12時間
  ①ボニエ／ビアンキ（250TR61）
- タルガ・フローリオ
  ①メレス／ロドリゲス／ジャンドビアン（246SP）
- ●ニュルブルクリンク1000km
  ①ヒル／ジャンドビアン（330TRi LM）
- ●トゥーリスト・トロフィー
  ①イネス・アイルランド（250GTO）
- ●パリ1000km
  ①P.ロドリゲス／R.ロドリゲス（250GTO）

上：改良された156F1に乗るロレンツォ・バンディーニ。ニュルブルクリンクのドイツGPにて。4周目のアクシデントでリタイア。

下：1962年型250テスタロッサ。ルマンで330TRi LMと呼ばれた。優勝したのはジャンドビアン／ヒル組（写真でステアリングを握っているのはフィル・ヒル）。

ピオンシップでのコンストラクターズ・タイトルをもたらす。この間のGTチャンピオンシップでは、プライベート、ワークスを問わず、すべてに勝利した。

シャシーは航空機に用いられるスチールの楕円チューブラー・フレームで、モデナのヴァッカーリで製作された。いっぽう、ボディはアルミニウム製で、その結果、マシーン全体の剛性は250GTベルリネッタより格段に向上した。デザインはフェラーリが行なったが、実際の製作はスカリエッティが担当した。フロントウィンドーは大きく傾斜しており、ノーズは長く、平たく、独特で、これぞこのクルマの特徴だ。また、フロントマスクには3つのエアインテークが装着され、その下に楕円形の"口"が付く。スッパリと切り取ったようなコーダ・トロンカのテールは、マラネロのグラントゥリズモとしては初めてのものだった。

246SPに装着されたリアスポイラーが、最終的にここでも採用される。エンジンはテスタロッサのものを改良した3ℓユニットで出力290psを発する。4ℓ版は"ランプレディ"のロングストロークのシリンダーブロックを改良したもので370psを発生、ただしその回転数は低められた（8000rpm→7000rpm）。

1964年、ボディがモディファイされ、センター部分とリアに変更を受けたことで空力特性はさらに向上、このモデルは250GTO64と呼ばれた。

■F1は1年間"ノー"

156F1のキャリアは1962年も続いたが、幸運には見放され、むしろ最悪のシーズンだったといえる。この年、たったの一勝すらできなかったのである。話題の中心はイギリス勢（BRM／ロータス／クーパー／ブラバム／ローラ）とポルシェに攫われた。V8のBRMとクライマックスを筆頭に、ラ

左奥：フェラーリ400SAカブリオレ・ピニンファリーナ・2シーター。1962年春にニューヨーク・オート・ショーに展示された。

左：2シーター・クーペ、スーパーファストⅢ。シャシーは400スーパーアメリカのもの。

フェラーリにとって幸運なことに、250GTが好調な販売をみせたのは大排気量の時代だったからである。上はスーパーファストⅣ2シーター・クーペ、シャシーは400SAのシャシーを使用。その上の写真は400スーパーアメリカ。

上：ベルトーネ時代のジウジアーロがデザインした250GTベルリネッタ。特徴的なフロントデザインは、当時のフェラーリF1をモチーフにしたもの。

80～81ページ：カヴァリーノ・ランパンテ神話の2台。GTOと、1961年型テスタロッサのエンジンフード。

イバルはいずれも目覚しい進歩をみせる一方で、フェラーリは文字どおり悪戦苦闘した。技術面での遅れは隠せなかったのだ。

フェラーリのF1ドライバーはチャンピオン経験者のフィル・ヒルと、好調なジャンカルロ・バゲッティだったが、勝利できたのは、ドライバーにウィリー・メレスを擁したノンタイトル戦であるブリュッセルGPおよびナポリGPと、ロレンツォ・バンディーニがマシーンを駆ったベルグーザの地中海GPだった。

1962年型の156F1はポテンシャルの高いエンジン（最高出力200ps／最大回転数10000rpm）を搭載した。にもかかわらず不調だった原因は、キティの離脱でシングルシーターの改良が滞ったことにあるのだろう。最初に光が見えたのはドイツGPだった。フロント部に手を入れ、ドライバーズ・ポジションに傾斜をつけた。これは、ジム・クラークが操るロータス25と似たスタイルだった。

■ヒルクライム・チャンピオン

F1の結果は惨憺たるものだったが、朗報は別のところから飛び込んできた。1984cc（200ps）V6をミドシップに搭載した2シーターのヒルクライム・レース用の196SPが、スペシャリスト、ルドヴィコ・スカルフィオッティの操縦で優勝したのである。196SPは246SPの軽量版で、排気量を縮小し、ヨーロッパ・ヒルクライム・チャンピオンシップの曲折路コースに適応できるよう設計されたものであった。

GTOの4ℓ（330TRi LM）エンジン搭載のテスタロッサを、ヒルとジャンドビアンがドライブして勝利したのはルマン24時間だった。フェラーリにとっては6度目の勝利で、これにより、ベントレーとジャガーが保持していた優勝記録（5回）は塗り替えられた。また、ルマンにおける最後のフロントエンジン・マシーンの勝利となった。

1962　Ferrari 79

80 | Ferrari | 1962

1962 Ferrari | 81

1963 スポーツカー・ストーリーの始まり

左：モンツァにて。1963年型の新しい156F1を試乗するジョン・サーティース。残念ながら、このシーズンは彼にとって達成感の高いものとは言いがたかった。モーターサイクルの元世界チャンピオンは4位に終わった。

下：モンテカルロにて。156F1に乗るサーティース。BRMのリッチー・ギンサーとの闘い。4位と2位でゴールした。結局、BRMに乗るグレアム・ヒルが優勝。

83ページ中央：イギリス人のジョン・サーティースとベルギー人のウィリー・メレス。ルマン24時間にて。12気筒エンジンをミドシップに配置した初めてのフェラーリ、250Pはリタイアを余儀なくされた。

　GTOがGTコンストラクターズ・チャンピオンシップにおいてライバルを叩きのめす一方で、フェラーリは最強のスポーツカーも用意していた。

　それは250P——Pシリーズ・スポーツカーの第1号車である。この2シーターは60年代半ばのルマンで、フォードと歴史に残る壮絶な一騎打ちを繰り返すことになるマシーンである。Pシリーズの頂点となったのは1967年型P4だった。

■初めてのV12ミドエンジン・スポーツ

　250Pは12気筒エンジンをミドシップに配置した初のフェラーリである。3月4日、モンツァで披露されたとき、ステアリングを握ったのはマイク・パークスだった。彼はドライバーであると同時にエンジニアでもあり、実際、マウロ・フォルギエーリと一緒にこのエンジンの開発に携わっていた。

　チューブラー・フレームは1961年の246SPのもの流用し、エンジンはGTOにも採用されたテスタロッサの2953cc V型12気筒を搭載する。また、ウェバー製38mm径のツインバレル・キャブレターを6基装着、最高出力は300ps／7800rpmを発し、最高速度はモンツァとルマンで290km/hにまで達した。

　ボディデザインはひと目でそれとわかる特徴的なもので、ピニンファリーナが担当した。ボディはレッド、シート地はブルーという配色は、レーシングマシーンというよりはむしろ、ワンオフのスペシャルのようである。

　レースデビューも鮮烈だった。デビュー戦となったセブリング12時間でいきなり勝利を飾る。ステアリングを握ったのは、モータサイクルのワールドチャンピオンを7回獲得した輝かしいキャリアの持主で、フェラーリに入ったばかりのジョン・サーテ

- ●F1ドライバーズ・チャンピオンシップ
  ①ジム・クラーク（ロータス）
  ②グレアム・ヒル（BRM）
  ③リッチー・ギンサー（BRM）
  ④ジョン・サーティース（156F1-63）
  ⑨ロレンツォ・バンディーニ（156F1-63）
- ●F1コンストラクターズ・チャンピオンシップ
  ①ロータス
  ②BRM
  ③ブラバム
  ④フェラーリ
- ●インターナショナルGTコンストラクターズ・チャンピオンシップ・グループⅢ（2000cc超クラス）
  ①フェラーリ
- ●GTプロトタイプ・インターナショナル・チャンピオンシップ（3000cc以下クラス/3000cc超クラス）
  ①フェラーリ
- ●スピード&耐久ワールド・チャレンジ
  ①フェラーリ
- ●F1グランプリ ドイツGP/ニュルブルクリンク
  ①ジョン・サーティース（156F1-63）
- ●セブリング12時間
  ①サーティース/スカルフィオッティ（250P）
- ●スパ500km
  ①ウィリー・メレス（250GTO）
- ●ルマン24時間
  ①スカルフィオッティ/バンディーニ（250P）
- ●トゥール・ド・フランス
  ①ギシェ/ホセ・ベーラ（250GTO）

ィースだった。パートナーを組んだのはルドヴィコ・スカルフィオッティだったが、このときの驚きは単に優勝だけに向けられたのではない。なんと出場した6台のフェラーリが上位6位を独占するという快挙をなし遂げたのである。

ルマン24時間でもまた250Pは優勝を果たすが、このときも上位6位はすべてフェラーリだった。これはフェラーリにとって7度目の優勝であり、そのうち4回は、この時を含め、連続して獲得したものだった。

シーズンの終わりにはインターナショナル・プロトタイプGTトロフィーでも優勝を獲得し、この年は250GTOにとって特別な年となった。12回目の開催となったトゥール・ド・フランスでも勝利、フェラーリにとっては通算9回目となる優勝だった。

■"ビッグ・ジョン"、二輪からF1へ

ジョン・サーティースがやってきた。二輪の世界から来た、F1転向4年目の"ビッグ・ジョン"がフェラーリに幸運をもたらす。"ビッグ・ジョン"は四輪レースの最高峰であるF1初年度に、ニュルブルクリンクでのドイツGPでジム・クラークを抑えて劇的な勝利を飾り、周囲に彼の存在を大きく印象づけていた。

その"ビッグ・ジョン"のために、フェラーリは156F1の改良に着手する。まずキャブレターをボッシュ製のダイレクト・インジェクションに交換し、低中回転域のピックアップを向上させる（1477ccのV6エンジンの最高出力は205ps/10500rpm）。イタリアGPからは空力特性も格段に良くなった。

同時に、F1用8気筒エンジンの準備が始められていた。クラシックなスチール製チューブラー・フレームをアルミ製パネルで補強する方法の採用も、フェラーリにとって初めての試みだった。

上から：1台のみのノェフーリ250GTスペアチーレ、次は250GT2+2ピニンファリーナ・クーペ（もしくは250GT2+2）。そして、この時代のクラシックなグラントゥリズモ・フェラーリ、250GT/L。SWBに代わり、さらにフィニッシュに磨きがかけられた。

1963　Ferrari 83

1964 8気筒のデビュー勝利

ワトキンス・グレン、1964年のアメリカGPにて。中央、No.7はジョン・サーティース。NARTのチーム・カラーにペイントされた158F1に乗る。先頭を行くのはロータスに乗るジム・クラーク。カーナンバーは1。

ワールドチャンピオンに輝いた158F1のギアボックスはリアアクスルより後方に搭載。ブレーキはインボードで、バネ下重量の軽減が目的。タイアに向かって真ん中に、サスペンション・アーム・ピボットが配された。

　この年はイギリス対イギリスの展開となった。イギリスのチームに対抗するのは、マシーンこそフェラーリだが、駆るのはイギリス人ドライバー、ジョン・サーティースであり、この"風の申し子"が8気筒フェラーリでデビューする。そして、デビューは勝利で幕を開けた。ドイツとイタリアのふたつのグランプリで優勝し（ほか、2位3回、3位1回）、ドライバーズ・タイトルを獲得する。モーターサイクルのチャンピオンがF1でもその地位を獲得したのは、現在までのレース史上、類をみない。

■フェラーリ初のV8

　新しいV8のF1はすばらしいシングルシーターだった。革新的で完成度も高く、そしてなにより速かった。エンジンは、ランチアから受け継いだD50（1956年）と801（1957年）に続く2基目のV8だが、すべてがマラネロ製という意味では初の純粋なフェラーリV8エンジンとなった。ランチアのそれと同様にバンク角は90度で、5つのメインベアリングで支持されるこのエンジンは、デビューに先駆け、2年前にフロントエンジンのスポーツカー、248SP（2459cc）に搭載されて最初の試運転がなされたが、満足のいく結果を得ることはできなかった。

　その後、レギュレーションに対応するため排気量は1489cc（出力210ps）まで縮小された。156F1で効果が実証されていたボッシュ製ダイレクト・インジェクションのおかげで、158F1はパワフルなだけでなく、低回転域でも滑らかに回った。エンジンが革新的であるのもさることながら、それ以上に注目すべき点はシャシーにあった。

　エンジンーギアボックスはリアサスペン

84 | Ferrari　　　1964

158F1

- **【エンジン】** 軽合金製　ミドシップ縦置き　90度V型8気筒　DOHC　2バルブ　チェーン駆動　点火システム：コイル式　燃料供給：ボッシュ製ダイレクト・インジェクション　潤滑：ドライサンプ　オイルクーラー　排気量：1489cc　ボア×ストローク：67.0×52.8mm　最高出力：210ps／11000rpm　単位排気量出力：141.3ps/ℓ
- **【駆動形式】** 後輪駆動　ギアボックス：リア／5段　LSD
- **【タイア】** 前：5.50×13　後：7.00×13
- **【シャシー／ボディ】** シングルシーター　セミモノコック（チューブラー・フレーム＋外板パネル）前：ダブルウィッシュボーン／コイル，テレスコピック・ダンパー　スタビライザー　後：ダブルウィッシュボーン／コイル，テレスコピック・ダンパー　燃料タンク：両サイド（容量：125ℓ）
- **【ブレーキ】** ベンチレーテッド・ディスク（後：インボード）
- **【ステアリング】** ラック・ピニオン
- **【寸法／重量】** ：ホイールベース：2380mm　トレッド（前／後）：1359mm／1350mm　全長×全幅×全高：3950×1697×768mm　重量：468kg
- **【性能】** 最高速度：270km/h　馬力荷重：2.23kg/ps

158F1に課された多くの改良のひとつはボディ内側に装着されたフロントダンパーである。F1フェラーリに初めて採用された技術で、空力特性も向上した。

1964年のフェラーリF1シャシーは複合型である。スチール製チューブラー・フレームにアルミのパネルをリベット留めにしたセミモノコック・ボディを持つ。これによりシャシーの剛性が増し、安定性が向上した。

158F1のエンジンは90度V8（フェラーリ-ランチアD50と同じ設計）、メインベアリングは5つ。最初は4基のツインバレル・キャブレターだったが、充分ではないとの判断からボッシュ製のダイレクト・インジェクションに交換された。

ションの一部を担い、チューブラー・フレームにはアルミパネルがリベット留めされ、構造材も兼ねた（アエロと名づけられた）。

フェラーリ・チームは他のチーム同様、この年からふたりのドライバーでF1を戦うこととなる。そこで、バンディーニとサーティースが組むことになった。

グレアム・ヒル（BRM）にわずか1ポイントの差という接戦のすえに、F1ドライバーズ・タイトルを獲得することになったファースト・ドライバーのジョン・サーティースには、1基のみ製作された新しいV8が提供され、バンディーニは前年のV6で戦った。バンディーニがV8で走ったのはイタリアGPだけだったが、彼がエステルライヒリンクの難しいサーキットで勝利したため、フェラーリはF1コンストラクターズ・チャンピオンシップを獲得したのだった。オーストリアGPでの勝利は、エンジンがターボとなる1981年以前では、V6エンジンによる最後の勝利となった。同時にこれは、バンディーニにとっては最初で最後の勝利でもあった。

もうひとつ、大きな話題となったのは、アメリカGPで（続くメキシコでも）マラネロが行なった"抗議"についてである。この年の10月4日に開催されたワトキンス・グレンでのアメリカGPに、フェラーリはワークス・チームとしてではなく、アメリカのフェラーリ・インポーター、ルイジ・キネッティ率いる北米レーシング・チームとして登録、参戦した。そして、アメリカ国旗をもじった色でカラーリングしたフェラーリで走ったのである。ワークス・チームの駆る赤いフェラーリが走らないという、この前代未聞の椿事は、新しいベルリネッタ250LMにホモロゲーションが与えられなかったことに対するマラネロの抗議であった。

オランダGPで158F1に乗るジョン・サーティース。ロータス・クライマックスのピーター・アランデル（3位）の前を行く。"ビッグ・ジョン"はクラークに次いで2位でゴールした。

1964 | Ferrari | 85

250LMのスタイリングは非常に洗練されている。ルーフはリアウィンドーのさらに後ろまで延びている。これはエアロダイナミクスを考えてのことだが、同時にロールバーの役割も果たす。何台かには小さなウィングも備わっていた。

上：1964年のセブリング12時間のスタートシーン。トップはスカルフィオッティ／ヴァッカレッラ組（No.23／フェラーリ275P）、続いてサーティース／バンディーニ組（No.21／フェラーリ330P）、ロドリゲス／フルップ組（No.21／フェラーリ275P）、パークス／マリオーリ組（No.22／フェラーリ275P）。勝利したのはパークス／マリオーリ組。

下：ニーノ・ヴァッカレッラとジャン・ギシェ、275Pでルマンを制覇。メカニックたちと勝利を祝う。

最後の250LMは1965年にデリバリーされた。初期型とはフロントマスクが異なっている。このタイプはドローゴと呼ばれた。ピニンファリーナがデザインした低いノーズがその特徴である。

250LM

【エンジン】軽合金製　ミドシップ縦置き　90度V型12気筒　SOHC　2バルブ　チェーン駆動　点火システム：コイル式　燃料供給：ツインチョーク・キャブレター　ウェバー38DCN 6基　潤滑：ドライサンプ　排気量：2953cc　ボア×ストローク：73.0×58.8mm　最高出力：300ps／7500rpm　単位排気量出力：101.2ps／ℓ
【駆動形式】後輪駆動　ギアボックス：リア／5段LSD
【タイア】前：5.50×15　後：7.00（もしくは6.50）×15
【シャシー／ボディ】2シーター・クーペ　アルミ製ボディ　チューブラー・フレーム　前：ダブルウィッシュボーン／コイル，テレスコピック・ダンパー　スタビライザー　後：ダブルウィッシュボーン／コイル，テレスコピック・ダンパー　スタビライザー　燃料タンク：リア両サイド（容量：130ℓ）
【ブレーキ】ベンチレーテッド・ディスク（後：インボード）
【ステアリング】ラック・ピニオン
【寸法／重量】ホイールベース：2240mm　トレッド（前／後）：1350mm／1340mm　全長×全幅×全高：4210×1700×1115mm　重量：850kg
【性能】最高速度：287km/h（その後295km/h）　馬力荷重：2.8kg/ps（その後2.6kg/ps）

■F1はボクサーエンジンに

1年間、チームとサーティースの犠牲となったロレンツォ・バンディーニは、1965年シーズン用のF1マシーンでアメリカとメキシコでのGPに挑んだ。シャシー158アエロに採用されたのは180度V型12気筒で、つまり水平対向エンジンである。このパワーユニットを、技術的にみればその呼び名が正しくないにもかかわらず、人々はボクサーエンジンと呼んだ。フェラーリにとっては未経験のタイプのエンジンであった。

マシーンの名は512F1である。経験不足であったにもかかわらず、512は直ちにその戦闘力の高さを見せるようになる。バンディーニがメキシコで2位をサーティースに譲り3位に入賞した。これは"ビッグ・

86　Ferrari　1964

250Pを改良したモデル、つまりサーキット用に開発されたわけだが、結局250LMはフェラーリにとって初めてのミドシップ・ロードゴーイング・バージョンとなった。1963年からの2年間で計34台が製作された。

●F1ドライバーズ・チャンピオンシップ
①ジョン・サーティース（158F1）
②グレアム・ヒル（BRM）
③ジム・クラーク（ロータス）
④ロレンツォ・バンディーニ（158F1）
●F1コンストラクターズ・チャンピオンシップ
①フェラーリ
②BRM
③ロータス

●GTインターナショナル・チャンピオンシップ・グループIII（2000cc超）
①フェラーリ
●スピード＆耐久ワールド・チャレンジ
①フェラーリ

●F1グランプリ
ドイツGP／ニュルブルクリンク
①ジョン・サーティース（158F1）
オーストリアGP／エステ

ルライヒリンク
①ロレンツォ・バンディーニ（158F1-63）
イタリアGP／モンツァ
①ジョン・サーティース（158F1）
●デイトナ2000km
①P.ロドリゲス／ヒル（250GTO）
●セブリング12時間
①パークス／マリオーリ（275P）
●シラクサGP
①ジョン・サーティース（158F1）

●ニュルブルクリンク1000km
①スカルフィオッティ／ヴァッカレッラ（275P）
●ルマン24時間
①ギシェ／ヴァッカレッラ（275P）
●ランス12時間
①ヒル／ボニエ（250LM）
●トゥール・ド・フランス
①ビアンキ／ベルガー（250GTO）
●パリ1000km
①ヒル／ボニエ（330P）

スチール製のチューブラー・フレームとダブルウィッシュボーン・サスペンションの250LMは、グラントゥリズモ・カテゴリーでホモロゲートされたわけではない。ということは、250GTOの代わりではないということだが、プロトタイプが発表された時から評判を呼んだ。

上：我が家のように慣れ親しんだ場所——サーキットを行く250LM。左ハンドルは3台か4台のみ。ほとんどのLMはレース仕様に誕生したため、右ハンドルである。

下：1964年の250GTOに乗るペドロ・ロドリゲス（フィル・ヒルと走る）は、1964年2月16日のデイトナ2000kmで優勝した。

ジョン"のタイトル獲得のためで、ロレンツォが譲ったことで、サーティースのタイトルは保証されたのである。

エンジンはハイパワーを誇り、リッターあたりの出力は151ps、最高出力は225ps／11500rpmに達した。この"ピッコラ"フェラーリの1気筒あたりの排気量は124ccと記録的に小さかった。エンジンで最も興味深い点は、メインベアリングがたった4つだったという事実だろう。したがって、とても滑らかに回った。また、12気筒向きという理由から、ボッシュ製ダイレクト・インジェクションに代わり、ルーカス製が採用された。なお、ボディはファイバーグラス製である。

■力はすべてスポーツカーに

1964年はすべてにおいて勝利の年だった。スポーツカー選手権では、フェラーリは275Pと250LMという新しいマシーンのおかげですばらしい結果を得ることができた。250LMはすでに述べたとおり、GTカテゴリーでホモロゲーションを受けるはずだったが（少なくともエンツォはそう望んでいたのだが）、スポーツカーのカテゴリーで走り、そして勝利した。

左：275GTS。250GTスパイダー・カリフォルニアを超えた真のロードゴーイング・モデル。GTBと同じメカニズムを備えるが、デチューンされている（280psから260ps）。

275GTBは生産型として初めて独立式のリアサスペンションを採用したフェラーリである。他の多くのカヴァリーノに用いられたリアのトランスアクスルはこのモデルから始まった。

275GTB

【エンジン】軽合金製　フロント縦置き　60度V型12気筒　SOHC　2バルブ　チェーン駆動　点火システム：コイル式　燃料供給：ツインチョーク・キャブレター　ウェバー40DCZ/6 3基　排気量：3286cc　ボア×ストローク：77.0×58.8mm　最高出力：280ps/7500rpm　単位排気量出力：85.2ps/ℓ
【駆動形式】後輪駆動　ギアボックス：トランスアクスル/5段　LSD
【タイア】205×14
【シャシー/ボディ】2シーター・クーペ　スチール製ボディ（デザイン：ピニンファリーナ/架装：スカリエッティ）　チューブラー・フレーム　前：ダブルウィッシュボーン/コイル, テレスコピック・ダンパー　スタビライザー　後：ダブルウィッシュボーン/コイル, テレスコピック・ダンパー　スタビライザー　燃料タンク：ドライバーズシート後方（容量：86ℓ）
【ブレーキ】ディスク　サーボ
【ステアリング】ウォーム・ローラー
【寸法/重量】ホイールベース：2440mm　トレッド（前/後）：1377mm/1393mm　全長×全幅×全高：4325×1725×1250mm　重量：1100kg
【性能】最高速度：258km/h　馬力荷重：3.93kg/ps

フェラーリのロードゴーイング・モデルには、ボラーニに代わってカンパニョーロ製の軽合金ホイールが採用された。

500スーパーファスト。4961cc V12、400ps、ホイールベース2650mm。1964年、生産台数は654台に達した。

セブリング12時間でフェラーリを7度目の勝利に導いた275Pは、エミリア地方が誇るフェラーリらしさを見せつけた。3286ccのV12気筒（出力320ps）を搭載する。ニュルブルクリンク1000kmとルマン24時間での勝利は、まさにこのシーズンのハイライトといえよう。このルマンでの勝利はフェラーリにとって8度目にあたるが、この年からフォードがルマンに参戦を開始、1965年から繰り広げられることになる壮絶な闘いを予感させた。275はヴァッカレッラからスカルフィオッティまで、またマリオーリからパークスまで、この時代の最高のドライバーたちの手に委ねられたのだった。

このミッドシップエンジンのベルリネッタが、確かな鑑識眼と豊かな財力を持つフェラリスタにとって、その美しさゆえに大多数の信仰の対象になった。しかしそれにもかかわらず、人気という面ではついに250LMには及ばなかった。実際、275Pはミッドシップ・ロードゴーイング・モデルとしては、人々の心に強く刻まれた最初のフェラーリといえるだろう。また、レースの世界でも高い人気を博し、プライベーターがこぞって250GTOから乗り換えた。

275Pと同じエンジンの250LMが獲得したトロフィーはランス12時間だった。不可能を可能にするこのマシーンは、1965年ルマン24時間耐久レースでも勝利したのだった。

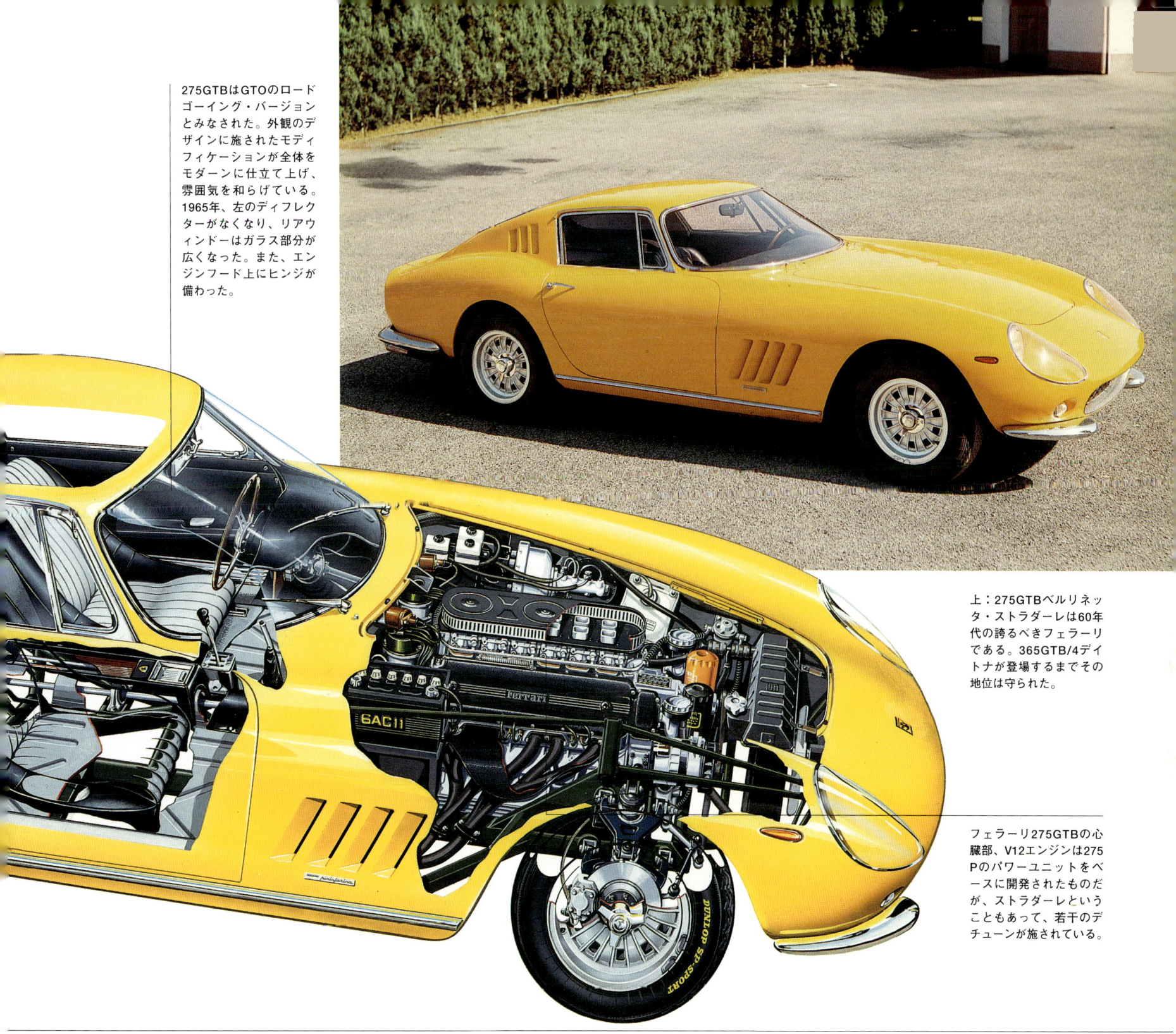

275GTBはGTOのロードゴーイング・バージョンとみなされた。外観のデザインに施されたモディフィケーションが全体をモダンに仕立て上げ、雰囲気を和らげている。1965年、左のディフレクターがなくなり、リアウィンドーはガラス部分が広くなった。また、エンジンフード上にヒンジが備わった。

上：275GTBベルリネッタ・ストラダーレは60年代の誇るべきフェラーリである。365GTB/4デイトナが登場するまでその地位は守られた。

フェラーリ275GTBの心臓部、V12エンジンは275Pのパワーユニットをベースに開発されたものだが、ストラダーレということもあって、若干のデチューンが施されている。

■GTOの遺産

　カヴァリーノ・ランパンテのロードゴーイング・モデルはフロントエンジンが続いた。1964年に275GTBが誕生すると、GTOのシリーズ生産車とみなされた。そのプレステージや技術の高さ、ベルリネッタとしての魅力的なラインが、そう認識された理由である。その後、スパイダーであるGTSが発表される。ストラダーレ仕様では初めて独立式のリアサスペンションを持つモデルであった。リアにマウントされたトランスアクスルは5段、エンジンは275P（3286cc）をパワーアップさせたもので、GTBは280ps（最高速度258km/h）、GTSは260ps（同240km/h）を発揮した。

　発表されたのはパリ・サロンである。デザインはピニンファリーナで、GTOのようにばっさり切り落とされたコーダ・トロンカのリアと傾斜したフロントウィンドーを持つ。実際の製作はモデナのスカリエッティが担当し、最初の1年だけで250台が生産された。かつてのGTに比べると乗り心地が向上しているが、いつもの"らしさ"が失われたわけではない。また何台かのGTBは"ジェントルマン"ドライバーがサーキットへと運ぶために、アルミボディに換装された。

　ジュネーヴ・ショーではいつものように500スーパーファストが披露された。これはピニンファリーナのロゴ入りスーパー・ベルリネッタのロードゴーイング・バージョンで、富裕層向けのフェラーリであった。エンジンは4961ccのV12（400ps）を搭載し、最高速度は280km/hに到達した。製作されたのはごく少数（シリーズ1は25台、シリーズ2は11台）で、1966年にカタログから外された。このクルマを購入した有名人には、イラン王室のアガ・カーン、オランダのベルンハルト殿下、俳優のピーター・セラーズなどが名を連ねた。

1965 フェラーリ 1-0 フォード

左：1965年のモナコGPにて、ロレンツォ・バンディーニと512F1。2位入賞。BRMのグレアム・ヒルに1分以上もの差をつけられた。

　1.5ℓフォーミュラでの最後のシーズン、フェラーリは、次期型エンジン（前年に開発された180度V型12気筒の改良版）の完成が大幅に遅れたため、苦戦を強いられた。
　加えて、12気筒の512F1はシャシーやタイアに問題を抱えていた。サーティースとバンディーニはV8の158F1でも戦ったが、この年はたったの1勝すらできなかった。彼らの前に立ちはだかったのは、ロータス33に乗るジム・クラークと、めきめきと頭角を現してきたジャッキー・スチュワートという、ふたりのスコットランド人だった。
　コンストラクターズ・タイトルはブラバムが獲得、BRM、ロータスと続き、フェラーリは屈辱の4位に転落する。唯一の救いは、スポーツカー部門で275LMがルマン24時間を制したことだった。カヴァリーノ・ランパンテにとって9度目の勝利だったが、これがフェラーリにとってルマンでの最後の勝利となった。また、この年の10月15日、エンツォの母、アダルジーザが93歳でその生涯に幕を下ろした。

■ダビデとゴリアーテ
　ルマンの常勝チーム、フェラーリに対して挑戦状を叩きつけてきたのは"ゴリアーテ"フォードだった。受けて立ったのはもちろんマラネロの"ダビデ"であり、彼の武器は高い能力と運だった。結果、3.3ℓのベルリネッタが武装したフォードに勝つ。このときのルマンでは、2台の7ℓMk.IIと4台の4.7ℓGT40、同じく4.7ℓのコブラが4台、それぞれ出場したが、11台のフォードに太刀打ちできたのは、11台のフェラーリのなかでもマステ

●F1ドライバーズ・チャンピオンシップ
①ジム・クラーク（ロータス）
②グレアム・ヒル（BRM）
③ジャッキー・スチュワート（BRM）
⑤ジョン・サーティース（158F1/512F1）
⑥ロレンツォ・バンディーニ（158F1/512F1）
●F1コンストラクターズ・チャンピオンシップ
①ロータス
②BRM
③ブラバム
④フェラーリ
●インターナショナルGTプロトタイプ・トロフィー
①フェラーリ
●スピード＆耐久ワールド・チャレンジ
①フェラーリ
●ヨーロッパ・ヒルクライム・チャンピオンシップ
①ルドヴィコ・スカルフィオッティ（ディーノ206P/206S）
●モンツァ1000km
①パークス/ギシェ（275P2）
●タルガ・フローリオ
①バンディーニ/ヴァッカレッラ（275P2）
●ニュルブルクリンク1000km
①サーティース/スカルフィオッティ（330P2）
●ムジェッロ・サーキット
①カソーニ/ニコデミ（250LM）
●ルマン24時間
①リント/グレゴリー（250LM）
●ランス12時間
①P.ロドリゲス/ギシェ（365P）
●オーストリアGP
①ヨッヘン・リント（250LM）

排気量別にクラス分けするレギュレーションが定められたことによって、コヴェントリー・クライマックスは1.5ℓ16気筒、フェラーリは12気筒で対応することになった。フェラーリの気筒あたりの排気量は124ccで、ダブルイグニッションを持つ。

512F1は、エンジンのみならずシャシーも洗練されたシングルシーターであった。スチール製チューブラー・フレームにアルミパネルがリベット留めされている。リアブレーキはインボードに配された。

512F1
【エンジン】軽合金製　ミドシップ縦置き　180度V型12気筒　DOHC　2バルブ　チェーン駆動　点火システム：コイル式　燃料供給：ルーカス製インジェクション　潤滑：ドライサンプ　オイルクーラー　排気量：1490cc　ボア×ストローク：56.0×50.4mm　最高出力：220ps/11500rpm　単位排気量出力：147.7ps/ℓ
【駆動形式】後輪駆動　ギアボックス：リア/5段LSD
【タイア】前：5.50×13　後：7.00×13
【シャシー/ボディ】シングルシーター　一部FRP製ボディ　セミモノコック（チューブラー・フレーム+強化パネル）　前：ダブルウィッシュボーン/コイル、テレスコピック・ダンパー　スタビライザー　後：ダブルウィッシュボーン/コイル、テレスコピック・ダンパー　燃料タンク：両サイド（容量：140ℓ）
【ブレーキ】ベンチレーテッド・ディスク
【ステアリング】ラック・ピニオン
【寸法/重量】ホイールベース：2400mm　トレッド（前/後）：1350mm/1340mm　全長×全幅×全高：3950×697×768mm　重量：475kg
【性能】最高速度：270km/h　馬力荷重：2.12kg/ps

ィン・グレゴリーとヨッヘン・リントの駆る、NART所属の275LMのみであった。2位も275LMで、こちらはエキュリー・フランコルシャン所属のデュメイ/ゲスラン組のマシンであり、6位に入賞したのも、スクーデリア・フィリピネッティ所属のスポーリィ/ボーラー組が駆る同タイプのマシーンだった。だが、勝利といっても、ルマンではその価値は半分にすぎなかった。なぜならNARTの要請で用意されたマシーンであり、しかも勝利をめざした新しい275P2と330P2は、その目的を達成することができなかったからである。

しかしその後、P2はPシリーズの2ステージ目の改良版である275P2（3286cc V12/350ps）が、タルガ・フローリオとモンツァ1000kmを制覇、330P2（3967cc/410ps）はニュルブルクリンク1000kmを制した。

■ヒルクライム

ルドヴィコ・スカルフィオッティにとって、1965年は記憶に残る年だったろう。ヨーロッパ・ヒルクライム・チャンピオンシップが再び彼のものとなったのである。これはディーノ206P（1987cc V6/205ps）のおかげでもあり、このマシーンがツイスティなコースに非常に強いことを証明した。

この結果に意を強くしたマラネロは、"ピッコラ・フェラーリ"としてディーノ・ブランドの投入を決定する。ボディはP2のラインを踏襲することになるが、最終的にはベルリネッタとなった。

上：マイク・パークスとジャン・ギシェの275P2。優勝を果たしたモンツァ1000kmにて。

下：250LMベルリネッタ・スペチアーレ（ロードバージョンとして造られた1台）、魅力に溢れたクルマだ。

1965　Ferrari 91

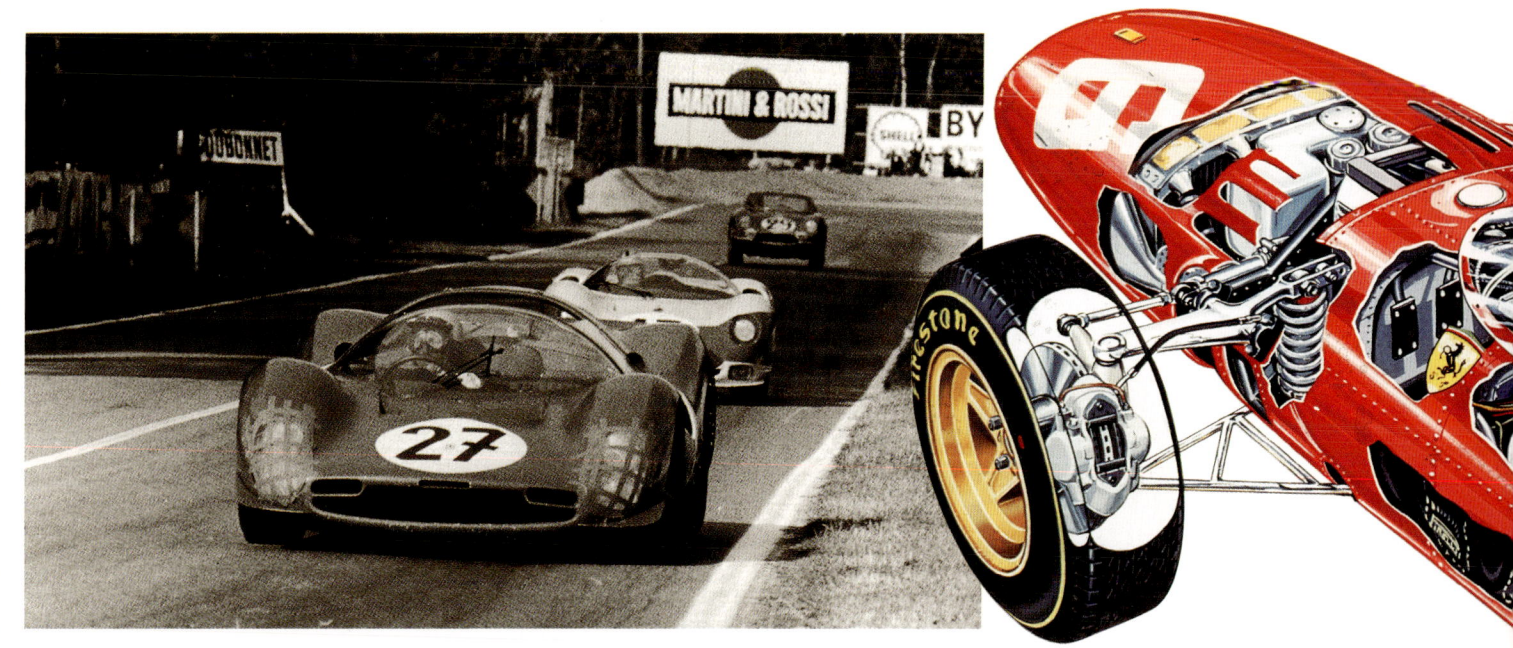

1966 決別や労働争議 ── 不運の間で

上：フェラーリP3、NART所属（No.27）。ルマン24時間に参加、ステアリングを握ったのはギンサー／ロドリゲス組。優勝はフォードに攫われた。

左：大排気量（4961cc）のスポーツカー、500スーパーファスト・クーペ。初期ロットは25台が製作され、1965年11月に改良版がデビュー。

パワーステアリングが標準装備となった365カリフォルニア（4.4ℓ／320ps）。

312F1

【エンジン】軽合金製　ミドシップ縦置き　60度V型12気筒　DOHC　2バルブ（後に3バルブ）　チェーン駆動　点火システム：コイル式　燃料供給：ルーカス製インダイレクト・インジェクション　潤滑：ドライサンプ　オイルクーラー　排気量：2989cc　ボア×ストローク：77.0×53.5mm　最高出力：360ps／10000rpm（後に380ps）　単位排気量出力：120ps／ℓ（後に127.1ps／ℓ）
【駆動形式】後輪駆動　ギアボックス：リア／4段（イタリアGPより5段）　LSD
【タイア】前：5.50×14　後：7.00×15
【シャシー／ボディ】シングルシーター　アルミ製ボディ　セミモノコック（チューブラー・フレーム＋強化パネル）　前：ダブルウィッシュボーン／コイル，テレスコピック・ダンパー　スタビライザー　後：ダブルウィッシュボーン／コイル，テレスコピック・ダンパー　スタビライザー　燃料タンク：両サイド（容量：158ℓ）
【ブレーキ】ベンチレーテッド・ディスク
【ステアリング】ラック・ピニオン
【寸法／重量】ホイールベース：2400mm　トレッド（前／後）：1450mm（後に1500mm）／1436mm（後に1485mm）　全長×全幅×全高：3830×760×870mm　重量：548kg（後に594kg）
【性能】最高速度：300km/h以上　馬力荷重：1.52kg/ps（後に1.56kg/ps）

6月12日はマラネロにとって、この年最も重要な意味を持つ一日となった。

ジョン・サーティースが新しいフェラーリのF1マシーン、3ℓの312F1で、雨のベルギーGPを制覇する。しかしこのレースを最後に彼はチームを去った。サーティースがフェラーリを離れた理由は、いまだにはっきりしていない。チーム・マネジャーであるドラゴーニとのレースに対する理念の違いに端を発した確執だとも言われたが、確証は得られていない。ただ明白なのは、フェラーリにいれば勝ち続けたであろうということである。サーティースはクーパー・マセラーティ・チームに移籍する。

組合による労働争議もシングルシーターの準備を遅らせ、マシーンは信頼性に不安を抱えていた。このことはロレンツォ・バンディーニにとって大きな打撃となり、彼は不調のシーズンを過ごすことになる。唯一の救いは、イタリアGPでルドヴィコ・スカルフィオッティが最高の出来でマイク・パークスを圧倒して勝利したことだろう。

レギュレーションによって自然吸気エンジンの排気量が1.5ℓから3ℓに引き上げられた。フェラーリは水平対向エンジンをやめ、312F1の準備に取り掛かる。このマシーンのエンジンは2989cc 60度V型12気筒で（出力は360ps→390ps→436psと推移する）、気筒あたり3バルブとなり（イタリアGPより）、やがて4つに増えた（1967年より）。また、新設計のアルミ外板付きスチール製チューブラー・フレームのほぼ重心位置の両側には、燃料タンクが配置された。

■敗北のルマン

耐久レースでも、フェラーリは苦戦した。ルマンでのフェラーリの敗北──。ヘンリー・フォードII世がフェラーリを買収しようとした1959年、アストン・マーティンに敗

- ●F1ドライバーズ・チャンピオンシップ
  ① ジャック・ブラバム（ブラバム）
  ② ジョン・サーティース（312F1-66／クーパー・マセラーティ）
  ③ ヨッヘン・リント（クーパー・マセラーティ）
  ⑧ ロレンツォ・バンディーニ（312F1-66）

- ●コンストラクターズ・チャンピオンシップ
  ① ブラバム
  ② フェラーリ
  ③ クーパー

- ●F1グランプリ
  ベルギーGP／スパ・フランコルシャン
  ① ジョン・サーティース（312F1-66）

  イタリアGP／モンツァ
  ① ルドヴィコ・スカルフィオッティ（312F1-66）

- ●モンツァ1000km
  ① サーティース／パークス（330P3）

- ●スパ1000km
  ① パークス／スカルフィオッティ（330P3）

- ●パリ1000km
  ① パークス／パイパー（250LM）

1966年のモナコGPで、3ℓ12気筒の312F1に乗るジョン・サーティース。トップでスタートしながらギアボックスのトラブルでリタイアを余儀なくされた。2.4ℓのV6エンジンを積んだ246で走ったロレンツォ・バンディーニが2位入賞。

1966年、イタリアGPに登場したF1マシーン、312F1。2989cc V12エンジンは、このときから気筒あたり3バルブ（うち2バルブが吸気）となった。これによりパワーは360psから380psにアップ。

312F1は高い位置に据えられたエグゾーストパイプが目印で、リアサスペンションの上を通っている。フェラーリのF1マシーンに初めて採用された方法である。

94〜95ページ：ベルギーGPの行なわれたスパ・フランコルシャン・サーキット。雨に祟られたレースを制し、優勝を果たしたジョン・サーティースと312F1。後ろにクーパー・マセラーティに乗るリントとチームメイトのバンディーニが続く。

れたときのことではない。当時、フォードⅡ世はこう言った。「もし買収できないなら、叩きのめすくらいのことはしようじゃないか」彼はこの言葉を実行に移したのである。そしてエンツォ・フェラーリは、1966年のチーム年報にこう記している。「今年はとうとうルマンで敗北を喫した」Pシリーズの3番目となるモデル、330P3は、モンツァ1000kmとスパ・フランコルシャンを制したものの、最高の目標であったルマンでのタイトル獲得には到らなかったのである。

P3のエンジンはよりパワフルになり（3967cc V12／420ps／310km/h）、シャシーは強化され、セミモノコックとなった。ボディタイプを問わず、P3はP2より車体の幅が広く、短く、そして低くなった。一方でフロントは長く細くなり、ウィンドスクリーンが丸みを帯びた。これら技術面での新しさはあったものの、ルマンでペドロ・ロドリゲスのP3を襲ったギアボックスの故障など、しばしばトラブルに見舞われた。

いっぽう、ディーノ・シリーズは206Pから206Sとなったが、成功には結びつかなかった。ベルリネッタ・ボディを持つ2ℓのピッコラ・スポーツは、3バルブ・エンジンにルーカス製インジェクションを備え、220psを発揮した。また、ディーノ206Sはマスクに跳ね馬が不在の初めてのフェラーリで、代わりに黄の地に青文字の、ディーノのロゴを配したものとなった。

■300psのロードバージョン

4月3日、バティスタ・ピニンファリーナが逝去する。息子のセルジオが会社を継いだ。バティスタが手掛けた最後のフェラーリは275GTBで、のちにDOHCエンジンを搭載した275GTB/4（3286cc V12／出力300ps／最高速度265km/h）が追加された。

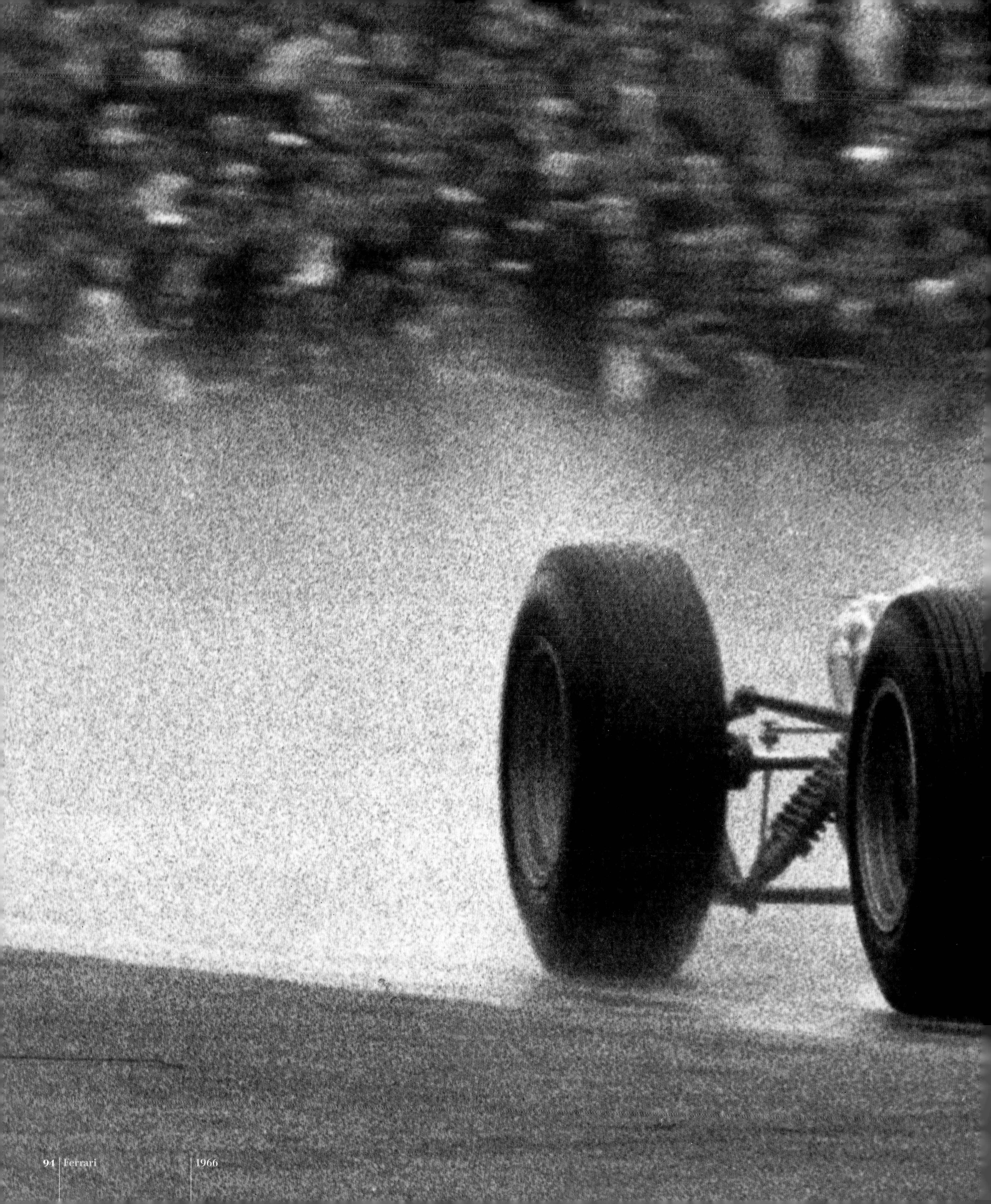

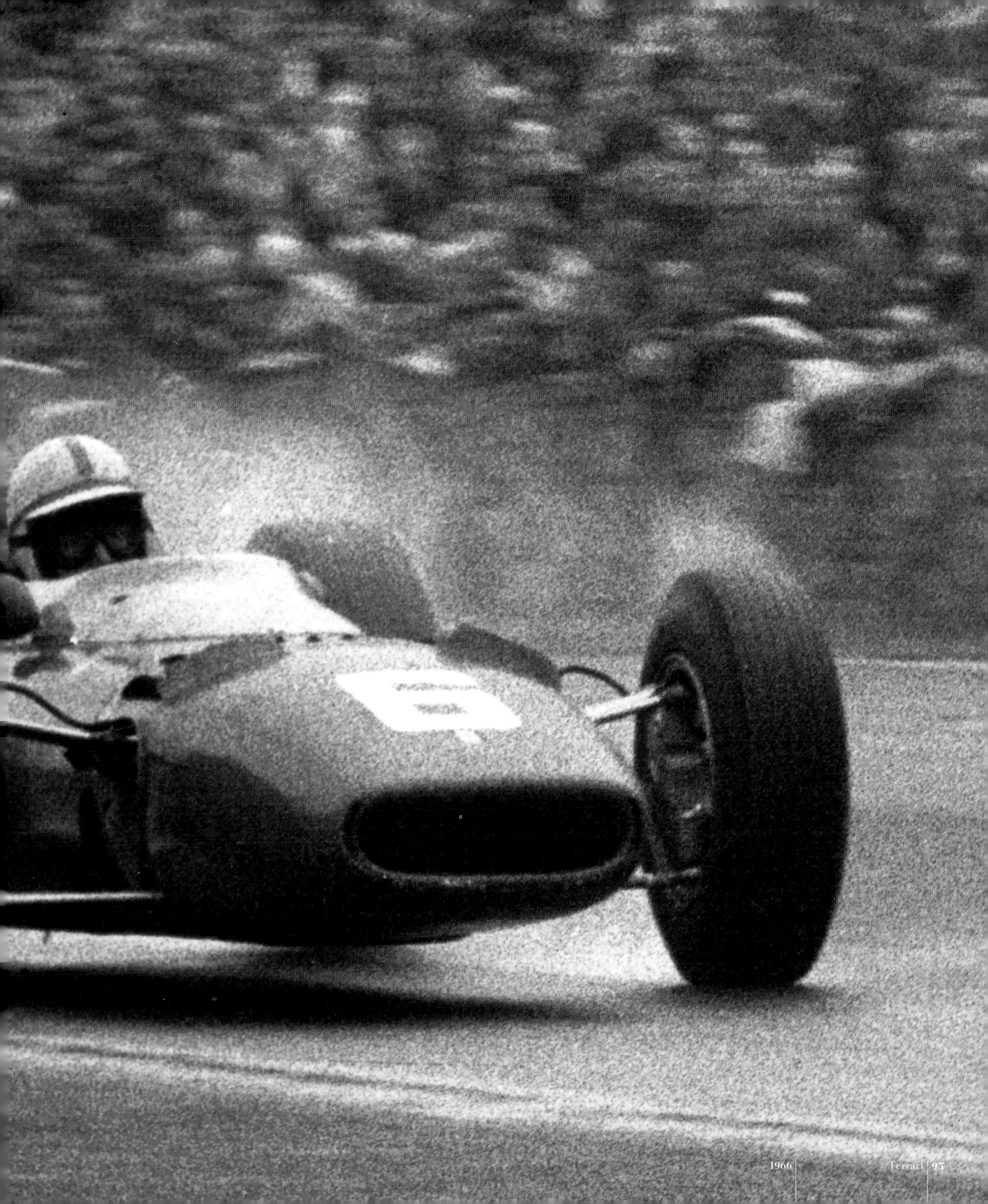

1967 巨人と子供

1967年を代表する2月6日の写真である。このデイトナ24時間では参加した3台のフェラーリが同時ゴールを演じるという、勝利に優る勝利を収めた。このフェラーリの表彰台独占劇は敵、すなわちルマンの王座を奪っていった好敵手フォードに対する明確な勝利宣言だった。

また、ロード・バージョンにおいてもビッグニュースのある注目すべき年だった。"ピッコラ・フェラーリ"、2ℓ6気筒エンジンを積んだディーノの誕生がそれである。そのデザインはメディアと大衆、双方の心を捉えるものだった。

■伝説のP4登場

耐久レースにおけるフェラーリとフォードの闘いは、1967年にピークを迎える。マラネロはPシリーズ最後のモデル、P4を用意する。エンジンはいつもながらの3967ccで、エンジンの責任者フランコ・ロッキによって出力が450psまで引き上げられた。気筒あたり3バルブを持ち（吸気2／排気1、前年のF1同様）、ルーカス製インジェクションを最大限に活用できるようになったのである。最高速度は320km/hに達した。

ライバルはさらに実力を上げたフォードGT40で、このシーズンはあたかも戦争のようであり、さまざまなレースでさながら一騎討ちの様相を呈した。デイトナでは2台のP4（バンディーニ／エイモン組とパークス／スカルフィオッティ組）と、プライベーター用にP3をP4に更新した412P（ペドロ・ロドリゲス／ギシェ組）が1〜3位を独占した。セブリングではデイトナでの敗北の返礼とばかりに、フォードが優勝する。アメリカ勢が出場を見合わせたモンツァは、カヴァリーノ・ランパンテにとって楽な闘いとなった。しかし、スパ・フランコシャン1000kmではP4にトラブルが発生し敗北する。いっぽう、タルガ・フローリオ

- ●F1ドライバーズ・タイトル
  ①デニス・ハルム（ブラバム）
  ②ジャック・ブラバム（ブラバム）
  ③ジム・クラーク（ロータス）
  ④クリス・エイモン（312F1）
  ⑯マイク・パークス（312F1）

- ●F1コンストラクターズ・タイトル
  ①ブラバム
  ②ロータス
  ③クーパー
  ④フェラーリ

- ●インターナショナル・スポーツ・プロトタイプ・チャンピオンシップ（2000cc以上）
  ①フェラーリ

- ●デイトナ24時間
  ①バンディーニ／エイモン（330P4）

- ●モンツァ1000km
  ①バンディーニ／エイモン（330P4）

- ●シラクサGP
  ①ルドヴィコ・スカルフィオッティ（330P4）
  ①マイク・パークス（330P4）
  ＊同着1位

上：ザンドフールトで行なわれたオランダGPのルドヴィコ・スカルフィオッティ。7位入賞。

左：フェラーリ330P4のロレンツォ・バンディーニとクリス・エイモン。デイトナ24時間の覇者である。彼らに続いたのは330P3に乗ったP.ロドリゲス／ギシェ組。

デイトナ24時間の1-2-3フィニッシュを祝う写真。カヴァリーノ・ランパンテのドライバーのサイン入り。スカルフィオッティとエイモンが主役だ。

ではニーノ・ヴァッカレッラが稀にみるミスを犯し、優勝を目前にしてコースアウトしてしまう。

ルマンでは11台のフォードが8台のフェラーリと戦った。マラネロは仕上がりのいい4台のP4を送りこむ（ベルリネッタ3台、スパイダー1台）。レースは最初から最後まで目が離せないものだったが、最終的にはダン・ガーニー／A.J.フォイトのフォードが制覇した。このマシーンを追ったのは2台のフェラーリで、優勝こそ逃したものの、この2台の活躍と、ブランズハッチ500マイルでのクリス・エイモン／ジャッキー・スチュワート組が2位に入ったおかげで、マラネロはインターナショナル・スポーツ・プロトタイプ・チャンピオンシップのタイトルを獲得できたのだった。

フェラーリにとって大排気量のスポーツカーでのレース参加はこれが最後となった。1968年、マラネロは3ℓ以下のクラスでワールド・マニュファクチュアラーズ・チャンピオンシップに参加することになる。

■アディオ、ロレンツォ

5月10日、ロレンツォ・バンディーニが死んだ。モナコGPでの事故で負った火傷により、3日間苦しんだすえの死であった。このレースで彼はトップを行くデニス・ハルムを追っていた。疲労が限界に達していたにもかかわらず、チームが彼に追撃を続けるよう指示したために事故に繋がったと言われている。

いずれにせよ、悲惨なF1シーズンだった。優勝は一度もなく、F1コンストラクターズ部門でチームは4位となった。

それでも、F1以外では嬉しいニュースもあった。それはエレガントなディーノのロード・バージョンのデビューである。ディ

ディーノ・ベルリネッタ・プロトティーポ・コンペティツィオーネ。1967年に、グラントゥリズモのスタディとしてピニンファリーナが1台だけ製作した。

1965年のパリ・サロンと1966年のトリノ・ショーで展示されたのち、1967年にデビューしたディーノ。エンジンは縦置きで計画されていたが、最終的には横置きでデビューした。

技術的にもデザイン的にもさしたる改良を受けることなく1969年4月、ディーノ206GTは生産を終える。総生産台数は150台だった（1967年のプレシリーズの2台を含む）。

ディーノ206GTの透視図。柔らかいラインが特徴のこのクルマのデザインはピニンファリーナ。実際の製作はモデナのスカリエッティが担当した。

ーノ206GTと呼ばれるそのモデルは横置きミドシップエンジン（1987cc V6／出力185ps／最高速度235km/h）を特徴とする。その美しいボディラインは多くの人を魅了し、高いプレステージを得る。そして、デビューして間もなく、"ピッコロ・クラシック"と称された。

■ディーノ、F2の女王となる

ロード・バージョンのディーノと、そしてレース用のディーノ──。F2用のディーノは166F2と呼ばれた。ホモロゲーションを取るにはエンジン（1596cc V6／200ps／気筒あたり3バルブ、2プラグ）を年間に少なくとも500基製作しなくてはならなかった。そのため、エンツォはフィアットと契約を結び、フィアット・ディーノ2ℓとして生産することにする。エンジンは、パワーこそ若干劣るものの、ディーノ206GTのV6ユニットを採用した。フェラーリと巨人フィアットの接近──それはまさしく歴史的瞬間だった。巨大勢力の傘下に入るということか、それとも子供が巨人を利用しようとするのかと、当時の人々の関心の的であった。

エクステリアが312F1似のディーノ166F2は、走っては勝った。アンドレア・デ・アダミッチとティーノ・ブランビッラがアルゼンティンのテンポラーダを打ち負かす。その後、ストロークの延長により、エンジンの出力は225psにまで向上した。

1968年4月7日、ホッケンハイムで行なわれたF2ヨーロッパ・チャンピオンシップのプラクティスでジム・クラークが亡くなり、悲劇のレースとして人々の心に残った。

■成長するGT

この年、365GT2+2がデビューする。1960年に誕生し、その後の8年間にいくつ

左：ディーノ206GT。デザインはピニンファリーナ。写真は第1号の生産車で、サイドウィンドーに三角窓がない。

下：人気を博した365GT2+2（4390cc V12／320ps）。330GT2+2に代わるモデルで、1967年のパリ・サロンに登場した。ホイールベースは前モデルと同じ、独立式リアサスペンションとなった。

右：ミドシップエンジンの365Pベルリネッタ・スペチアーレ。デザインはピニンファリーナ。ジャンニ・アニエッリの注文で製作された。センターステアリングの3人乗り。

下：テスト中の612Can-Am。6.2ℓV12。残念ながら、アメリカでのレース結果はあまり芳しくはなかった。

ディーノ206GT
【エンジン】軽合金製　ミドシップ横置き　65度V型6気筒　DOHC　2バルブ　チェーン駆動　点火システム：コイル式　燃料供給：ツインバレル・キャブレター　ウェバー40DCN 3基　排気量：1987cc　ボア×ストローク：86.0×57.0mm　最高出力：180ps/8000rpm　単位排気量出力：90.6ps/ℓ
【駆動形式】後輪駆動　ギアボックス：リア／5段　LSD
【タイア】185HR14
【シャシー／ボディ】2シーター・クーペ　アルミ製（デザイン：ピニンファリーナ／架装：スカリエッティ）　チューブラー・フレーム　前：ダブルウィッシュボーン／コイル, テレスコピック・ダンパー　スタビライザー　後：ダブルウィッシュボーン／コイル, テレスコピック・ダンパー　スタビライザー　燃料タンク：リア両サイド（容量：62ℓ）
【ブレーキ】ベンチレーテッド・ディスク　サーボ
【ステアリング】ラック・ピニオン
【寸法／重量】ホイールベース：2280mm　トレッド（前／後）：1425mm／1400mm　全長×全幅×全高：4150×1700×1115mm　重量：900kg
【性能】最高速度：235km/h　馬力荷重：5.0kg/ps

かのバリエーションが生まれ、この期間に生産されたフェラーリの半数を占める1100台が製作された人気の4シーター、250GTEの進化版である。

このモデルの新しさは、デザインよりもエンジンにある。V12エンジンは4390ccとなり、出力は300psから320psに引き上げられた。トルクも33.2mkgから33.7mkgに向上し、最高速度は245km/hに達した。また、4シーターのフェラーリとしては初めてリアに独立懸架を採用している。トレッドも広げられ、パワーステアリングとエアコンが装着された。365GT2+2は発表後すぐに大きな評判となる。その結果、この年の終わりから1971年までの間に365GT2+2は800台製作されるが、この数字もまた、この期間に生産されたフェラーリの半分を占めるものだった。

1968 デイトナという名の神話

モンツァのパラボリカ・コーナーを行くジャッキー・イクス（ウィングに注目）。1968年のイタリアGPにて。マクラーレンのハルムとマトラのセルヴォ・ギャバンに続き3位。

デイトナと名づけられた365GTB/4。最も有名なフェラーリであり、常に注目の的であった。

312F1-68

【エンジン】軽合金製　ミドシップ縦置き　60度V型12気筒　DOHC　4バルブ　チェーン駆動　点火システム：コイル式　燃料供給：ルーカス製インジェクション　潤滑：ドライサンプ　オイルクーラー　排気量：2990cc　ボア×ストローク：77.0×53.5mm　最高出力：410ps／11000rpm　単位排気量出力：137.1ps/ℓ
【駆動形式】後輪駆動　ギアボックス：リア／5段　LSD
【タイア】前：4.75×15　後：6.00×15
【シャシー／ボディ】シングルシーター　アルミ製ボディ　セミモノコック　前：ダブルウィッシュボーン／コイル，テレスコピック・ダンパー　後：ダブルウィッシュボーン／コイル，テレスコピック・ダンパー　スタビライザー　燃料タンク：両サイド（容量：182ℓ）
【ブレーキ】ベンチレーテッド・ディスク（後：インボード）
【ステアリング】ラック・ピニオン
【寸法／重量】ホイールベース：2400mm　トレッド（前／後）：1550mm／1560mm　全長×全幅×全高：4050×720×850mm　重量：507kg
【性能】最高速度：300km/h以上　馬力荷重：1.24kg/ps

　フェラーリのアメリカでの活躍がヨーロッパに響き渡った。
　新しいグラントゥリズモの担い手となるフェラーリが登場する。それが365GTB/4で、275GTB/4用を4390ccにまで拡大したV12エンジン（出力352ps／最高速度280km/h）を搭載する。これを"デイトナ"と呼ばずして何と呼ぼうか。巧みな経営戦

100 | Ferrari　1968

●F1ドライバーズ・タイトル
①グレアム・ヒル（ロータス）
②ジャッキー・スチュワート（マトラ）
③デニス・ハルム（マクラーレン）
④ジャッキー・イクス（312F1-68）
⑩クリス・エイモン（312F1-68）
●F1コンストラクターズ・タイトル
①ロータス
②マクラーレン
③マトラ
④フェラーリ

●F1グランプリ
フランスGP／ルーアン
①ジャッキー・イクス（312F1-68）
●ノリスリンク200マイル
①デイヴィド・パイパー（330P3）
●ローマGP
①ティーノ・ブランビッラ（ディーノ166F2）

●チッタ・デル・カーポ3時間
①ポール・ハウキンス（330P4）
●ブエノス・アイレスGP
①ティーノ・ブランビッラ（ディーノ166F2）
●コルドバGP
①アンドレア・デ・アダミッチ（ディーノ166F2）
●ゾンダGP
①アンドレア・デ・アダミッチ（ディーノ166F2）

1967年の312F1同様、エグゾーストパイプはV字型の各シリンダーの内側に設置された。1気筒4バルブ（1967年から）となった最初のフェラーリ。

1968年の312F1から初めてトランジスター・イグニッションが採用され、回転フィールが改善された。

1968年6月6日、ディーノ246タスマニアで、タスマン・シリーズのニュージーランドGPを制覇したクリス・エイモン。ジム・クラーク（ロータス）に続いてチャンピオンシップでは2位。

1968年型312F1は、F1マシーンとしては初めてウィングが採用された（ベルギーGPから）。イタリアGPからは調節可能なウィングに変更。他のチームがすぐに模倣した。

略か、あるいはその先進的な美しさのせいか、このクルマはデビューするやいなや、たちまち、それまでのフェラーリに対する反応とは180度異なる反応が巻き起こった。そう、フェラーリが単なるクルマではなく、「金持ちのシンボル」「権力の証」「裕福の象徴」「男の甲斐性」という存在に生まれ変わったのだった。

365GTB/4はパリ・サロンでデビューする。レーシングマシーン譲りのメカニズム、パワフルなエンジン、そしてスポーティ、というより"スポーティビッシマ"が、ピニンファリーナ・デザインの美しいボディとあいまって評判に評判を呼び、1968年から73年までの6年間に1366台も生産されたのだった。

その長いエンジンフードが象徴するように、デザインはすべて"エンジンを活かす"ことを主眼に配慮されていた。その曲線といい、丸みを帯びた点といい、スタイリングはそれまでのフェラーリのGTとはまったく異なるものだった。

365GTB/4がセンセーショナルな評判を得たことを受けて、フェラーリは即座に派生モデル、スパイダー・バージョンの365GTS/4を用意した。このモデルは1969年のフランクフルト・ショーに登場する。なお、デイトナは、フィアットとの関係が

1968　Ferrari　101

左：フェラーリP5プロトタイプはインターナショナル・オート・サロン用に1台のみ製作された。ピニンファリーナによるデザイン・スタディ。

前年の勝利を記念してデイトナと名づけられたフェラーリ365GTB/4のリアサスペンションは独立式で、カヴァリーノ・ランパンテのお家芸となった。トランスアクスルにはLSDも内蔵。

デイトナの素晴らしく美しいラインはピニンファリーナによって描かれたものだ。スチールおよびアルミ製のボディはモデナのスカリエッティが製造。プロトタイプのみトリノのピニンファリーナで製作された。シャシーは前モデルを踏襲している。

フェラーリ350Can-Am（4.2ℓV12）は、1月18日、シドニーで行なわれたワーウィック・ファームというレースに出場。ドライバーはニュージーランド人、クリス・エイモン。

生まれる以前に設計された最後のフェラーリとなった。

■ウィングの発明

生産モデルが好調な反面、F1ではフェラーリは苦戦を強いられていた。ベルギー人ドライバー、ジャッキー・イクスの思い入れの強いルーアンでの、雨中のフランスGPを除き、1968年のマシーン、312F1の戦闘力は決して高いとはいえなかった。

エンジンは2989ccのV12を搭載していた。出力はシーズンに入ってまもなく410psから436psにまで引き上げられた。最も画期

デイトナのエンジンは275GTB/4と同じコンセプトで、ツインカム・ヘッドを持つ。パワフルで信頼性が高いこのエンジンは、まさにコンペティション向き。グループ4（1971年8月に中止）用にホモロゲーションを受けるためには、500台生産する必要があった。

デイトナのフロント部分は他に類を見ないデザイン。ライト類を包みこむプレクシグラス製のベルト状のカバーが特徴。グリルは楕円ではなく、それ以前のモデルに比べて面積が広くなっている。

365GTB/4 "デイトナ"
- **【エンジン】** 軽合金製　フロント縦置き　60度V型12気筒　DOHC　2バルブ　チェーン駆動　点火システム：コイル式　燃料供給：ウェバー40DCN/20 6基 ツインバレル　潤滑：ドライサンプ　排気量：4390cc　ボア×ストローク：81.0×71.0mm　最高出力：352ps/7500rpm　単位排気量出力：80.2ps/ℓ
- **【駆動形式】** 後輪駆動　ギアボックス：リア／5段トランスアクスル　LSD
- **【タイア】** 215/70VR15
- **【シャシー／ボディ】** 2シーター・クーペ　スチール／アルミ製ボディ（デザイン：ピニンファリーナ）　チューブラー・フレーム　前：ダブルウィッシュボーン／コイル，テレスコピック・ダンパー　スタビライザー　後：ダブルウィッシュボーン／コイル，テレスコピック・ダンパー　スタビライザー　燃料タンク：ドライバーシート後方（容量：130ℓ）
- **【ブレーキ】** ベンチレーテッド・ディスク　サーボ
- **【ステアリング】** ウォーム・ローラー
- **【寸法／重量】** ホイールベース：2400mm　トレッド（前）／（後）：1440mm／1425mm　全長×全幅×全高：4425×1760×1245mm　重：1200kg
- **【性能】** 最高速度：280km/h　馬力荷重：3.41kg/ps

的な点は、F1マシンに初めてウィングを採用したことだろう。6月9日、スパ・フランコルシャンで行なわれたベルギーGPで、クリス・エイモンがウィングを装着したフェラーリを走らせた。さらにモンツァでのイタリアGPでは、ドライバーの判断と操作により、コーナーでは荷重を増し、直線では抵抗力を減らすことのできるウィングが装着される。フェラーリがシーズンを通じて好成績を収められなかったにもかかわらず、他のチームはフェラーリを真似し、ウィングをこぞって採用した。

この年のベスト・フェラリスタは総合で4位となったジャッキー・イクスだった。唯一、勝利したのはルーアンで行なわれたフランスGPで、あとはグレアム・ヒルのロータス49に煮え湯を飲まされ続けた。

365GTB/4デイトナのボディラインはまさにプレミアム。室内は豪華で、スポーティなテイストとなっている。

1968 | Ferrari | 103

●F1ドライバーズ・チャンピオンシップ
①ジャッキー・スチュワート（マトラ）
②ジャッキー・イクス（ブラバム）
③ブルース・マクラーレン（マクラーレン）
⑫クリス・エイモン（312F1）
●F1コンストラクターズ・チャンピオンシップ
①マトラ
②ブラバム
③ロータス
⑤フェラーリ
●ヨーロッパ・ヒルクライム・チャンピオンシップ
ピーター・シェッティ（212E）
●タスマン・シリーズ
クリス・エイモン（246/T69）

左：ベルトワーズのマトラに追われる、クレルモンフェランのフランスGPでのクリス・エイモン。このニュージーランド人ドライバーはレースを終えることができなかった。

下：モナコGPでのエイモン。ギアボックス・トラブルでリタイア。

1969 トリノと組む

　1969年にもたらされたニュースは、レース現場からでも、生産現場からでもなく、会社としてのニュースであった。

　6月21日、フィアットがフェラーリの50％の所有権を持つことになった。コメンダトーレはカヴァリーノ・ランパンテの将来をイタリア自動車界の巨人に託すことにしたのである。自社を大きくするための決断だった。生産ペースは鈍く、1969年に販売したフェラーリはわずか619台にすぎなかった。フィアットとの関係は必ずしも順風満帆とは言いがたかったが、エンツォはレーシング部門に専念、プロダクション・モデルについてはトリノに全面的に任せることにしたのである。

■ヒルクライムで再び勝利

　1969年のスポーツ部門ではヒルクライムで納得のいく結果を得ることができた。しかし、F1では輝きを失い、スポーツカー・チャンピオンシップでも不振をかこっていた。1968年6月8日にロスフェルドのヒルクライム・レースで、ポルシェを運転中のルドヴィコ・スカルフィオッティが亡くなったことで、ヨーロピアン・ヒルクライム・チャンピオンシップのタイトルは、ピーター・シェッティの手に渡った。スイス人のピーターはヒルクライムのスペシャリストで、1969年、ポルシェに対抗せんとするフェラーリによってマラネロに招かれた。彼は1971年と72年にはスポーツ部門のディレクターも務めている。

　彼がステアリングを握ったのはヒルクライム向きの212Eであった。丸みを帯びたラインを持つこのマシーンのエンジンは1991ccの12気筒で、1965年型512F1から転用されている。212Eはその性能（300ps）を十二分に発揮し、シェッティはこのチャンピオンシップで全勝という快挙を成し遂げた。

●ニュージーランドGP
①クリス・エイモン
(246/T69)
●オーストラリアGP
①クリス・エイモン
(246/T69)
●モンセニー・ヒルクライム
①ピーター・シェッティ
(212E)
●ロスフェルド・ヒルクライム
①ピーター・シェッティ
(212E)
●モンヴァントー・ヒルクライム
①ピーター・シェッティ
(212E)
●トレント/ボンドーネ
①ピーター・シェッティ
(212E)
●フライブルク/シャウインスラント
①ピーター・シェッティ
(212E)
●チェザーナ/セストリエール
①ピーター・シェッティ
(212E)
●オーロン/ヴィラース
①ピーター・シェッティ
(212E)

上：365GTS。1969年1月から4月の間にわずか20台しか生産されなかったモデル。

左：ディーノ246GTは排気量、パワーともに206GTの拡大版。

下：1969年、パワフルな612Can-Amに乗るクリス・エイモン。パワーユニットは6222cc V12。

106〜107ページ：1969年のニュルブルクリンク1000kmで限界に挑むクリス・エイモンのドライビング。ペドロ・ロドリゲスとともに戦ったが、リタイア。

■ようやくエイモンが勝利

　ヨーロッパの裏側では1月、クリス・エイモンがタスマン・シリーズに300psの2.4ℓ6気筒エンジンを搭載した246Tで出場し、勝利を飾る（1970年、グレアム・ローレンスが同じく勝利）。このニュージーランド人ドライバーがF1で走ったのはシーズンの最初の半分のみで、この年の暮れ、彼はフェラーリを離れた。何度も印象に残るレースを展開し、溢れる才能の片鱗を見せたものの、結局、彼が何よりも望んだ優勝を手にすることはできなかったのだ。

　1969年も、F1でのフェラーリは不調だった。コンストラクターズ部門では5位、エイモンはドライバー部門の12位と低迷した。一方でマトラ・フォードとジャッキー・スチュワートがダブル・タイトルに輝き、チャンピオンシップを独占した。

　反面、ロードバージョンのグラントゥリズモ・フェラーリは進化を続け、クーペの365GTCとスパイダーのGTSが誕生する。それぞれ330GTCとGTSからの進化形で、エンジンは大排気量（4390cc）と大パワー（320ps）のV12ユニットが与えられたが、生産されたのは1年のみであり、生産台数は200台であった。

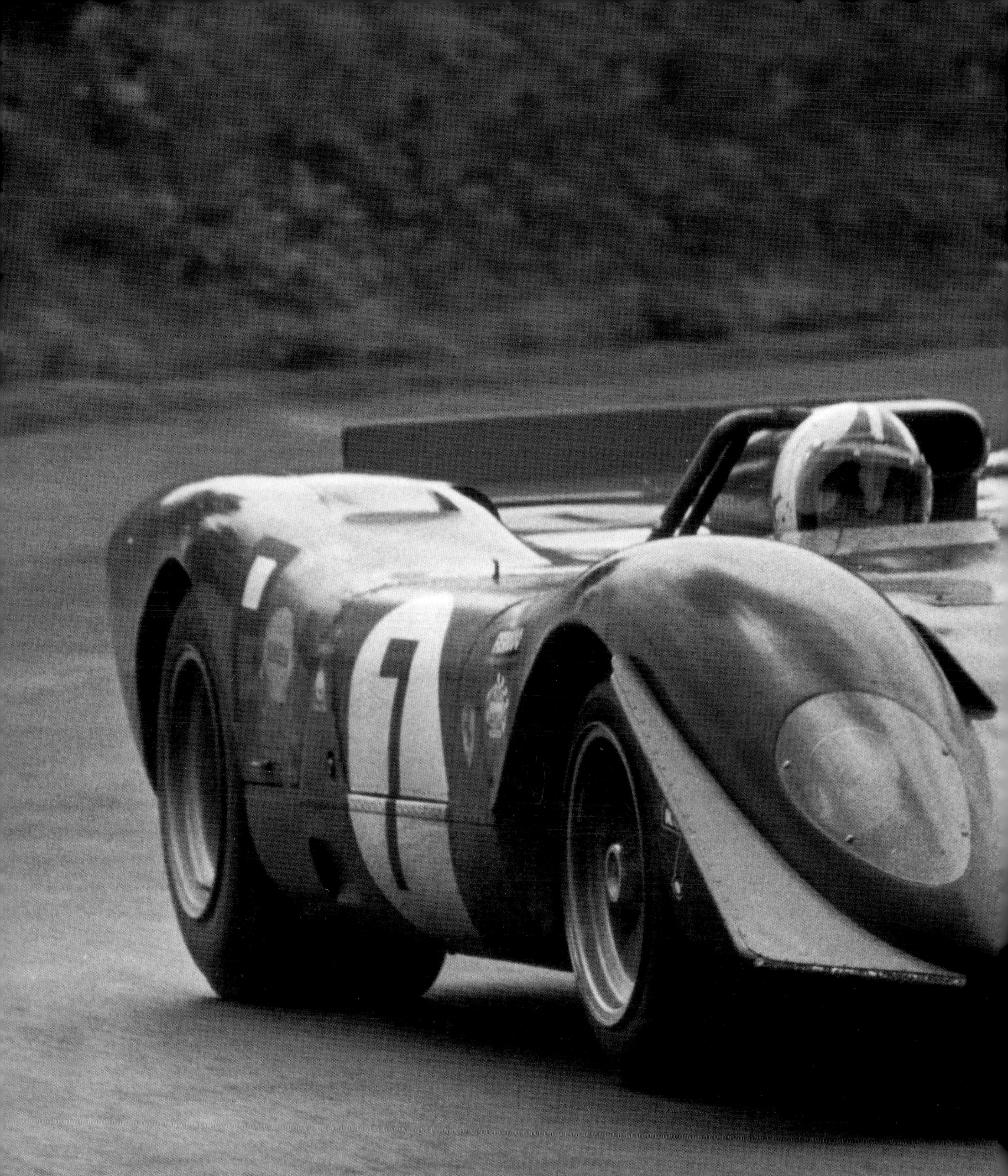

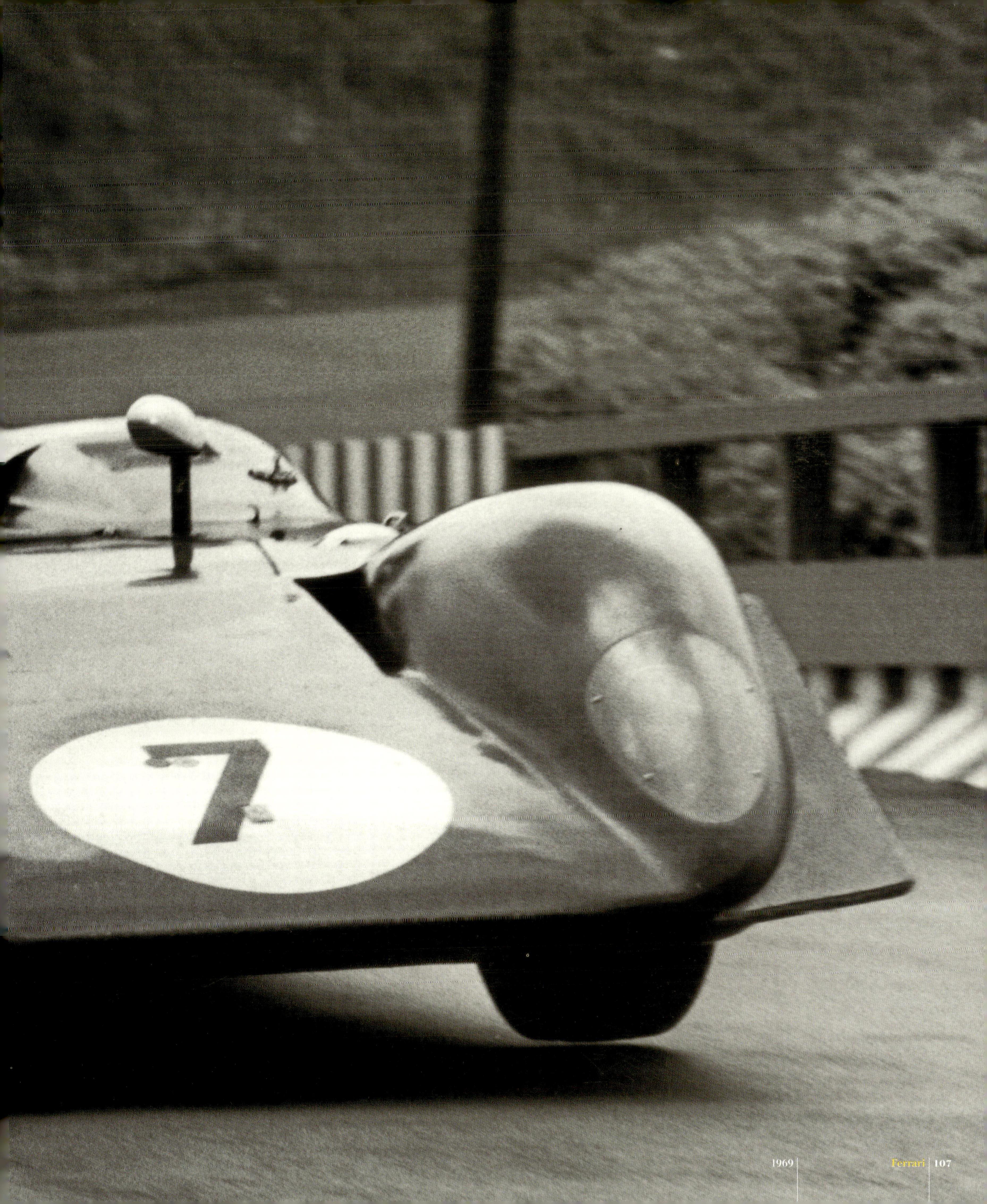
7

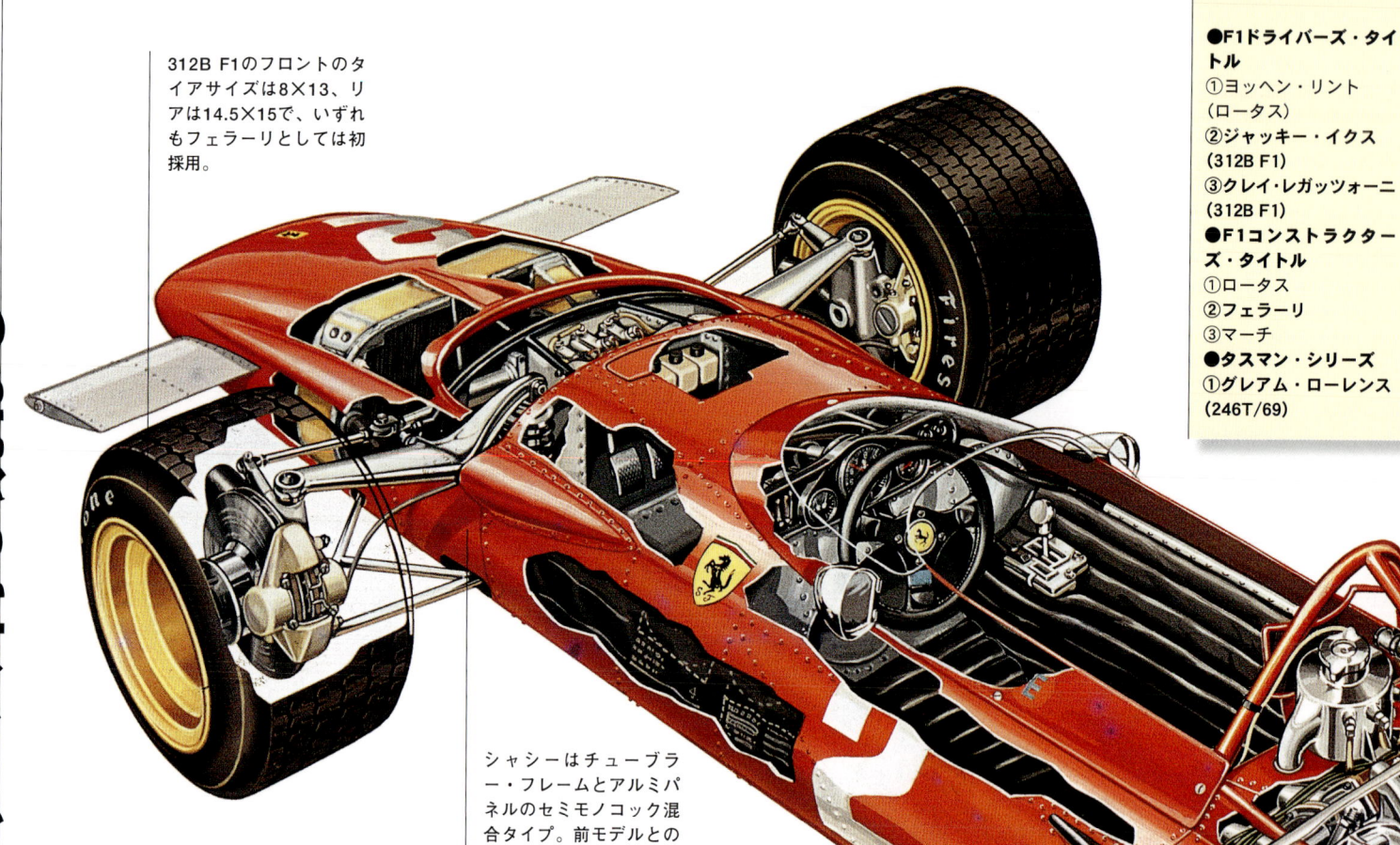

1970 カヴァリーノ、再び跳ねる

312B F1のフロントのタイアサイズは8×13、リアは14.5×15で、いずれもフェラーリとしては初採用。

シャシーはチューブラー・フレームとアルミパネルのセミモノコック混合タイプ。前モデルとの違いは、エンジンがリア・バルクヘッドに直付けされている点。

パワーロスを軽減するために、312B F1の12気筒エンジンには新しい試みがなされた。マラネロの技術者はメインベアリングを7つから4つにしたが、結果的にこのことがトラブルの原因となり、信頼性を損なった。

左：365GTC/4、命名はゴッボーネ。1970年のパリ・サロンに登場。1971〜72年に販売された。

- ●F1ドライバーズ・タイトル
  - ①ヨッヘン・リント（ロータス）
  - ②ジャッキー・イクス（312B F1）
  - ③クレイ・レガッツォーニ（312B F1）
- ●F1コンストラクターズ・タイトル
  - ①ロータス
  - ②フェラーリ
  - ③マーチ
- ●タスマン・シリーズ
  - ①グレアム・ローレンス（246T/69）

ここ数年、ファンはスクーデリア・フェラーリの信じがたいほど急速な衰退ぶりに驚き、切歯扼腕していた。

しかし70年代が明けたこの年、フェラーリはF1に新設計のマシーンを投入する。同時に、ワールド・スポーツカー・チャンピオンシップ・レースに、512Sで再び本格的に参戦した年でもあった。これらのレースでの活躍を、生産車の販売に結びつけようという目論見だった。

■ロータスに攫われる

スクーデリア・フェラーリは、この年、ナンバー1ドライバーとして再びフェラーリに戻ってきた天才ジャッキー・イクス、才能溢れる若手のクレイ・レガッツォーニとイグナツィオ・ギュンティという3枚のエース札を持っていた。彼らこそF1におけるイタリアの希望の星だった。レガッツォーニとギュンティには未知数の部分もあったが、イクスに関して言うべきことはなかった。彼ほどのドライバーは、他に望むべくもなかったのだ。イクスは前回、つまり1968年末、翌年の契約をめぐってエンツォ・フェラーリと合意に達することができずにフェラーリを去り、ブラバムで1年間戦ったあと、2年ぶりのフェラーリ復帰となった。

彼らには強力なマシーンが用意されていた。すべてが新しい312B F1である。エンジンは3ℓの12気筒ボクサー（Bはボクサーからとったもの）で、気筒あたり4つ用意されたバルブ間の挟み角が狭く（22度）、メインベアリング4つを備える。のちに、後継モデル312Tは70年代中盤以降に、フェ

●F1グランプリ
オーストリアGP／エステルライヒリンク
①ジャッキー・イクス（312B F1）
イタリアGP／モンツァ
①クレイ・レガッツォーニ（312B F1）
カナダGP／モン・トランブラン
①ジャッキー・イクス（312B F1）
メキシコGP／メキシコ・シティ
①ジャッキー・イクス（312B F1）

●セブリング12時間
①ギュンティ／ヴァッカレラ／アンドレッティ（512S）
●ベルギー500km
①ゲオルグ・ルース（512S）
●富士インター200マイル
①マンフレディーニ／モレッティ（512S）
●ランド（キャラミ）9時間
①イクス／ギュンティ（512M）

上：ジャッキー・イクスと312B F1。1970年のハラマで開催されたスペインGPにて。イクスは不幸にも、1周目でコントロールを失ったジャッキー・オリヴァーのBRMに横から衝突され、リタイアを余儀なくされた。

312B F1

【エンジン】軽合金製　ミドシップ縦置き　180度V型12気筒　DOHC　4バルブ　ギア駆動　点火システム：電子式　燃料供給：ルーカス製インジェクション　潤滑：ドライサンプ　オイルクーラー　排気量：2992cc　ボア×ストローク：78.5×51.5mm　最高出力：450ps/12000rpm　単位排気量出力：150.4ps/ℓ
【駆動形式】後輪駆動　ギアボックス：リア／5段LSD
【タイア】前：8.60×13　後：13.5×15
【シャシー／ボディ】シングルシーター　FRP製ボディ　セミモノコック（チューブラー・フレーム＋強化パネル）　前：トランスバース・アーム＋ロワーウィッシュボーン／コイル，テレスコピック・ダンパー　スタビライザー　後：トランスバース・リンク＋トレーリング・リンク／コイル，テレスコピック・ダンパー　スタビライザー　燃料タンク：両サイド＋センター（容量：120ℓ）
【ブレーキ】ベンチレーテッド・ディスク
【ステアリング】ラック・ピニオン
【寸法／重量】ホイールベース：2220mm　トレッド（前／後）：1425mm／1420mm　重量：650kg
【性能】最高速度：320km/h　馬力荷重：1.444kg/ps

上：リトラクタブル・ライトもしくは"瞼"型ライトの365GTB/4。1970年まではアメリカ市場専用のモデルだったが、その後、すべてのデイトナに採用された。

　ラーリに3度のドライバーズ・タイトルと4度のコンストラクターズ・チャンピオンをもたらすことになる。
　シーズン前半は特に目立った活躍はなかった。オーストリア人ドライバー、ヨッヘン・リントの駆るロータスが最初の8戦中5戦を制するなど、圧倒的な強さを見せていた。事態が動きだしたのはその後だった。オーストリアGPでイクスとレガッツォーニが僅差も僅差（0.61秒差）で、フェラーリ歓喜の1-2フィニッシュを決めたのだ。ついに312Bが真価を発揮し始めた。モンツァでは、前レースの返礼よろしく、スイス人のレガッツォーニが優勝する。しかし、このレースではリントが事故死する悲劇が起きた。9月5日、土曜日の午後のことであった。

ロータス72の高速時の脆さが命取りとなったのだ。9年前にフォン・トリップスが落命したのとほぼ同じ場所、パラボリカのコーナーだった。コントロールを失ったマシーンはガードレールの支柱に激突して大きくスピン、脚と胸に重傷を負ったリントは病院に運ばれたが助からなかった。
　カナダの勝利でフェラーリは3連勝となり、最終戦メキシコでも優勝する。このふたつのレースではいずれもイクスがレガッツォーニを押さえた。予想外の活躍で関係者を驚かせた新鋭レガッツォーニは、来期のシートを確保する。しかし、イクスの奮

1970　Ferrari｜109

左：1970年のセブリング12時間。512Sのマリオ・アンドレッティはイグナツィオ・ギュンティとニーノ・ヴァッカレッラと組んで勝利。

1970年のジュネーヴ・ショーで発表されたピニンファリーナ・モデューロ。独特のラインと広いウィンドー、曲線で構成されたボディが特徴。

ポルシェ917への反撃の旗手として登場した512Sは、ホモロゲーション取得のために25台が製作された。

512SのエンジンはパワフルなV12（550ps）。DOHC、4バルブ。インジェクションはルーカス製で、最高速度は340km/hに達した。

闘も空しく、最終的にドライバーズ・タイトルは亡きリントのものとなった。

6月2日、今度はブルース・マクラーレンが死亡した。ドライバーであり（F1で4勝）、コンストラクターでもあった彼が命を落としたのは、1962年にスターリング・モスが大クラッシュし選手生命を断たれた、あのグッドウッド・サーキットでのテストの最中のことだった。

■大文字で始まるスポーツカー

1台のスポーツカー・レース用フェラーリがサーキットに戻ってきた。

1967年のルマン後、CSI（インターナショナル・スポーツ・コミッション）はレギュレーションを変更した。新レギュレーションはレース参戦に必要なホモロゲーションの取得に、それぞれ1年間で、5ℓスポーツには50台以上のレース車輌の製作、3ℓのプロトタイプには1台の製作を義務づけた。これは、大メーカーにとってはたいしたことではなかったが、フェラーリのような、高級スポーツカーを限られた数だけしか造っていないメーカーにとっては厳しい条件であった。結果的にマラネロはやすなく1967年をもって耐久レースから撤退した

のである。そして——フェラーリが再びレースに戻る日がやってきた。勝てるマシーンを用意して——。

ベルリネッタ512S（ミドシップ／4994cc V12／550ps／340km/h）でレースに復帰できたのは、フィアットの資金援助の賜物だった。スポーツ・プロトタイプの新しいレギュレーションは69年に緩和され、ホモロゲーション取得用の製造数は25台とされた。

製作の複雑化を避け、512Sにはごくシンプルなシャシーが採用された。1月20日、このマシーンはマラネロでCSIの幹部に披露される。512Sはすぐにセブリング12時間

110 | Ferrari   1970

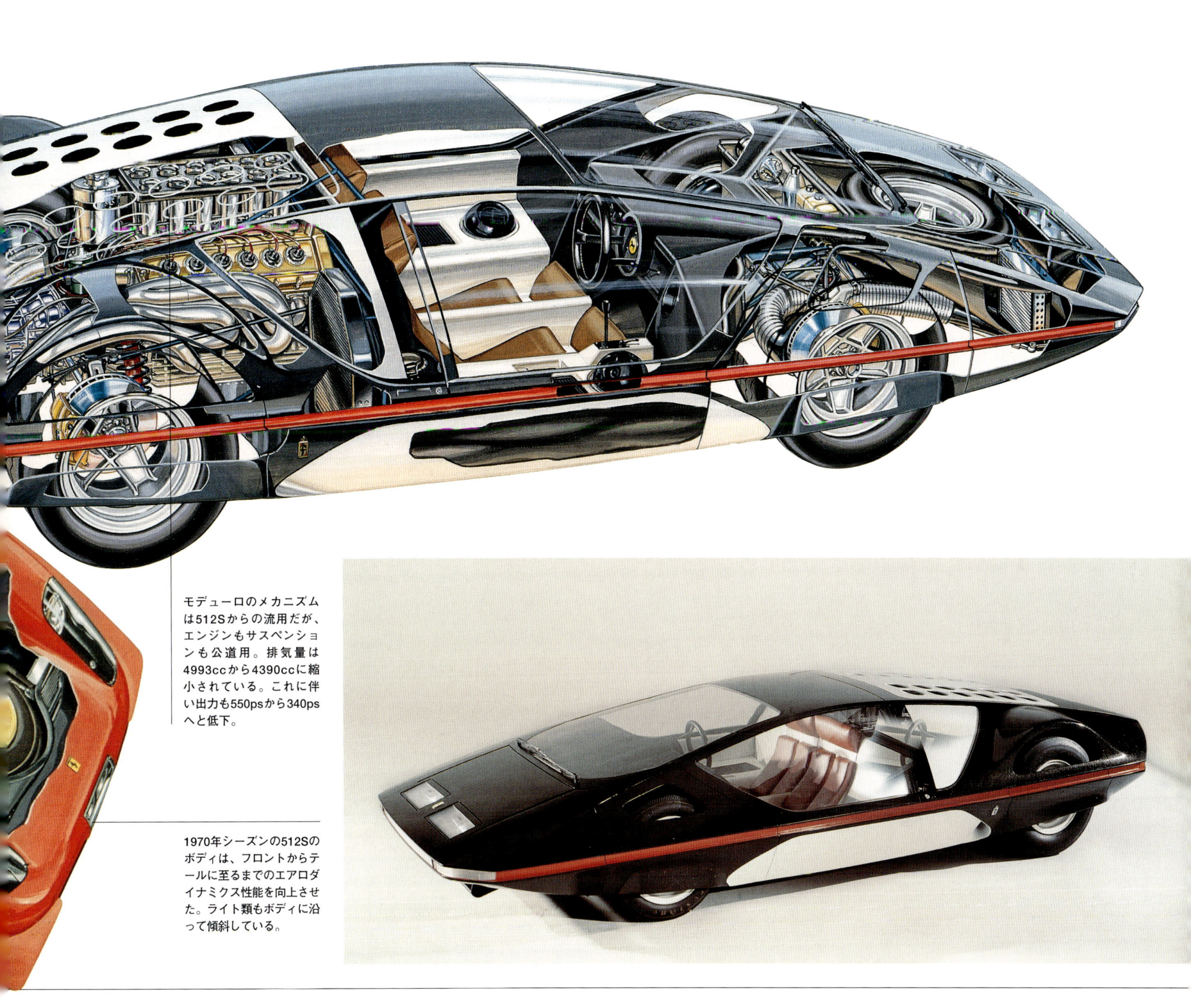

モデューロのメカニズムは512Sからの流用だが、エンジンもサスペンションも公道用。排気量は4993ccから4390ccに縮小されている。これに伴い出力も550psから340psへと低下。

1970年シーズンの512Sのボディは、フロントからテールに至るまでのエアロダイナミクス性能を向上させた。ライト類もボディに沿って傾斜している。

ピニンファリーナ・モデューロは1台のみの製作。プロトタイプのスタディ・モデルである。

で勝利し、続いてタルガ・フローリオで、教授の肩書きを持つニーノ・ヴァッカレッラがポルシェ908と闘い、3位を獲得する。事故のあと、マドニエの細い路上で神業に等しい挽回を果たしたすえの入賞だった。

しかし、ルマンでは軽量でスーパー・パワーのポルシェ917に勝ちを譲った。ワークス・チームから参加したのは4台の512Sだったが、2台はメカニカルトラブルにより、2台は事故のために、すべてリタイアとなった。また、このルマンは混乱と悲しみのレースとなった。ジャッキー・イクスの512Sがコースアウトして関係者用テントに飛び込み、死者を出してしまったのだ。

さらに続いた死亡事故が、このシリーズに影を落とすことになる。翌71年7月11日にノリスリンクで、アルバート・ミュラーの512Sが起こした事故により、ペドロ・ロドリゲスが死亡する。レースへの情熱を分け合った弟、8年前のF1メキシコGPでロータスを駆り亡くなったリカルドの跡を追うようにして、彼はこの世を旅立った。

■時代の落とし子

成長するピッコラ・フェラーリ——といっても、サイズの話ではない。ボディはピニンファリーナ・デザインによる206GTそのままで、成長したのは技術だった。

誕生したのはディーノ246GTである。新しいピッコラ・フェラーリは2418cc V6エンジン（出力195ps／245km/h）を搭載する。タイアもより幅広に（185→205-14）、トレッドも拡大された。これによりディーノGTは幅広いクライアント層を獲得することになった。生産台数も、206GTの150台に対し、246GTは1974年までにクローズド・タイプ2481台が製作された。246GTの顧客名簿にはトニー・カーティスやマイク・ボンジョルノの名前が見られた。

1971 ルマン・ボイコット

●F1ドライバーズ・チャンピオンシップ
①ジャッキー・スチュワート（ティレル）
②ロニー・ペターソン（マーチ）
③フランソワ・セヴェール（ティレル）
④ジャッキー・イクス（312B F1）
⑦クレイ・レガッツォーニ（312B F1）

●F1コンストラクターズ・チャンピオンシップ
①ティレル
②BRM
③マーチ
④フェラーリ

●F1グランプリ
南アフリカGP／キャラミ
①マリオ・アンドレッティ（312B F1）
オランダGP／ザンドフールト
①ジャッキー・イクス（312B2 F1）

●モンセニー・ヒルクライム
①ピーター・シェッティ（212E）

●ロスフェルド・ヒルクライム
①ピーター・シェッティ（212E）

●モンヴァントー・ヒルクライム
①ピーター・シェッティ（212E）

●トレント／ボンドーネ
①ピーター・シェッティ（212E）

●フライブルク／シャウインスラント
①ピーター・シェッティ（212E）

●チェザーナ／セストリエール
①ピーター・シェッティ（212E）

●オーロン／ヴィラース
①ピーター・シェッティ（212E）

右：1971年デイトナ24時間のスタート風景。No.6のフェラーリ512Mに乗るのはダナヒュー／ホッブス組（アメリカ・チーム・スノコ所属）。結果は3位。No.1のポルシェ917Kが優勝した。ドライバーはロドリゲス／オリヴァー組。

下：612Can-Amの精緻な透視図。

　フェラーリの年間生産台数が初めて1000台を超えた。1971年12月、1246台をもってこの年の生産が終了する。フェラーリは限られた富裕層のためのアトリエから一企業に、その姿を変えつつあった。工場は拡張され、生産ラインは倍になった。

■不調の一年
　12気筒のボクサーエンジンを搭載した2代目312B2（ストロークを短縮し、当初470psだった出力は485psに向上）は2度優勝し、ほかにもノンタイトル戦で2度勝った。しかし、ファイアストーン製タイアの性能の低さと、エンジン潤滑システムの不調がもたらす状況に喘いでいた。良質のグッドイヤー製タイアで波に乗るティレル・コスワースを食い止めることができない。そう、ジャッキー・スチュワートが乗るティレルは一段と強力になっていたのだ。
　スタートは順調に見えた。南アフリカGPでマリオ・アンドレッティが前年モデルを駆り優勝する。しかしシーズンを終えてみれば、フェラーリはコンストラクターズとドライバーの双方で4位に甘んじることになった。衰え知らずのドライバー、イクスですら、どうにもならなかったのだ。

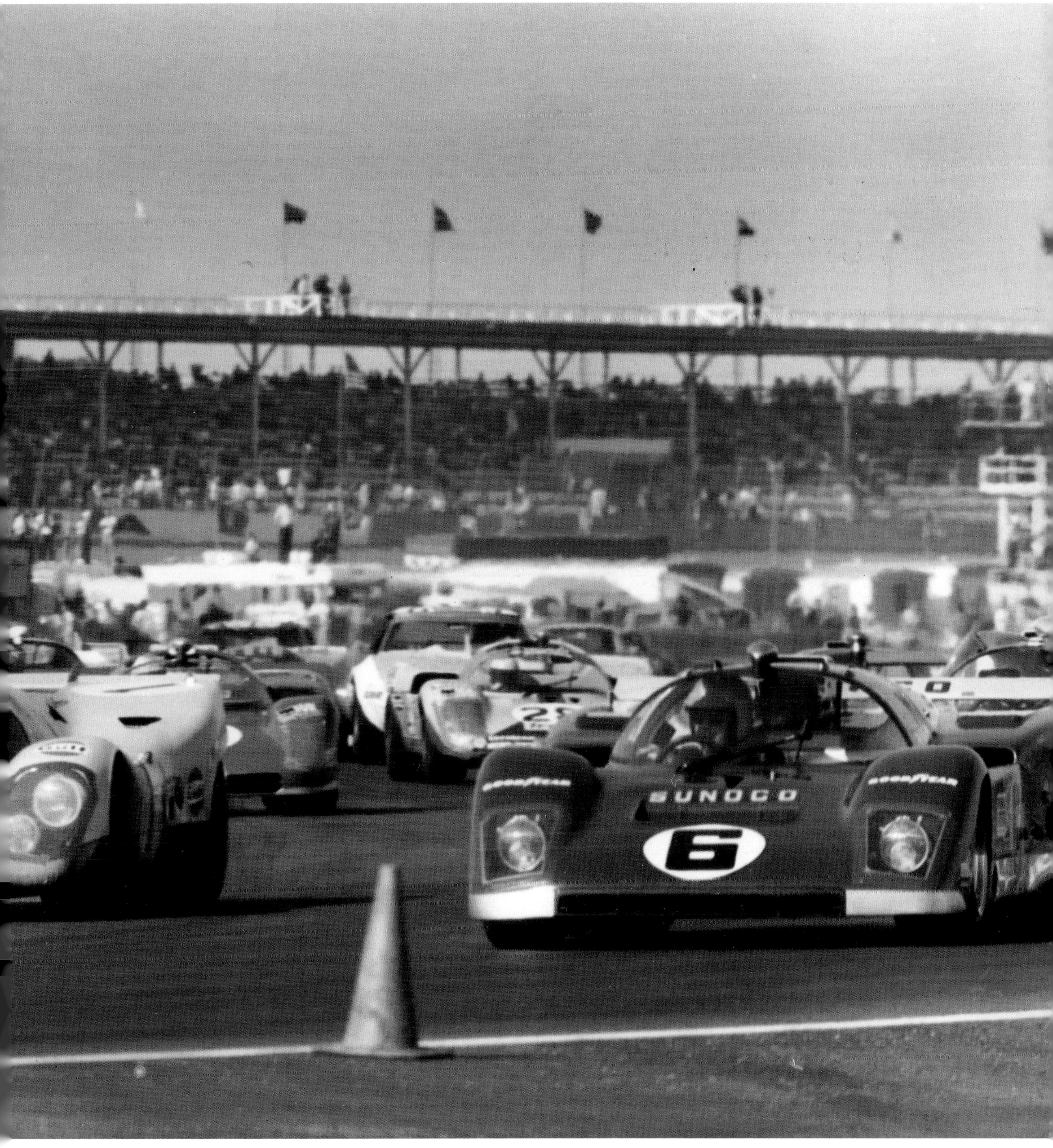
SUNOCO
6

上：312B2 F1をドライブするクレイ・レガッツォーニ。このマシーンには実験的にフロント・ウィングが装着されていた。両サイドに装着された流線型のこのウィングは、空気の壁を"掻き分ける"のが目的。

312B2のリアサスペンションはギアボックス上に、ほぼ水平にコイルとダンパーが配されたものだったが、イクスがこのマシーンで勝てたのはオランダGPのみであった。

■フェラーリがルマンをボイコット

2シーターのコンペティションマシーンの世界が揺れた。

マラネロは512Sの性能を向上させたM（モディファイの意）バージョンを用意する。4993cc V12（620ps）エンジンを搭載し、車重が約30kg軽くなり、空力特性に富むボディと新しいサスペンションを持った512Mは、1970年の終わりに準備が整った。

デビュー戦のキャラミ9時間でイクスとギュンティがこのマシーンで勝利する。しかし、ワークスマシーンとしての512Mの生涯は突然に終幕を迎えた。エンツォ・フェラーリがこのマシーンをプライベート・ドライバー用にすると決定し、1972年のワールド・スポーツカー・チャンピオンシップ・レース用の3ℓプロトタイプに力を注ぐことにしたためであった。

この決定は、フェラーリがルマンには不参加となることも意味していた。ポルシェ917に対抗できるマシーンを持ちながらも参加を見送ることにしたのだ。512Mは、それでも輝かしいキャリアを残した。ダナヒュー／ホッブス組がデイトナ24時間とセブリング12時間で3位に入賞、イモラ300kmではメルツァリオが優勝を飾っている。

■流れるレースの血

1969年のセブリングでP4の丸いラインを継ぐ2シーター、2990cc V12（出力430ps）エンジンを積む312Pがデビューした。実は、1971年のセブリングにも312Pと呼ばれるフェラーリのバルケッタが参加したが、中身も別物なら、マシーンが持つ背景もまった

114 | Ferrari　1971

上：365GT/4BB。圧倒的なパフォーマンスとディーノGTに似たボディラインを持つ、このベルリネッタのエンジンは水平対向。1971年のトリノ・ショーで披露された。販売は1973年から。

114ページ左：ダナヒュー／ホップス組の512M、1971年のセブリング12時間にて。

114ページ右：マリオ・アンドレッティの712Can-Am。ワトキンス・グレンでのレースにて。このイタリア系アメリカ人ドライバーは4位に入賞。

右：トリノ・ショーに出品されたザガート・スパイダー。ボディ以外のコンポーネンツは250GTのものが用いられた。

く異なるもので、このレースではギアボックスのトラブルでリタイアしている。

1971年の312Pのボディは角張っており、エンジンは同じ12気筒ながらボクサリーであった。公式な呼び方ではなかったが、1969年の312Pと区別するために、関係者はボクサーを表すBを付けて312PBと呼んでいた。ボクサーエンジンを選択したことにより、重心が低くなった。エンジンは312B F1のユニットを（2992cc／450ps／320km/h）耐久レース仕様にチューンし直しており、リアサスペンションのみF1マシーンのものを流用している。シャシーはアルミパネルとチューブラー・フレームから成るセミモノコックで、ボディに強化プラスチックを採用したため、非常に薄く、軽かった。

■ギュンティの悲劇

1971年は312Pの改良に明け暮れた年で、レースではリタイアを重ねていた。対照的に翌年は栄光に輝く年となる。ライバルを退け、ワールド・スポーツカー・チャンピオンシップ・レースを制覇したのである。しかし、勝利の一方では闇を抱えてもいた。

1月10日、ブエノス・アイレス1000kmで、5ℓマシーンの前を走っていた、312Pのプロトタイプを駆るイグナツィオ・ギュンティが亡くなった。それは信じがたい事故だった。ギュンティがチームメイトであるマイク・パークスを追い越そうとしていたとき、彼にはパークスの前にいたジャン・ピエール・ベルトワーズが見えていなかった。ベルトワーズはガソリン切れの自分のマシーンをピットに向けて押しているところだった。パークスはベルトワーズをかろうじて避けることができたが、ギュンティは失敗した。ベルトワーズのマシーンにぶつかったあと、彼のマシーンは、彼を乗せたまま炎に包まれた。

1971 | Ferrari | 115

1972 額縁で飾りたい一年

上：1972年のジュネーヴ・ショーで、246GTのルーフが取り外せる仕様の246GTSが発表された。アメリカを中心に好評を博した。

右：365GT/4 2+2。1972年のパリ・サロンで発表。365GT 2+2に代わるモデルだが、主要コンポーネンツは365GTC/4のものを流用。

117ページ：1972年のスペインGPでのジャッキー・イクス。312B2 F1スペリメンターレ（実験モデル）で戦った。ロータスのエマーソン・フィッティパルディに次いで2位に入賞。

1972年はマラネロにとって、額縁に入れて飾っておきたいようなすばらしい結果を残した一年であった。

312Pがワールド・スポーツカー・チャンピオンシップで勝ちまくる――。ライバルたちにまったく隙を見せない年だった。10人のドライバー（マリオ・アンドレッティ、ロニー・ペーターソン、ジャッキー・イクス、クレイ・レガッツォーニ、アルトゥーロ・メルツァリオ、ティム・シェンケン、ブライアン・レッドマン、サンドロ・ムナーリ、カルロス・パーチェ、ヘルムート・マルコ）で構成された最強のチームはシリーズ11戦中、ワークスとして参加しなかったルマン以外のすべてのレースで勝利する。チーム自体が、さながら闘うマシーンと化していた。ドライバーは代わる代わるステアリングを握り、多くのマシーンが常に完璧な戦闘態勢を整え、出番を待っていた。このときのチーム・マネジャーは、のちにフェラーリのスポーツ部門ディレクターを務めるピーター・シェッティであった。

■タルガでの7度目の勝利

この年ファンを最も魅了したレースはタルガ・フローリオだった。アルトゥーロ・メルツァリオが、イタリア・ラリー界でナンバーワンだったサンドロ・ムナーリと組んで勝利を飾る。フェラーリにとっては7度目の優勝であり、最後の勝利となった。"万全"で挑んだレースはオーストリア1000kmで、4台の312Pが1位から4位までを独占した。フェラーリが1971年と同様にワークス・チームを送り込まなかったのはルマンだった。優勝はマトラの手に渡ったが、このレースでもフェラーリの活躍は見られた。プライベティアのシャルル・ポッツィのチームが送り込んだ365GTB/4デイトナが、アンドリュエ／バロ・レナ組によって

1972

左：312Pとジャッキー・イクス／クレイ・レガッツォーニ組。ウェットコンディションのモンツァ1000kmにて。ベルギー人／スイス人コンビがレースを制覇、ポール・トゥ・ウィンを飾った。

1969年の312Pはボクサーを意味するBを付けて312PBと呼ばれた。エンジンは水平対向2992cc V12、312B F1から流用されたエンジンだ。出力は450ps。1973年、ストロークが短くなり、サスペンションと空力の見直しが図られた。

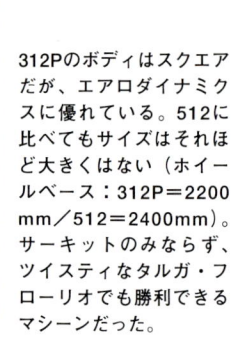

312Pのボディはスクエアだが、エアロダイナミクスに優れている。512に比べてもサイズはそれほど大きくはない（ホイールベース：312P＝2200mm／512＝2400mm）。サーキットのみならず、ツイスティなタルガ・フローリオでも勝利できるマシーンだった。

312P
【エンジン】軽合金製　ミドシップ縦置き　180度V型12気筒　DOHC　4バルブ　ギア駆動　点火システム：電子式　燃料供給：ルーカス製機械式インダイレクト・インジェクション　潤滑：ドライサンプ　オイルクーラー　排気量：2992cc　ボア×ストローク：78.5×51.5mm　最高出力：450ps／11500rpm　単位排気出力：150.4ps／ℓ
【駆動形式】後輪駆動　ギアボックス：リア／5段LSD
【タイア】前：8.60×13　後：13.5×15
【シャシー／ボディ】2シーター・スポーツ　FRP製ボディ　セミモノコック（チューブラー・フレーム＋強化パネル）　前：トランスバース・アーム＋ラテラルリンク／コイル、テレスコピック・ダンパー　スタビライザー　後：トランスバース・アーム＋トレーリングリンク／コイル、テレスコピック・ダンパー　スタビライザー　燃料タンク：両サイド＋センター（容量：120ℓ）
【ブレーキ】ベンチレーテッド・ディスク
【ステアリング】ラック・ピニオン
【寸法／重量】ホイールベース：2220m　トレッド（前／後）：1425mm／1420mm　重量：650kg
【性能】最高速度：320km/h　馬力荷重：1.444kg/ps

312Pは2シーターと定義されたクルマだが、当然、シートは右側のドライバー用のみ。

5位入賞と同時にクラス優勝も果たしたのだ。このマシーンはまた、トゥール・ド・ノリンスでの11回目となる優勝も飾っている。312Pは第一線で活躍したが、プロトタイプ・スポーツカー・レースにマラネロが用意した最後のマシーンとなった。

エンツォ・フェラーリは、レギュレーションの変更に伴い、耐久レースから手を引く決心を固め、F1に集中することを決意した。この年も前年と同じペースで312Pが活躍し続けたにもかかわらず、翌73年暮れには、フェラーリはプロトタイプ・スポーツからの全面的な撤退を決めたのである。

しかし、F1ではフェラーリの苦戦が続く。312B2は走行安定性に問題を抱えており、好不調の波が大きかった。それでも7月30日、ジャッキー・イクスがドイツGPで優勝を果たす。その見事な勝ちっぷりを見せたレースは、イクスの華々しいF1ドライバー人生最後の勝利となった。2位にはレガッツォーニが入り、フェラーリは1-2フィニッシュを飾った。

■フィオラーノ誕生

F1マシーンの方向転換を模索するなか、フェラーリは技術部門の人事異動を行なう。マウロ・フォルギエーリは将来のプロジェクトとレギュレーション変化の研究に専念するアドバンス・スタディ・センターに移

- ●F1ドライバーズ・タイトル
  ①エマーソン・フィッティパルディ(ロータス)
  ②ジャッキー・スチュワート(ティレル)
  ③デニス・ハルム(マクラーレン)
  ④ジャッキー・イクス(312B2 F1)
  ⑥クレイ・レガッツォーニ(312B2 F1)
- ●F1コンストラクターズ・タイトル
  ①ロータス
  ②ティレル
  ③マクラーレン
  ④フェラーリ
- ●ワールド・スポーツカー・チャンピオンシップ
  ①フェラーリ
- ●F1グランプリ ドイツGP/ニュルブルクリンク
  ①ジャッキー・イクス(312B2 F1)
- ●ブエノス・アイレス1000km
  ①ペーターソン/シェンケン(312P)
- ●デイトナ6時間
  ①イクス/アンドレッティ(312P)
- ●セブリング12時間
  ①イクス/アンドレッティ(312P)
- ●ブランズ・ハッチ1000km
  ①イクス/アンドレッティ(312P)
- ●モンツァ1000km
  ①レガッツォーニ/イクス(312P)
- ●スパ・フランコシャン1000km
  ①レッドマン/メルツァリオ(312P)
- ●タルガ・フローリオ
  ①メルツァリオ/ムナーリ(312P)
- ●ニュルブルクリンク1000km
  ①ペーターソン/シェンケン(312P)
- ●オーストリア1000km
  ①イクス/レッドマン(312P)
- ●ワトキンス・グレン6時間
  ①イクス/アンドレッティ(312P)
- ●トゥール・ド・フランス
  ①アンドリュエ/"ビシェ"(365GTB/4C)
- ●イモラ500km
  ①アルトゥーロ・メルツァリオ(312P)
- ●キャラミ9時間
  ①レガッツォーニ/メルツァリオ(312P)

■2+2グラントゥリズモのニューカマー

1971年、72年と、365GTC/4(4390cc V12/DOHC/340ps/260km/h)の生産は続いていた。V字配列のシリンダーの内側ではなく外側に、常識を破るキャブレター配置が特徴で、エンジンフードの低いボディラインを実現している。このユニークなエンジンフードのスタイルは、あまり嬉しくない愛称"ゴッボーネ(猫背の意)"を授かった。また、リアシートが備わってはいたものの、実体は2+2であった。

このモデルから派生したのが365GT/4 2+2で、1972年末から生産が開始された。搭載するエンジンは365GTC/4のものだが、アメリカ市場を意識して乗り心地の改良に重点が置かれた。このグラントゥリズモのデザインは斬新で、オリジナリティの高いものだった。決してワクワクするような類のデザインではないものの、エレガントであることは確かである。最高速度は"ゴッボーネ"には及ばない250km/hだった。

ジュネーヴ・ショーでは、ルーフの取り外しが可能なディーノ246GTSが披露された。この246GTSのデザインも例に違わずピニンファリーナで、クーペ同様、大きな評判を呼んだ。1972年のフェラーリの販売台数は1844台だったが、このモデルは1974年までに1274台もの数が製造されており、最終的に78年まで生産が続けられた。

り、アレッサンドロ・コロンボがスポーツ部門のテクニカル・ディレクターに就いた。

4月8日、フェラーリの専用サーキットがマラネロの工場のすぐそば、フィオラーノにオープンした。全長2999mのこのサーキットには、世界中の名だたるコーナーが再現されている。このときからすべてのフェラーリのテストはここ、フィオラーノで行なわれることになったのである。

上:1972年のベルギーGPでのクレイ・レガッツォーニ。ニエウル・サーキットで戦ったが、テクノのギャリと接触してリタイア。

下:再び365GT/4 2+2。このモデルは真の2+2として商業的成功を収め、1976年まで生産が続けられた。

1973 グラントゥリズモの重要な転換

312B3 F1のエンジンは2992cc水平対向12気筒(485ps)。"フォルギエーリ"バージョンはオーストリアGPから投入された。"エアスクープ"をロールバーの上に設置。

　フェラーリは歴史的ともいえる重要な転換を決定する。
　新世代ベルリネッタ、365GT/4BBのエンジンはミドシップに配置されることが決まった。なにより、技術的かつデザイン的に、365GT/4BBはフェラーリの次世代スポーツカーを方向づけるモデルだったのだ。

■BB
　ベルリネッタの特徴はミドシップというエンジン配置にある。このレイアウトがピニンファリーナに、マラネロのスポーツカーの新しいデザインを生み出すチャンスを与えた。基本的なモチーフとなったのはディーノで、365GT/4BBはこのピッコラ・フェラーリよりサイズは大きかったものの、縦置きのニュー・ベルリネッタ用エンジンが水平対向だったことが幸いして、低いエンジンフードと細いボディを可能にした。スタイリングは美しく、バランスも非常に整っており、学ぶべき点が多い。
　365GT/4BBのエンジンは水平対向、いわゆるボクサー(BBとは"ベルリネッタ・ボクサー"の意)の4390cc 12気筒で、312B F1と312Pスポーツカーレース用のパワーユニットでの経験を活かしながらも、公道仕様にふさわしい改良が施されている。最高出力は380psで、最高速度302km/hに達した。また、エンジンの下にギアボックス／ディファレンシャル・ユニットを一体化したため、パワーレーンの前後長が短縮された。
　高価格なモデルでもあり、オイルショックの影響を受けたこともあって、3年弱の間に生産されたのはたったの387台だった。

120 | Ferrari　　1973

120ページ左：1973年、ポールリカールで行なわれたフランスGPでのジャッキー・イクス。ロニー・ペーターソン（ロータス72D）に引き離されての5位。

120ページ右：312B3 F1 "スパッツァネーヴェ"。幅広のフロントウィングが特徴。

右：イタリアGPでのジャッキー・イクス。マシンは312B3 F1。BRMのベルトワーズとラウダの前を行く。これがイクスにとってフェラーリでの最後のレースとなった。結果は8位。

312B3 F1、アルミ製モノコックはエンジニアのアレッサンドロ・コロンボがイギリスのスペシャリスト、ジョン・トンプソンに依頼して製作された。残念ながら成功したとはいえなかったシングルシーターだ。

エステルライヒリンクで行なわれた1973年のオーストリアGPから登場した312B3 F1は、エンジニアのマウロ・フォルギエーリの設計。初めてアルミパネルのボックス・セクションが採用された。

下：312B3 F1のフロントは流線型。マラネロでの1973年シーズン用広報写真。

1973年のフェラーリF1シングルシーターのマスクには、多くの改良の跡が見られる。最初のワイドでプレーンなバージョンから、クラシックなスタイルへ（1972年の312B1 F1に類似）、そして最後にはよりスクウェアになった。ウィングは横方向にすべてをカバー、ボディに交わらないタイプ。翌年も同じものが採用された。

312B3 F1

【エンジン】軽合金製　ミドシップ縦置き　180度V型12気筒　DOHC　4バルブ　チェーン駆動　点火システム：電子式　燃料供給：ルーカス製インダイレクト・メカニカル・インジェクション　潤滑：ドライサンプ　オイルクーラー×2　排気量：2992cc　ボア×ストローク：80.0×49.6mm　最高出力：485ps／12500rpm　単位排気量馬力：162.1ps／ℓ

【駆動形式】後輪駆動　ギアボックス：リア／5段LSD

【タイア】前：9.2×13　後：13.1×13

【シャシー／ボディ】シングルシーター　FRP製ボディ　セミモノコック　前：トランスバース・アーム＋ウィッシュボーン／コイル，テレスコピック・ダンパー　スタビライザー　後：トランスバース・アーム＋トレーリングリンク／コイル，テレスコピック・ダンパー　スタビライザー　燃料タンク：両サイド（容量：233ℓ）

【ブレーキ】ベンチレーテッド・ディスク（後：インボード）

【ステアリング】ラック・ピニオン

【寸法／重量】ホイールベース：2500mm　トレッド（前／後）：1625／1605mm　全長×全幅（タイア両側間）×全高＝4355×2056×900mm　重量：578kg

【性能】最高速度：325km/h　馬力荷重：1.191kg/ps

■8気筒復活

グラントゥリズモに関するもうひとつの重要なニュースは、90度V型8気筒のエンジンを積んだGT、ディーノ308GT4の誕生である。このピッコラ・フェラーリの新世代エンジンは、驚くべきことに、30年以上もの歳月にわたり連綿と受け継がれていった。

エンジンは6気筒から8気筒になったが、12気筒と区別する意味もあってディーノという名が残された。308GT4は他のフェラーリと比べても遜色はない。2927ccエンジン（最高出力255ps／最高速度250km/h）は全長が短縮され、そしてスタビリティ向

1973　Ferrari　121

1973年のニュルブルクリンク1000kmでのジャッキー・イクス。マシーンは312P。このベルギー人ドライバーはレッドマンと組んで優勝。

365GT/4BB。12気筒フェラーリGTもエンジンはミドシップとなる。

●F1ドライバーズ・チャンピオンシップ
①ジャッキー・スチュワート（ティレル）
②エマーソン・フィッティパルディ（ロータス）
③ロニー・ピーターソン（ロータス）
⑨ジャッキー・イクス（312B3 F1）
⑫アルトゥーロ・メルツァリオ（312B3 F1）
●F1コンストラクターズ・チャンピオンシップ
①ロータス
②ティレル
③マクラーレン
⑥フェラーリ
●モンツァ1000km
①イクス／レッドマン（312P）
●ニュルブルクリンク1000km
①イクス／レッドマン（312P）

■忘れたいシーズン

　フェラーリにとって1973年のF1シーズンは、忘れてしまいたいほど不調な一年だった。成績は伸び悩み、優勝もできなかった。コンストラクターズ部門では6位、ドライバーズ部門ではイクスの9位が最上位でメルツァリオは12位という、散々なものだった。
　ニュー312F1、通称"B3"は、マラネロが難しい状況にあった時期に誕生した。4つの仕様が製作されたが、それぞれがかなり異なるものだった。
　1台目は"スパッツァネーヴェ（除雪車）"と名づけられた。ワイドなフォルムとシャ

F1用ショートストローク・エンジンを積んだ312Pが、この年も耐久レースで活躍を見せた。優勝したのは、イクスとレッドマンがステアリングを握ったモンツァ1000kmとニュルブルクリンク1000kmだけだったが、モンツァではロイテマンとシェンケンが駆った312Pと並び、1-2フィニッシュを飾った。
　ワールド・スポーツカー・チャンピオンシップの主役はフェラーリとマトラであった。しかしこの段階で、フランス・チームの支配するこのシリーズに対するフェラーリの関心はもはや失せており、マラネロの全エネルギーはF1に注がれていた。

上のためミドシップに横置きされた。デザインは、多忙だったピニンファリーナに代えて、ベルトーネが担当した。1953年以降、ピニンファリーナ・デザインではないシリーズ生産のフェラーリが登場するのは初めてであった。
　このスクウェアなモデルが、この年最も美しいフェラーリだとは言いがたいが、ユーザーからは紛れもなくフェラーリだと認められ、販売も好調で2826台が製造された。

■プロトタイプ・スポーツの終焉

　前年ほどではなかったにしろ、1972年の

365GT/4BBは1971年のトリノ・ショーに展示されたプロトタイプと比べても、さほど違いは見られない。リアのライトが4つから6つになり、リアバンパーがエグゾーストパイプをカバーするようになったほか、給油口の位置が移動している。

他のフェラーリ・モデルに比べても、室内はスパルタンとは言いがたい。フェフーリのクライアントがスポーティさのみならず、快適性やエクスクルーシヴな雰囲気も求めるようになったからだ。

365GT/4BBの特徴はなんといってもエンジン。ミドシップに配置されたパワーユニットは、12気筒の水平対向（BBはベルリネッタ・ボクサーの意）。デイトナのエンジンをベースに開発されたもの。ギアボックスはエンジン下に置かれ、エンジン後方に設置された1組のギア（3つ）によってエンジンパワーが伝達される。

365GT/4BB

【エンジン】 軽合金製　ミドシップ縦置き　180度V型12気筒　DOHC　2バルブ　ベルト駆動　点火システム：コイル式　燃料供給：ウェバー40IF3C 4基　ツインバレル・キャブレター　潤滑：ウェットサンプ　排気量：4390cc　ボア×ストローク：81.0×71.0mm　最高出力：380ps/7700rpm　単位排気量馬力：86.6ps/ℓ
【駆動形式】 後輪駆動　ギアボックス：リア／5段　LSD
【タイヤ】 215/70R15
【シャシー／ボディ】 2シーター・クーペ　アルミ／スチール製ボディ（ピニンファリーナ）　チューブラー・フレーム　前：ダブルウィッシュボーン／コイル, テレスコピック・ダンパー　スタビライザー　後：ダブルウィッシュボーン／コイル, テレスコピック・ダンパー　スタビライザー　燃料タンク：リア両サイド（容量：120ℓ）
【ブレーキ】 ベンチレーテッド・ディスク
【ステアリング】 ラック・ピニオン
【寸法／重量】 ホイールベース：2500m　トレッド（前／後）：1500mm／1520mm　全長×全幅×全高　4360×1800×1112mm　重量：1120kg
【性能】 最高速度：302km/h　馬力荷重：2.95kg/ps

ベルのようなフロントウィングがその名の由来だが、レースへは出場しなかった。設計はフォルギエーリの手によるが、この時期、彼はレースから離れており、こういった実験的なモデルの開発を担当していた。
"スパッツァネーヴェ"と対照的だったが、技術部門の責任者だったアレッサンドロ・コロンボが手掛けたB3である。アルミ製モノコックは、当時マラネロの工場がストライキに突入していたため、イギリスで製作された。担当したのはイギリス人スペシャリスト、ジョン・トンプソンだったが（ノーザンプトン、ウィードンのTCプロトタイプ）、このB3は、チャンピオン・ドライバーのジャッキー・スチュワート（3度の世界タイトルを獲得。1973末、レースから引退）のティレル006や、ロニー・ピーターソン、エマーソン・フィッティパルディが駆る黒のロータス72といった、ライバルたちのレベルには達していなかった。
オーストラリアGPから3台目となるB3が投入された。仕上げたのは技術部門に戻ったフォルギエーリで、ボディ、サスペンション、重量が大きく変更されたが、それでもまだ結果は残せなかった。満足いく成績を得られるようになったのは最終型となった4台目のB3からで、この年の冬に開発され、74年からサーキットに降り立った。
この年は、F1にとって痛ましい年だった。フランソワ・セヴェールが亡くなったのだ。スチュワートの後継者と称され、将来を嘱望された若者だったが、ワトキンス・グレンでガードレールに激突し炎上、その際の火傷により命を落とした。この模様はテレビ中継されたが、デイヴィド・パーレイ以外、誰も救助に向かわなかった事実が、のちに物議を醸すことになった。

312B3S F1プロジェクトではエアロダイナミクスの向上に力が注がれた。1973年から74年にかけての冬、フィオラーノでテストが繰り返された。

1974 マラネロの復活

●F1ドライバーズ・チャンピオンシップ
①エマーソン・フィッティパルディ（マクラーレン）
②クレイ・レガッツォーニ（312B3S F1）
③ジョディ・シェクター（ティレル）
④ニキ・ラウダ（312B3S F1）

●F1コンストラクターズ・チャンピオンシップ
①マクラーレン
②フェラーリ
③ティレル

●F1グランプリ
スペインGP／ハラマ
①ニキ・ラウダ（312B3S F1）
オランダGP／ザンドフールト
①ニキ・ラウダ（312B3S F1）
ドイツGP／ニュルブルクリンク
①クレイ・レガッツォーニ（312B3S F1）

1973年シーズンに向けて、エアロダイナミクスの向上、重量配分の改良、リア周りの改良が行なわれた。

　この年ブラジル人ドライバー、エマーソン・フィッティパルディは、マクラーレンにコンストラクターとドライバーのダブル・タイトルをもたらした。しかし、サンパウロ出身の彼にとって、決して楽なシーズンではなかった。タイトルが決定したのは最終レースで、2位との差はわずか3ポイントだった。彼を猛追していたのはフェラリスタ、クレイ・レガッツォーニである。
　戦闘力の増したマシーンのおかげで、フェラーリに笑顔が戻ってきた。312B3S F1の誕生、すなわち勝てるマシーンの登場である。前年モデルと区別するためにB3S（Sは"スペリメンターレ＝実験"の意）と呼ばれたが、実はこのマシーン、翌年のプロジェクトのベースになる予定だった。主要な改良点は、ドライビングポジションを前進させ、ラジエターをサイド後方に移動したことである。また、"エアスクープ"と呼ばれた大きなエアインテークは、吸気効率の向上に貢献した。

■ふたりのチャンピオン

　312B3S F1がもたらした功績は、ポールポジション10回と、優勝3回（シーズン前半のスペインGPでのニキ・ラウダの優勝は、フェラーリにとって記念すべき50勝目となった）で、ドライバー、コンストラクターの両部門で2位を獲得する。ドライバーにも恵まれた。1973年シーズンにBRMに在籍していたレガッツォーニとラウダが、この年、共にフェラーリに移籍してきたのだ（その後1976年まで在籍）。ふたりは、抜きつ抜かれつ、ナンバーワン・ドライバーの地位を争い、刺激しあい、切磋琢磨し、強く速くなっていった。なお、この時期スポーツ部門を統轄していたのは、若き日のルカ・ディ・モンテゼーモロである。

124 | Ferrari | 1974

312B3Sは30ヵ所にも及ぶ改良が加えられた。ロールバー上にエンジン冷却用のエアインテークが設けられた。これは"エアスクープ"と呼ばれ、徐々に拡大していった。

5位に入賞したイギリスGPで、312B3Sを駆るニキ・ラウダ。

1973年の312B3 F1に比べるとドライビング・ポジションが前方に移動している。重量配分と重心を考慮してラジエターはサイドに移された。軽量で剛性の高いアルミ・ボックス・シャシーはわずかに短くなり、空力特性の向上に貢献している。

312B3S F1

【エンジン】 軽合金製　ミッドシップ縦置き　180度V型12気筒　DOHC　4バルブ　ギア駆動　点火システム：電子式　燃料供給：ルーカス製メカニカル・インダイレクト・インジェクション　潤滑：ドライサンプ　オイルクーラー×2　排気量：2992cc　ボア×ストローク：80.0×49.6mm　最高出力：485ps／12500rpm　単位排気量馬力：162.1ps／ℓ

【駆動形式】 後輪駆動　ギアボックス：リア／5段　LSD

【タイア】 前：9.2×13　後：13.1×13

【シャシー／ボディ】 シングルシーター　FRP製ボディ　モノコック／アルミパネル＋鋼管　前：トランスバース・アーム＋トレーリングリンク／コイル，テレスコピック・ダンパー　スタビライザー　後：トランスバース・アーム＋トレーリングリンク／コイル，テレスコピック・ダンパー　スタビライザー　燃料タンク：両サイド（容量：233ℓ）

【ブレーキ】 ベンチレーテッド・ディスク（後：インボード）

【ステアリング】 ラック・ピニオン

【寸法／重量】 ホイールベース：2500mm　トレッド（前／後）：1625mm／1605mm　全長×全幅（タイア両側間）×全高：4353×2056×900mm　重量：578kg

【性能】 最高速度：325km/h　馬力荷重：1.21kg/ps

308GT4のボディはベルトーネがデザインし、スカリエッティが生産を手掛けた。1973年のパリ・サロンで発表され、1974年から生産が開始された。

ふたりのドライバーの関係は、必ずしも良好でなく、ラウダはレースでチームメイトに協力的ではなかった。8月初旬のドイツGP後、レガッツォーニはラウダを抜いてポイントトップに躍り出る。モンテゼーモロはラウダを信頼し、レガッツォーニの野望にブレーキをかけなかったが、この決断は裏目に出た。意欲の低下と不調がラウダのスピードを落とす羽目となったのだ。

■最後の戦い

シーズン最後のレースはアメリカGPで、フィッティパルディとレガッツォーニが同点でトップに並んでいた。モンテゼーモロの決定に反し、ラウダはレガッツォーニを立てることを拒んだ。それを後押しするかのように、この最終戦に投入された最新型のB3はラウダに託された。いっぽう、レガッツォーニに与えられたのは1973年のスペインGPでメルツァリオが運転した旧型のマシーンだった。結果は悲惨なもので、クレイは9位からのスタートとなり、ダンパーのトラブルもあって、トップから4周遅れの11位でレースを終えた。こうしてレガッツォーニはタイトルを失ったが、実質、タイトルを逃したのはフェラーリだったのだ。

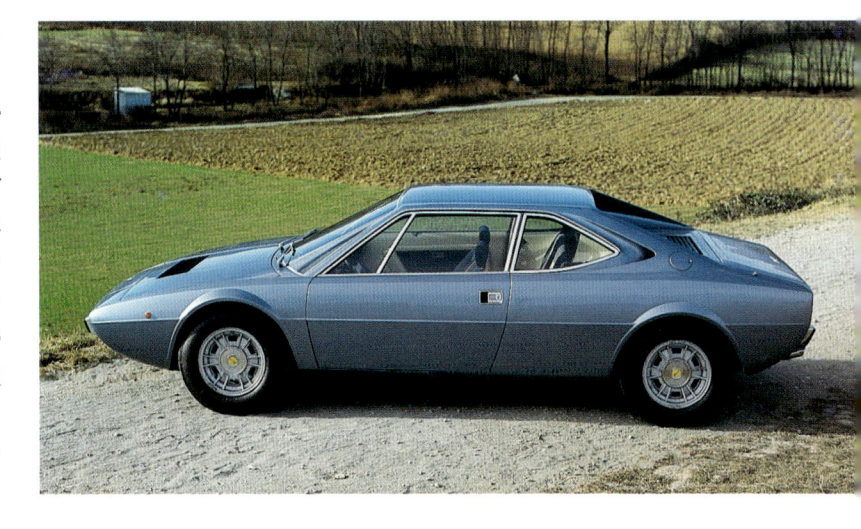

1974　Ferrari　125

1975 横置きギアボックスの成功

312T

【エンジン】軽合金製　ミドシップ縦置き　180度V型12気筒　DOHC　4バルブ　ギア駆動　点火システム：電子式　燃料供給：ルーカス製メカニカル・インダイレクト・インジェクション　潤滑：ドライサンプ　オイルクーラー×2　排気量：2992cc　ボア×ストローク：80.0×49.6mm　最高出力：495ps/12200rpm　単位排気量馬力：165.4ps/ℓ

【駆動形式】後輪駆動　ギアボックス：リア／5段LSD

【タイア】前：9.2×13　後：16.2×13

【シャシー／ボディ】シングルシーター　FRP製ボディ　モノコック／アルミパネル＋鋼管　前：トランスバース・アーム＋ウィッシュボーン／コイル，テレスコピック・ダンパー　スタビライザー　後：トランスバース・アーム＋トレーリングリンク／コイル，テレスコピック・ダンパー　スタビライザー　燃料タンク：両サイド＋センター（容量：200ℓ）

【ブレーキ】ベンチレーテッド・ディスク（後：インボード）

【ステアリング】ラック・ピニオン

【寸法／重量】ホイールベース：2528mm　トレッド（前／後）：1510mm／1530mm　全長×全幅（タイア両側間）×全高：4143×2030×1275mm　重量：575kg

【性能】最高速度：330km/h　馬力荷重：1.161kg/ps

1975年、3レース目にあたるキャラミでの南アフリカGPで、新しいF1マシーン、312Tがデビューした。このシングルシーターは即座に真価を発揮する。フロントのサスペンションをはじめ、多くの改良が加えられた。

●F1ドライバーズ・チャンピオンシップ
①ニキ・ラウダ（312T）
②エマーソン・フィッティパルディ（マクラーレン）
③カルロス・ロイテマン（ブラバム）
⑤クレイ・レガッツォーニ（312T）

●F1コンストラクターズ・チャンピオンシップ
①フェラーリ
②ブラバム
③マクラーレン

●F1グランプリ
モナコGP／モンテカルロ
①ニキ・ラウダ（312T）
ベルギーGP／ゾルダー
①ニキ・ラウダ（312T）
スウェーデンGP／アンデルストープ
①ニキ・ラウダ（312T）
フランスGP／ポールリカール
①ニキ・ラウダ（312T）
イタリアGP／モンツァ
①クレイ・レガッツォーニ（312T）
アメリカGP／ワトキンス・グレン
①ニキ・ラウダ（312T）

上：チームメイトであるニキ・ラウダを先行するクレイ・レガッツォーニ。ふたりのフェラーリ・ドライバーにようやく勝てるシングルシーターが与えられた。ラウダは11年の時を経て、マラネロにタイトルをもたらした。

シングルシーターの312に付けられたアルファベットが、BからTへと変わった。そして、そのストーリーも変わる。11年もの長い"断食"を終えて、ドライバー、コンストラクターの両部門で、マラネロにタイトルが戻ってきた。なお、1977年と79年にもダブルタイトルを獲得、76年にはコンストラクターズ・タイトルを手にしている。

■勝利の血統

312Tの大きなニュースといえば、ギアボックスが横置き（横置きを意味する"トランスバース"からTと名づけられた）になったことだろう。ギアボックスをリアアクスルより前方に設置するのは初の試みである。これは、ヨー・モーメントの低減と、その結果もたらされるトラクションの向上を想定してのことだった。

モノコックが新生されたほか、ラジエターの位置とサスペンションのジオメトリーが変更を受け、空力特性が向上した。12気筒の水平対向エンジンは低く平らで幅広く、ボディのデザインに大きな影響を与えている。フロントフードには大きなエアインテークが設置され、最高出力も485psから495psへとパワーアップされた。

■モンテカルロでプリンスとなったラウダ

シーズン序盤は快調とは言いがたく、最初の4レースは空振りに終わるが、雨のモナコGP（フェラーリは1955年以来勝利していない）で、ポールポジションとラウダの勝利を得るに至った。ベルギーとスウェーデンでも好調ぶりを見せる。さらにラウダはフランスとアメリカでも優勝、この成績はラウダの才能とフェラーリの技術力を内外に示すものであった。彼がポイントを獲得できなかったのは2戦のみで、オランダで2位、イタリアで3位、ブラジルと南アフリカで5位、アルゼンチンとオーストリアで6

312Tのエアロダイナミクスはおおいに向上。リアのウィングは1本の支柱でギアボックスに固定されている。

冷静なチャンピオン

　アンドレアス・ニコラス・ラウダ。ニキと呼ばれる。1949年2月22日、ウィーン生まれ。サーティース以来、久方ぶりにフェラーリに栄光をもたらしたチャンピオン。その栄誉に導いた要因は、マシーンの戦闘力以上に、彼の類い稀なる能力によるところが大きい。
　1968年、ミニ・クーパーSで彼のレーサー人生がスタートする。F3からF2に移行し、F1デビューは1971年（BRM）、フェラーリ入りしたのは1974年のことだ。ドライバーとしての才能とテスト・ドライバーとしての高い分析能力は、誰の目にも明らかだった。最初の年は激戦を繰り返し、翌年タイトルを獲得。1976年8月1日、ニュルブルクリンクではコースアウトし炎上するが、その40日後、モンツァでのイタリアGPで奇跡とも言える復活を果たし、堂々4位に入賞する。ところが、この年の最終戦が行なわれた日本GP（富士）では、タイトルが掛かったレースだったにもかかわらず、激しい雨のなかを1周しただけで自らの判断でマシーンを降り、結果、タイトルはジェームス・ハントに攫われてしまった。
　氷のような冷たい目を持つ男は、冷静な判断力でドライバーズ・タイトルを3度獲得した。

水平対向12気筒エンジンは312Tの強みのひとつだ。信頼性が高くパワフル（495ps／12200rpm）で、4メインベアリングを有する。ニキ・ラウダがこのエンジンのトラブルによりポイントを失うことは、まったくなかった（このシーズン、ラウダがリタイアしたのは1回のみ）。

312Tの最も新しい点は横置きのギアボックスである。リアアクスルより前に設置することで、ホイールベース短縮に貢献した。前モデルの312B3Sと比べると、わずか18mm伸びただけだ。

上：308GTBは、246GTのホイールベースと308GT4のエンジンを引き継いだが、ドライサンプ化されている。デザインはピニンファリーナだが、製造は従来どおりスカリエッティが担当。

128〜129ページ：312Tのステアリングを握るニキ・ラウダ。フェラーリにドライバーとコンストラクターのダブルタイトルをもたらした。

位と、入賞を果たした。彼はアメリカでの最終レースを待たずに総合優勝を決めていたが、もちろんアメリカGPでも勝利した。これは、フェラーリにとって記念すべきアメリカにおける初のグランプリ優勝となった。一方で、レガッツォーニにとっては冴えないシーズンとなり、優勝はモンツァのイタリアGPのみという結果に終わった。
　このシーズンは暗いニュースで幕を閉じる。グレアム・ヒルと、彼が弟のようにかわいがっていたトニー・ブライズがヒルが立ち上げたチーム、エンバシーの仲間4人とともに、11月29日、悪天候のロンドン北西で飛行機事故で亡くなったのだった。

■新記録

　10月のパリ・サロンで、人気の高かったディーノ246GTの後継となるべく生みだされたモデルが発表される。それが308GTBである。1975年から85年までに、ボディタイプとエンジンが異なる数種のバージョンが用意されたこのクルマの合計販売台数は、なんと1万2143台にも達し、空前の大ヒットとなった。コクピットとリアアクスルの間に横置きされたエンジンは、ディーノ308GT4のパワーユニットを改良した2926cc 90度V型8気筒（最高出力255ps／最高速度250km/h以上）だが、もはやディーノとは呼ばれなくなった。眩暈を起こすような魅力的なラインを持つFRP製ボディのデザインを担当したのはピニンファリーナで、時代に合わせ、ディーノ246GTのソフトなラインをより角張ったものに仕上げている。
　また、ディーノ308GT4にも1991cc V8（最高出力170ps）モデルが追加された。性能は驚くほどのものではないが（最高速度220km/h）、イタリアで2ℓ以上のクルマに掛けられる38％の付加価値税、IVAを考え

128 | Ferrari | 1975

1975 Ferrari 129

1976 災禍

　この年は信じがたい出来事が次々と起こる、まさに波瀾万丈の一年であった。

　ニキ・ラウダと312Tが11年ぶりにフェラーリにもたらしたダブルタイトル受賞直後のシーズンで、シリーズは全16戦だった。1976年モデルのフェラーリF1マシーンは、メカニカルな改良をわずかに受けた。技術的な面では車重が19kg減った程度だったが（リアサスペンションがド・ディオンに戻されたが、これは試験的なものだった）、ボディはかなり変更されている。それは、ウィング形状やその他のエアロダイナミクス関連パーツの規定が、4レース目にあたるグランプリ（5月2日のスペイン）から変更となったためだ。大きなエアインテークは廃され、代わりにフロントセクションの小さなフロントシールドの下あたりに、大きく浅い三角形状のスクープが設置された。また、フロントタイアのそばにふたつの"盾"が置かれたが、これはブレーキ冷却用の導風板であった。

　この年、もうひとつの重要なニュースは、スポーツ部門のディレクターだったルカ・ディ・モンテゼーモロがフィアットに移ったことだ。彼の跡を継ぎ、指揮を執ることになったのはダニエーレ・アウデットであった。

■ラウダの奇跡

　312T2の仕上がりを待つ間、フェラーリは前年モデルをグランプリに使用した。ブラジルと南アフリカで、ラウダは難なく勝利し、アメリカ西GPではレガッツォーニとラウダで1-2フィニッシュを決めた。

　新しいT2は計画どおり、スペインGPから登場することになるのだが、ハラマ・サーキットに現れたラウダは事故による怪我に苦しんでいた（ザルツブルクにある自宅の庭で運転していたトラクターが転倒し、肋骨2本を折っていた）。しかし、上半身をギプスで固定して走ったにもかかわらず、

左：フェラーリ312T2に乗るニキ・ラウダ。ジェームス・ハントのマクラーレンM23と激しく競り合ったシーズンだった。結局、1ポイント差でハントがチャンピオンの座に着いた。

上：ベルリネッタ・ボクサーが新しくなった。365 GT/4BBから512BBへ。エンジンは引き続き12気筒、排気量は5ℓ、潤滑システムはドライサンプに変わった。

下：パリ・サロンで400GTが披露されたが、なかでも400GTA、フェラーリ史上初めてのATモデルは物議を醸した。

2位に入賞する。その後に続く5戦でも3度の優勝（ベルギーGP／モナコGP／イギリスGP）を飾ったのだが──。

好事魔多しとはよく言ったものだ。8月1日、ニュルブルクリンクで最前列からスタートしたラウダは、2周目の中間地点のコーナーにオーバースピードで進入していった。マシーンはコントロールを失い、岩に激突し、その衝撃でコースの真ん中に炎を上げながら押し戻され、ブレット・ランガーのサーティースTS16と衝突する。このランガーとメルツァリオ、エドワーズ、そしてアートルの4人が、失神していたラウダ

右：パワフルで豪華な400GTAのコクピット。アメリカ市場向け。アメリカ製の3段ATレバーが見える。

左：512BBの室内。居住性は大幅に改善。機能性を中心に改良が加えられた。エクステリアはピニンファリーナが手掛けた。

1976　Ferrari 131

フィオラーノで披露された312T2。リアサスペンションにド・ディオンが採用され、フロントタイアに"フェンダー"が装着されたものの、すぐに外される羽目になった。

●F1ドライバーズ・チャンピオンシップ
①ジェームス・ハント（マクラーレン・フォード）
②ニキ・ラウダ（312T／T2）
③ジョディ・シェクター（ティレル・フォード）
⑤クレイ・レガッツォーニ（312T／T2）
●F1コンストラクターズ・チャンピオンシップ
①フェラーリ
②マクラーレン・フォード
③ティレル・フォード

●F1グランプリ
ブラジルGP／インテルラゴス
①ニキ・ラウダ（312T）
南アフリカGP／キャラミ
①ニキ・ラウダ（312T）
アメリカ西GP／ロングビーチ
①クレイ・レガッツォーニ（312T2）
ベルギーGP／ゾルダー
①ニキ・ラウダ（312T2）
モナコGP／モンテカルロ
①ニキ・ラウダ（312T2）
イギリスGP／ブランズハッチ
①ニキ・ラウダ（312T2）

312T2のボディはエアロダイナミクスの新しいレギュレーションに対応するため、リデザインされた。リアウィングのオーバーハングは100mmから80mmに短縮された。

312Tに採用された巨大なエアインテークは高さ制限のため、外されることになる。

312T2
【エンジン】軽合金製　ミドシップ縦置き　180度V型12気筒　DOHC　4バルブ　ギア駆動　点火システム：電子式　燃料供給：ルーカス製メカニカル・インダイレクト・インジェクション　潤滑：ドライサンプ　オイルクーラー×2　排気量：2992cc　ボア×ストローク：80.0×49.6mm　最高出力：500ps／12200rpm　単位排気量馬力：167.1ps／ℓ
【駆動形式】後輪駆動　ギアボックス：リア／5段LSD
【タイア】前：9.2×13　後：16.2×13
【シャシー／ボディ】シングルシーター　FRP製ボディ　モノコック／アルミパネル＋鋼管　前：トランスバース・アーム／コイル, テレスコピック・ダンパー　スタビライザー　後：トランスバース・アーム＋トレーリングリンク（ド・ディオン）／コイル, テレスコピック・ダンパー　スタビライザー　燃料タンク：両サイド＋センター（容量：200ℓ）
【ブレーキ】ベンチレーテッド・ディスク（後：インボード）
【ステアリング】ラック・ピニオン
【寸法／重量】ホイールベース：2560mm　トレッド（前／後）：1405mm／1430mm　全長×全幅（タイア両側間）×全高：4316×1930×1020mm　重量：575kg
【性能】最高速度：300km/h　馬力荷重：1.150kg/ps

を燃えるマシーンから引きずり出した。すぐ病院に運ばれたが彼は重篤で、しばらく生死の境を彷徨った。しかし、左目に障害こそ残ったものの、たった6週間の入院後、ラウダは奇跡の生還を果たしたのである。

9月12日、ラウダがサーキットに戻ってきた。イタリアGPで彼は見事4位に入賞する。その後、カナダで8位、アメリカではなんと3位に入り表彰台にまで上った。そしてラウダは最終レース、日本GPに向かうことになるわけだが、このときトップを行く彼と、彼を追うジェームス・ハントの差はわずか3ポイントにすぎなかった。

日本GPは土砂降りの雨の中、富士スピードウェイで行なわれた。大きな水溜まりが点在するコース・コンディションに、ラウダはあまりにも危険であると判断し、2周目でレースを断念する。こうしてタイトルはマクラーレンのジェームス・ハントが、たった1ポイント差で攫っていった。だが、コンストラクターズ・タイトルはフェラーリが獲得した。4度目の栄冠であった。

■スキャンダル

プロダクション・モデルに目を向けると、1972年デビューの365GT/4 2+2がピニンファリーナによるさまざまなリタッチを受け（そのひとつはフロントスポイラー）、

右：ニュルブルクリンクでマシーンを駆るニキ・ラウダ。2周目のコーナーでクラッシュ、炎上した。これを機に、このサーキットでのF1開催は中止になった。

312T2になされた改良の中心は、19kg軽くなった車重にある。軽量化したことにより、敏捷性が増した。マクラーレンの車重595kgに対し、フェラーリは575kgだった。

ドライバーを保護する工夫も次々に考えられるようになった。コクピット前に備え付けられたふたつめのロールバーや衝撃吸収用のノーズコーンなどがそれである。

上：312T2でレースを走るクレイ・レガッツォーニ。このスイス人ドライバーはロングビーチで勝利。フェラーリはこのレースで1-2フィニッシュを決めた。

400GTに変身を遂げている。

エンジンはV12を引き継いでいるが、ストロークは7mm伸張され、排気量が4823ccに拡大した。最高出力（340ps／6500rpm）は変わらなかったが、最大トルクは向上した（43mkg／4600rpm→48mkg／3600rpm）。

その改良の意味は10月のパリ・サロンで説明された。400GTに並び、400オートマチックが披露されたのだ。それはまさにスキャンダルと言えた。オートマチック・トランスミッションを搭載した初めてのフェラーリが内外に与えた衝撃は凄まじかった。スーパースポーツ・ブランドのイメージを汚すものだという批判も一部にはあったものの、しかし、おおむね好評であった。

搭載されたギアボックスは、ゼネラルモーターズが製作した3段ターボ・ハイドラマチックである。アメリカ人好みのハイギアードで、ともすれば「眠い」設定だったが、限られた制約の中でV12ユニットは改良され、最適化が図られた。

1973年に生まれたベルリネッタ・ボクサー365GT/4BBにも、時代に合うよう改良が施された。12気筒の水平対向エンジンは排気量が拡大され、4390ccから4943ccになる（ボア：81.0mm→82.0mm／ストローク：71.0mm→78.0mm）。最高出力は低下したが、発生回転数が引き下げられた（380ps／7200rpm→360ps／6800rpm）。いっぽう、トルクが10%向上したほか、潤滑システムがドライサンプとなった。このモデルは、新たに512BB（5ℓ12気筒）と命名された。

エクステリア・デザインを担当したのはピニンファリーナで、数ヵ所に手を加えている。まず、フロントにチンスポイラーを追加し、リアのオーバーハングを40mm延長した。また、排気量拡大に伴いリアタイア（225/70R15）を大型化し、その結果、車幅も広がることとなった。

1976 | Ferrari | 133

1977 戻ってきた栄光

トリノ・ショーでピニンファリーナはフェラーリ308GTBのスペシャル・バージョンを披露した。フロントのアグレッシヴなスポイラーが特徴で、ドライビングライトはグリルに収まっている。

●F1ドライバーズ・チャンピオンシップ
①ニキ・ラウダ（312T2）
②ジョディ・シェクター（マーチ・フォード）
③マリオ・アンドレッティ（ロータス・フォード）
④カルロス・ロイテマン（312T2）
●F1コンストラクターズ・チャンピオンシップ
①フェラーリ
②ロータス・フォード
③マクラーレン・フォード

●F1グランプリ
ブラジルGP／インテルラゴス
①カルロス・ロイテマン（312T2）
南アフリカGP／キャラミ
①ニキ・ラウダ（312T2）
ドイツGP／ホッケンハイム
①ニキ・ラウダ（312T2）
オランダGP／ザンドフォールト
①ニキ・ラウダ（312T2）

カレンダーには17戦のグランプリが刻まれた。フェラーリは依然高い戦闘力を発揮していた312T2での参戦を決定する。出力の向上とドライビング・ポジションの前進が、おもな改良点である。ウィンター・テストではウィングとマシーンの空力特性向上に主眼が置かれたが、フロントシールド下のエアインテークも縮小されている。

しかし世間では、マシーンの改良よりもチームのことが話題に上った。クレイ・レガッツォーニに代わってアルゼンティン人のカルロス・ロイテマン（前年、ラウダがニュルブルクリンクの事故で休んでいる間

308GTSは、308GTB——ベルリネッタ・モデルの商業的成功に後押しされて、2年後に登場したスパイダーである。"タルガ"のようなタイプで、ハードトップは取り外しが可能。

に、契約がすでに交わされていた）が加わる。スポーツ部門のディレクターには、ダニエーレ・アウデットの後任としてロベルト・ノセットが就任。そして、T2のサイドボディのテクニカル・スポンサー名の上には、"FIAT"の名が記されることになった。

■スーパー・ラウダ

ニキ・ラウダにとって1977年はまさに最良のF1シーズンで、3度の優勝に加え、2位が6回、3/4/5位が1回ずつと好調だった。前年の事故の後遺症でスペインGPは参戦を見送ったが、残り2戦の時点で2度目のタイトルは確実だった。当然のことながら、この結果によって、ラウダは更新に際して高額な契約金を要求する。しかし、フェラーリがその要求を拒否したため、彼はシーズン途中でブラバムへ去っていった。

ラウダに代わり、そのシートを獲得したのは、勘の良さと向こう見ずな性質がエンツォに気に入られた若いドライバーだった。25歳のカナダ人、ジル・ヴィルヌーヴは、ラウダに代わって残り2戦に出場することになる。ロイテマンの活躍もあって、フェラーリはコンストラクターズ・チャンピオンの座を見事に勝ち獲った。

■公道用オープン・モデル

9月のフランクフルト・ショーで新しい308GTSが発表された。2年前にデビューを飾った308GTBと並んだこのモデルはスパイダーで、いずれも横置きミドシップの3ℓV8（255ps）を積む。308GTB／GTSは潤滑システムが仕様によって異なり、ヨーロッパ向けはドライサンプ、アメリカ向けはウェットサンプであった（後のインジェクション仕様はすべてウェットサンプ）。また、ピニンファリーナは脱着可能なルーフの置き場（シート後方）に、1972年のディーノ246GTSと同じ手法を用いている。

グランプリを走る前年モデルの312T2。エアロダイナミクスが向上した（ウィングの効果を上げるためにドライバーズ・ポジションが前に移動）ほか、出力もアップ。ニキ・ラウダが2度目のチャンピオンに輝いた。

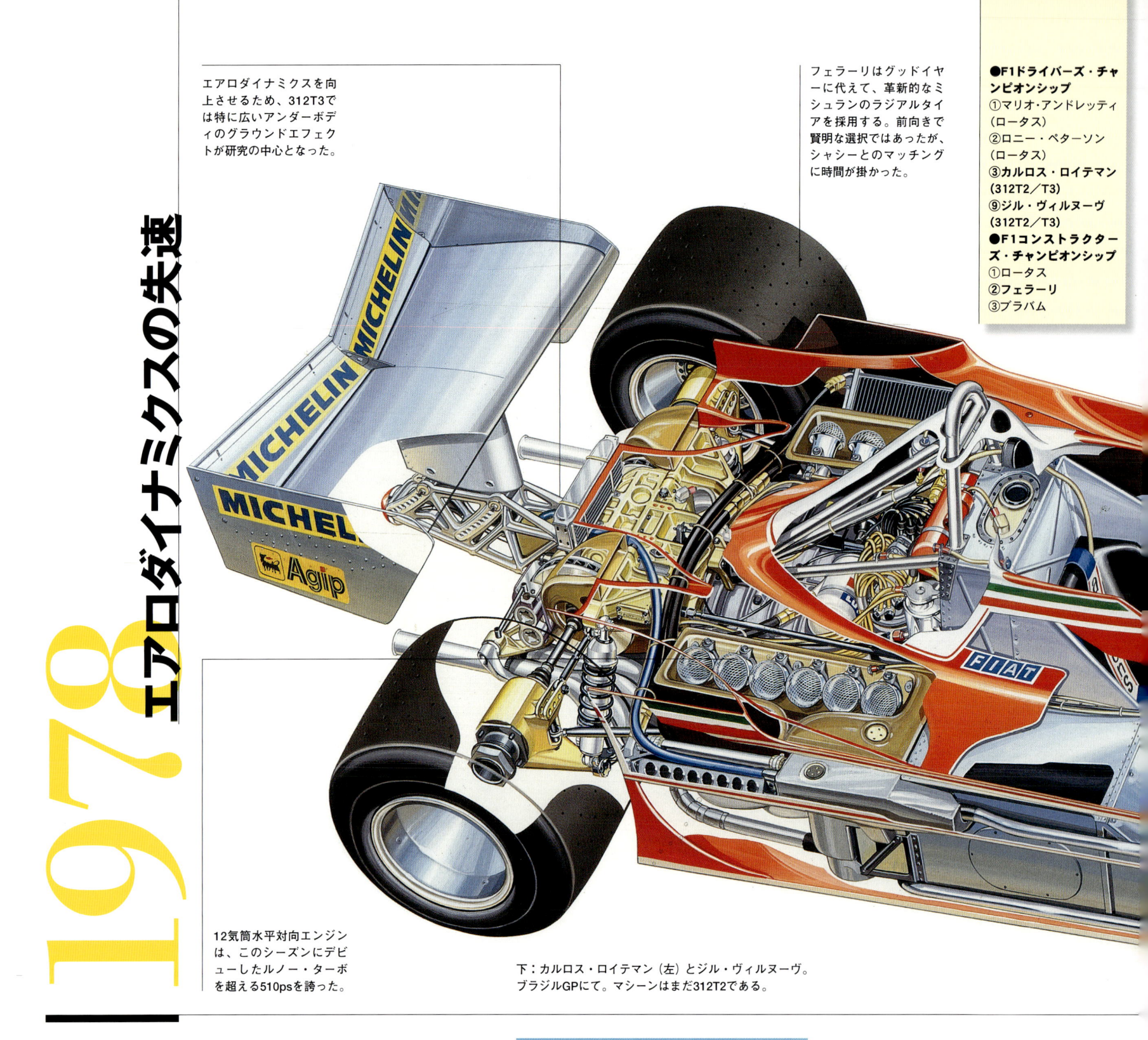

1978 エアロダイナミクスの失速

エアロダイナミクスを向上させるため、312T3では特に広いアンダーボディのグラウンドエフェクトが研究の中心となった。

フェラーリはグッドイヤーに代えて、革新的なミシュランのラジアルタイアを採用する。前向きで賢明な選択ではあったが、シャシーとのマッチングに時間が掛かった。

●F1ドライバーズ・チャンピオンシップ
①マリオ・アンドレッティ（ロータス）
②ロニー・ピーターソン（ロータス）
③カルロス・ロイテマン（312T2／T3）
⑨ジル・ヴィルヌーヴ（312T2／T3）

●F1コンストラクターズ・チャンピオンシップ
①ロータス
②フェラーリ
③ブラバム

12気筒水平対向エンジンは、このシーズンにデビューしたルノー・ターボを超える510psを誇った。

下：カルロス・ロイテマン（左）とジル・ヴィルヌーヴ。ブラジルGPにて。マシーンはまだ312T2である。

　栄光のT2の後継として誕生したのが312T3である。この新しいF1シングルシーターの最新コンセプトはモデュラー・シャシーで、リジッドなセンター・モノコック（ドライバーの安全面で向上）の周辺やサイド、メカニカル・パーツがグループごとに独立している。このコンセプトは、シャシーはもちろん、なによりエアロダイナミクスに関わるパーツに手直しが必要な際、その部分だけを単独で改良できるよう配慮したものだ。

　開発研究はフィアットとピニンファリーナの風洞実験室で行なわれたが、特にフラットなアンダーボディのグラウンドエフェクトに注意が払われた。空力に富むシャシーの設計のために実験を続けた結果、車重は増加した（611kg）。

　フェラーリは新しくミシュランのラジアルタイアを導入することを決定するが、グッドイヤーに比べミシュランは、レスポンスはいいが、サスペンションのジオメトリーを変える必要があり、その効果を簡単に期待することはできなかった。

　また、T3の12気筒ボクサーエンジンの最高出力は510ps／12200rpmに達し、3ℓマシーンとしては最もハイパワーだった。

●F1グランプリ
ブラジルGP／リオ・デ・ジャネイロ
①カルロス・ロイテマン（312T2）
アメリカ西GP／ロングビーチ
①カルロス・ロイテマン（312T3）
イギリスGP／ブランズハッチ
①カルロス・ロイテマン（312T3）
アメリカ東GP／ワトキンス・グレン
①カルロス・ロイテマン（312T3）
カナダGP／モントリオール
①ジル・ヴィルヌーヴ（312T3）

上：モナコGPでのヴィルヌーヴ（事故でリタイア）。

下："エコノミー"バージョン（2ℓ／155ps）、208GTS。308GTをベースに開発したもの。

312T3
【エンジン】軽合金製　ミドシップ縦置き　180度V型12気筒　DOHC　4バルブ　ギア駆動　点火システム：電子式　燃料供給：ルーカス製メカニカル・ダイレクト・インジェクション　潤滑：ドライサンプ　オイルクーラー×2　排気量：2992cc　ボア×ストローク：80.0×49.6mm　最高出力：510ps／12200rpm　単位排気量馬力：170.4ps／ℓ
【駆動形式】後輪駆動　ギアボックス：リア／5段LSD
【タイヤ】前：24/55×13　後：40/65×13
【シャシー／ボディ】シングルシーター　FRP製モジュラー・ユニット　モノコック／アルミパネル＋鋼管　前：トランスバース・アーム／コイル，テレスコピック・ダンパー　スタビライザー　後：トランスバース・アーム＋ラテラルリンク／コイル，テレスコピック・ダンパー　スタビライザー　燃料タンク：両サイド＋センター（容量：200ℓ）
【ブレーキ】ベンチレーテッド・ディスク（後：インボード）
【ステアリング】ラック・ピニオン
【寸法／重量】ホイールベース：2700mm　トレッド（前／後）：1620mm／1585mm　全長×全幅（タイヤ両間隔）×全高：4250×2130×1010mm　重量：611kg
【性能】最高速度：320km/h　馬力荷重：1.198kg/ps

■低迷したシーズン

　チームは新しいディレクターにマルコ・ピッチニーニを迎えた。1月の最初の2戦ではフェラーリはT2を使用し、312T3を初披露したのは3月4日の南アフリカGPからだったが、このレースは悲惨だった。ヴィルヌーヴのマシーンはオイル漏れを起こしてリタイアを喫し、ロイテマンはそのチームメイトが流したオイルでスリップしながら戦わざるをえなかった。その後、マシーンの改善に伴い、ロイテマン自身も好調な走りを見せるようになり、最後の2戦では新しいラジアルタイアも効果を見せはじめた。

　ロイテマンはアメリカで勝ち、ヴィルヌーヴは自国カナダで初勝利を飾る。しかしエンジンだけではロータス79を倒せなかった。ロータスは"ミニスカート（サイドスカート）"とサイドポンツーンに潜むヴェンチュリー・トンネルを持つ、エアロダイナミクスに富むマシーンであった。ロイテマンの総合順位は3位、その上位はふたりのロータス・ドライバーが占めた。

1978　Ferrari 137

1979 最後のひと吠え

空力特性の向上を目指した312T4のシャシーとボディは大幅な改良を受けた。空気をスムーズに通すため、フロントはデザインが見直された。

ロータスに遅れること1年、フェラーリもまたサイドスカートをサイドポンツーン下部に持つ、"ヴェンチュリー・トンネル"を採用する。この双方の効果を引き出すために、ボディはストレートになり、ダンパーは車体の中心に移された。

上：この俯瞰からの写真（モナコGP）は、312T4のエアロダイナミクスに富んだ姿を象徴している。フラットなボディは実に風変わりな格好だが、ドライバーとコンストラクターのふたつのタイトルをもたらした。

フェラーリはロータスが導入した"スカート・システム"を採用することを決定する。装着されるのは312Tの4代目であり、フェラーリ初の"ウィング・カー"の誕生となった。

新しい312T4は、単一の燃料タンクを中央に持ち、できるだけ多くのグラウンドエフェクトを得るために、180度V12エンジンが搭載できる限界にまで幅を詰めたボディのマシンである。センター部分にはサイズの大きいヴェンチュリー・トンネルが通っている。T4はフロントサスペンションこそT3とほとんど変わらなかったが、床面積が狭くなったため、コイルとダンパーのユニットはシャシーの外側に取り付けられ、マシンの下を通る空気の流れを妨げないように工夫が凝らされた。リアサスペンションのコイル/ダンパー・ユニットは、車体の中心線ぎりぎりのインボードに取り付けられ、リアアクスル・ラインの後部、ギアボックスの延長上に収められていた。これらはすべて、ヴェンチュリー効果を最大限に活かすための配慮である。スリークなフロントマスクはすっぽりと庇のようなもので覆われているのだが、これもアンダーボディのエアの流れを整え、グラウンドエ

312T4

【エンジン】 軽合金製　ミドシップ縦置き　180度V型12気筒　4バルブ　DOHC　ギア駆動　点火システム：電子式　燃料供給：ルーカス製メカニカル・ダイレクト・インジェクション　潤滑：ドライサンプ　オイルクーラー×2　排気量：2992cc　ボア×ストローク：80.0×49.6mm　最高出力：515ps/12300rpm　単位排気量馬力：172.1ps/ℓ

【駆動形式】 後輪駆動　ギアボックス：リア/5段LSD

【タイア】 前：23/59×13　後：38/68×13

【シャシー/ボディ】 シングルシーター　FRP製モジュラー・ユニット　モノコック/アルミパネル＋鋼管　前：トランスバース・アーム/コイル，テレスコピック・ダンパー　スタビライザー　後：トランスバース・アーム＋トレーリングリンク/コイル，テレスコピック・ダンパー　スタビライザー　燃料タンク：ドライバーズシート後方（容量：210ℓ）

【ブレーキ】 ベンチレーテッド・ディスク（後：インボード）

【ステアリング】 ラック・ピニオン

【寸法/重量】 ホイールベース：2700mm　トレッド（前/後）：1700mm/1600mm　全長×全幅（タイア両側間）×全高：4460×2120×1010mm　重量：590kg

【性能】 最高速度：320km/h　馬力荷重：1.145kg/ps

- ●F1ドライバーズ・チャンピオンシップ
  ①ジョディ・シェクター（312T4）
  ②ジル・ヴィルヌーヴ（312T4）
  ③アラン・ジョーンズ（ウィリアムズ・フォード）
- ●F1コンストラクターズ・チャンピオンシップ
  ①フェラーリ
  ②ウィリアムズ・フォード
  ③リジェ・フォード
- ●F1グランプリ
  南アフリカGP／キャラミ
  ①ジル・ヴィルヌーヴ（312T4）
  アメリカ西GP／ロングビーチ
  ①ジル・ヴィルヌーヴ（312T4）
  ベルギーGP／ゾルダー
  ①ジョディ・シェクター（312T4）
  モナコGP／モンテカルロ
  ①ジョディ・シェクター（312T4）
  イタリアGP／モンツァ
  ①ジョディ・シェクター（312T4）
  アメリカ東GP／ワトキンス・グレン
  ①ジル・ヴィルヌーヴ（312T4）
- ●チャンピオン・レース／ブランズハッチ
  ①ジル・ヴィルヌーヴ（312T4）

優勝した彗星

ジョディ・シェクター。1950年1月29日、イースト・ロンドンにて、南アフリカ出身のリトアニア系一家に生まれる。1979年、フェラーリ入り。マクラーレン、ティレル、ウルフで84戦に出場し、優勝7回、3位が2回、2位が1回の記録を残す。

「ここ2年にわたって観察していた」と、エンツォ・フェラーリは語った。「あり余る彼の勇気とチームの高い技術的サポートがあれば、頂点に登ることができるだろう」との言葉は、エンツォの高い観察眼を物語っている。

しかしジョディは、312T4にそれほど魅せられてはいなかったようである。「こんな大きなフラット12気筒エンジンが、V8エンジンに比べて空力に優るはずがない」「しかしT4には、他に良いところがある。信頼性の高さだ」

79年にはタイトルも獲得したが、彼はレースへの興味を急速に失ったようだった。翌年、レース界から引退、家族（子供2人）とビジネスの世界に進んだ。

フェクトを向上させるためであった。エグゾーストパイプは、下ではなく上に向いている。このため、傾斜の付いたヴェンチュリーのダクトから空気をスムーズに出すことができる。T4はこの改良により、エアロダイナミクスが確実に向上した。その効果を数字で示すと4：1（Cd値の4倍に相当）となる。イギリス勢は5：1だったが、フェラーリにはそのハンディキャップを補って余りある、パワフル（515ps）でトルクに優るエンジン、究極の180度V12という心強い武器があった。

■**ダブルの勝利**

エンツォ・フェラーリは312T4について、「マラネロが製作した最も醜いシングルシーターだ」と酷評していた。しかし、その優れた性能には笑いが止まらなかったようである。

ロータスに移ったロイテマンに代わり、フェラーリ・チームにはヴィルヌーヴと同様、エンツォが見初めたドライバーが入ってきた。勇敢な南アフリカ人、ジョディ・シェクターである。ふたりのドライバーはT4に乗って計6回の勝利をフェラーリにもたらした。それぞれ3回ずつの優勝だったが、シェクターは安定した戦いぶりでポイントを稼ぎ、最後の2戦を待たずにチャンピオンを決定した。モンツァでヴィルヌーヴに勝利を譲られたシェクターがタイトルを手にし、フェラーリの圧倒的勝利シーズンは幕を下ろした。

■**サクセス**

グラントゥリズモの生産が、1979年にひとつの終着点を迎える。年産2000台を超えたのである（2221台）。これは8年前に比べて2倍に相当する生産台数だった。

上：マシーンを駆るジル・ヴィルヌーヴ（No.12）とジョディ・シェクター（No.11）。マシーンは312T4。それぞれ3回ずつ勝利し、フェラーリに6度目のコンストラクターズ・タイトルを捧げた。

140〜141ページ：ジョディ・シェクターと312T4。モンテカルロにて。ポールポジションでスタートし、76周すべてをトップで走りきった。0.44秒の僅差でウィリアムズ・フォードのレガッツォーニを退けた。

1979　Ferrari 139

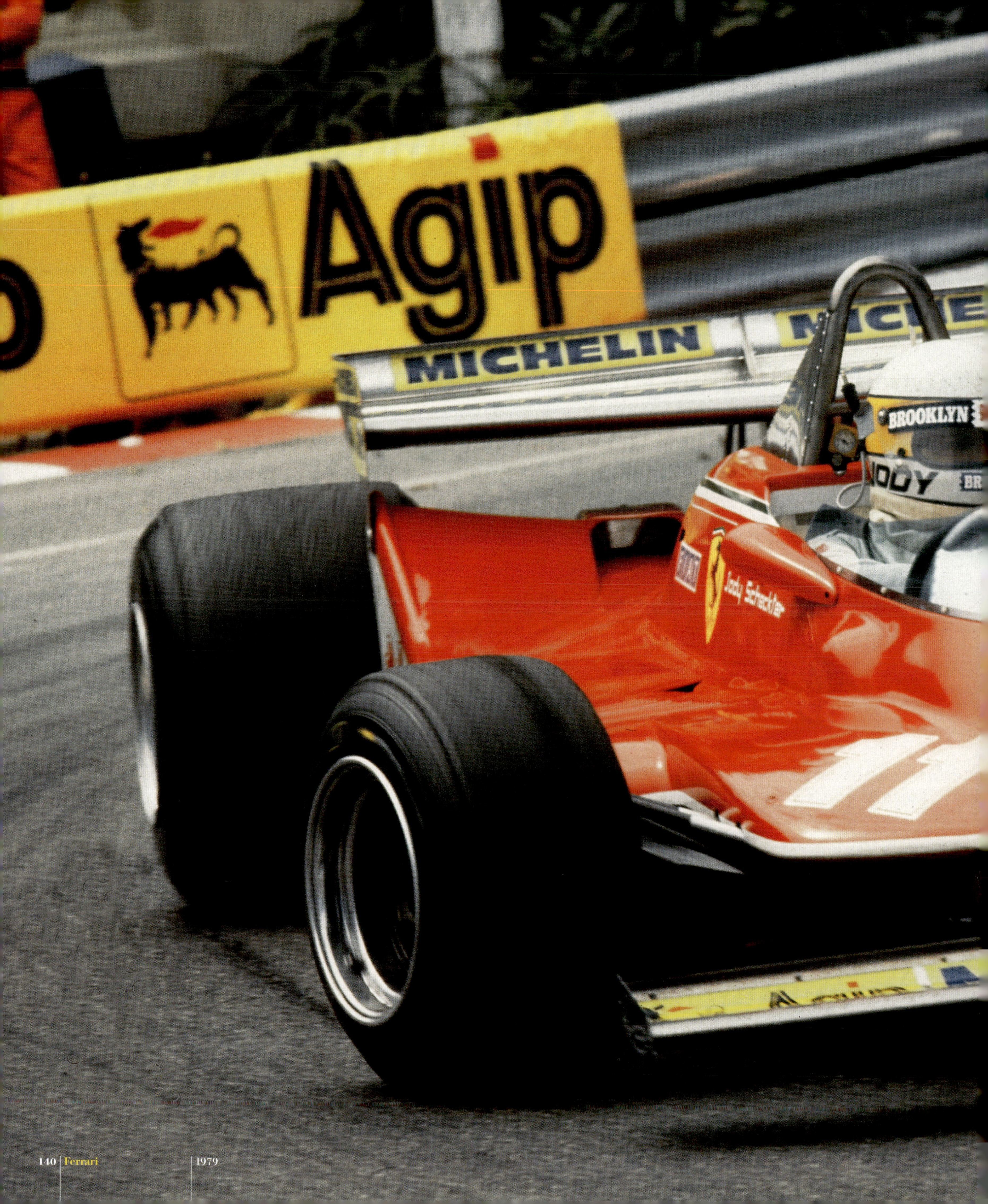
Agip
MICHELIN
BROOKLYN
Jody Scheckter

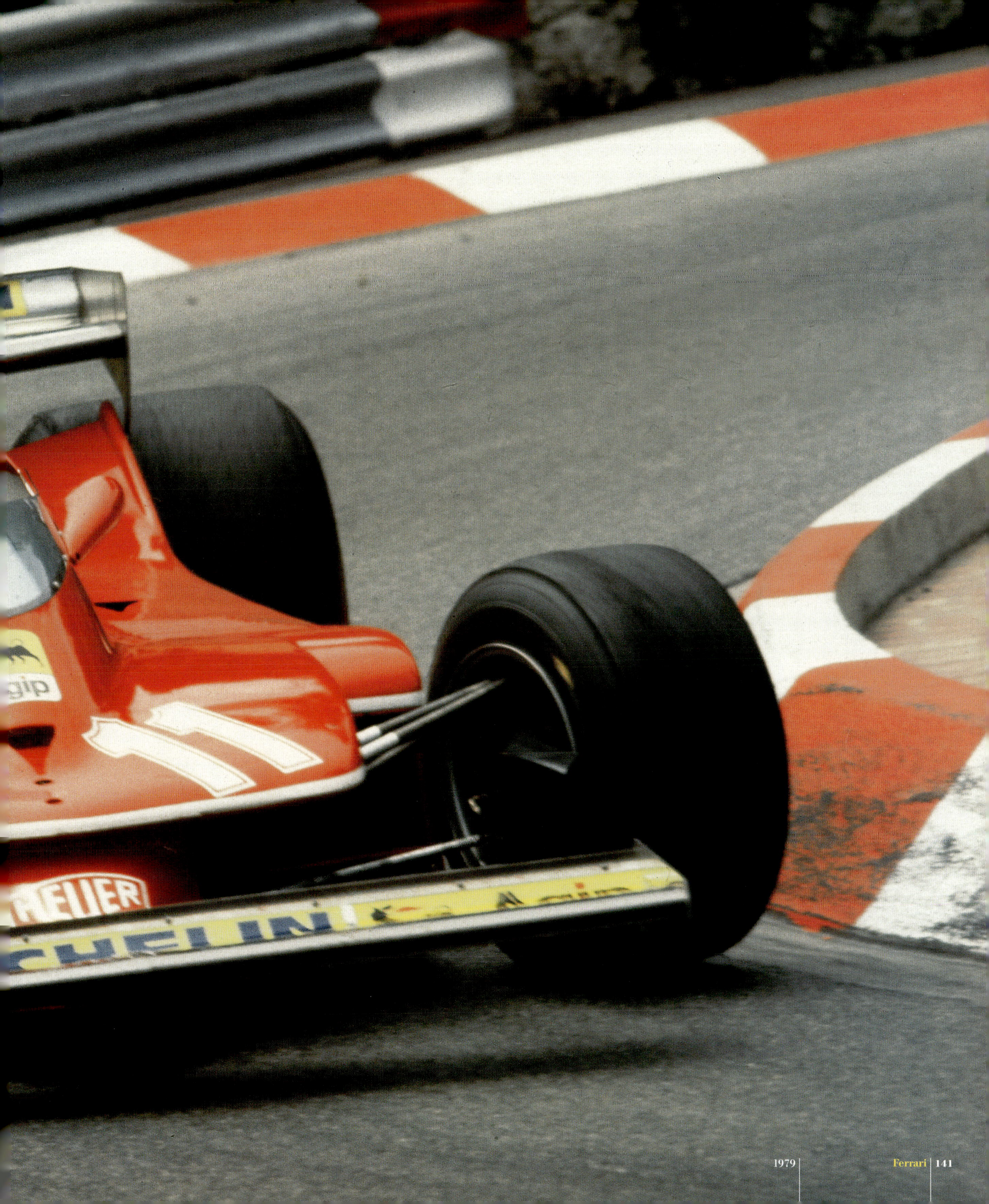

●F1ドライバーズ・チャンピオンシップ
①アラン・ジョーンズ（ウィリアムズ）
②ネルソン・ピケ（ブラバム）
③カルロス・ロイテマン（ウィリアムズ）
⑬ジル・ヴィルヌーヴ（312T5）
⑲ジョディ・シェクター（312T5）

3ℓV8エンジンはマルチポイント・メカニカル・インジェクション、点火システムも電子制御式を採用。これにより最大トルクは24.8mkg／4600rpmに向上。

1980 休息

下：ジョディ・シェクターと312T5。エステルライヒリンクで開催されたオーストリアGPにて。前年度のチャンピオンが、このシーズン獲得したポイントはロングビーチでの5位で得た2点のみだった。

　1980年のグランプリに、フェラーリは勝利を重ねたT4の進化版、312T5を投入する。T4を解体して造られたT5は、グラウンドエフェクトのさらなる向上のため、さまざまな改良が施された。フロントノーズ幅を狭め、アンダーボディへのエアフローを増加させた。加えて、サイドに設置されたヴェンチュリー・トンネルの出口部分を広げるため、エンジンヘッドを44mm縮小した。空力係数はこれにより改善したが、それでも充分ではなかった。他のチーム、特にウィリアムズのマシーンはサイドスカートによって飛躍的に空力性能が向上していた。不幸なことに、フェラーリに数々の栄光をもたらした、180度V12エンジンの幅の広さが問題になり始めていたのだ。

■結果はゼロ
　このシーズンには、ラジアルタイアのサプライヤーであるミシュランとの協力関係の解消という問題も発生した。彼らがパートナーとしてルノー・ターボに興味を示したためであった。フェラーリ自身も、これ以上T5に手を加えることを望まなかったし、そもそもフェラーリの関心はすでに、将来のターボエンジンに向いていたのだ。

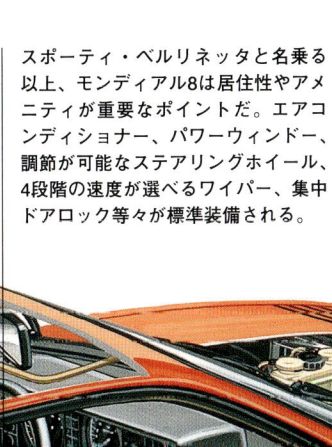

スポーティ・ベルリネッタと名乗る以上、モンディアル8は居住性やアメニティが重要なポイントだ。エアコンディショナー、パワーウィンドー、調節が可能なステアリングホイール、4段階の速度が選べるワイパー、集中ドアロック等々が標準装備される。

右：フェラーリ・モンディアル8のスリークなサイドビュー。

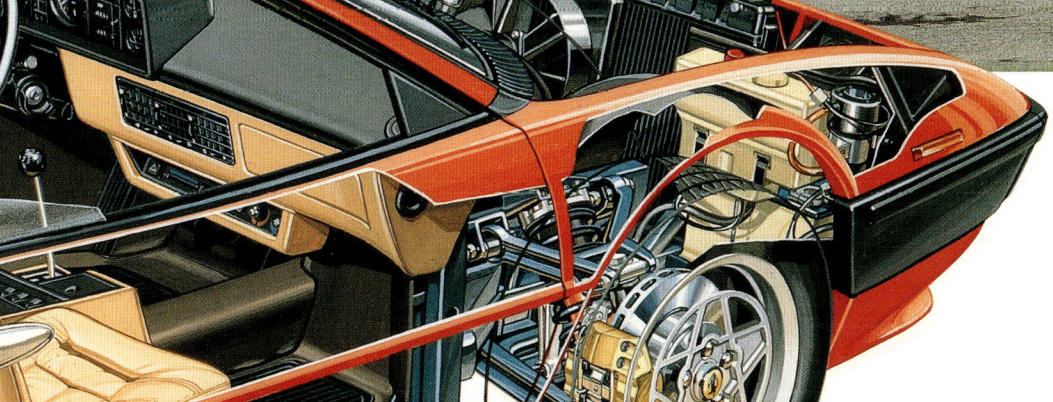

ピニンファリーナ・デザインによる4シーターのモノコック部分は基本的にスチール製である。

モンディアル8
【エンジン】軽合金製　ミドシップ横置き　90度V型8気筒　DOHC　2バルブ　ベルト駆動　点火システム：電子制御式　燃料供給：インジェクション（マルチポイント）　ボッシュKジェトロニック　潤滑：ウェットサンプ　排気量：2927cc　ボア×ストローク：81.0×71.0mm　最高出力：215ps／6600rpm　単位排気量馬力：73.5ps／ℓ
【駆動形式】後輪駆動　ギアボックス：リア／5段LSD
【タイア】240/55VR390
【シャシー／ボディ】2+2クーペ　スチール／アルミ製ボディ（ピニンファリーナ・デザイン）　チューブラー・フレーム　前：ダブルウィッシュボーン／コイル, テレスコピック・ダンパー　スタビライザー　後：ダブルウィッシュボーン／コイル, テレスコピック・ダンパー　スタビライザー　燃料タンク：リア両サイド（容量：84ℓ）
【ブレーキ】ベンチレーテッド・ディスク　サーボ
【ステアリング】ラック・ピニオン
【寸法／重量】ホイールベース：2650mm　トレッド（前／後）：1495mm／1517mm　全長×全幅×全高：4580×1790×1260mm　重量：1512kg
【性能】最高速度：219km/h　馬力荷重：7.03kg/ps

左：312T5のイラスト。エアロダイナミクスの向上に主眼が置かれ、T4の係数4：1を上回ったが、明らかな戦闘力不足は否めなかった。

下：唯一の4ドア・モデル。"プロトタイプ・ピニン"はピニンファリーナが設立50周年を記念して製作したものだが、生産されることはなかった。

　引退を決めた前年度チャンピオン、ジョディ・シェクターは、カナダGPではまさかの予選落ち、年間の総合成績でもたったの2ポイントに終わる。フェラーリもコンストラクター部門で屈辱の10位に終わった。

■モンディアルの復活
　グラントゥリズモでは、1978年の308GT4に代わる新しいピニンファリーナの4シーター・ベルリネッタが、再びモンディアルという名前で登場した（1953年のロードレーサー、500モンディアル以来）。ジュネーヴ・ショーで発表されたモンディアル8は、2927cc V8を横置きミドシップに搭載し、インジェクションと電子制御式イグニッションが採用された。
　また、フェラーリはこの年、308GTの排気量を1990ccに縮小した、208GTBと208GTSを用意する（155ps／215km/h）。これはイタリア国内専用で、2ℓ以上のクルマに掛けられる（2ℓ以下の18％ではなく）38％の付加価値税、IVA逃れのために用意されたモデルだったが、商業的に成功したとは言いがたかった。おそらく、パワーダウンはフェラーリには似合わない、というユーザーのメッセージだったのだろう。

1980　Ferrari　143

1981 ターボとの蜜月

左：ターボエンジンのパワーと太いトルクは、126CをモナコGP（モンテカルロ）での勝利へと導いた。ドライバーはジル・ヴィルヌーヴ。モンテカルロはコースの性質上、マシーンのスピードが遅いため、エアロダイナミクスの問題はそれほど影響を与えない。

フェラーリ126Cのシャシーは312Tから受け継いだものだ。アルミのモノコックにスチール製のチューブラー・フレームが内蔵されたタイプ。

フェラーリのシャシーは、いつもながら、ライバルの進んだシャシーに比して重く、剛性に乏しい。ブラバムやウィリアムズと重量を比較すると、フェラーリは35kg重い。

1979年から開発研究が行なわれてきた、フォーミュラ1用のターボエンジンがついに完成する。

エンジンはバンク角120度のV型6気筒（20年前のディーノ同様）24バルブで、排気量はレギュレーションに沿ったものである（ターボは1500cc、NAは3ℓ）。過給器としてドイツのKKK（Kuhnle, Kopp und Kausch）製ツインターボを採用したが、フェラーリは並行してターボの典型的な症状であるターボラグを見込んでブラウン・ボヴェリ製のスーパーチャージャー、"コンプレックス"のテストも行なった。しかし、F1

144 | Ferrari | 1981

- ●F1ドライバーズ・チャンピオンシップ
  ①ネルソン・ピケ（ブラバム・フォード）
  ②カルロス・ロイテマン（ウィリアムズ・フォード）
  ③アラン・ジョーンズ（ウィリアムズ・フォード）
  ⑦ジル・ヴィルヌーヴ（126C）
  ⑬ディディエ・ピローニ（126C）
- ●F1グランプリ
  モナコGP／モンテカルロ
  ①ジル・ヴィルヌーヴ（126C）
  スペインGP／ハラマ
  ①ジル・ヴィルヌーヴ（126C）
- ●トゥール・ド・フランス
  ①J.C.アンドリュエ／C.ブシェタル（308GTB）

120度V6のバンク間に据えられたツインターボは、通常どおりにブロック腰下付近に設置するとサイド・エアロダイナミクスに影響を与えることから、この場所が選ばれた。

上：126C（No.27）のジル・ヴィルヌーヴが、追走するライバルを引っ張る。フランスGPが行なわれたディジョン・プレノアにて。グループ最後尾がディディエ・ピローニ（No.28）。結局、ヴィルヌーヴはリタイア、ピローニは5位に終わる。

レギュレーションで、可動式サイドスカートが禁止され固定タイプになった。また地上高は、停止状態で地面から6cmと規定された。これによりグラウンドエフェクトは4分の1に減少。しかし、各コンストラクターは新レギュレーションの抜け道を探りだし、"内蔵ジャッキ"を発明。これはパドックで車高が上がり、コースでは下がるという優れものだった。

右：エグゾーストパイプとKKKターボ。中央に見えるクーリング・リブのついたケースがウェイストゲートバルブを収容する。これがターボチャージャーの圧力を調節し、圧力が容量を超えるとエグゾーストに送りこむ仕組みとなっている。

126CK

【エンジン】軽合金製　ミドシップ縦置き　120度V型6気筒　DOHC　4バルブ　ギア駆動　点火システム：電子式　燃料供給：ルーカス製電子制御式メカニカル・インダイレクト・インジェクション　KKK製ツインターボ　インタークーラー×2　潤滑：ドライサンプ　オイルクーラー×2　排気量：1496cc　ボア×ストローク：81.0×48.4mm　最高出力：580ps／11500rpm　単位排気量馬力：387.7ps／ℓ

【駆動形式】後輪駆動　ギアボックス：リア／5段LSD

【タイア】前：22/59×13　後：38/66×13

【シャシー／ボディ】シングルシーター　FRP製ボディ　モノコック／アルミパネル＋鋼管　前：トランスバース・アーム／インボード・コイル，インボード・テレスコピック・ダンパー　スタビライザー　後：トランスバース・アーム＋トレーリングアーム／インボード・コイル，インボード・テレスコピック・ダンパー　スタビライザー　燃料タンク：ドライバーズシート後方（容量：210ℓ）

【ブレーキ】ベンチレーテッド・ディスク

【ステアリング】ラック・ピニオン

【寸法／重量】ホイールベース：2718mm　トレッド（前／後）：1700mm／1685mm　全長×全幅×全高：4468×2110×1025mm　重量：610kg

【性能】最高速度：320km/h　馬力荷重：1.051kg/ps

上：1981年秋、フェラーリは2シーターのベルリネッタ、究極のBBを発表。エンジンは12気筒でインジェクションを採用。512BBiと命名された。

下：512BBiのボディ（ピニンファリーナ）と室内はほとんど変わらないが、ドライビング・プレジャーは増している。これはインジェクションの恩恵である。トルク（451Nm）が太く穏やかになった。

フロントのスポイラーは目立たず、エレガントなデザインを邪魔しない。ハイスピード時のパワーを低下させることなく、効果を発揮する。

三角形のエアインテーク、サイドに設けられたNACAダクトは、ボディのエアロダイナミクスを殺ぐことなく、リアのブレーキ・ディスクを冷却する。

には不向きとの判断から採用は見送られた。

新エンジンを搭載したシングルシーターは126CK（KKK）、126CX（コンプレックス）と命名されたが、前述の理由で126CKのみが残った。最終的な名称は126C（"120度／6気筒／コンプレッサー"の意）となる。シャシーは312Tから流用された。モノコックの八角形のセクションはアルミ製で、インナーストラクチャーには鋼管が走り、サスペンションのコイル／ダンパーはセンターに縦置き、ギアボックスは横置きされた。ホイールベースはT5同様2718mmだったが、数ヵ所のサーキットを考慮して2850mmまで延長が可能なものであった。

V6ユニットは、312のフラット12に比べてかなりコンパクトなエンジンだったため、ヴェンチュリー効果が増し、空力特性が飛躍的に向上した。

■突出したエンジンパワー

126Cのパワーユニットは、ターボで5年目のシーズンを迎えるルノーの上を行くもので、出力はルノーの560psに対して580psを発生し、トルクにも優れていた。いっぽう、コスワースのノンターボV8エンジン（490ps）を積んだライバルは、シャシーの

146 | Ferrari | 1981

F1パイロットのカルロス・ロイテマンが512BBiをテストする。この512BBiのレース仕様車は1979年のルマン24時間で"性能テスト"を行なっている（ゴールの6時間前にリタイア、成績は3位）。

スチール／アルミ製のボディは、チューブラー・フレームの剛性強化に貢献する。非常に軽量。

嵩高いキャブレターがないため、インジェクション・ユニットは見た目もシンプルで機能的だ。

512BBi

【エンジン】軽合金製　ミドシップ縦置き　180度V型12気筒　DOHC　2バルブ　ベルト駆動　点火システム：電子制御式　燃料供給：メカニカル・マルチポイント・インジェクション　ボッシュKジェトロニック　潤滑：ドライサンプ　排気量：4943cc　ボア×ストローク：82.0×78.0mm　最高出力：340ps/6000rpm　単位排気量馬力：68.8ps/ℓ
【駆動形式】後輪駆動　ギアボックス：リア／5段 LSD
【タイア】240/55VR415
【シャシー／ボディ】2シーター・クーペ　スチール／アルミ製ボディ（デザイン：ピニンファリーナ）　チューブラー・フレーム　前：ダブルウィッシュボーン／コイル，テレスコピック・ダンパー　スタビライザー　後：ダブルウィッシュボーン／ツイン・コイル，ツイン・テレスコピック・ダンパー　スタビライザー　燃料タンク：リア両サイド（容量：120ℓ）
【ブレーキ】ベンチレーテッド・ディスク　サーボ
【ステアリング】ラック・ピニオン
【寸法／重量】ホイールベース：2500mm　トレッド（前／後）：1508mm／1572mm　全長×全幅×全高：4400×1830×1120mm　重量：1499kg
【性能】最高速度：280km/h　馬力荷重：4.40kg/ps

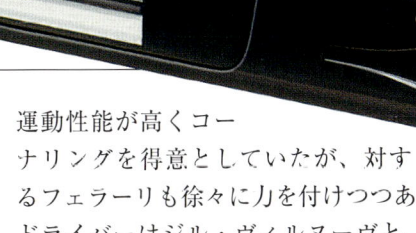

運動性能が高くコーナリングを得意としていたが、対するフェラーリも徐々に力を付けつつあった。ドライバーはジル・ヴィルヌーヴと、シェクターから代わったディディエ・ピローニである。126Cはまだ信頼性に不安を抱え、リタイアが多かったものの、それでもヴィルヌーヴはモナコGP（モンテカルロ）とスペインGP（ハラマ）で優勝した。スペインでは4台ものライバル・マシーンがぴたりと後ろに張り付き追撃してきていたが、最後までこれを阻んだ。なんと、たった1秒の間に5台ものマシーンが立て続けにゴールするという、白熱したレースだった。

■成功したインジェクション

12気筒のボクサーエンジンは、F1からは姿を消したが、グラントゥリズモ・ベルリネッタに活かされ、512BBiがデビューした。フェラーリは512のエンジンのインジェクション化を1979年から研究しており、キャブレターからメカニカル・インジェクションとなった。操縦性も格段に向上し、フェラーリ・ユーザーの評判も良く、前年に240台生産された512BBの人気を定着させた。また、480psにレーシング・チューンされた4台のBBが、プライベート・チームからルマンに出場している。

1982 輝きと悲劇

上：イモラでのピローニ（No.28）の予想しなかった追い越しは、半ば勝利を手にしていたヴィルヌーヴの自尊心をおおいに傷つけた。これがふたりの間に険悪な空気を漂わせる原因となった。

●F1ドライバーズ・チャンピオンシップ
①ケケ・ロスベルグ（ウィリアムズ）
②ディディエ・ピローニ（126C2）
③ジョン・ワトソン（マクラーレン）
⑦パトリック・タンベイ（126C2）
⑯ジル・ヴィルヌーヴ（126C2）
⑲マリオ・アンドレッティ（126C2）

●F1コンストラクターズ・チャンピオンシップ
①フェラーリ
②マクラーレン・フォード
③ルノー

●F1グランプリ
サンマリノGP／イモラ
①ディディエ・ピローニ（126C2）
オランダGP／ザンドフォルト
①ディディエ・ピローニ（126C2）
ドイツGP／ホッケンハイム
①パトリック・タンベイ（126C2）
●トゥール・ド・フランス
①アンドリュエ／"ビシェ"（308GTB）

126C2はコンポジット製のシャシーを持つ初めてのフェラーリである。大部分はハニカム構造のアルミ製。ボディ剛性が高いうえに軽く、重量は前モデルより15kg軽量化されている。

サイドスカートが固い素材からゴムのフレキシブルなタイプになった。アスファルトすれすれに位置する。フェラーリにとってはとても有効な武器となった。

　新しいシングルシーター、126C2は、旧型の単なる改良版ではなく、旧型を超越した性能を備えたマシーンとなった。
　コンポジット素材を用いたモノコックはフェラーリ初の試みだった（大部分はハニカムタイプのアルミニウムで、それ以外のパーツにはカーボンも含まれている）。指揮を執ったのはエンジニアのフォルギエーリと、この手のマテリアル・スペシャリストであるエンジニアのハーヴェイ・ポスルズウェイトだった。
　サイドスカートにもまったく新しい改良が施された。固い素材で上下するタイプから、下部が内側方向、地面すれすれに曲がるエラスティックな（弾力性のある）ものに変更された。このため、高剛性シャシーにハードサスペンションを組み合わせ、最低地上高をぎりぎりまで下げることができた。加えてコンポジット製シャシーは非常に軽量でしなやかな特性を持ち、グラウンドエフェクト増加にもおおいに貢献した。
　フィアットとピニンファリーナの風洞実験室での度重なるテストの結果、エアロダイナミクスの向上には格段の進歩がみられた。エンジンは前年同様120度V6で、最高出力は580ps／11000rpmだったが、パワーはシーズン中に600psにまで高められた。この性能向上は、アジップ（イタリア石油公団「Azienda Generale Italiana Petroli（AGIP）」）との協力で実現した、ダイレクト・インジェクション・システムによるところが大きい。これでブースト圧をより高くすることが可能となった（ティレルから抗議されたが、合法と解釈された）。また、いくつかのグランプリでは縦置きギアボックスとカーボン製ブレーキディスクのテストが行なわれたが、正式採用とはならなかった。
　そして、6月からはフェラーリでもフロ

ターボエンジンのパワーは600ps。この数値はインジェクション・システムに拠るところが大きい。スプリントに強いターボ・マシーンとなった。

リアサスペンションのダンパーは、インボードのアクスル線上より前方に移動している。フロントには"プルロッド"が採用された。

ジル、神話の理由

　1982年5月8日、ベルギーGPの予選中、壮絶な事故死を遂げた。ジル・ヴィルヌーヴ、享年30歳。67戦のグランプリに参加し、6レースで勝利、神話を築き上げる。「われわれの時代のヌヴォラーリ」と、エンツォ・フェラーリは彼をこう称した。（ジョゼッペ・ピアッツィが行なった）最後のインタビューで「キミの飛ぶようなコースアウトから（みんなに）飛行士って呼ばれているんだよ」と言われたのに対して、ジルはこんなふうに答えている。「他のドライバーに比べてもそれほど事故の数は多いわけじゃないんだけど、ボクがやると派手だから。78年の終わりは4回。あのころ、ボクは分かれ道にいた。アグレッシヴなところを改めるか、これまでのやり方で走るか。ボクは勘に頼るタイプだから、このまま行けっていう勘に従うことにした。走ることが好きなんだ。他のことには興味ない。走っていればハッピーだし、わくわくする。向こう見ずなところを捨てる気はないね。そのかわりテクニック面の失敗については、その時々で修正するんだ。3年前なら衝突していただろうエラーが今は前もってわかる。いずれにせよ、トップを行くドライバーにとっては年に2度くらいの事故は避けられないものだよ。7回続けて事故をやってないと、逆に心配になるんだ」

下：ロングビーチで開催されたアメリカ西GPでのジル・ヴィルヌーヴと126C2。結果は3位だったが、ウィング違反が原因で失格となった。

126C2

【エンジン】軽合金製　ミドシップ縦置き　120度V型6気筒　DOHC　4バルブ　ギア駆動　点火システム：電子式　燃料供給：ルーカス製電子制御式メカニカル・インジェクション　KKK製ツインターボ　インタークーラー×2　潤滑：ドライサンプ　オイルクーラー×2　排気量：1496cc　ボア×ストローク：81.0×48.4mm　最高出力：580ps（後に600ps）／11000rpm　単位排気量馬力：387.7ps/ℓ
【駆動形式】後輪駆動　ギアボックス：リア／5段　LSD
【タイア】前：23.5-10.0×13　後：26.0-15.5×15
【シャシー／ボディ】シングルシーター　FRP製ボディ　コンポジット・マテリアル・モノコック／アルミ・ハニカム＋カーボン　前：トランスバース・アーム／インボード・コイル，インボード・テレスコピック・ダンパー　スタビライザー　後：トランスバース・アーム＋トレーリングリンク／インボード・コイル，インボード・テレスコピック・ダンパー　スタビライザー　燃料タンク：ドライバーズシート後方（容量：240ℓ）
【ブレーキ】ベンチレーテッド・ディスク
【ステアリング】ラック・ピニオン
【寸法／重量】ホイールベース：2856mm　トレッド（前／後）：1787mm／1644mm　全長×全幅×全高：4333×2110×1025mm　重量：595kg
【性能】最高速度：320km/h　馬力荷重：1.025kg/ps（後に0.991kg/ps）

1982　Ferrari　149

ントサスペンションに"プルロッド"が採用される。サスペンション・アームから出たロッドがインボードのコイル／ダンパー・ユニットの底部に作用する構造で、軽量で空力面でも効果的なこの方式は、ライバルがすでに使用していたものだった。

フェラーリはミシュランのラジアルタイアを放棄し、よりフレキシブルなグッドイヤーを使用することに決定する。弾力性に富むサイドスカートにはグッドイヤーのほうが向いていると判断された結果だった。

■苦い勝利

シーズンが始まると126C2はその力を発揮し、マラネロのドライバーたちにも非常に競争力の高いマシーンであると好評だった。

サンマリノGP（イモラ／4月25日）ではジル・ヴィルヌーヴとディディエ・ピローニがスタートから独走。そのあまりの速さに、チームからペースダウンとポジションキープの指示が出たほどだった。ところが、2番手のピローニが、最終周に猛然とペースアップ。トップのヴィルヌーヴを抜き去ると、そのままチェッカーを受けたのだった。この日から13日後、ゾルダーで行なわれたベルギーGPでヴィルヌーヴは、チーム

左：ターボはロードモデルにも採用された。208の"エコノミカル"な2ℓNAエンジンは、208GTBターボと208GTSターボとなる（写真左側）。

下：クアトロヴァルヴォーレと命名されたモンディアル8の快適な室内。4シーターのピニンファリーナ・ベルリネッタは3ℓのV8で、32バルブを持つ。

メイトでありライバルでもあるピローニが先に出した記録を破ろうと凄まじいドライビングを敢行し、ヨッヘン・マスのマーチ821と衝突、帰らぬ人となった。

6月13日、カナダGPでは新たな悲劇が起こる。スタート時、最前列にいたピローニのマシーンにリカルド・パレッティのオゼッラが追突し、パレッティは死亡した。

ドイツGP（ホッケンハイム／8月8日）の時点で、ピローニは2位に9ポイントの差をつけてトップにいた。しかし、予選でアルヌーのルノーRE30の後部に接触、コントロールを失った彼のマシーンは宙を舞い、ガードレールに衝突したのち、コースを飛び出した。ピローニは両脚を複雑骨折し、タイトルも諦めざるを得なくなったばかりか、ドライバー生命をも絶たれる結果となってしまった。

皮肉なことに、このグランプリで、スクーデリア・フェラーリに参入したばかりのパトリック・タンベイ（ヴィルヌーヴの"後釜"として採用された）が、126C2の強さを見せつけて勝利した。モンツァのイタリアGPでもタンベイは2位に入賞し、これで7度目となるフェラーリのコンストラクターズ・チャピオンが確定した。

■すべてターボへ

フェラーリのターボへの転換はロードカー部門にも広がっていく。ベルリネッタとスパイダー、つまり208GTBと208GTS（イタリアの付加価値税逃れのために設定された、2ℓV8を搭載する308のエコノミー・バージョン）が、性能面で期待外れだったために、新たにいずれもターボを搭載して登場した。これで出力は155psから220psへ、最高速度は215km/hから240km/hへ引き上げられた。また、ターボ搭載と同時に気筒あたり4バルブとなる。さらに、モンディアル8クアトロヴァルヴォーレが誕生した。

150ページ：208GTBとGTSターボのエンジン。新しい2ℓのV8はKKK製ターボが採用されている。パワーはなんと約42％の向上をみた。

1983 サイドスカートの終焉

上：グリッド順に、パトリック・タンベイ（No.27）とルネ・アルヌー（No.28）。エステルライヒリンクでのオーストリアGPにて。マシーンは126C3。結果はアルヌーが2位入賞。

126C3

【エンジン】 軽合金製　ミドシップ縦置き　120度V型6気筒　DOHC　4バルブ　ギア駆動　点火システム：電子式　燃料供給：ウェーバー／マレリ製電子制御式インジェクション　KKK製ツインターボインタークーラー×2　潤滑：ドライサンプ　オイルクーラー×2　排気量：1496cc　ボア×ストローク：81.0×48.4mm　最高出力：600ps／10500rpm　単位排気量馬力：401ps／ℓ

【駆動形式】 後輪駆動　ギアボックス：リア／5段LSD

【タイア】 前：23.5-10.5×13　後：26.0-15.0×15

【シャシー／ボディ】 シングルシーター　コンポジット・ボディ　カーボン／ケブラー製シャシー　前：トランスバース・アーム＋プルロッド／インボード・コイル、インボード・テレスコピック・ダンパー　スタビライザー　後：トランスバース・アーム＋トレーリングリンク／インボード・コイル、インボード・テレスコピック・ダンパー　スタビライザー　燃料タンク：ドライバーズシート後方（容量：240ℓ）

【ブレーキ】 ベンチレーテッド・ディスク

【ステアリング】 ラック・ピニオン

【寸法／重量】 ホイールベース：2600mm　トレッド（前／後）：1768mm／1666mm　全長×全幅（タイア両側間）×全高：4333×2110×1025mm　重量：595kg

【性能】 最高速度：320km/h　馬力荷重：0.991kg/ps

● F1ドライバーズ・チャンピオンシップ
① ネルソン・ピケ（ブラバムBMW）
② アラン・プロスト（ルノー）
③ ルネ・アルヌー（126C2B／C3）
④ パトリック・タンベイ（126C2B／C3）

● F1コンストラクターズ・チャンピオンシップ
① フェラーリ
② ルノー
③ ブラバムBMW

● F1グランプリ
サンマリノGP／イモラ
① パトリック・タンベイ（126C3）
カナダGP／モントリオール
① ルネ・アルヌー（126C3）
ドイツGP／ホッケンハイム
① ルネ・アルヌー（126C3）
オランダGP／ザンドフールト
① ルネ・アルヌー（126C3）

新しい規制は、サイドのヴェンチュリー・トンネルとサイドスカートの禁止。これによりアンダーボディはフラットに戻されることになった。グラウンドエフェクトは1/3～1/4に減った。

度重なる死亡事故に、F1グランプリの統括者（FISA）は早急な安全対策の見直しを迫られた。そこで、エスカレートするマシーンの開発競争にブレーキをかけるために、「グラウンドエフェクト」マシーンを禁止するという一方的な決定を下し、「すべてのマシーンはホイールベース間の床面をフラットにせよ」と通達したのである。これによってダウンフォースは大幅に低下することとなった。

フェラーリも他のチーム同様、最初の8戦（このうち2戦で優勝）は、126C2にシンプルな改良を加えた126C2Bを用いて参加する一方で、126C3開発チームがこの新レギュレーションへの対応を研究した。

新しいシングルシーターには、フェラーリ初のカーボンファイバー製モノコックが採用されており、そのモノコック・タブはノーズからコクピットの周囲、そして燃料室がすべてひと続きになった単一構造をとる。これによってエアロダイナミクスは向上し、車重も軽減した。このミサイルのような"殻"には後ろに下げられたサイドポンツーンとエンジンカウルは含まれない。

1496cc V6のツインターボ・エンジンの最大出力は600ps／10500rpmで、ターボラ

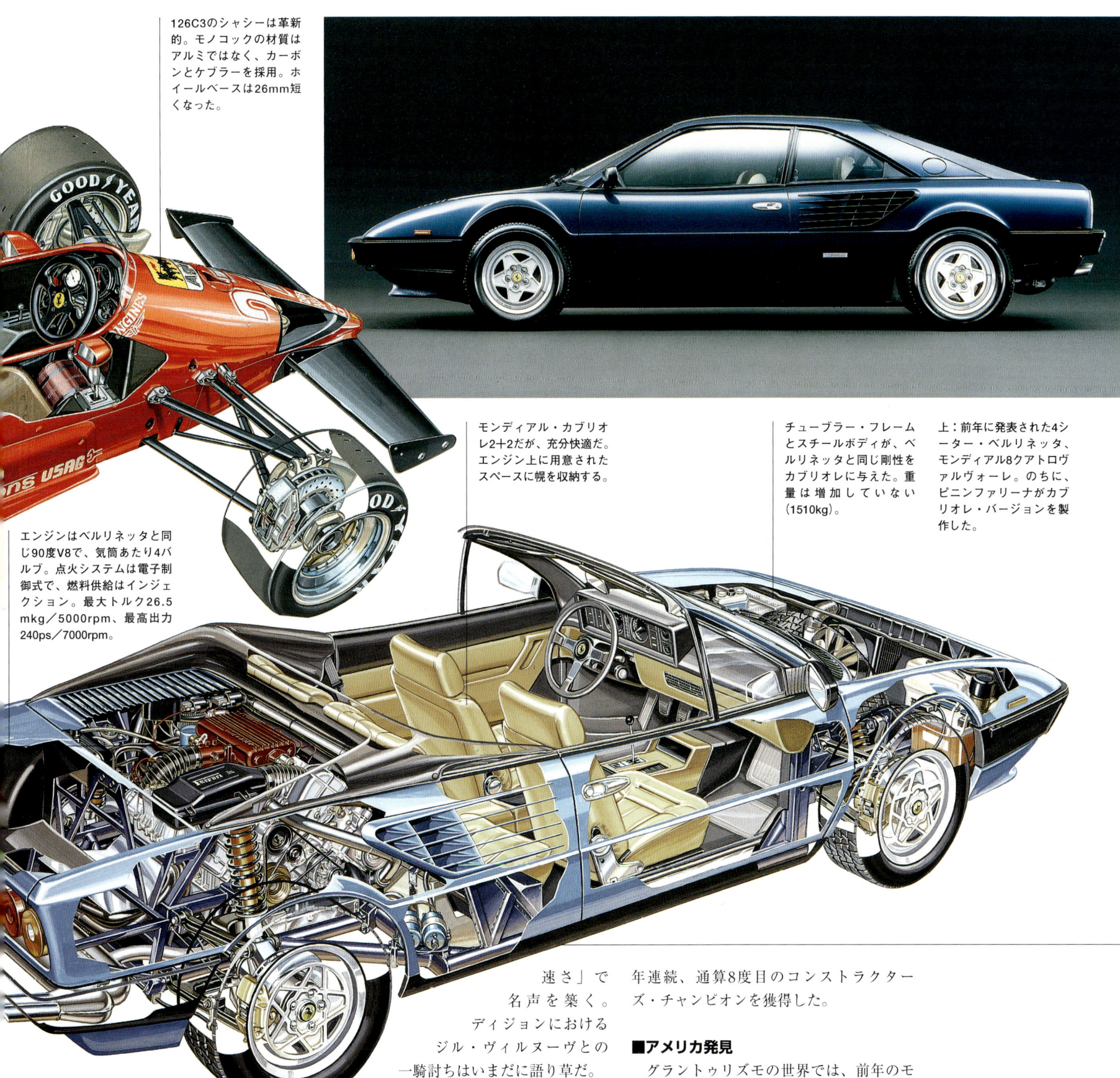

126C3のシャシーは革新的。モノコックの材質はアルミではなく、カーボンとケブラーを採用。ホイールベースは26mm短くなった。

モンディアル・カブリオレ2+2だが、充分快適だ。エンジン上に用意されたスペースに幌を収納する。

チューブラー・フレームとスチールボディが、ベルリネッタと同じ剛性をカブリオレに与えた。重量は増加していない（1510kg）。

上：前年に発表された4シーター・ベルリネッタ、モンディアル8クアトロヴァルヴォーレ。のちに、ピニンファリーナがカブリオレ・バージョンを製作した。

エンジンはベルリネッタと同じ90度V8で、気筒あたり4バルブ。点火システムは電子制御式で、燃料供給はインジェクション。最大トルク26.5mkg/5000rpm、最高出力240ps/7000rpm。

グが減少しているのが特徴である。ギアボックスは従来どおり5段、サスペンションは前後ともに"プルロッド"を採用する。
ドライバーにはパトリック・タンベイと、同じくフランス人で、ルノーから移籍してきたルネ・アルヌーを擁した。アルヌーは飛び抜けて勇敢な"騎手"で、「獣の速さ」で名声を築く。ディジョンにおけるジル・ヴィルヌーヴとの一騎討ちはいまだに語り草だ。

■チャンピオン
126C3はイギリスGP（7月16日）から登場し、さっそく、アルヌーとタンベイがステアリングを握った。8月にはアルヌーがドイツGP（ホッケンハイム）とオランダGP（ザンドフールト）で勝利を収める。このシーズン、フェラーリは計4勝を挙げ、2年連続、通算8度目のコンストラクターズ・チャンピオンを獲得した。

■アメリカ発見
グラントゥリズモの世界では、前年のモンディアル8クアトロヴァルヴォーレに新しいボディバリエーション、モンディアル8カブリオレが追加される。これはアメリカのマーケットを狙ったモデルで（実際、80％がアメリカで販売された）、エンジンはベルリネッタと同じ2972ccのV8 32バルブ（最高出力240ps／最高速度240km/h）を搭載した。

1983　Ferrari　153

1984 これからの伝統

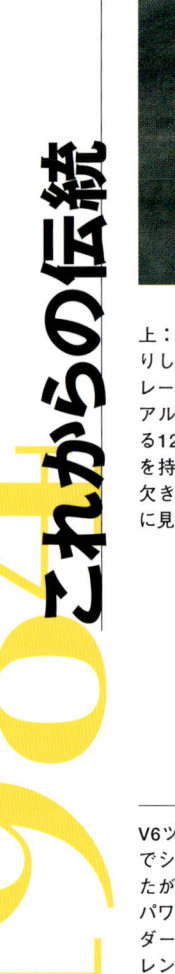

上：新しくフェラーリ入りしたミケーレ・アルボレート（No.27）とルネ・アルヌー（No.28）が駆る126C4は、高い戦闘力を持ちながらも信頼性を欠き、しばしばトラブルに見舞われた。

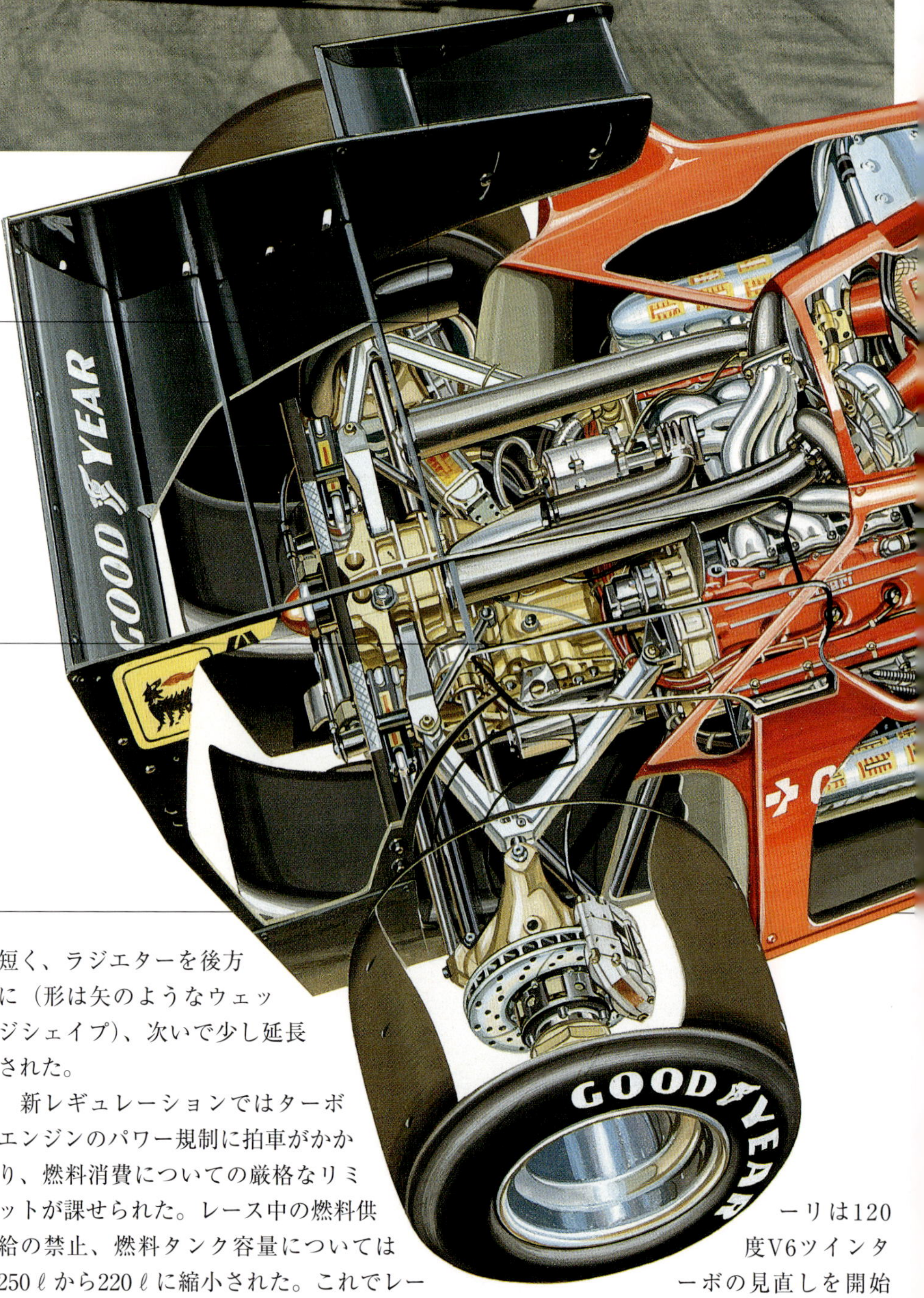

この年、ほとんどのF1マシーンがダウンフォース獲得に効果的な小さなウィングを採用した。しかし、フェラーリがこのウィングを採用した理由は別にあった。マクラーレンの履くミシュランに比べて、グッドイヤー・タイアはグリップ面で差をつけられていたためだ。

V6ツインターボは660psでシーズンをスタートしたが、その後720psまでパワーアップして、"リーダー"であったマクラーレンのTAGポルシェ・ターボに近づいた。

　マラネロはこの年のF1シリーズには、"ただ参加しただけ"という程度の存在でしかなかった。
　新しいシングルシーター、126C4の改良のポイントとなったのは車重の軽量化で、パワーユニットと、モノコックおよびカウル／フード類の見直しが図られ、全体では10％の減量に成功した。これで、ようやくレギュレーションの最低重量規定、540kgをクリアする。また、エアロダイナミクスについても継続して研究が行なわれていた。シーズン中でもサイド部分のボリュームを変更し、テストは続行された。最初は短く、ラジエターを後方に（形は矢のようなウェッジシェイプ）、次いで少し延長された。
　新レギュレーションではターボエンジンのパワー規制に拍車がかかり、燃料消費についての厳格なリミットが課せられた。レース中の燃料供給の禁止、燃料タンク容量については250ℓから220ℓに縮小された。これでレースすべて（300km〜330km）を賄わなければならないため、燃費が最大の課題となる。
　このレギュレーションを受けて、フェラーリは120度V6ツインターボの見直しを開始する。シリンダーヘッドとダクトの設計変更を行ない、コネクティングロッドとシャフトを軽量化し、電子制御式インジェクシ

154 | Ferrari　　　1984

●F1ドライバーズ・チャンピオンシップ
①ニキ・ラウダ（マクラーレン・ポルシェ）
②アラン・プロスト（マクラーレン・ポルシェ）
③エリオ・デ・アンジェリス（ロータス・ルノー）
④ミケーレ・アルボレート（126C4）
⑥ルネ・アルヌー（126C4）

●F1コンストラクターズ・チャンピオンシップ
①マクラーレン・ポルシェ
②フェラーリ
③ロータス・ルノー

●F1グランプリ
ベルギーGP／ゾルダー
①ミケーレ・アルボレート（126C4）

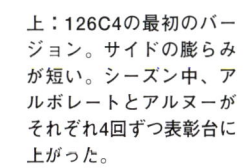

上：126C4の最初のバージョン。サイドの膨らみが短い。シーズン中、アルボレートとアルヌーがそれぞれ4回ずつ表彰台に上がった。

126C3に比べて、ボディは6％、エンジンは10％、ギアボックスは8％、それぞれ減量されている。これで規定ギリギリの540kgにまで車重が減った。

126C4のエアロダイナミクス関連の改良は、このサイドの長く大きくなったインタークーラーで完成し、イギリスGP（7月）に登場。これでエンジンはターボのブースト圧をさらに効率よく使えるようになり、出力が増強された。

下：12気筒ボクサーエンジンをミドシップに積んだ新しいグラントゥリズモ、テスタロッサのテスト風景。テクニカル・ドローイングは156～157ページ。

126C4

【エンジン】軽合金製　ミドシップ縦置き　120度V型6気筒　DOHC　4バルブ　ギア駆動　点火システム：電子式　燃料供給：ウェバー／マレリ製（後に、ルーカス／マレリ製電子制御式メカニカル・インジェクション）電子制御式インジェクション　KKK製ツインターボ　インタークーラー×2　潤滑：ドライサンプ　オイルクーラー×2　排気量：1496cc　ボア×ストローク：81.0×48.4mm　最高出力：660ps（初期）／10500rpm　単位排気量馬力：441.2ps／ℓ
【駆動形式】後輪駆動　ギアボックス：リア／5段　LSD
【タイア】前：25.0-9.0×13　後：26.0-15.0×13
【シャシー／ボディ】シングルシーター　カーボン・コンポジット・ボディ　カーボン／ケブラー製シャシー　前：トランスバース・アーム＋プルロッド／インボード・コイル，インボード・テレスコピック・ダンパー　スタビライザー　後：トランスバース・アーム＋トレーリングリンク／インボード・コイル，インボード・テレスコピック・ダンパー　スタビライザー　燃料タンク：ドライバーズシート後方（容量：220ℓ）
【ブレーキ】ベンチレーテッド・ディスク
【ステアリング】ラック・ピニオン
【寸法／重量】ホイールベース：2600mm　トレッド（前／後）：1768mm／1680mm　全長×全幅×全高：4115×2125×1080mm　重量：540kg
【性能】最高速度：320km/h　馬力荷重：0.818kg/ps

ョンが採用される（最初はウェバー／マレリを採用したが、信頼性の問題から、よりシンプルなルーカス／マレリのセミ電子制御式に変更）。

　エンジン出力は660psで、平均燃費はレース距離（およそ1.5km／ℓ）をぎりぎり走破できる数値であった。カーボンファイバー製ブレーキディスクは、まだ信頼性に問題があったため、予選のみでの使用となった。

■まあまあのシーズン

　アルヌーのチームメイトとしてイタリア人ドライバー、ミケーレ・アルボレートが

アグレッシヴ、かつスーパー・スポーツカーのスタイリングを備え持つベルリネッタ、288 GTO。限定生産（272台）。

リアウィンドーとボディサイドにある、ツインターボ（最大ブースト圧1.8bar）用のエアインテークからエアを送りこむと同時にターボチャージャー本体を冷却する。

288GTOのシャシーはチューブラー・フレーム。ボディは軽量の新素材で製造された。

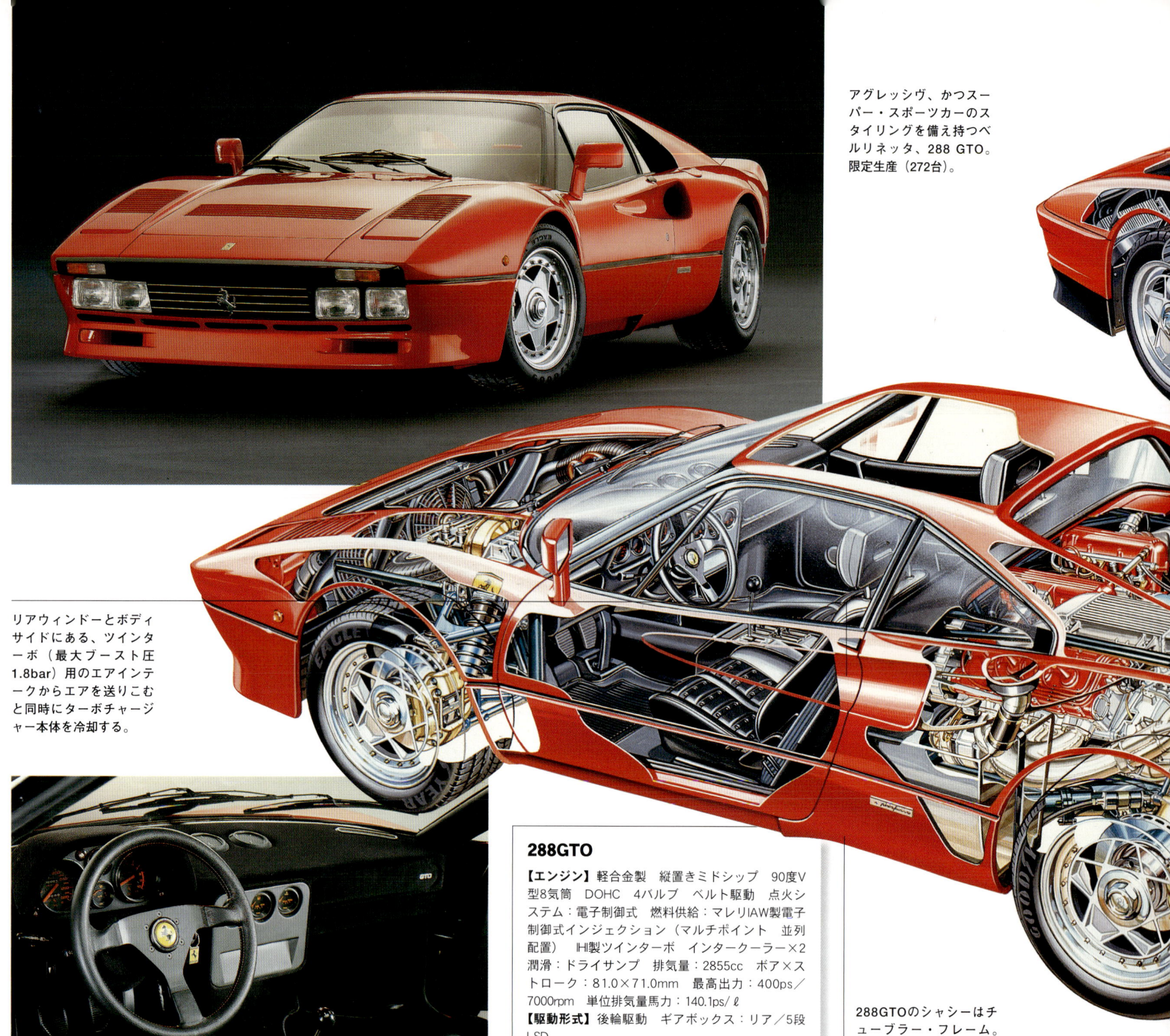

288GTOのコクピット。この車名は60年代の伝説のワールド・チャンピオンであるグラントゥリズモからとったもの。

288GTO

【エンジン】軽合金製　縦置きミドシップ　90度V型8気筒　DOHC　4バルブ　ベルト駆動　点火システム：電子制御式　燃料供給：マレリIAW製電子制御式インジェクション（マルチポイント　並列配置）　IHI製ツインターボ　インタークーラー×2　潤滑：ドライサンプ　排気量：2855cc　ボア×ストローク：81.0×71.0mm　最高出力：400ps／7000rpm　単位排気量馬力：140.1ps／ℓ
【駆動形式】後輪駆動　ギアボックス：リア／5段　LSD
【タイア】前：225/55VR16　後265/50VR16
【シャシー／ボディ】2シーター・クーペ　複合素材（アルミ／カーボンファイバー／スチール　ピニンファリーナ・デザイン）　チューブラー・フレーム　前後：ダブルウィッシュボーン／コイル，テレスコピック・ダンパー　スタビライザー　燃料タンク：リア両サイド（容量：120ℓ）
【ブレーキ】ベンチレーテッド・ディスク　サーボ
【ステアリング】ラック・ピニオン
【寸法／重量】ホイールベース：2450mm　トレッド（前／後）：1559mm／1562mm　全長×全幅×全高：4290×1910×1120mm　重量：1160kg
【性能】最高速度：305km/h　馬力荷重：2.90kg/ps

招聘された。彼は27歳にして、すでにティレルで2度のグランプリ優勝を経験していた（1回は名機の誉れ高い、コスワースDVFエンジンで勝利）。だが、126C4は性能面では高い戦闘力を備えていたものの、信頼性に問題があった。

F1緒戦、ブラジルGPで、アルボレートは11周までトップを走ったが、ブレーキのトラブルでリタイアする。いっぽうで、アルヌーのマシーンもエンジン・トラブルでリタイアを喫した。南アフリカでも良い結果を出すことはできなかった。ゾルダーでのベルギーGPでは、アルボレートがフェラーリ・ドライバーとして初勝利を挙げる。しかし、後が続かなかった。わずかばかりの入賞に対し、リタイアは7回に及んだ。アルヌーの戦績はさらに低迷した。

この年、輝いていたのはマクラーレン TAGポルシェ・ターボで、そのドライバーはラウダとプロストだったが、彼らがチャンピオンシップを独占し、その1位と2位の差はわずかに0.5ポイントだった。アルボレートは4位、アルヌーは6位につけたが、コンストラクターズ部門ではフェラーリは2位となる。しかし、1位のマクラーレンに大きく水をあけられていた。

■ビッグ・リターン

明るいニュースはフェラーリのロードバージョンから発信された。BB（ベルリネッタ・ボクサー）は大成功のうちに生産を終

156 Ferrari　1984

テスタロッサのエンジンは直前の512BBi（インジェクション）と同じ180度V12（4943cc）だが、出力は340psから390psに向上。これは気筒あたり4バルブの、新しいシリンダーヘッドによって実現したもの。

興味深い改良。エンジン冷却用ラジエターはコクピットの後ろ側、ボディサイドに配置される。長いエアインテークのグリルがテスタロッサのスタイルを特徴づけている。

ミドシップに縦置きされたエンジンは2855cc 90度V8。重量を考慮して可能な限り前に配置されている。5段ギアボックスもエンジン同様、縦置き。

上：テスタロッサのウェッジシェイプは、低く構えたフロントから始まる。フロントリップにはエアコンとブレーキ冷却用のエアインテークが備えられる。ヘッドライトはリトラクタブル。

158〜159ページ：その積極的なドライビングが印象的なミケーレ・アルボレートの126C4が最前列を行く。イギリスGP（ブランズハッチ）にて。彼を追うのはNo.28のアルヌー。結果はそれぞれ5位と6位。

え（1973年から84年の間に365と512を併せて2323台製造）、代わって新しいモデルには50年代の栄光の名前が用いられることになった。その名はテスタロッサである。ピニンファリーナがボディ・デザインとその製造を担当したこのすばらしいモデルは、アルミ製のアウタースキンを持つ。また、インパクトのあるくさび形の洗練されたデザインを用いて優れたエアロダイナミクスを生み出していた。力強さと優雅さが一体となって表現されたモデルである。

テスタロッサは10月にパリ・サロンでデビューした。4943cc 12気筒ミドシップエンジンの排気量は旧モデルと同じだが、点火順序と冷却が見直されている（出力390ps／最高速度290km/h）。

しかし、テスタロッサばかりがこの年のニュースではない。フェラーリは時代に合った技術とパワーの象徴として、288GTOを生み出す。288GTOは究極のベルリネッタ・スポーツカーというべきモデルで、世界のエンスージアストとコレクターから瞬く間に崇拝されるようになった。それは288GTOが、1962年から64年までコンペティション・カーの世界でワールド・チャンピオンを獲得した、伝説のグラントゥリズモの称号である「GTO」を継承するだけの資格を持っていたからにほかならない。

288という数字は排気量（2855cc）と気筒数（8気筒）を表す。縦置きのV8ミドシップエンジンはツインターボを装着し、出力は400psに達する。シャシーはフェラーリ伝統のチューブラー・フレームで、それを覆うピニンファリーナ・デザインのボディには軽量の新素材が使用されている（パワーウェイトレシオはわずか2.9kg/ps）。

流麗かつ高性能な新生GTOは生産台数が限定され、1986年までに272台だけが世に送り出された。

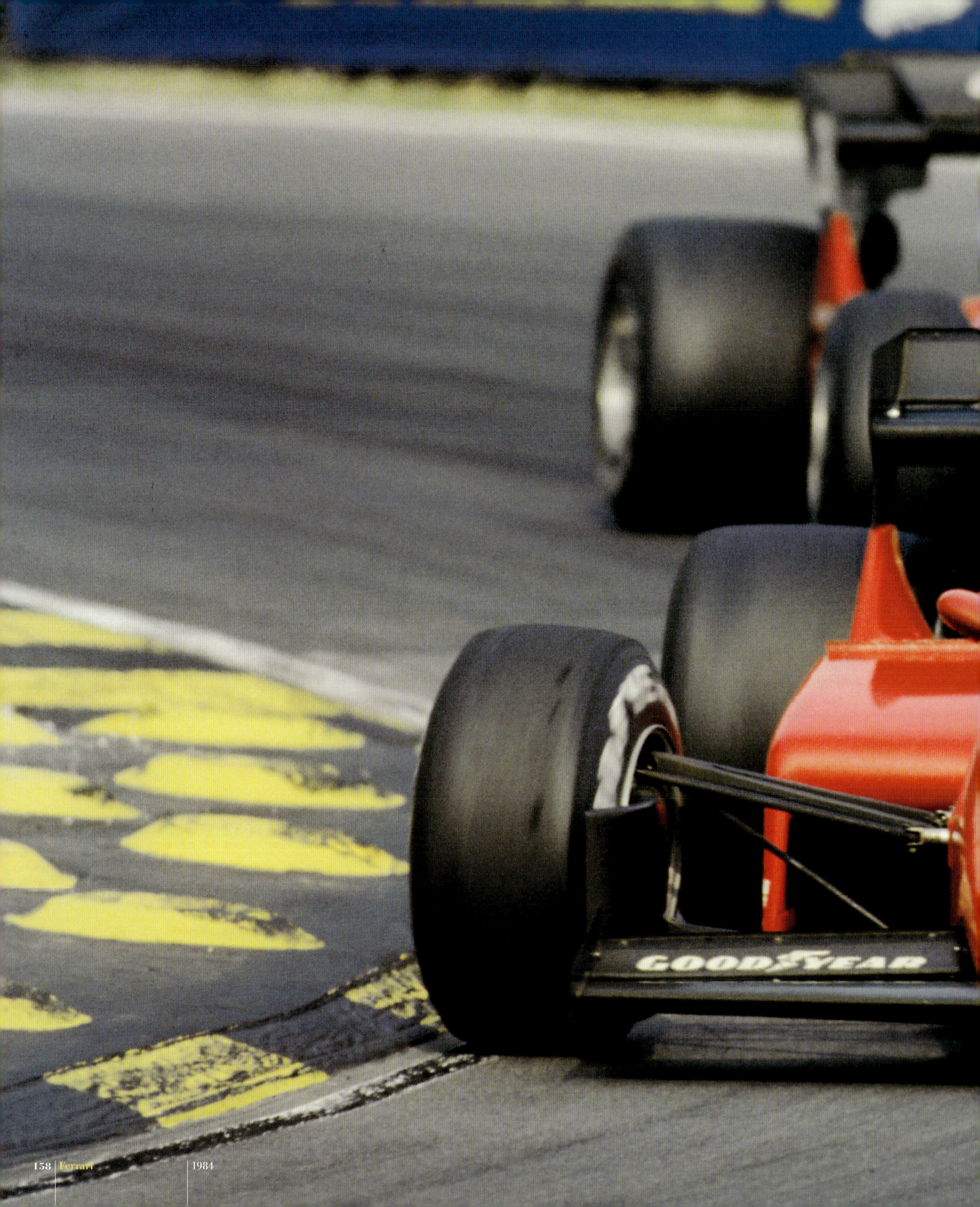
GOODYEAR

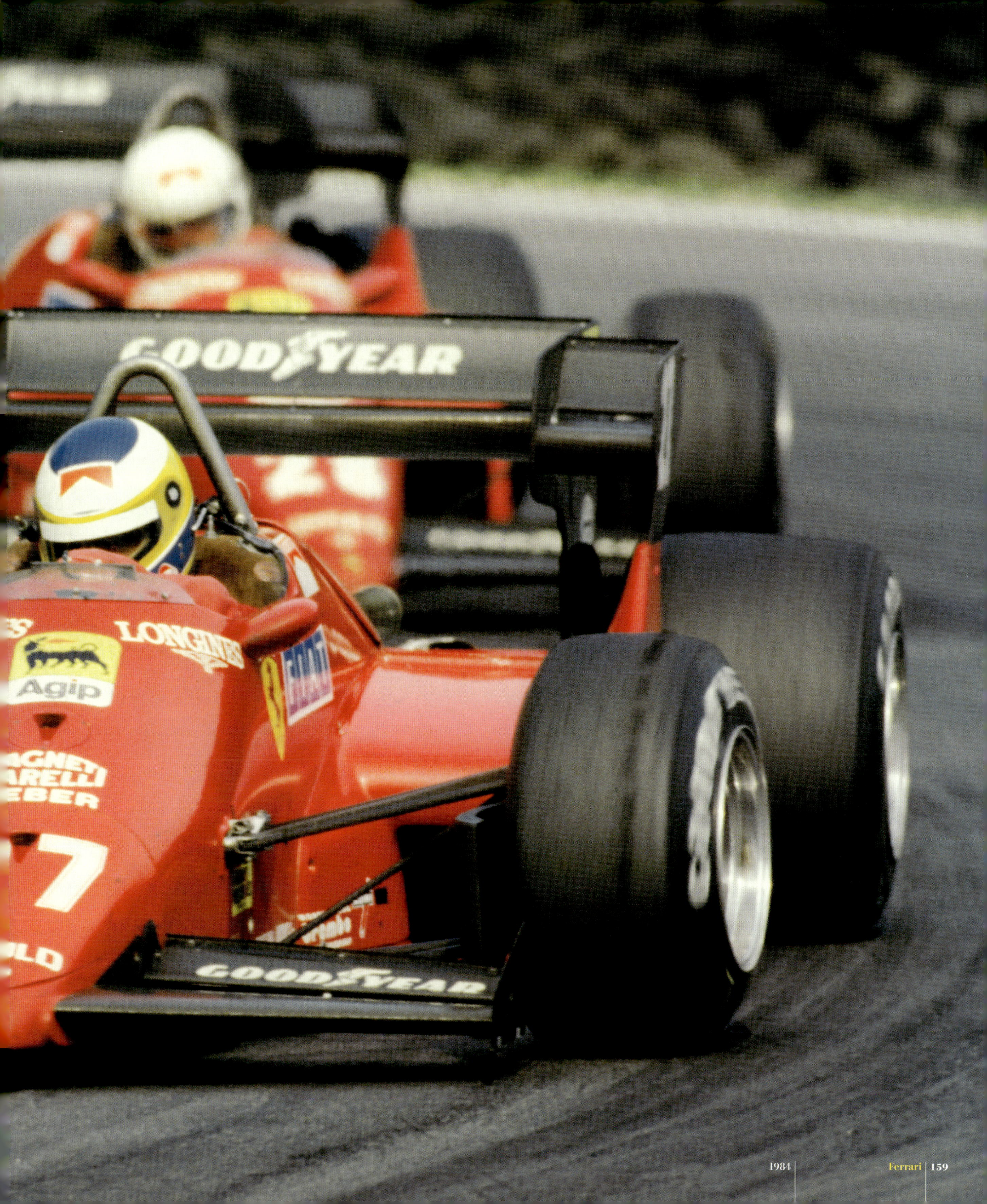
GOODYEAR
LONGINES
Agip
GOODYEAR

156-85とミケーレ・アルボレート。モンツァでのイタリアGPにて。彼にとってもフェラーリにとっても、"夢の終わり"の始まりで、アルボレートはこのレースを境に連続5回のリタイアを喫し、シーズンを終えたのだった。

1985 夢と化したタイトル

156-85

【エンジン】軽合金製　ミドシップ縦置き　120度V型6気筒　DOHC　4バルブ　ギア駆動　点火システム：電子式　燃料供給：ウェバー／マレリ製電子制御式インジェクション　KKK製ツインターボ　インタークーラー×2　潤滑：ドライサンプ　オイルクーラー×2　排気量：1496cc　ボア×ストローク：81.0×48.4mm　最高出力：780ps／11000rpm　単位排気量出力：521.4ps／ℓ

【駆動形式】後輪駆動　ギアボックス：リア／5段 LSD

【タイア】前：25.0-10.0×13　後：26.0-15.0×13

【シャシー／ボディ】シングルシーター　カーボン・コンポジット・ボディ　カーボン／ケブラー・コンポジット・シャシー　前：トランスバース・アーム＋プルロッド／インボード・コイル，インボード・テレスコピック・ダンパー　スタビライザー　後：トランスバース・アーム＋トレーリングリンク／インボード・コイル，インボード・テレスコピック・ダンパー　スタビライザー　燃料タンク：ドライバーズシート後方（容量：220ℓ）

【ブレーキ】カーボン製ベンチレーテッド・ディスク

【ステアリング】ラック・ピニオン

【寸法／重量】ホイールベース：2762mm　トレッド（前／後）：1797mm／1663mm　全長×全幅×全高：4292×2135×1080mm　重量：548kg

【性能】最高速度：330km/h　馬力荷重：0.702kg/ps

156-85のシャシーはエアロダイナミクスに関する研究に多くが費やされた。フェラーリを初めて後部のデザインを"コークボトル"型にする。リアにはディフューザーが備わった。

　この年のF1は、滑り出しは好調だったものの、結局、敗北に終わった。結果はともかくとして、主人公は新しいマシーン、156-85だった。車名の付け方がこれまでと異なるのは、126Cシリーズからの技術的決別を意味する（最初の2桁は排気量の1.5ℓ、3桁目はV6の6、最後の2桁は製造年を示す）。

　カーボン・コンポジットのモノコック・ボディは、航空関連企業（アエルマッキ）との協力のもと、フェラーリとしては初めてコンピューター（CAD-CAM）を使用したエンジニアリングで生まれたものである。またシャシーは徹底したエアロダイナミクスの研究がなされている。幅が広くなったリアのディフューザーの効果を最大限に上げるために、サイドのテール部がいわゆる"コークボトル"型となった。エグゾーストパイプとKKK製ターボを120度Vバンクの外側に、インテークマニフォールドをVバンクの中央部に移動させているのも空力向上のためである。バルブタイミングも見直された。なお最高出力は、本戦では780ps、予選では830psを発揮している。

■栄光の夏

　出足はすばらしかった。シーズン初戦のブラジルGPで、ミケーレ・アルボレートがマクラーレンTAGポルシェに続いて2位に入り、レース中8周はトップを走行した。いっぽう、ルネ・アルヌーは不甲斐ないレースに終始。これに落胆したエンツォは彼を解任、代わりにステファン・ヨハンソンを起用した。アルボレートはカナダGPで勝利し（ヨハンソンとの1-2フィニッシュ）、ドイツGP（新装されたニュルブルクリンク）でも再び優勝したほか、何度か入賞も果たした。6月16日から8月18日まではドライバーズ・タイトル争いでトップを走ってお

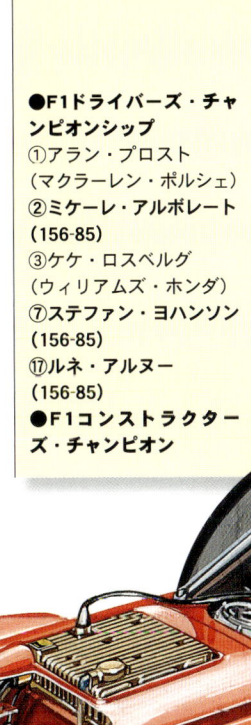

●F1ドライバーズ・チャンピオンシップ
①アラン・プロスト（マクラーレン・ポルシェ）
②ミケーレ・アルボレート（156-85）
③ケケ・ロスベルグ（ウィリアムズ・ホンダ）
⑦ステファン・ヨハンソン（156-85）
⑰ルネ・アルヌー（156-85）

●F1コンストラクターズ・チャンピオン
①マクラーレン・ポルシェ
②フェラーリ
③ウィリアムズ・ホンダ

●F1グランプリ
カナダGP／モントリオール
①ミケーレ・アルボレート（156-85）
ドイツGP／ニュルブルクリンク
①ミケーレ・アルボレート（156-85）

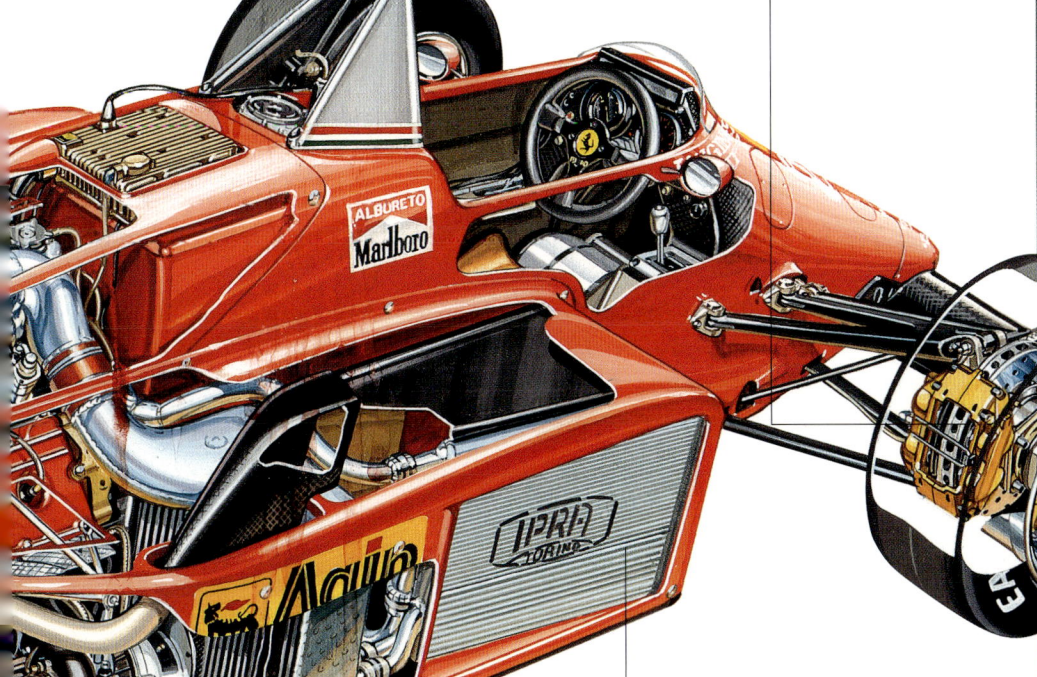

前年に（予選で）テストした結果、カーボン・ディスクブレーキがフェラーリでも採用されることになった。

エアロダイナミクスを考慮して、吸排気系の位置を逆転させている。電子制御式燃料噴射装置の効果もあって、V6のパワーは780ps（予選では830ps）に向上した。

インタークーラーが横に長く配置されたことで、エアフローが改善され、効率が上がった。これによりブースト圧を高く保つことができるようになった。

上：ミドシップに横置きされるV8搭載の2シーター・ベルリネッタ（とスパイダー）。308GTB／GTSは排気量と出力が変更され、328GTBおよび328GTSとなった。

中：モンディアル8クアトロヴァルヴォーレ。この4シーター・ベルリネッタも排気量（3185cc）と出力（270ps）が向上、フロントがフェイスリフトを受けた。新しい名前はモンディアル3.2。

下：モンディアル3.2カブリオレも排気量と出力が上がった。ニュー・モンディアル3.2の室内は居住性を中心に改良された。

り、アルベルト・アスカーリ以来のイタリア人ドライバー・チャンピオンが誕生するかと期待されていたのだが、チームのミスが原因で夢は幻となって潰えた。

156-85のシャシーは荒れた路面のコースで、その弱点を露呈した。メカニックはこれをエンジンパワーで補うという賭けに出るが、結果的にアルボレートは残り全5レースでリタイアを余儀なくされた。

■生産部門の牽引車

グラントゥリズモの生産では、さらなる目標を達成した。1979年に2000台を超えた年間生産台数が3000台に達したのだ（3119台）。この年はニューモデルこそ発表されなかったものの、何台かのモデルで重要なマイナー・チェンジが行なわれている。

308GTBと308GTSの2台は、ここ10年、フェラーリにとって生産台数を引き上げるモデルだったが（1975年以来1万2000台）、双方のエンジンとも変更される。ミドシップ横置きV8エンジンの排気量が3185ccに拡大され、出力は240psから270psへ引き上げられた（最高速度263km/h）。そして、328GTB、328GTSと新たに名づけられた。4シーターのモンディアル・ベルリネッタとカブリオレも同様に排気量が拡大され（3185cc）、パワーも向上し（240ps→270ps）、モンディアル3.2となった。

ジュネーヴ・ショーでは、400シリーズが最終バージョンとして改良を受け、発表される。ハイパワーと優れた居住性を備えた4シーター・グラントゥリズモで、伝統のフロントエンジンは60度V12、排気量がわずかに変更され（4943cc）、出力も30ps向上（340ps）、ハンドリングも改善された。新しく412と名づけられ、派手なフェイスリフトはされていないが、エクステリア・デザインはよりモダンになった。

1985　Ferrari　161

1986 爆発するパワー

上：モンテカルロでF1-86を駆るアルボレート。結果はリタイア。ふたりのフェラーリ・ドライバーは、シリーズ半分のレースでリタイア。すべてはこのパワフルなエンジン（850～1000ps）と信頼性の低いシャシーに原因があった。

上：ステファン・ヨハンソンとF1-86。ベルギーGPでは3位（アルボレートは4位）。新しいF1-86のシャシーは前モデルに比べて16cm低くなり、エアロダイナミクスと重心の低下に貢献した。

世界中が自動車の生誕百年を祝った年だったが、フェラーリF1プロジェクトにとってはネガティブな一年だった。

技術部門の責任者からアドバンスド・リサーチ部門に移ったマウロ・フォルギエーリが、1984年の終わりに23年間勤めたフェラーリを去る。その跡を引き継いだのはハーヴェイ・ポスルズウェイトだったが、社内にはぴりぴりとした空気が漂うようになった。ライバル意識と緊張感──。これは、前年のF1での停滞が原因だった。

この年、ポスルズウェイトは空力特性の向上とサスペンション、重量の軽減を中心に156-85の再設計を手掛ける。しかし、新しいレギュレーションに従って220ℓから195ℓに燃料タンクの容量が減らされ、このガソリン量で1回のグランプリを戦わざるをえないにもかかわらず、恐ろしいほどのパワー（本戦では850ps、予選では1000ps）を持つV6ツインターボを採用する。翻って、シャシーの仕上がりは満足のいくものではなかった。

■頻繁にトラブル

F1-86は、ポールリカールで行なわれたフランスGPでその速さを見せつけたが（342km/h）、空力に問題があり、コーナーでの安定性に乏しく苦戦した。ドライバーはふたりとも、しばしばテクニカル・トラブルに見舞われる。ドライバーズ部門では最終的にステファン・ヨハンソンが5位、ミケーレ・アルボレートは10位と振るわず、ドライバーズ・タイトルはマクラーレンのアラン・プロストが獲得した。コンストラクターズ部門を制覇したのは圧倒的に強力なホンダ・ターボを載せたウィリアムズだった。

162 | Ferrari | 1986

●F1ドライバーズ・チャンピオンシップ
①アラン・プロスト（マクラーレン・ポルシェ）
②ナイジェル・マンセル（ウィリアムズ・ホンダ）
③ネルソン・ピケ（ウィリアムズ・ホンダ）
⑤ステファン・ヨハンソン（F1-86）
⑩ミケーレ・アルボレート（F1-86）

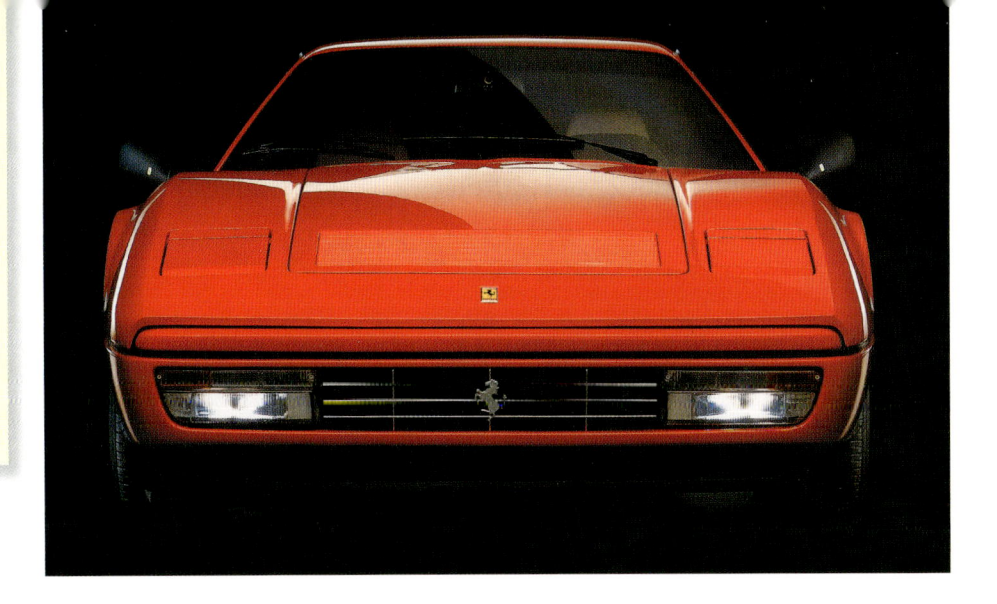

エンジンはフロントのラジエターで、ターボへ導入される排気はエンジン上の大きいインタークーラーで、それぞれ冷却される。

GTBターボはふたつ目のエアインテーク、NACAダクトを側面下部に備える。特徴的なこのデザインが、328GTBとの見分けのポイントとなる。

上：新しいベルリネッタ、GTBターボ（エンジンは2ℓV8）は、GTSターボとともにトリノ・ショーに登場。スタイリングは328GTB/GTSとほとんど同じ。

GTBターボ／GTSターボ

【エンジン】軽合金製　ミドシップ横置き　90度V型8気筒　DOHC　4バルブ　ベルト駆動　点火システム：電子制御式（ノック・コントロール・センサー付き）　燃料供給：電子制御式マルチポイント・メカニカル・インジェクション（ボッシュKジェトロニック）　IHI製ターボ　水／空冷式インタークーラー　潤滑：ドライサンプ　排気量：1991cc　ボア×ストローク：66.8×71.0mm　最高出力：254ps／6500rpm　単位排気量出力：127.6ps／ℓ
【駆動形式】後輪駆動　ギアボックス：リア／5段　LSD
【タイア】前：205/55VR16　後：225/50VR16
【シャシー／ボディ】2シーター・クーペ／スパイダー　スチール／アルミ製ボディ（デザイン：ピニンファリーナ／架装：スカリエッティ）　チューブラー・フレーム　前後：ダブルウィッシュボーン／コイル，テレスコピック・ダンパー　スタビライザー　燃料タンク：リア両サイド（容量：74ℓ）
【ブレーキ】ベンチレーテッド・ディスク　サーボ
【ステアリング】ラック・ピニオン
【寸法／重量】ホイールベース：2350mm　トレッド（前／後）：1485mm／1465mm　全長×全幅×全高：4255×1730×1128mm　重量（GTBターボ／GTSターボ）：1265kg／1275kg
【性能】最高速度：253km/h　馬力荷重（GTBターボ／GTSターボ）：4.98kg/ps／5.01kg/ps

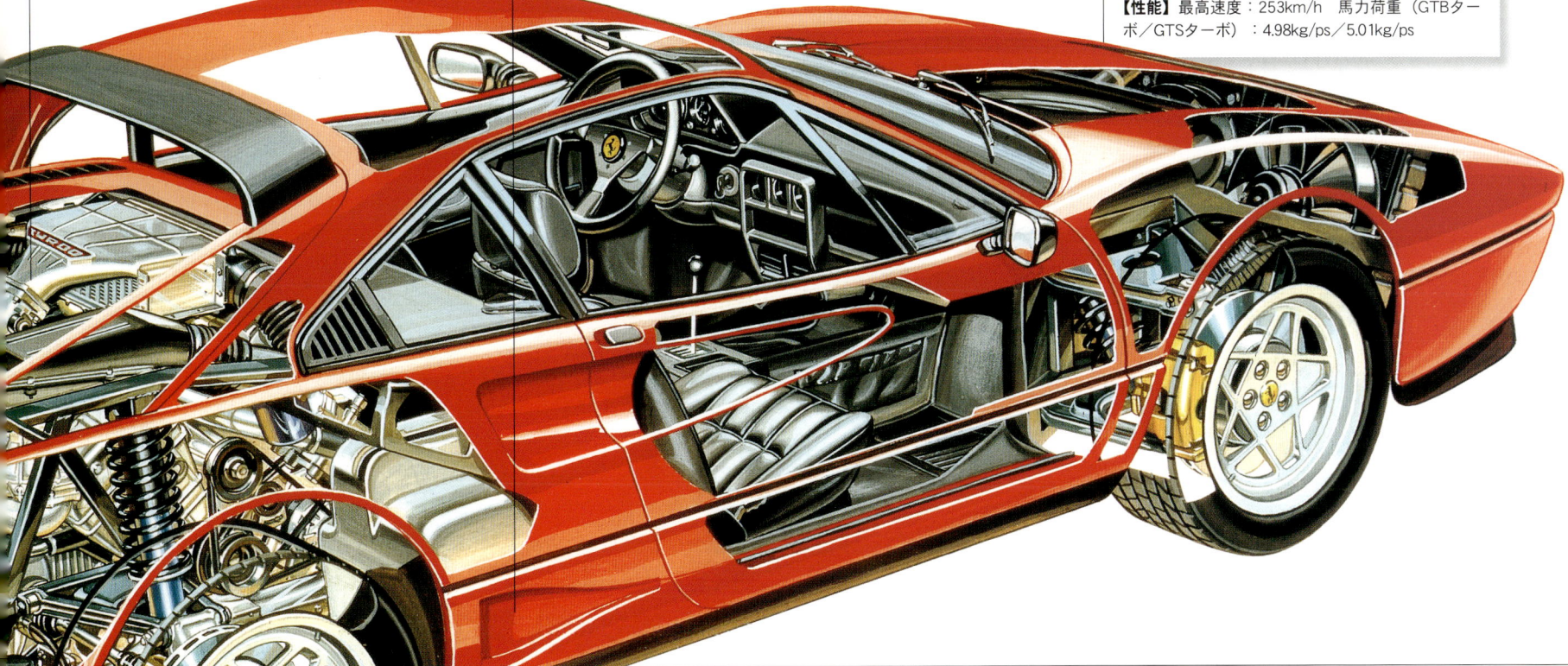

■最速のカヴァリーノ

生産部門のグラントゥリズモにはニューモデルが登場する。1982年にデビューした208GTBターボと208GTSターボにパワーアップしたエンジンを搭載した進化版で、GTBターボとGTSターボである。

小排気量（1991cc）を据え置きとしたのは、38％のイタリアの付加価値税の回避を考慮してのことだが、V8のミドシップ横置きエンジンには、ドイツのKKK製から代えて日本のIHI（石川島播磨重工業）製ターボが装着された。出力は増強され（16％向上し254ps）、最高速度は242km/hから253km/hへ引き上げられた。ターボが生み出す大トルクによって、加速は3.2ℓNAエンジンの"姉妹モデル"、328GTBとGTSと同様の性能を備えるに至った。

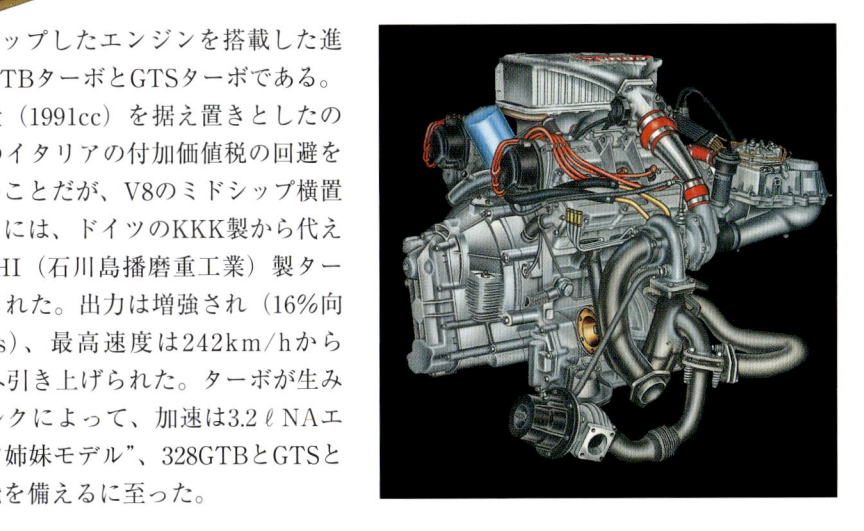

GTBターボとGTSターボのエンジンのリアビュー。上部に見えるインタークーラーがパワーアップに貢献。ターボがKKKから日本のIHI製に代わり、ターボラグは目に見えて減った。

1987 フェラーリ40周年

F1-87

【エンジン】 鋳鉄／軽合金製　ミドシップ縦置き90度V型6気筒　DOHC　4バルブ　ギア駆動　点火システム：電子制御式（ディストリビューター・レス）　燃料供給：ウェバー／マレリ製電子制御式インジェクション（ダブルインジェクター）　ギャレット製ツインターボ　インタークーラー×2　潤滑システム：ドライサンプ　オイルクーラー×2　排気量：1496cc　ボア×ストローク：81.0×88.2
【駆動形式】 後輪駆動　ギアボックス：リア／5段　LSD
【タイア】 前：25.0-10.0×13　後：26.0-15.0×13
【シャシー／ボディ】 シングルシーター　カーボン・コンポジット・ボディ　カーボン・ケブラー・コンポジット・シャシー　前：トランスバース・アーム＋プルロッド／インボード・コイル，インボード・テレスコピック・ダンパー　スタビライザー　後：トランスバース・アーム／インボード・コイル，インボード・テレスコピック・ダンパー　スタビライザー　燃料タンク：ドライバーズシート後方（容量：195ℓ）
【ブレーキ】 カーボン製ベンチレーテッド・ディスク
【ステアリング】 ラック・ピニオン
【寸法／重量】 ホイールベース：2800mm　トレッド（前／後）：1791mm／1673mm　全長×全幅（タイア両側間）×全高：4280×2120×1000mm　重量：542kg
【性能】 馬力荷重：0.615kg/ps

多くのレースでリタイアを余儀なくされた、F1-87における技術面での問題で、ブレーキのそれが最も大きかった（特にイモラとデトロイト）。

　チームの改革とフェラーリ創立40周年の年である。しかし、エンツォ・フェラーリは89歳となり、すべてを統率するには健康に無理があった。
　F1部門にはマクラーレンで"天才"を排出してきたイギリス人エンジニア、ジョン・バーナードを迎える。混乱の極みにあった秩序を取り戻すために、彼に技術部門を任せることにしたが、完全に立て直すことは難しいと思われた。バーナードがイギリスで仕事をすることを望んだからである。それでもフェラーリはこの彼の要求を受け入れ、ギルドフォードに新しく"テクノロジー・ベース"となるGTOセンターを設置した。しかし、このことが決定的なハンディキャップとなってしまった。技術部門同士の意志の疎通が困難になったため、ライバルと戦う団結力を失ったのだった。
　バーナードが入ったときには、新しいF187はほとんど完成されていた。生みの親がたくさんいる子供のようなもので、プロジェクトはグスタフ・ブルナーが手掛け、ボディはポスルズウェイト、エアロダイナミクスはジャン-クロード・ミジョー、エンジンは元ルノーにいたフランス人、ジャン-ジャック・イスというように、それぞれのセクションでそれぞれが優れた仕事をしたことには違いなかった。
　1496ccのV6ツインターボはクランクケースに新しく鋳鉄製が採用され、剛性が高められた。バンク角が120度から90度へと狭められたことで、ボディのテール部がかなり引き締まり、エアロダイナミクスも向上し

164 | Ferrari　　1987

164ページ：ヨハンソンに代わってゲルハルト・ベルガーがF1-87のシートに座る。NO.28は最終グランプリで勝利するが、シーズン全体では60％のレースでフェラーリはリタイア。

電子制御システムに起因するエンジンの故障を頻発した。これはマシーンの過剰なバイブレーションが原因だった。

温度の上昇（1100℃）による、ターボ・タービンやシャフトの破損が原因で、リタイアを余儀なくされた。

右：ピニンファリーナはフィアット社社長、ジョヴァンニ・アニエッリのパーソナルカーとして、ワンオフのエレガントなテスタロッサ・スパイダーを製作した。

下：もう1台のワンオフ。IDeAのベルリネッタPPG。このモデルは世界に名だたるレース、インディアナポリス500マイルのペースカーとなった。

V6のツインターボ・エンジンのクランクケースは鋳鉄製。リアセクションのエアロダイナミクスを向上させるため、バンク角は120度から90度に狭められた。

テール部をスマートにするため、ギアボックスは横置きから縦置きに戻された。強大なパワー（880～950ps）が駆動系の故障を引き起こした。

●F1ドライバーズ・チャンピオンシップ
①ネルソン・ピケ（ウィリアムズ・ホンダ）
②ナイジェル・マンセル（ウィリアムズ・ホンダ）
③アイルトン・セナ（ロータス・ルノー）
⑤ゲルハルト・ベルガー（F1-87）
⑦ミケーレ・アルボレート（F1-87）

●F1コンストラクターズ・チャンピオンシップ
①ウィリアムズ・ホンダ
②マクラーレン・ポルシェ
③ロータス・ルノー
④フェラーリ

●F1グランプリ
日本GP／鈴鹿
①ゲルハルト・ベルガー（F1-87）
オーストラリアGP／アデレード
①ゲルハルト・ベルガー（F1-87）

た。同じ理由から、12年間続いた横置きギアボックスが縦置きに戻された。

新しいレギュレーションにより、封印が施されるポップオフ・バルブが全チームのターボエンジンに設置されるようになる。イコール・コンディションを目的としたこのバルブは、ターボのブースト圧を4barに押さえ、出力を950psに抑制するものだった（以前は1200psを発するシングルシーターがあった）。いっぽう、フェラーリのV6は880psに留まり、これで燃費のレギュレーションにも対応できると見込まれた。

■遅すぎた勝利

ステファン・ヨハンソンが去り、ミケーレ・アルボレートの新しいチームメイトとして、バーナードが好んだオーストリア人ドライバー、ゲルハルト・ベルガーがフェラーリ入りする。

あまり調子の芳しくないF1-87だったが、シーズン序盤のレースでは4回の上位入賞を果たした。しかしこの後、トラブルが続く。プロジェクトを手掛けたグスタフ・ブルナーを解任したバーナードはサスペンションに改良を加える。秋になってその効果が現れはじめた（ポルトガルでベルガーが

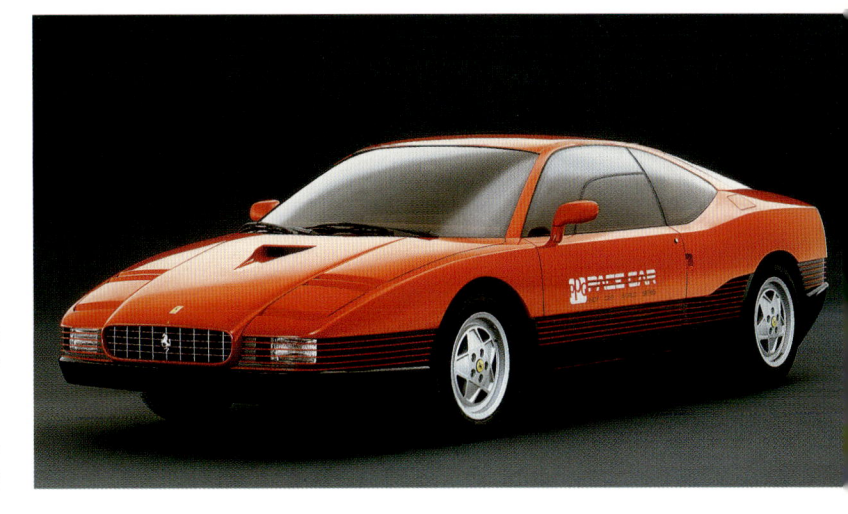

F40はフェラーリの40周年記念モデル。世界最速のグラントゥリズモだ。324km/hの最高速度に加えて、0－100km/hはわずか4.5秒。

ポールポジションを獲得）。日本とオーストラリアでの最後の2戦でベルガーにより、ようやくフェラーリに優勝がもたらされるが、遅きに失した。

結局、ポイント・ランキングでは、ベルガーは5位、アルボレートは7位だった。コンストラクターズ部門でフェラーリは、またしても4位に終わった。

翻って、この年、活躍したのはホンダのターボエンジンを積んだウィリアムズのネルソン・ピケとナイジェル・マンセルで、このマシーンは開発に7年を費やした電子制御式アクティブ・サスペンションを搭載

していた。フェラーリには、このシステムの研究部門が存在しなかった。

■誕生日の贈り物

フェラーリ創立40周年（1947〜1987年）を記念して、エンツォ・フェラーリはエンスージアストとコレクター向けにグラントゥリズモ・スーパーカーの限定生産を決定する。モデルの名前はF40。Fはもちろんフェラーリので、40はエンツォの栄光の活動の年数を示すものだ。

7月12日、マラネロにおいて、レーシングカーとロードゴーイングカーを合体させ

たモデル、"250GTOと250LMを継承するスポーツカー"としてF40が披露された。シャシーはチューブラー・フレームだが、コンポジット（カーボンファイバー／ケブラー）パネルを接着することによってボディの剛性を高めている。のちに、車速によって変化する車高自動調節装置もオプションで用意された。エンジンはミッドシップに縦置きされた2936cc 90度V8で、IHI製のツインターボを搭載し、

インテリアはスポーティの極みで機能が最優先。唯一といっていいアメニティは旅行に配慮したエアコンである。

油圧制御ダンパー付きサスペンションは、地上高と減衰力を、スピードとドライビング・スタイルに応じて3段階で変化させる。また、ドライバー自身でモードを選択することも可能だ。

90度V8エンジンは電子制御式燃料噴射装置付きで、1気筒あたり4バルブ。ハイプレッシャー（2.3bar）のツインターボがエレガントなパワーを発揮（リッターあたり163ps）。

ボディデザインはピニンファリーナ、製造はスカリエッティ。大きなウィング、サイドのエアインテークといった典型的なF1パーツと、グラントゥリズモのラインをうまく組み合わせたもの。

最高出力478ps／7000rpm、最大トルク58.8mkg／4000rpm、パワーウェイトレシオ2.58kg/ps、0-1km＝21秒、公式発表の最高速度は324km/hという性能を誇る。エレガンスとアグレッシヴさが共存する、エアロダイナミクスに富んだラインを手掛けたのは、やはりピニンファリーナだった。

シャシーはロードゴーイング・バージョンの要求に応えつつ、レースのテクノロジーを用いたもの。軽量なチューブラー・フレームのシャシーをカーボンファイバー／ケブラーで補強している。

1987 | Ferrari | 167

1988 エンツォ、告別

- ●F1ドライバーズ・チャンピオンシップ
  ① アイルトン・セナ（マクラーレン・ホンダ）
  ② アラン・プロスト（マクラーレン・ホンダ）
  ③ ゲルハルト・ベルガー（F1-87/88C）
  ④ ミケーレ・アルボレート（F1-87/88C）
- ●F1コンストラクターズ・チャンピオンシップ
  ① マクラーレン・ホンダ
  ② フェラーリ
  ③ ベネトン・フォード
- ●F1グランプリ イタリアGP／モンツァ
  ① ゲルハルト・ベルガー（F1-87/88C）

右：モンツァで行なわれたイタリアGPでのゲルハルト・ベルガー。F1-87/88Cが果たした唯一の優勝だった。ベルガーが1位、アルボレートが2位。マクラーレンは2台ともリタイアした。

左：前年のフェラーリに軽い変更を加えたのがF1-87/88Cである。レギュレーションのパワー制限に苦しんだ。写真はイモラでのアルボレート。ゴールまであと6周というところでエンジントラブルによりリタイア。

1988年夏、エンツォ・フェラーリが逝去した。

カヴァリーノの創設者は2月18日に90歳を迎えた。しかし彼の健康状態は、6月4日にヨハネ・パウロⅡ世がマラネロを訪問したときには、案内できないほどにまで悪化していた。そして8月14日、この世を去った。

彼の愛したF1チームは、わずかながら回復の兆しを見せていた。F1ではこの年がターボエンジンの最後の年になる。ターボに対するレギュレーションはまたしても厳しくなり、ターボの最大ブースト圧は2.5barまでとされ、150ℓの燃料で1レースを賄わなければならなかった。

ジョン・バーナードは翌年のF1プロジェクトに専念することを選ぶ。89年のエンジンはこれまでのものとはまったく異なり、3.5ℓのNAエンジンでV12になる予定だった。しかしフェラーリは、88年のレギュレーションに合わせてチューンしたV6ターボのF1-87を、当面使用することに決定した。出力は620ps（予選では650ps）に抑えられ、"ミックス"F1-87/88Cと呼ばれた。

■記憶に残る勝利

このシーズンは、ホンダ製ターボエンジンをウィリアムズから引き継いだマクラーレンが他を圧倒する。その天才的なドライビングに誰もが衝撃を受けたアイルトン・セナ（この年のチャンピオン）と、もうひとりの天才ドライバー、アラン・プロストがステアリングを握り、16レース中15勝という圧倒的な強さで歴史を作った。イタリアGP（9月11日）のみ、フェラーリが1-2フィニッシュ（ベルガーが優勝、0.5秒差でアルボレート）で一矢を報い、エンツォ・フェラーリに勝利を捧げた。コンストラクターズ部門ではフェラーリは2位に入るが、マクラーレンとの差は大きく、フェラーリ

右：ゲルハルト・ベルガーとF1-87/88C。モンテカルロにて。一時的ではあったが、マクラーレンのアラン・プロストの前を行く。結果はプロスト1位、ベルガー2位（アルボレートは3位）。

170〜171ページ：実質、最後となったエンツォ・フェラーリの写真。クルマは、カヴァリーノの40周年の栄光を記念して彼が欲したF40。翌年、逝去。

が獲得したポイントはマクラーレンの3分の1にすぎなかった。

■遺産

　エンツォ・フェラーリはこのニュースを聞くことが叶わなかったが、この年の暮れ、グラントゥリズモの生産台数が4000台を超える（4001台）。3年前に3000台をマークしたばかりだった。フェラーリの株の90％はこの時点ですでにフィアットが保有しており（レース部門を除き、これまでは50％だった）、残りの10％は遺産としてエンツォの息子、ピエロが受け継いだのだった。

1988　Ferrari | 169

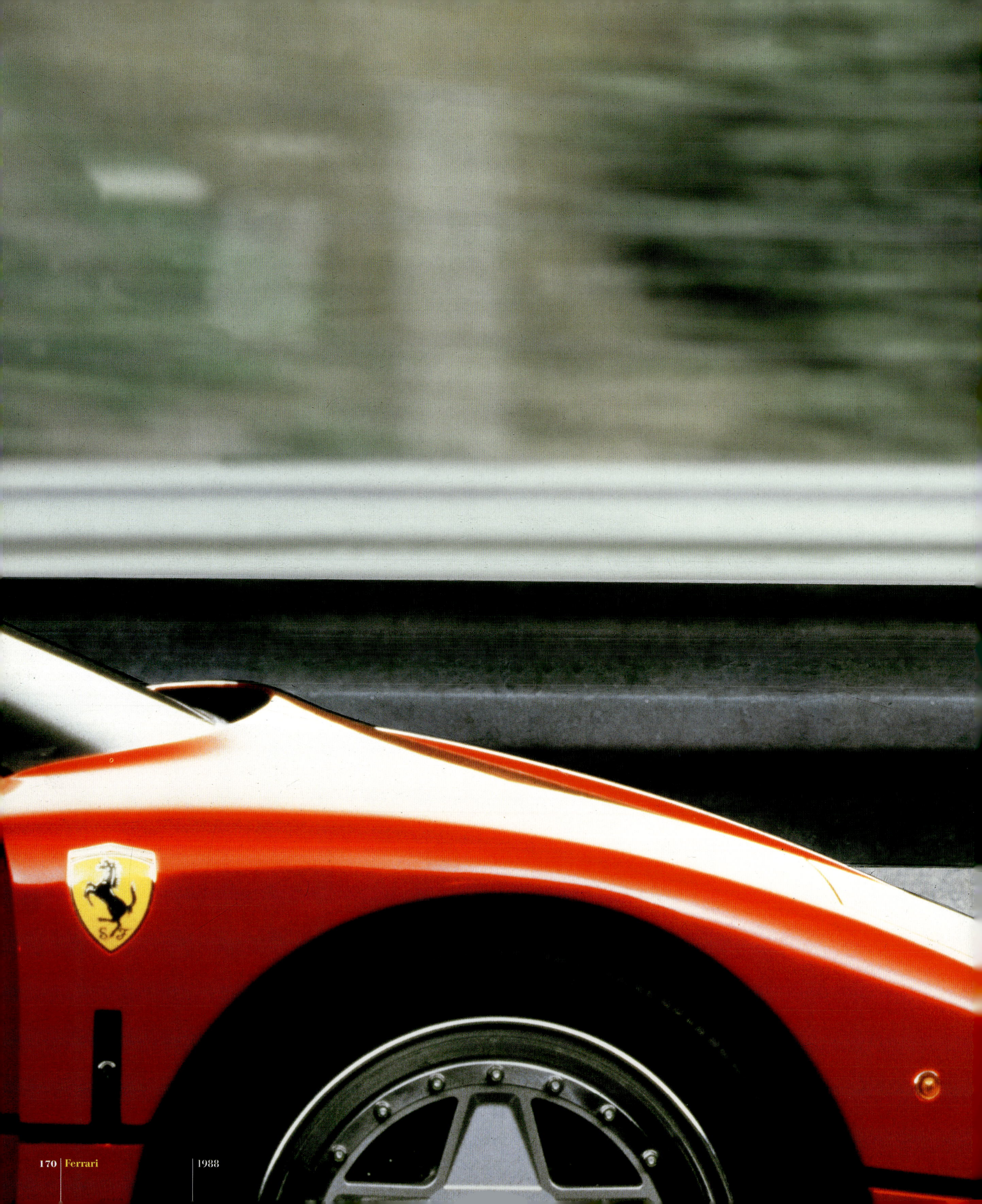

1988 Ferrari 171

1989 改革の足音

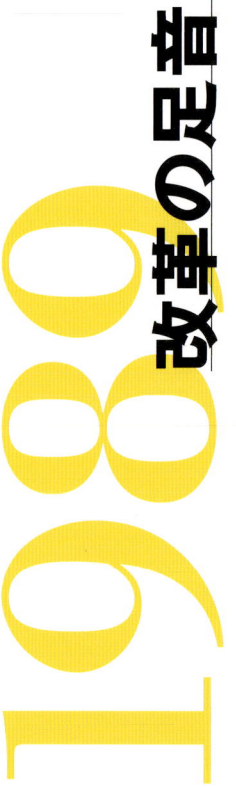

上：新しいドライバー、ナイジェル・マンセルとF1-89（もしくは640）。3.5ℓの新しいV12NA。ジョン・バーナードが手掛けた最初のフェラーリである。"ガチョウのくちばし"と称されたフロントが特徴。

下：ハイスピードが要求される難しいコース（全長5245m）であるムジェッロ・サーキットでテスト中の新しい348tb。フェラーリはF1のテストにもこのサーキットを使用した。

6月からF1-89の（信頼性ではなく）性能が上がった。リアとフロントのウィングによってエアロダイナミクスが向上している。

　F1のレギュレーションが大幅に改正された。ターボエンジンは禁止となり、サーキットに"ノンターボ"が帰ってきた。新規定の最大排気量は3.5ℓとされた。

　フェラーリは伝統のV12を準備する。バンク角は65度で（エアロダイナミクスの観点からシャシーの設計者であるジョン・バーナードの希望による）、気筒あたり5バルブとされた。クランクケースは特別配合の鋳鉄製で、高剛性かつ肉薄だった。600psの出力はシーズン中に630psまで増強され、最終的には650psとなった（わずかではあるが、マクラーレンのホンダV10を凌いだ）。

　このプロジェクトは1987年に立案者、ジャン-ジャック・イスの指揮下でスタートしたが、彼は翌年ルノーに戻った。

　このマシーンはF1-89と名づけられたが、プロジェクト名の640の名称のほうが有名だろう。シャシーはカーボンファイバー製で、エアロダイナミクスに富んだデザインで一新された。サイドポンツーンは広く丸い形状を持つが、テール付近でぐっと引き締まり、ボトルネックが強調されている。サスペンションは、"プルロッド（引っ張る）"タイプから"プッシュロッド（下から上へ、ストラットが押し上げる）"に変わったが、これはアンダーボディのエアの流れをよりスムーズにするためである。

　だが、F1-89で最も注目すべきはギアボックスであった。フェラーリの資料室で、

●F1ドライバーズ・チャンピオンシップ
①アラン・プロスト（マクラーレン・ホンダ）
②アイルトン・セナ（マクラーレン・ホンダ）
③リカルド・パトレーゼ（ウィリアムズ・ルノー）
④ナイジェル・マンセル（F1-89）
⑦ゲルハルト・ベルガー（F1-89）

●F1コンストラクターズ・チャンピオン
①マクラーレン・ホンダ
②ウィリアムズ・ルノー
③フェラーリ

●F1グランプリ
ブラジルGP／リオ・デ・ジャネイロ
①ナイジェル・マンセル（F1-89）
ハンガリーGP／ハンガロリンク
①ナイジェル・マンセル（F1-89）
ポルトガルGP／エストリル
①ゲルハルト・ベルガー（F1-89）

上：エンジンを"窒息"させるNACAダクトを装着したF1-89のベルガー。彼が故障や事故でレースをリタイアすることなく終えられたのは3戦のみ。そのうち1戦で優勝。マンセルは6回のレースのうち2回優勝。

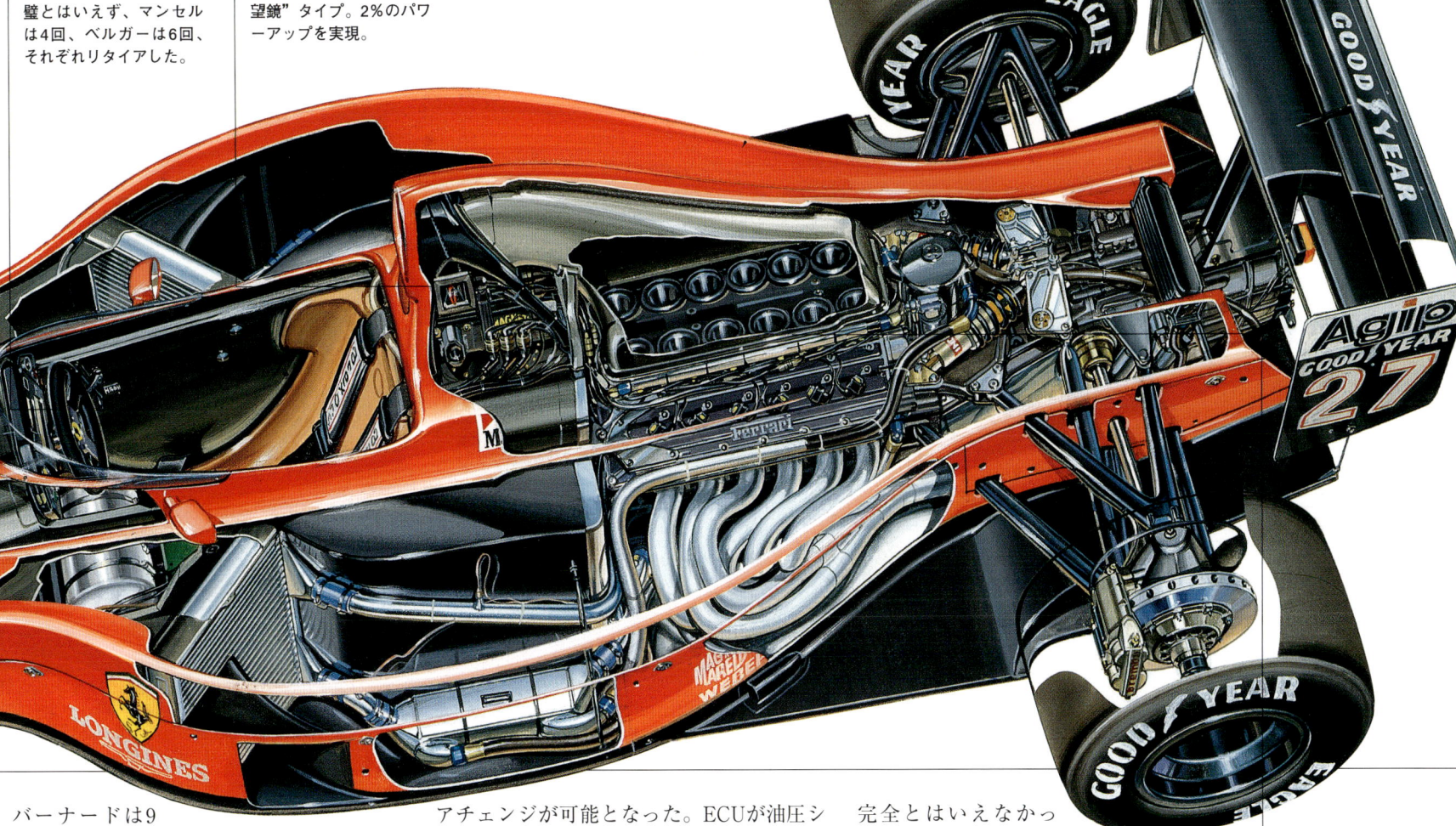

革新的なセミオートマチック・トランスミッションのパドルはステアリングホイール裏にある。しかし、システムはまだ完璧とはいえず、マンセルは4回、ベルガーは6回、それぞれリタイアした。

シーズン半ばに行なわれたエアロダイナミクスの改良に伴い、エンジンのエアインテークが新しくなった。位置の高い"潜望鏡"タイプ。2％のパワーアップを実現。

バーナードは9年前の312T4で試された電子油圧制御式セミオートマチックの設計図を発見する（当時ジル・ヴィルヌーヴがテスト）。このシステムはあまりに複雑で信頼性に乏しかったために日の目を見ることはなかったが、イギリス人開発者は天才的なひらめきで、当時急成長していた最新の電子技術を使えば、これを活かすことができると考えた。
こうして7段セミオートマチック、縦置きのギアボックスを載せたF1-89が誕生する。ドライバーはステアリングホイールに取り付けられたパドルを操作するだけでギ

アチェンジが可能となった。ECUが油圧システムを介してクラッチを作動させ、希望どおりのギアに入れる——このシステムは次第に他のチームにも広まり、やがてF1には（そして生産車の世界でも）欠かせない存在になっていくのである。

■2匹のライオンの唸り
アルボレートが去り、マンセルがやってきた。ライオンさながら、鋭い勘で戦うイギリス人ドライバーが、ゲルハルト・ベルガーとともに走ることになったのだが、シーズン序盤、F1-89はリタイアが続いた。

完全とはいえなかった新しいギアボックスのトラブルが原因だった。といっても、ブラジルで開催された初戦（3月26日）で、予選での苦労が実を結び、マンセルが優勝している。しかし次の優勝は、8月13日のハンガリーGPまで待たなければならなかった。
4月23日のイモラでベルガーは、彼のドライバー人生で最も深刻な事故に遭った。300km/hで走行中、F1-89のフロントウィングが飛び、彼はコントロールを失う。そしてマシーンは壁に激突し、火を吹き上げたのである。ベルガーは消防隊の素早い救

V12NAエンジンは、シーズン中、出力が徐々に高められ信頼性も増したが、まだ粗々しさが目立った。

新しいグラントゥリズモ、348tbとts、ベルリネッタとスパイダーはフランクフルト・ショーで披露された。14年にわたって人気を博した308と328を受け継いだこのモデルは、商業的成功をフェラーリにもたらした。

348tb／348ts

【エンジン】 軽合金製　ミドシップ縦置き　90度V型8気筒　DOHC　4バルブ　ベルト駆動　点火システム：電子制御式ダブルコイル　燃料供給：電子制御式マルチポイント・インジェクション　ボッシュ／モトロニック2.5　潤滑：ドライサンプ　オイルクーラー　排気量：3405cc　ボア×ストローク：85.0×75.0mm　最高出力：300ps／7200rpm　単位排気量出力：88.1ps／ℓ

【駆動形式】 後輪駆動　ギアボックス：リア／5段LSD

【タイア】 前：215/50ZR17　後：255/45ZR17

【シャシー／ボディ】 2シーター・クーペ　スチール／アルミ製ボディ（デザイン：ピニンファリーナ）モノコック＋サブフレーム　前：ダブルウィッシュボーン／コイル，テレスコピック・ダンパー　スタビライザー　後：ダブルウッシュボーン／テレスコピック・ダンパー　スタビライザー　燃料タンク：ドライバーズシート後方（容量：95ℓ）

【ブレーキ】 ベンチレーテッド・ディスク　サーボABS

【ステアリング】 ラック・ピニオン

【寸法／重量】 ホイールベース：2450mm　トレッド（前／後）：1502mm／1578mm　全長×全幅×全高：4230×1894×1170mm　重量（348tb／348ts）：1393kg／1398kg

【性能】 最高速度：275km/h　馬力荷重（348tb／348ts）：4.64kg/ps／4.66kg/ps

左：新しい348tbとtsはピニンファリーナのすばらしいデザインを持つ。短くなったリアのオーバーハングがコンパクトなイメージを作りだしている。室内については、居住性の改善に主眼が置かれた。

348tbのV8エンジンは横置きではなく縦置き。サイドにラジエーターを備える。テスタロッサ同様、長いグリル状のエアインテークが装着された。

出によって一命を取り留めるが、1ヵ月の入院を強いられた。しかし、9月にはポルトガルGPで優勝を遂げる。故障のないときのフェラーリの戦闘力は非常に高いことを証明した。

最終的にフェラーリはコンストラクターズ部門で3位を獲得、マンセルとベルガー

348tsには脱着できるタルガ・タイプのルーフが採用された。

左（写真）と下（透視図）：フェラーリ・スパイダーの、彫刻のような見事なデザインは、1台のみ製作されたミトス（Mythos）。ピニンファリーナが手掛けた。

縦置きエンジンの後ろ、ギアは横置きになった（これがtの由来）。この結果、ヨー・モーメントが減少した。

右：ミトスはデザインばかりが魅力的なわけではなく、ランニング・プロトタイプでもあった。シャシーとメカニズムはテスタロッサのもの。フロントスポイラーは一定の速度に達すると自動的に下にせり出す。

■新しいグラントゥリズモ

グラントゥリズモ部門では、大成功を収めた308／328系が348に進化した。ボディは、伝統のチューブラー・フレームに代わり、プレスの鋼板製、つまりエンジンを搭載した鋼管製サブフレームが後部に付く、セミモノコック構造が採用された。V8エンジンを搭載し、潤滑システムはドライサンプとなった。排気量が拡大され（3405cc）、出力も向上している（270ps→300ps）。従はそれぞれ4位と7位に入ったのだった。来どおりミドシップだが、今回は縦置きとされた。代わって横置きされたのはギアボックスで、これが"t"（trasversale＝横置きの意）と名づけられた由縁である。

348のボディは2種類が用意された。tbがベルリネッタ、tsがスパイダー（ルーフが脱着可能）である。ピニンファリーナ・デザインのボディは、サイドの長いグリル状のエアインテークに見られるように、テスタロッサからヒントを得たものだ。また、2+2シーター・モンディアルtと同tカブリオレも、同様のフェイスリフトを受けた。

●F1ドライバーズ・チャンピオンシップ	●F1グランプリ	イギリスGP／シルヴァーストーン
①アイルトン・セナ（マクラーレン・ホンダ）	ブラジルGP／インテルラゴス	①アラン・プロスト（F1-641/2）
②アラン・プロスト（F1-641/2）	①アラン・プロスト（F1-641）	ポルトガルGP／エストリル
③ネルソン・ピケ（ベネトン・フォード）	メキシコGP／メキシコ・シティ	①ナイジェル・マンセル（F1-641/2）
⑤ナイジェル・マンセル（F1-641/2）	①アラン・プロスト（F1-641/2）	スペインGP／ヘレス
●F1コンストラクターズ・チャンピオン	フランスGP／ポールリカール	①アラン・プロスト（F1-641/2）
①マクラーレン・ホンダ	①アラン・プロスト（F1-641/2）	
②フェラーリ		
③ベネトン・フォード		

上と177ページ上：モナコGPにて。チャンピオンのキャリアを持つアラン・プロストとF1-641/2。（マンセル同様）電気系統のトラブルのためリタイア。

F1-641/2のエアロダイナミクスについての改良はフロントが中心。かのバーナード・デザインによる"ガチョウのくちばし"が消え、サイドスカート・タイプのサイドポンツーンとなった。

イモラで開催されたサンリノGPから、サイドポンツーンが変わった。より高く丸くなったのは、大きさジェーター装着のため。いシーズンに備えたものだ

1990 もう一歩

　上層部に大幅な人事異動があった。フェラーリ社社長のピエロ・フザロは、ジョン・バーナードとの契約を更新せず（バーナードはベネトンに移籍）、後任のテクニカル部門のディレクターに、フィアットからピエール・グイド・カステッリを迎える。また、エンジンの責任者に、やはりフィアットからやってきたエンジニアのパオロ・マッサーリを据えた。さらに、シャシーの開発エキスパートとしてマクラーレンから移籍してきたアメリカ人のスティーブ・ニコルスを迎え、スポーツ部門の統率をチェーザレ・フィオリオに任せることにした。フィオリオはラリー界でランチアをワールド・チャンピオンに導いた人物である。

　ドライバーにも変動があった。ナイジェル・マンセルは残留したが、ベルガーに代わり、アラン・プロストを迎え入れる。非常に細かい性格のフランス人は、スピードの"プロフェッサー"と呼ばれ、3度目のタイトルをマクラーレンで獲得したばかりだった。もちろん彼が持ってきたのは、カーナンバー"1"だった。

　このような状況のなか、前年のF1-89、通称640は、F1-641とF1-641/2の2バージョンになるが、この2台を見分けるのは難しい。V12エンジンは軽量化され、シーズン中に徐々にパワーアップされた結果、最終的には680psから700psとなった。

　この年の秋、チェーザレ・フィオリオが「1991年、フェラーリはF1用V12エンジンをミナルディに供給する」と発表した。フェラーリが他のチームにエンジンを供給するのは初めてのことだった。

■6回優勝でもまだ足りない

　640の問題は解決された。セミオートマ

電子制御式バルブを改良したことによって、セミオートマチックの信頼性が高まった。

最後のレースで、前後タイアの回転差を計算するセンサーを装着した、トラクション・コントロール・システムが導入された。

下：マクラーレンのセナとフェラーリのプロストが真っ向対立。鈴鹿サーキットでのことだった。ふたりが起こした接触については、多くの人を巻き込んで激しい議論が交わされた。

F1-641

【エンジン】鋳鉄製ブロック／軽合金製ヘッド　ミドシップ縦置き　65度V型12気筒　DOHC　5バルブ　ギア駆動　点火システム：電子制御式（ディストリビューター・レス）　燃料供給：ウェバー／マレリ製電子制御式インジェクション（気筒あたり2インジェクター）　潤滑：ドライサンプ　オイルクーラー　排気量：3498cc　ボア×ストローク：84.0×52.6mm　最高出力：680ps／12750rpm（初期）　単位排気量出力：194.3ps/ℓ
【駆動形式】後輪駆動　ギアボックス：リア／7段電子制御式セミオートマチック（パドルシフト）　LSD
【タイア】前：25.0-10.0×13　後：26.0-15.0×13
【シャシー／ボディ】シングルシーター　コンポジット（カーボン／ケブラー／ノーメックス・ハニカム）製シャシー＆ボディ　前：トランスバース・アーム＋プッシュロッド／テレスコピック・ダンパー　スタビライザー　後：トランスバース・アーム＋プッシュロッド／コイル，テレスコピック・ダンパー　スタビライザー　燃料タンク：両サイド＋センター（容量：220ℓ）
【ブレーキ】カーボン製ベンチレーテッド・ディスク
【ステアリング】ラック・ピニオン
【寸法／重量】ホイールベース：2855mm　トレッド（前／後）：1800mm／1675mm　全長×全幅×全高：4460×2130×1000mm　重量：503kg
【性能】馬力荷重：0.740kg/ps

チックにも問題はない。F1-641はプロストによって戦闘力のあるマシーンとなった。フェラーリは6戦で勝利（"プロフェッサー"が5回、マンセルが1回）を獲得する。しかしチャンピオンに輝いたのは、ホンダのエンジンを積んだマクラーレンを駆るスーパー・ライバル、アイルトン・セナだった。コンストラクターズ部門でもフェラーリはマクラーレン・ホンダに敗れた。

アラン・プロストはこの結果について、マンセルに問題があるとチームメイトを非難した。自分が勝てるはずのポルトガルGPのスタートで彼に妨害されたと主張したのである。このグランプリで勝利したのはマンセルだった。プロストのこの発言は議論を呼び、プロストとチェーザレ・フィオリオの間までがぎくしゃくしてしまった。

1990　Ferrari　177

1991 混沌と首位

上：イモラで2列目からスタートするアラン・プロストとF1-642。ウォーミングアップ中にコースアウトし、プロストはスタートできなかった。新しいチームメイトのジャン・アレージは3周でリタイア。

7月のGPからフェラーリは新しいF1-643を使用するようになった。ボディが新しくなっている。大きな変化はアリクイのようなアーチ型ノーズ。

　バーナードが去って最初に製作されたF1マシーン、F1-642は、不運な星のもとに生まれた。当時スクーデリア・フェラーリは、社内のごたごたがそのまま反映されたかのような、カオス（混沌）状態にあった。ナイジェル・マンセルはアラン・プロストとの対立でチームを去り（ジャン・アレージが代わりにフェラーリ入り）、チェザレ・フィオリオも同じ理由で5月半ばにフェラーリを離れた。その後を埋めたのは、ランチアの技術部門を大きく成長させたエンジニアのクラウディオ・ロンバルディだった。F1-642は前年7月に退社した、エアロダイナミクス部門の責任者だったヘンリー・デュランと、新しく入ったジャン-クロード・ミジョー、ふたりの妥協策といえる。

■性急な対策

　F1-642のデビューはぱっとしないものだった。エアロダイナミクスこそ優れた性能を備えていたが、安定性に乏しかった。サスペンションの剛性を高める措置が採られたが（硬めのスプリングをフロントに試した）、あいかわらずポンポンと跳ねる状態は治まらなかった。フェラーリは一時凌ぎの対策を施しただけで走り続けたが、早急に新しいマシーンを用意する必要に迫られた。

　7月、ようやくF1-643がデビューする。フロントのデザインが変更され、アリクイ（蟻喰い）を想起させるノーズは弓なりに曲がる。サイドポンツーンは40cm下げられた。720psのエンジンは"角が取れて丸く"なったが、しかし、

●F1ドライバーズ・チャンピオンシップ
①アイルトン・セナ（マクラーレン・ホンダ）
②ナイジェル・マンセル（ウィリアムズ・ルノー）
③リカルド・パトレーゼ（ウィリアムズ・ルノー）
⑤アラン・プロスト（F1-642/643）
⑦ジャン・アレージ（F1-642/643）
●F1コンストラクターズ・チャンピオンシップ
①マクラーレン・ホンダ
②ウィリアムズ・ルノー
③フェラーリ

左：グラントゥリズモ、512TR（右）の準備が完了する。テスタロッサの後継で、翌年1月に発表された。

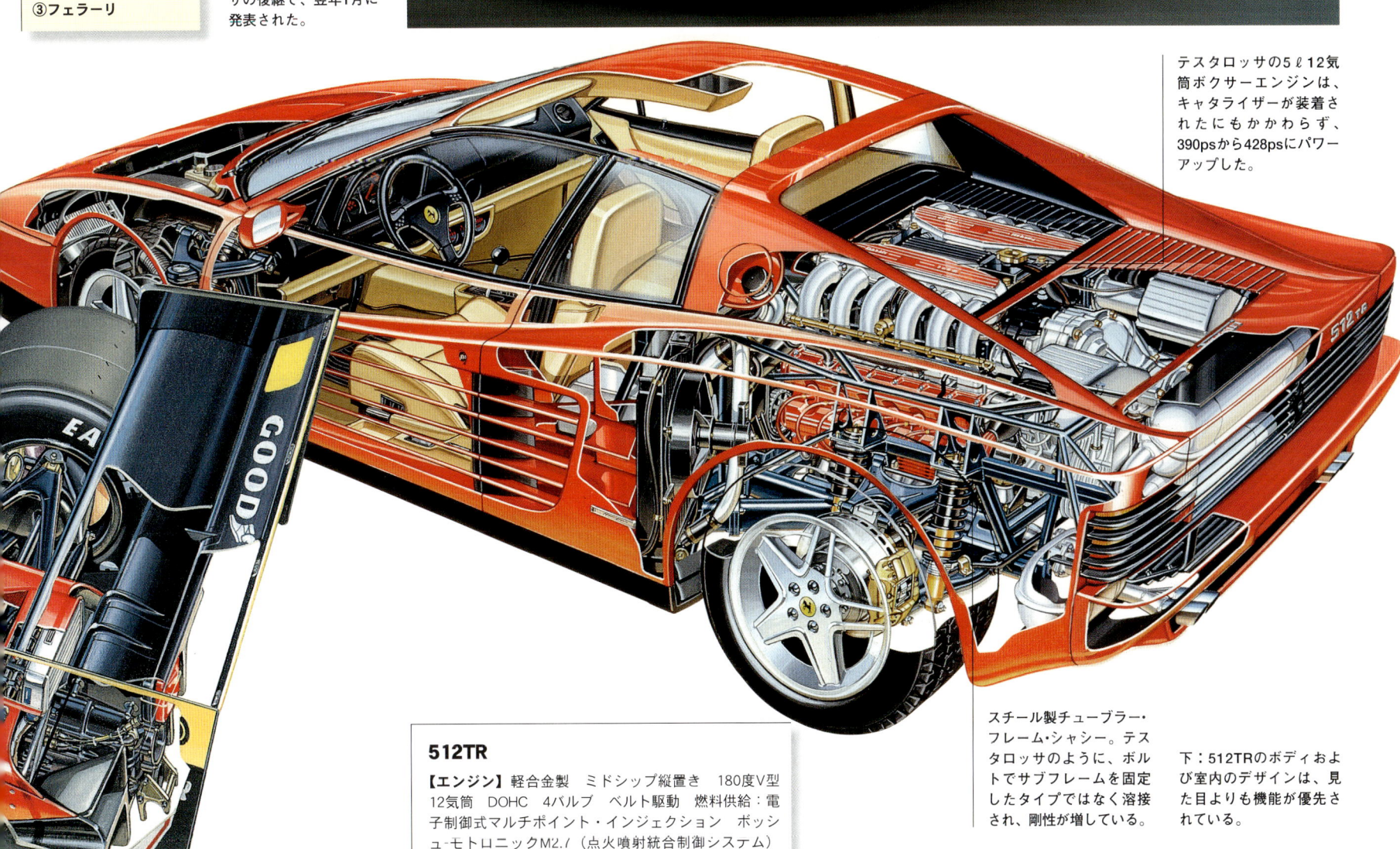

テスタロッサの5ℓ12気筒ボクサーエンジンは、キャタライザーが装着されたにもかかわらず、390psから428psにパワーアップした。

スチール製チューブラー・フレーム・シャシー。テスタロッサのように、ボルトでサブフレームを固定したタイプではなく溶接され、剛性が増している。

下：512TRのボディおよび室内のデザインは、見た目よりも機能が優先されている。

すべては無駄な努力に終わった。このマシーンでもプロストが3回、2位に入賞しただけだったのだ。日本で行なわれた最後から2番目のグランプリで、「フェラーリのハンドリングはまるでトラックのようだ」と発言したプロストは解雇された。

■生産現場における勝利

F1とは打って変わり、グラントゥリズモは金の卵を産み続けた。年間生産4595台という数字は、現在に至るまで最高の記録である。

512TR

【エンジン】軽合金製　ミドシップ縦置き　180度V型12気筒　DOHC　4バルブ　ベルト駆動　燃料供給：電子制御式マルチポイント・インジェクション　ボッシュ・モトロニックM2.7（点火噴射統合制御システム）潤滑：ドライサンプ　排気量：4942cc　ボア×ストローク：82.0×78.0mm　最高出力：428ps/6750rpm　単位排気量出力：86.6ps/ℓ

【駆動形式】後輪駆動　ギアボックス：リア／5段LSD

【タイア】前：235/40ZR18　後：295/35ZR18

【シャシー／ボディ】2シーター・クーペ　スチール／アルミ製ボディ（ピニンファリーナ・デザイン）　スチール製チューブラー・フレーム　前：ダブルウィッシュボーン／コイル, テレスコピック・ダンパー　スタビライザー　後：ダブルウィッシュボーン／テレスコピック・ダブル・ダンパー　スタビライザー　燃料タンク：ダブル（容量：100ℓ）

【ブレーキ】ベンチレーテッド・ディスク　サーボ

【ステアリング】ラック・ピニオン

【寸法／重量】ホイールベース：2550mm　トレッド（前／後）：1532mm／1644mm　全長×全幅×全高：4480×1976×1135mm　重量：1630kg

【性能】最高速度：307km/h　馬力荷重：3.80kg/ps

1991　　Ferrari　179

1992 究極のエアロダイナミクス

8月、出し抜けに、アジップがフェラーリのために開発したスペシャル・ガソリンの使用を禁止する旨の通達が下りる。フェラーリはV12を改良し、この決定に対応した。

ダブルのフラットなアンダーボディは、将来のアクティブ・サスペンションの採用に備えたもの。アクティブ・サスペンションはすでにウィリアムズが採用していたが、この時点でフェラーリは未装着だった。

F92A

【エンジン】鋳鉄製ブロック／軽合金製ヘッド　ミドシップ縦置き　65度V型12気筒　DOHC　5バルブ　チェーン駆動　点火システム：電子制御式　燃料供給：電子制御式インジェクション（ダブルインジェクター）　ウェバー／マレリ製可変吸気インテーク　潤滑：ドライサンプ　オイルクーラー　排気量：3498cc　ボア×ストローク：88.0×47.9mm　最高出力：740ps／14700rpm　単位排気量出力：211.7ps/ℓ
【駆動形式】後輪駆動　ギアボックス：縦置き（ベルギーGP＝横置き）／6段　電子制御式セミオートマチック（パドルシフト）　LSD
【タイア】前：25.0-10.00×13　後：26.0-15.00×13
【シャシー／ボディ】シングルシーター　コンポジット（カーボン／ケブラー／ノーメックス・ハニカム）ボディ／シャシー　前：トランスバース・アーム＋プッシュロッド／コイル，テレスコピック・ダンパー　スタビライザー　後：トランスバース・アーム＋プッシュロッド／コイル，テレスコピック・ダンパー　スタビライザー　燃料タンク：ドライバーズシート後方（容量：225ℓ）
【ブレーキ】カーボン製ベンチレーテッド・ディスク
【ステアリング】ラック・ピニオン
【寸法／重量】ホイールベース：2925mm　トレッド（前／後）：1810mm／1678mm　全長×全幅×全高：4350×2135×978mm　重量：505kg
【性能】馬力荷重：0.682kg/ps

前年の11月15日、ルカ・ディ・モンテゼーモロがピエロ・フザロのあとを受けてフェラーリの社長となったが、早急な立て直しが迫られるF1チームに彼のイニシアティブが届くには、まだ時間が必要だった。

モンテゼーモロの決断により、ハーヴェイ・ポスルズウェイトがテクニカル・ディレクターとしてフェラーリに戻ってくる。1988年にフェラーリを去った彼は、ティレルF1チームで開発責任者として手腕を発揮していたが、マラネロに戻る決心を固めたのだ。しかし時すでに遅く、この年のマシーンは新たに手を加えられるような状態ではなかった。

F92Aに採用された新しいシャシーは賞賛を受ける一方で、戸惑いの目を向けられたのも事実である。ジャン-クロード・ミジョーが設計を担当し、目標はエアロダイナミクスの向上だったが、前衛的なアイデアのもとに造られていた。特徴はサ

●F1ドライバーズ・チャンピオンシップ
①ナイジェル・マンセル（ウィリアムズ・ルノー）
②リカルド・パトレーゼ（ウィリアムズ・ルノー）
③ミハエル・シューマッハー（ベネトン・フォード）
⑦ジャン・アレージ（F92A）
⑬イヴァン・カペリ（F92A）

●F1コンストラクターズ・チャンピオンシップ
①ウィリアムズ・ルノー
②マクラーレン・ホンダ
③ベネトン・フォード
④フェラーリ

上：ジャン・アレージがステアリングを握るF92A。最低地上高ぎりぎりにセッティングされたマシーンが火花を放つ。このフランス人ドライバーのドライバーズ・タイトル最高位は、2度の3位だった。

イドポンツーンのデザインで、ボディから離れており、ぶらさがったような状態で装着されていた。もちろんこれはグラウンドエフェクトを高めるためのアイデアだったが、製作が非常に難しいものだった。

■手に負えないカヴァリーノ

アラン・プロストに代わってジャン・アレージとともにフェラーリのドライバーとなったのは、ミラノ生まれのイヴァン・カペリである。ふたりともチャンピオンになったことはなく、またこれほど扱いにくいマシーンを操縦した経験もなかった。ダブルデッカー（二重構造のフロア）が生み出す強力なダウンフォースによって、セッティング（ピッチングや振動に対する）に細心の注意が必要で、安定した状態を作りだすのはとても難しいことだった。しかし、もっと深刻な問題はこの、ある意味画期的なデザインによって、サイドポンツーンのみならず、ラジエターやエグゾーストパイプなどの装備類もこれまでより高く設置され、結果、重心が引き上げられたことだった。F1マシーン製作のセオリーに適合しなくなったのである。

とにかくひどいシーズンだった。エンジンすら信頼性を失った。アレージは3回、カペリは4回、このマシーンに裏切られた。ふたりのドライバーは扱いの難しいマシーンに振り回され、しばしばコースアウトを強いられた。クラッシュも多発し、アレージは4回、カペリは6回（カナダでの事故は大きなものだった）という回数を重ねた。ミラノ人ドライバーは3レースを残してフェラーリを離れることになり、空いたシートに収まったのは、テストドライバーのニコラ・ラリーニだった。

手に負えないマシーンをどうにかしようと、ギアボックスのレイアウトを縦置きか

456GT

【エンジン】軽合金製　フロント縦置き　65度V型12気筒　DOHC　4バルブ　ベルト駆動　燃料供給：マルチポイント・インジェクション　ボッシュ-モトロニックM2.7　潤滑：ドライサンプ　排気量：5474cc　ボア×ストローク：88.0×75.0mm　最高出力：442ps/6200rpm　単位排気出力：80.7ps/ℓ
【駆動形式】後輪駆動　ギアボックス：トランスアクスル／6段　LSD
【タイア】前：255/45ZR17　後：285/40ZR18
【シャシー／ボディ】2+2クーペ　アルミ+コンポジット・ボディ（デザイン：ピニンファリーナ）　チューブラー・フレーム　前：ダブルウィッシュボーン／コイル，電子制御式可変ダンパー　スタビライザー　後：ダブルウィッシュボーン／コイル，電子制御式可変ダンパー　スタビライザー　燃料タンク：ドライバーズシート後方（容量：110ℓ）
【ブレーキ】ベンチレーテッド・ディスク　サーボ　ABS
【ステアリング】ラック・ピニオン　パワーステアリング　ZF製サーボトロニック
【寸法／重量】ホイールベース：2600mm　トレッド（前／後）：1585mm／1606mm　全長×全幅×全高：4730×1920×1300mm　重量：1790kg
【性能】最高速度：302km/h　馬力荷重：4.05kg/ps

グラントゥリズモ456GTでフェラーリの変革を示すのはフロントマスクと哲学。ブリュッセルで行なわれたフェラーリの記念行事の場で発表された。

ボディは軽合金製だが、フロントフェンダー一体のエンジンフードの素材はコンポジット。

グラウンドエフェクト効果を上げ、ダウンフォースを高めるため、アンダーボディは全体がカバーされ、リアにはディフューザーを持つ。

456GTの5.5ℓV12の新エンジンは、大幅な軽量化に成功。電子制御式燃料噴射装置はマルチポイントで、各バンクに備わる。

ら横置きに変更し、シーズンの終わりにはアクティブ・サスペンションがテスト使用される。しかし、フェラーリはこの研究を始めたばかりだったため、実際にその役をまっとうすることはなかった。

■素晴らしいグラントゥリズモ

F1は悲惨だったが、生産車はますます輝いていた。

9月24日、ブリュッセルで新型車、456GTが発表される。4シーターのクーペで、12気筒のフロントエンジンのこのモデルは、マラネロのグラントゥリズモのひとつの転機を告げるものである。

デザインはピニンファリーナで、過去の偉大なるクルマたち（275GTBのフロントと、デイトナのリア）を思わせるラインと、現代的な柔らかでエレガントなラインとがうまく調和して、エアロダイナミクスに富んだフォルムは全体をさっと撫でたようなデザインに仕上がっている。

5.5ℓのエンジン（伝統に則り、456という名前は1気筒あたりの排気量に由来する）はまったく新しく開発されたもので、コンパクトかつ軽量である。出力は442ps、最高速度は300km/hを超える。トルクは実に

ダンパーは電子制御式センサーによってコントロールされており、路面コンディションとドライビング・スタイルによって可変する。

左：キャビンの居住性はさまざまな要求に応えるアシスト・メカニズムによって高められている。電気用配線ケーブルは1400m、コネクターの数は4000個にも及ぶ。

アルミ製ボディは異なる金属を繋げる新素材（フェラン）を介してシャシーに溶接されている。前後2枚のスカットルが剛性を高めている。

たくましく、最大値で55.0mkgにもなる。長い曲線を描くトルクカーブは、中速域での高いドライバビリティを示すと同時に、一歩抜きんでる加速性能をも備える（90-100km/hは5.8秒）。高速域での優れた走行安定性は、完全にカバーされたアンダーボディが作りだすグラウンドエフェクト効果によるものだ。このアンダーボディのリアの部分には速度によって上下に動くスポイラーが付くが、エグゾーストパイプの陰に隠されている。

シャシーはフェラーリの伝統であるスチール製のチューブラー・フレームで構成され、軽合金製のボディはこのシャシーに"フェラン"を介して溶接される。これにより、高い剛性を実現したのである。

6段変速のギアボックスはリアトレーンに配置され、重量配分を考慮したトランスアクスルで、LSDを備える。2名乗車＋燃料＋荷物20kgという場合の前後荷重配分が50：50となっており、まさに安定性の高いクルマに仕上がっているといえよう。

■昇格したテスタロッサ

グラントゥリズモのスーパースポーツ、テスタロッサが8年を経て、ビッグ・マイナーチェンジを受けた。

1月にロサンジェルス・モーターショーでお披露目されたこのモデルは、512TRと名づけられた。ボディの手直しはわずかだったが（179ページ参照）、技術的にはすべての面で前モデルの上を行く。ミドシップに搭載するエンジンは、5ℓ水平対向12気筒48バルブに変わりはないが、出力は390psから428psに引き上げられた。最高速度は314km/h、0-100km/hは4.8秒を記録し、操縦性も向上している。年間生産台数は1300台と予定された。

1993 作業中

上：ジャン・アレージ（No.27）とゲルハルト・ベルガー（No.28）のF93A。モナコGPにて。アレージは3位、ベルガーはリタイア（事故のため）。シーズン合計16回のリタイアのうちの1回。

新しいレギュレーションでは、フロントウィングは1200mmから900mmに変更となり、マシーンの最大幅（タイアの外側から計測）は2150mmから2000mmに狭められた。

　再構築に対する不安がチームの雰囲気を支配していた。将来への希望を捨てずに、ともかく作業を進めるしかなかった。
　エンジニアのクラウディオ・ロンバルディがエンジン部門の責任者となった。このセクションは失速状態にあって、強力なてこ入れを必要としていた。彼の後任としてスポーツ部門を率いることになったのは、技術部門に在籍していたハーヴェイ・ポスルズウェイトだったが、その任期は短かった。7月1日に、モンテゼーモロの希望でフランス人のジャン・トッドがこのポジションに就いたためである。プジョー・スポールにいた彼は「ハードだがピュア」という評判とともにフェラーリ入りした。しかし、これでも充分とはいえなかったようで、モンテゼーモロは（1992年に不遇なシーズンを送った）開発のエキスパート、ジョン・バーナードを呼び戻す。以前と同様に、イギリスで仕事がしたいという彼の要求を受け入れ、シャルフォードに新しいテクニカル・センター、FDD（フェラーリ・デザイン＆ディベロップメン

●F1ドライバーズ・チャンピオンシップ
①アラン・プロスト（ウィリアムズ・ルノー）
②アイルトン・セナ（マクラーレン・ホンダ）
③デイモン・ヒル（ウィリアムズ・ルノー）
⑥ジャン・アレージ（F93A）
⑧ゲルハルト・ベルガー（F93A）
●F1コンストラクターズ・チャンピオンシップ
①ウィリアムズ・ルノー
②マクラーレン・ホンダ
③ベネトン・フォード
④フェラーリ

フェラーリV12は5バルブから4バルブへ。出力は730ps程度。

新しいレギュレーションで、リアタイアの幅が18インチから15インチに（457mm→381mm）、ウィング高は1000mmから950mmに制限された。

アクティブ・サスペンションの開発でフェラーリは遅れをとっていた。研究は進まず、（めずらしく）機能したのはスムーズな路面のサーキットのみ。

F93A

【エンジン】鋳鉄製ブロック／軽合金製ヘッド　ミドシップ縦置き　65度V型12気筒　DOHC　5バルブ（ドイツGPより4バルブ）　油圧タペット　点火システム：電子制御式　燃料供給：電子制御式インジェクション（ツイン・インジェクター）　ウェバー／マレリ製可変吸気インテーク　潤滑：ドライサンプ　オイルクーラー　排気量：3498cc　ボア×ストローク：88.0×47.9mm　最高出力（推定）：730ps／14700rpm　単位排気量出力（推定）：208.7ps／ℓ
【駆動形式】後輪駆動　ギアボックス：リア／シーケンシャル6段　電子制御式セミオートマチック（パドルシフト）　LSD
【タイア】前：25.5-10.0×13　後：26.0-15.0×13
【シャシー／ボディ】シングルシーター　コンポジット（カーボン／ケブラー／ノーメックス・ハニカム）モノコック　前後・トランスバース・アーム　電子制御式油圧アクチュエーター（アクティブ・サスペンション）　燃料タンク：ドライバーズシート後方（容量：225ℓ）
【ブレーキ】カーボン製ベンチレーテッド・ディスク
【ステアリング】ラック・ピニオン
【寸法／重量】ホイールベース：2930mm　トレッド（前／後）：1690mm／1605mm　全長×全幅×全高：4350×1995×995mm　重量：505kg
【性能】最高速度：320km/h　馬力荷重：0.691kg/ps

上：F93Aのステアリングホイールとダッシュボード。ギアシフトはステアリングホイールに備わったパドルで操作。デジタル回転計の数字は15000rpm以上が刻まれている。

ト）を設立することにした。

こうしてF93Aが誕生する。バーナードが、空力の専門家であるジョージ・リトンの協力を得て完成させたのだが、あまりに急造されたために、風洞実験さえ行なわれなかった。

F93Aはシンプルにして軽量、かつ平凡だったため、繋ぎのマシーンと解釈された。なかには、このマシーンはウィリアムズが採用したアクティブ・サスペンション（電子制御油圧式）をフェラーリ式にするための研究材料だろうという見方をする者まで現れた。また、この年、F1のレギュレーションには、フロントウィング（120mm→90mm）、リアタイア幅（18インチ→15インチ）、全幅（2150mm→2000mm）に新たな制限が設けられた。

■希望なし

ジャン・アレージと共闘するドライバーに、ゲルハルト・ベルガーが再び選ばれた。しかし、しょせん急仕立てのマシーンでは、どちらにも勝利の希望はなかった。

何よりもサスペンションの仕上がりが酷かった。加えて、1994年に施行されるレギュレーションで、驚くべきことにアクティブ・サスペンションの禁止が決められたことで、研究開発は中断されられた（禁止を求めたのはモンテゼーモロとベネトンで、これに対してひとり勝ちを続けるアラン・プロストのウィリアムズは禁止に反対した）。チームは何をどう続けてよいのか見当もつかない状態で、タイアのみならず、バルブ数からも混乱ぶりがみてとれた。5バルブが4バルブに戻されたのである。

出力については、不可解なことに、"700ps以上"（730〜740psと言われた）ということ以外、この年から明確な数値が公表されなくなった。一方で明確だったのは結果

左：348スパイダーのメカニズムは348ts（車重同じ）の流用だが、ボディはより開放的になっている。アメリカの風土にマッチした真の"ロードスター"である。プレゼンテーションがカリフォルニアで行なわれたのもこのため。

187ページ：F93Aを俯瞰したところ。実にスペクタクル。シフト操作はステアリングホイール裏のパドルで行ない、ドライバーの体を"殻"にぴたりと張り付かせることができる（写真はアレージ）。

下：新しいスパイダーは348tbと348tsをよりモダーンにしたもの。サスペンションが改良されてスタビリティが向上し、タイアも良くなり、前後荷重のバランスが改善した。

である。ふたりのドライバーは合計16回のリタイアを積み重ねた。ほかには2位が1度（アレージ）と3位が2度（それぞれ1度ずつ）という低迷ぶりで、コンストラクターズ部門では4位に留まった。

■生産危機

1992年の夏から始まった世界の経済危機が自動車市場にも影を落とす。もちろんフェラーリも例外ではなかった。

生産台数は前年から極端に減少した（2289台）。1982年（2209台）以来の少なさである。それでもマラネロでは、次なる驚きを準備していた。

5月には新しい鋳物工場が完成する（旧工場の3800m²に対し、9420m²）。これはアルミとマグネシウムの専門工場であった。

2月27日にはハリウッドで、アメリカ市場向けの348スパイダーのお披露目を行なった。348GTSをさらにスポーティにしたモデルで、脱着可能なタルガ・トップからクラシックな手動式の幌に変更されている。生産第1号車はシャロン・ストーンがプレゼンターを務めるチャリティ・オークションにかけられ、18万ドルで競り落とされた。

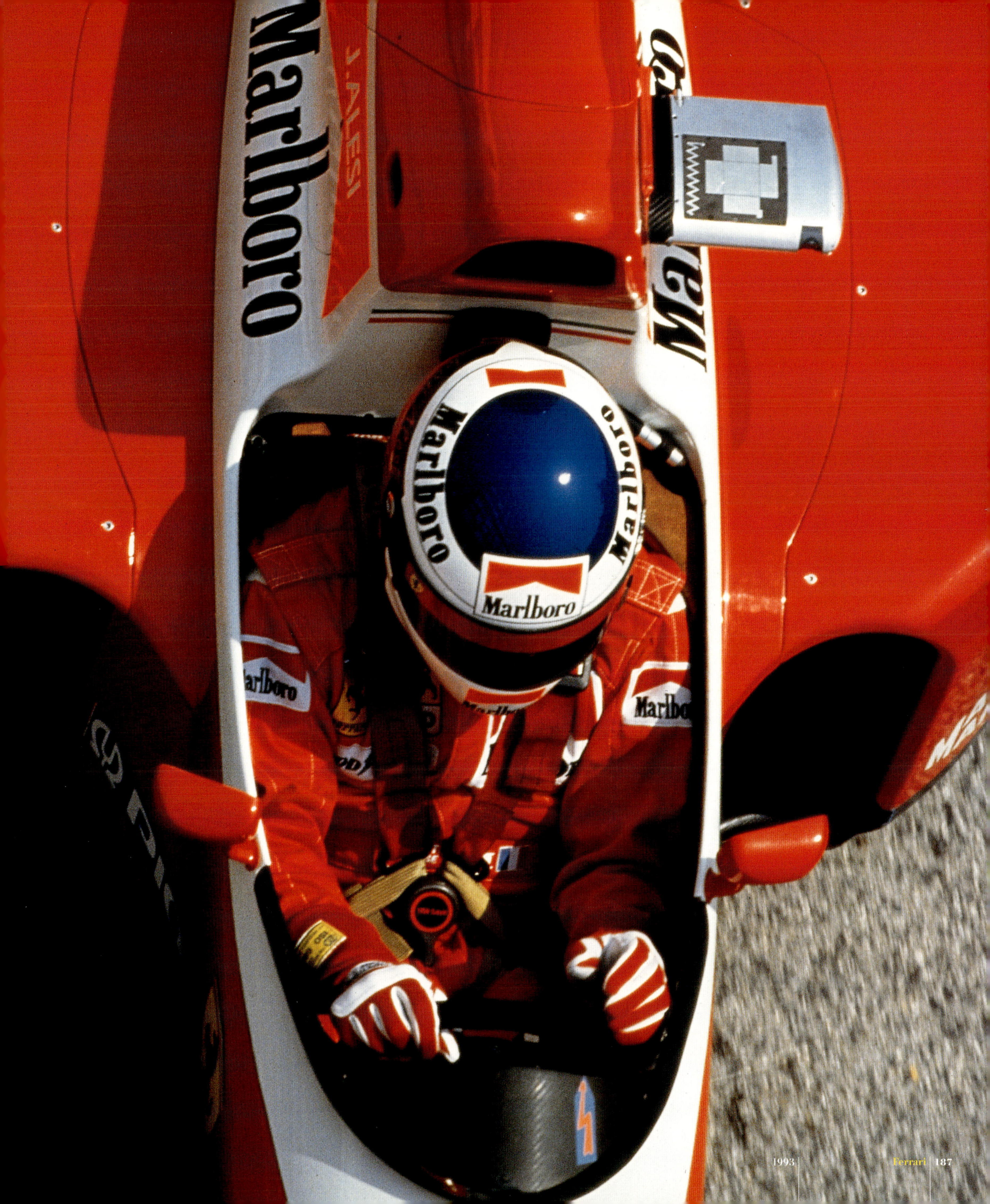
Marlboro
J.ALESI
Marlboro
Marlboro
Marlboro

1994 海の向こう側での勝利

●F1ドライバーズ・チャンピオンシップ
①ミハエル・シューマッハー（ベネトン・フォード）
②デイモン・ヒル（ウィリアムズ・ルノー）
③ゲルハルト・ベルガー（412T1）
⑤ジャン・アレジ（412T1）
●F1コンストラクターズ・チャンピオンシップ
①ウィリアムズ・ルノー
②ベネトン・フォード
③フェラーリ

●F1グランプリ
ドイツGP／ホッケンハイム
①ゲルハルト・ベルガー（412T1）
●鈴鹿500km
①オロフソン／デラ・ノーチェ（F40）

●ヴァレルンガ6時間
①オロフソン／デラ・ノーチェ（F40）
●IMSA
ロード・アトランタ2時間
①ジェイ・コクラン（333SP）
ライム・ロック2時間
①モレッティ／サラザー（333SP）

ワトキンス・グレン3時間
①モレッティ／サラザー（333SP）
インディアナポリス2時間
①モレッティ／サラザー（333SP）
モントレーGP
①エヴァンス／ヴェレツ（333SP）

F1のようなプッシュロッド・サスペンションだが、アームはスチール製。IMSAのレギュレーションではチタンが禁止されていた。

ディスクもスチール製。レギュレーションでカーボン製は排除された。

333SP

【エンジン】鋳鉄製ブロック／軽合金製ヘッド　ミドシップ縦置き　65度V型12気筒　DOHC　5バルブ　チェーン駆動　点火システム：電子制御式　燃料供給：ウェーバー／マレリ製統合電子制御式マルチポイント・インジェクション　潤滑：ドライサンプ　排気量：3997cc　ボア×ストローク：85.0×87.0mm　最高出力：650ps／11500rpm　単位排気量出力：162.6ps／ℓ
【駆動形式】後輪駆動　ギアボックス：リア／5段LSD
【タイア】仕様ごとに変更
【ホイール】軽合金製　前／後：15インチ／16インチ
【シャシー／ボディ】2シーター・スポーツ　カーボン／コンポジット製モノコック　前後：ダブルウィッシュボーン＋プッシュロッド／コイル，テレスコピック・ダンパー　スタビライザー　燃料タンク：ドライバーズシート後方（容量：70ℓ）
【ブレーキ】ベンチレーテッド・ディスク
【ステアリング】ラック・ピニオン
【寸法／重量】ホイールベース：2750mm　トレッド（前／後）：1660mm／1572mm　全長×全幅×全高：4600×2000×1000　重量：886kg
【性能】最高速度：368km/h
馬力荷重：1.363kg/ps

　開発責任者のジョン・バーナードは「新しいF1マシーンの設計には時間が掛かる」と訴えたが、新しくディレクターに就任したジャン・トッドは「急ぐように」と厳しく催促した。F93Aが競争力に欠けていたためである。
　こうして新しいF412T1が急ピッチで製作される。エアロダイナミクスがさらに向上したモデルで、バーナードはこのシングルシーターに自身が生み出したギアボックスを採用した。シーケンシャルの6段ギアを持ち、横置きされるこのギアボックスは、通常の鋳造ではなく非常に薄いスチール製で（1～2mm、部位によって異なる）、製作には高度な技術が要求され、デリケートでコストが掛かるものだった。しかし、構造的に剛性が高く、機能的にも優れていた。また、サスペンション・

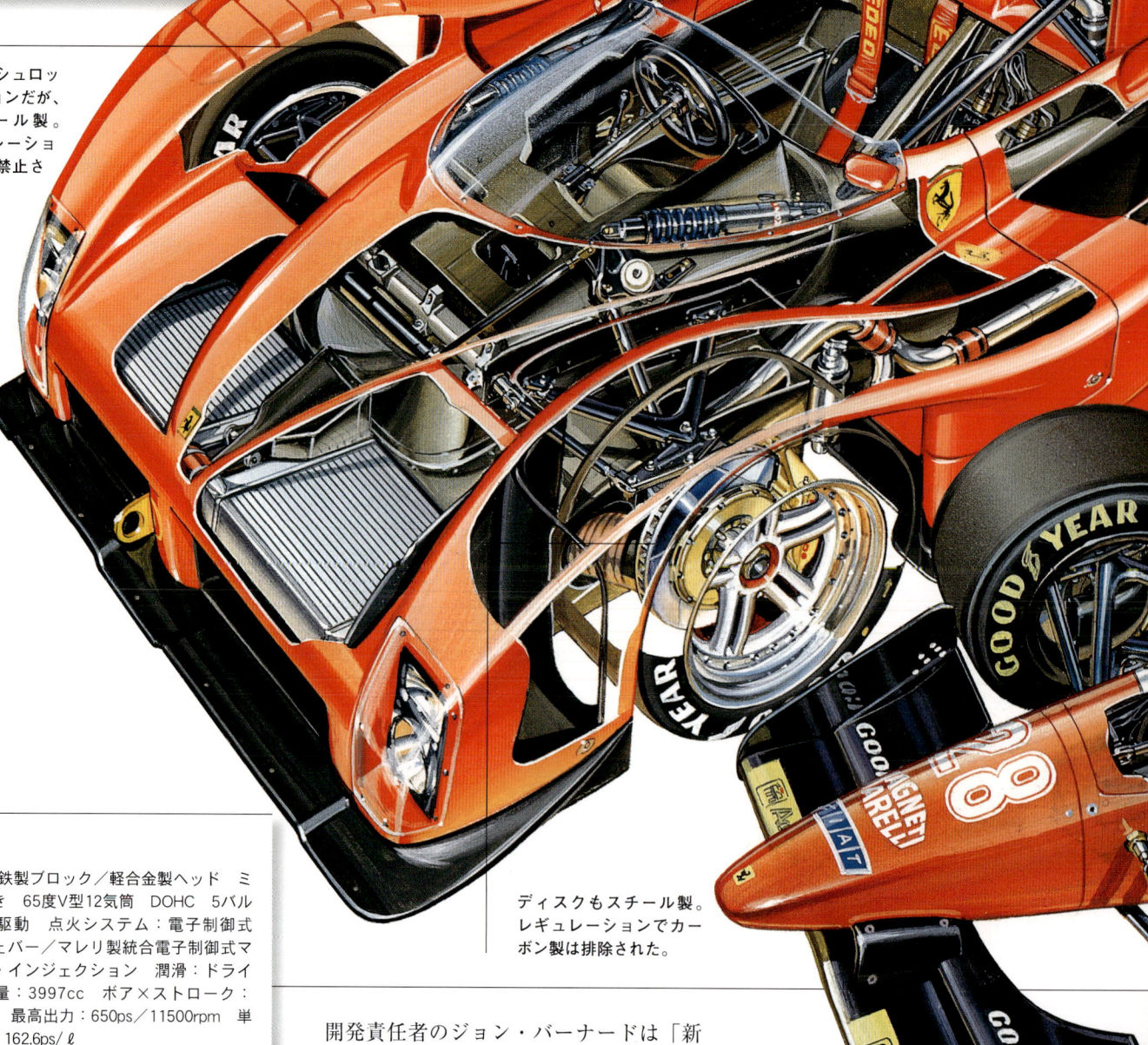

333SP（スポーツ・プロトタイプ）、ドライバーはジェイ・コクラン。ロード・アトランタ2時間の勝利者。フェラーリはアメリカのIMSA全レースで高い戦闘力を見せた。

412T1のV12はクランクシャフトまで新しく、軽量化され、回転モーメントの低減が図られている。メインベアリングが7つ（前モデルは4つ）に増したことで剛性は高い。

クラシックなV12フェラーリ・ユニット（4ℓ／650ps）はℓ当たりの出力が高い（162.6ps/ℓ）。F1（217ps/ℓ）と生産車F355（109ps/ℓ）の中間。

テールに向かって引き締まったボディは、バーナード作の新しいギアボックスのおかげ。

アームに手が加えられたほか、前後サスペンションには、コイルスプリングに代わりトーションバーが採用されたが、これは次世代にも受け継がれた。

シーズン序盤は昨シーズンのエンジンが使用されたが、しばらくののち、バンク角が65度から75度に広げられた新しいV12の用意が整う。クランクケースは従来どおりの薄い鋳鉄だが、ライナーはピストンとの相性の良いアルミ製になった。バルブの挟み角が広がり（10度から30度へ）、ボアは90.0mmに拡大された。最高出力は（公表されていないが）760ps以上／15000rpmと推定される。

■微風

412T1は間違いなく進歩していた。しかし、レースにおいてはエアロダイナミクスと信頼性に問題があった。また、ゲルハルト・ベルガーがナンバーワン・ドライバーとして戻ってきたことで、ジャン・アレジは神経を尖らせていた。レース中に負った事故の怪我から回復しつつあったこのフランス人ドライバーは、2戦目と3戦目のレースを断念せねばならず、テストドライバーのニコラ・ラリーニが彼の代役として出場した。

そして、イモラの悲劇――。アイルトン・セナの人生があっけなく終わりを告げ、F1界はまたひとり、偉大なレーサーを失った。一方で、ミハエル・シューマッハーがめきめきと頭角を現した年でもあった。彼はベネトン・フォードで初のタイトルを獲得する。

フェラーリはその開発が順調に進まなかったアクティブ・サスペンションの使用が

1994　Ferrari　189

エンジンはいつもの90度V8だが、排気量は拡大され（3.5ℓ）、出力は380ps。そのリッター当たりの出力（109ps/ℓ）は、308以来のシリーズ最高値である。

F355ベルリネッタと（下）、F355GTS。348の後継となるモデルだが、ほとんどニューモデルと言えるくらいにまで変貌した。

禁止になったことで調子を取り戻し、まだ安定しているとは言えなかったものの、レース結果に光明を見いだす。反対に、アクティブ・サスペンションを失ったウィリアムズの競争力は著しく低下した。ベルガー、アレージ、ラリーニは合計で14回リタイアしながらも、11回表彰台に上がり、ドイツGPではベルガーが優勝を果たした。

■アメリカ国旗

F1での復活を目指すスポーツ部門に細心の配慮を払いつつ、フェラーリは一方で、IMSA（インターナショナル・モーター・スポーツ・アソシエーション）のカテゴリーに沿った2シーターのバルケッタ、スポーツ・プロトタイプを数台用意する。これは、プライベート・チーム向けのマシーンだった。

333SPはピエロ・フェラーリの指揮のもとに誕生したマシーンだが、かつてのマラネロのスポーツ・プロトタイプを彷彿させるフォルムに、コンペティション用の最新技術とハイレベルの性能を備えたものであった。

シャシーは社外のスペシャリスト、ダラーラの協力で設計製作され、F1で培ったカーボンファイバー成形技術を活かしたボディシェルで覆われている。それでも、F1のものよりは経済的なうえに、車重は倍、剛性も倍の強度が保証された。サスペンションもF1から流用された。エンジンはミドシップに置かれ、クラシックな4ℓの65度V12エンジンは、気筒あたり5バルブを持つ（最高出力650ps／11500rpm）。ギアボックスも基本はF1から受け継いでいるが、シーケンシャルではなく、コンベンショナルな5段マニュアルとされた。

3チーム（ジャン-ピエロ・モレッティが率いるモモ、スカンディア、ユーロ・モー

エンジンのおもな変更点は、4バルブから5バルブにされたこと、チタン製のコネクティングロッド（スチール製に比べて35％軽量）に変わったこと。

新しいシャシーは、リアセクションのみ鋼管フレームを用いるセミモノコック。車重は変わらず、曲げ剛性は27％、捻り剛性は22％、それぞれ向上している。

F355のコクピットはスポーティな雰囲気に満ちている。ステアリングホイールのデザイン、6段シフトレバー、アルミ製穴あきペダルが、スポーティさを演出している。

コンポジット素材が採用されたアンダーボディは、F1同様フラットになっており、グラウンドエフェクトが高まっている。

タースポーツ）に渡った8台の333SPが、10人のドライバーの手に託された。ポイントが2倍になる最初の2戦、デイトナとセブリングでは、準備不足に祟られたが、他のレースではすべて優勝した。

■再投入のグラントゥリズモ

5月に発表されたF355は、全世界で大きな反響を巻き起こした。F355ベルリネッタと、ルーフの脱着が可能なスパイダーのGTSという、伝統的なラインナップである。

この348tb／tsの後継車ではあるものの、改良というよりは新造と言えるほどに見直しが図られている。強化されたシャシーや、大幅に手を入れられたエンジンなど、まったくのニューモデルと呼んで差し支えないくらいであった。

パリ・サロンでフェラーリはもう1台、新しいモデルを発表する。そのF512M（モディファイを意味する）は、テスタロッサ、512TRの進化版で、エンジンは180度V型の12気筒を搭載するが、最先端の電子制御システムの恩恵を被り、出力は441ps、トルクは51.0mkgに向上している。エンジン単体の重量は224.5kg（約0.5kg/ps）にまで絞られた。

F355ベルリネッタ／F355GTS

【エンジン】軽合金製　ミドシップ縦置き　90度V型8気筒　DOHC　5バルブ　油圧タペット　ベルト駆動　点火システム：電子制御式／ツインイグニッション　燃料供給：電子制御式マルチポイント・インジェクション　ボッシュ・モトロニック2.7　潤滑：ドライサンプ　排気量：3496cc　ボア×ストローク：85.0×77.0mm　最高出力：380ps／8200rpm　単位排気量出力：108.7ps／ℓ

【駆動形式】後輪駆動　ギアボックス：リア／6段LSD

【タイア】前：225/40ZR18　後：265/40ZR18

【シャシー／ボディ】2シーター・クーペ　スチール／アルミ製ボディ（デザイン：ピニンファリーナ）　セミモノコック＋サブフレーム　前後：ダブルウィッシュボーン／コイル，電子制御油圧テレスコピック・ダンパー　スタビライザー　燃料タンク：ドライバーズシート後方／ダブル（容量：88ℓ）

【ブレーキ】ベンチレーテッド・ディスク　サーボ　ABS

【ステアリング】ラック・ピニオン　バリアブル・パワーステアリング

【寸法／重量】ホイールベース：2450mm　トレッド（前／後）：1514mm／1615mm　全長×全幅×全高：4250×1900×1170m　重量（F355GT／F355GTS）：1430kg／1440kg

【性能】最高速度：295km/h　馬力荷重（F355GT／F355GTS）：3.76kg/ps／3.78kg/ps

1995 12気筒、最後の唸り

●F1ドライバーズ・チャンピオンシップ
①ミハエル・シューマッハー（ベネトン・ルノー）
②デイモン・ヒル（ウィリアムズ・ルノー）
③デイヴィド・クルサード（ウィリアムズ・ルノー）
⑤ジャン・アレージ（412T2）
⑥ゲルハルト・ベルガー（412T2）

●F1コンストラクターズ・チャンピオンシップ
①ベネトン・ルノー
②ウィリアムズ・ルノー
③フェラーリ

●IMSAドライバーズ・チャンピオンシップ
①フェルミン・ヴェレツ（333SP）

●IMSAコンストラクターズ・チャンピオンシップ
①フェラーリ

●F1グランプリ
カナダGP／モントリオール
①ジャン・アレージ（412T2）

●アンデルストープ4時間
①フェルテ／テベニン（F40）

●ルマン／オータム・カップ
①ドゥルーディ／ローゼンブラッド（F40）

●IMSA
セブリング12時間
①エヴァンス／ヴェレツ／ヴァン・デ・ポール（333SP）

ハリファックス3時間
①バルディ／ヴェレツ（333SP）

ライム・ロック・グランプリ
①テイラー（333SP）

テキサス3時間
①テイラー（333SP）

フェニックス200マイル
①フェルミン・ヴェレツ（333SP）

193ページ：フェラーリの50周年を記念するモデル、F50の最初の1台、バルケッタ・バージョン。まさに芸術作品である。1997年までに349台生産された。

下：3ℓがグランプリに戻ってきた。フェラーリ412T2はF1最後の12気筒（ドライバーはアレージ）。

このシーズンは、F1レギュレーションに重要な変更があった。

エスカレートする性能の抑制を目的として、排気量が3.5ℓから3ℓに引き下げられた。同時に、エアロダイナミクスについても制限され、全体的にフラットであった車底が禁止となり、段差を設けるように規定される。これはグラウンドエフェクトを抑制するためで、モノコックに対してサイドポンツーンは一段高く、その最低地上高は60mmとされた。このように段差をつけることでピッチングが減少するため、ソフトなサスペンションが使用できることになる。つまり、ブレーキの効果が高まり、トラクションが良くなるというわけだ（トラクション・コントロール・システムは禁止とされた）。

この新レギュレーションに対応するため、バーナードは冒険を避け、前年モデルを改良した412T2で乗り切ろうと考えた。ギアボックスの素材をチタンに変更したほか、エンジンには新しく75度のV12を採用した。高回転で使用される3ℓエンジンの特性を考慮して（目標許容回転数17000rpm）、クランクケースの一部には非常に薄いスチールも使用されているという。公表された出力は"600ps以上"である。それはロンバルディが指揮を執って設計した最後のエンジン（生産部門に移ったため）、いや、フォーミュラ1全体で最後まで生き残った12気筒エンジンだった。フェラーリも他に倣って主流となった10気筒へと移行しつつあり、ロンバルディの後を引き継いだエンジニアのパオロ・マルティネッリは、すでに新型エンジンの準備に取り掛かっていたのだ。

■アレージの初勝利

412T2で参戦したレースの結果は、決し

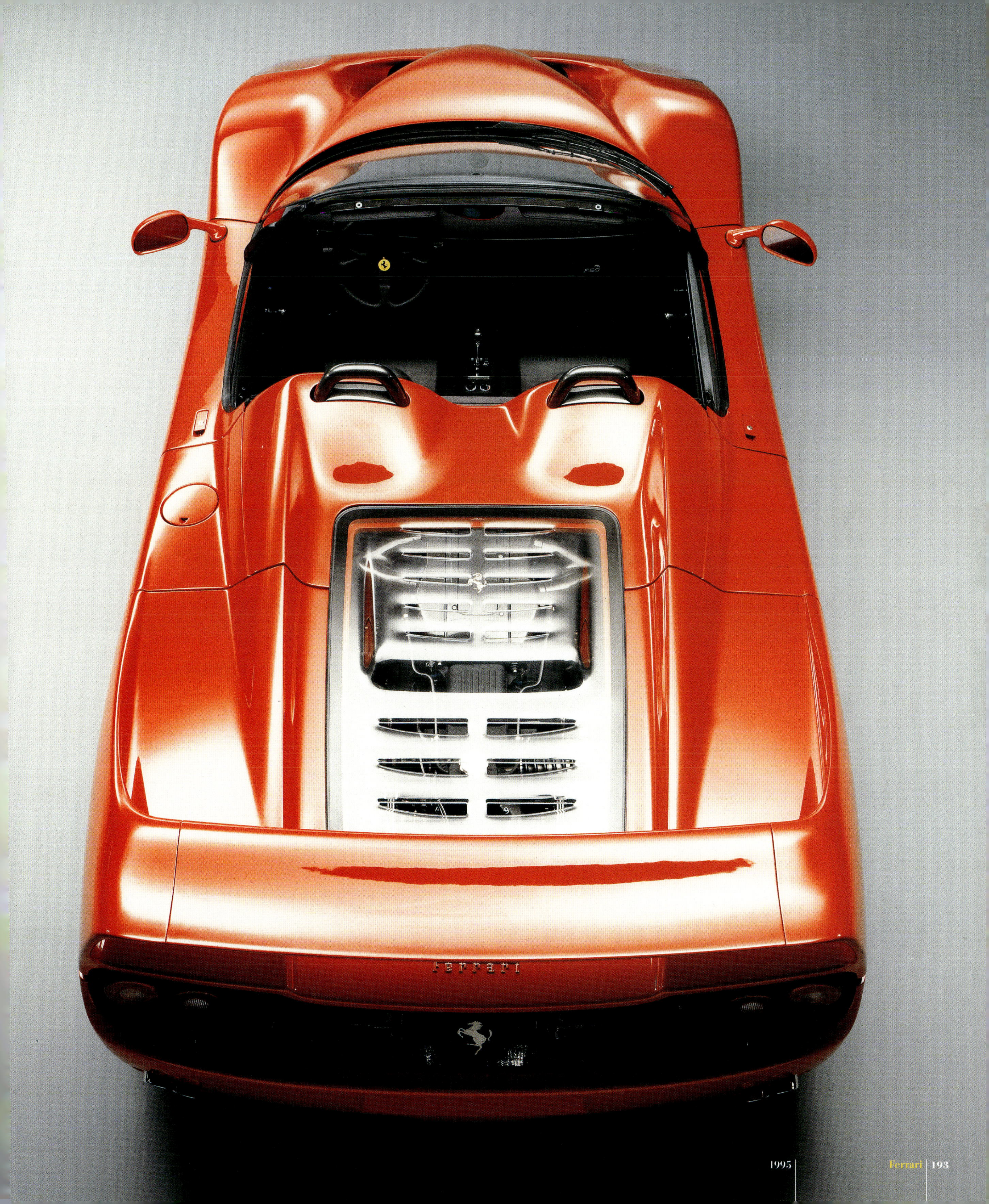

デザインは機能性を併せ持つ洗練されたエレガントなもの。フロントのエアインテークからリアのウィングまで、抑えたボリュームの中にメカニズムがぎっしり詰まっている。

ブレーキ、ステアリングともに、レーシングマシーン同様、ダイレクトで確実な操作をドライバーに委ねるため、サーボは装着されていない。

ボディ中央はカーボンファイバーとレジン製。サイテック・エアロスペース社が手掛けた。重量はわずか102kg。捻じり剛性は3550mkg。

コレクターズ・アイテムのスーパー・スポーツカー、F50は"ロードゴーイングGPマシーン"と定義された。コンペティション用の技術が盛り込まれているが、同時にすばらしいグラントゥリズモでもある。付属のハードトップを装着することにより、写真のようなベルリネッタにもなる。

て華やかなものではなかった。また、マシーンの信頼性も依然として乏しかった。アレージとベルガー合わせて、34回のレースに対し、15回のリタイアを記録している。それでもシーズン終幕を迎えたとき、フェラーリのシングルシーターが充分な競争力を備えていたことは、数字からもわかる。ベルガーは表彰台に6回上がり、一方のアレージは5回だったが、カナダでは表彰台の頂点に立っている。この勝利は、このフランス人ドライバーのF1人生で、最初の、そして最後の勝利となった。ドライバーズ・タイトルでのベルガーとの順位も逆転

し、総合ではアレージが5位、ベルガーは6位だった。

コンストラクターズ部門でフェラーリは再び3位に甘んじ、ミハエル・シューマッハーのベネトンがウィリアムズを押さえて勝利した。

■半世紀の宝石

フェラーリはジュネーヴ・ショーでカヴァリーノの50周年（1947〜1997）に先駆けて、グラントゥリズモのスーパーカーを発表する。それがF50である。"F1の公道バージョン"と銘打たれたこの記念モデルは、

1989年からピエロ・フェラーリの指揮のもと、地道に開発が進められ、1991年にプロトタイプが完成した。F50はマラネロのF1技術の集大成だった。

4.7ℓ65度V12エンジンは気筒あたり5本のバルブを持ち、縦置きにミッドシップされる。最高出力は520ps（111ps/ℓ）、最大トルクは48.0mkg／6500rpm（2000rpm時にすでに34.0mkg）を発し、優れたドライバビリティが約束されていた。このクランクケースにはニカシルメッキの施された鋳鉄シリンダーライナーが鋳込まれ、軽量（198kg）かつ、リアサスペンションの応力部材とし

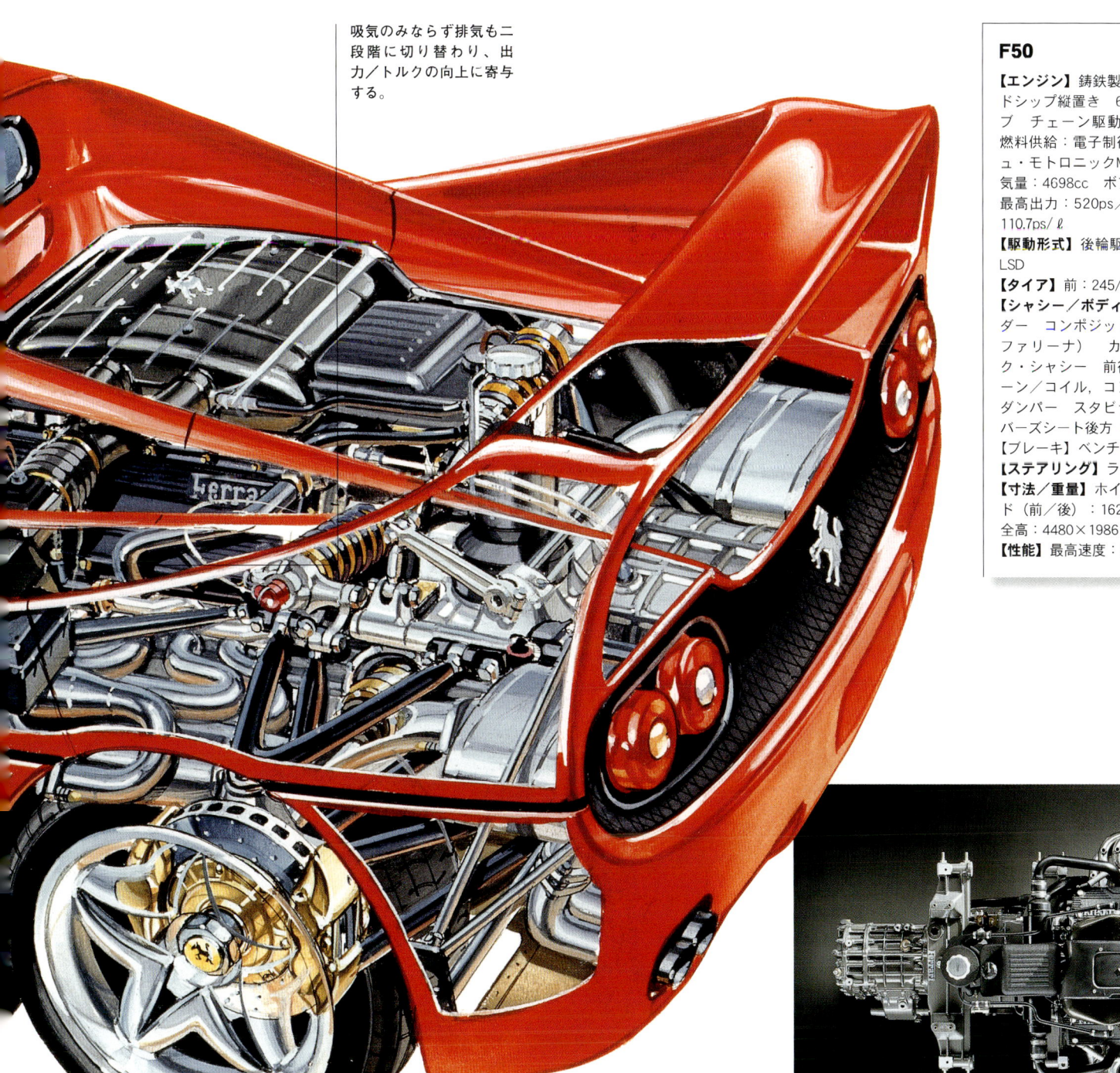

吸気のみならず排気も二段階に切り替わり、出力／トルクの向上に寄与する。

F50

【エンジン】鋳鉄製ブロック／軽合金製ヘッド　ミドシップ縦置き　65度V型12気筒　DOHC　5バルブ　チェーン駆動　点火システム：電子制御式　燃料供給：電子制御式インジェクション　ボッシュ・モトロニックM2.7　潤滑：ドライサンプ　排気量：4698cc　ボア×ストローク：85.0×69.0mm　最高出力：520ps／8500rpm　単位排気量出力：110.7ps／ℓ
【駆動形式】後輪駆動　ギアボックス：リア／6段　LSD
【タイヤ】前：245/35ZR18　後：335/30ZR18
【シャシー／ボディ】2シーター・クーペ／スパイダー　コンポジット・ボディ（デザイン：ピニンファリーナ）　カーボンファイバー・モノコック・シャシー　前後：不等長ダブルウィッシュボーン／コイル，コンピューター制御／減衰力可変ダンパー　スタビライザー　燃料タンク：ドライバーズシート後方（容量：105ℓ）
【ブレーキ】ベンチレーテッド・ディスク
【ステアリング】ラック・ピニオン
【寸法／重量】ホイールベース：2580mm　トレッド（前／後）：1620mm／1602mm　全長×全幅×全高：4480×1986×1120mm　重量：1230kg
【性能】最高速度：325km/h　馬力荷重：2.36kg/ps

F50のエンジン―ギアボックス―ディファレンシャルに至るパワーユニット・ブロック。卓越した技術の"芸術品"である。

ても耐えうる高い剛性も備えていた。また、チタン合金のコネクティングロッドを採用している。ギアボックスはクイックな操作が可能な6段マニュアルである。

ピニンファリーナが手掛けたボディは、その卓越したテクノロジーを具現化したデザインといえる。ボディ・バリエーションは、ベルリネッタとバルケッタの2種類が用意された。なお、最高速度は325km/hに達した。

F50はすぐにコレクターズ・アイテムとなり、50周年に当たる年、1997年に349台をもって生産が終了した。

左：F355ベルリネッタとGTS（タルガ・タイプ）に、このF355スパイダーが追加された。フェラーリ初の電動式幌の採用となる。

196～197ページ：F50はフェラーリのグラントゥリズモの歴史を飾る宝石だ。

1995　Ferrari

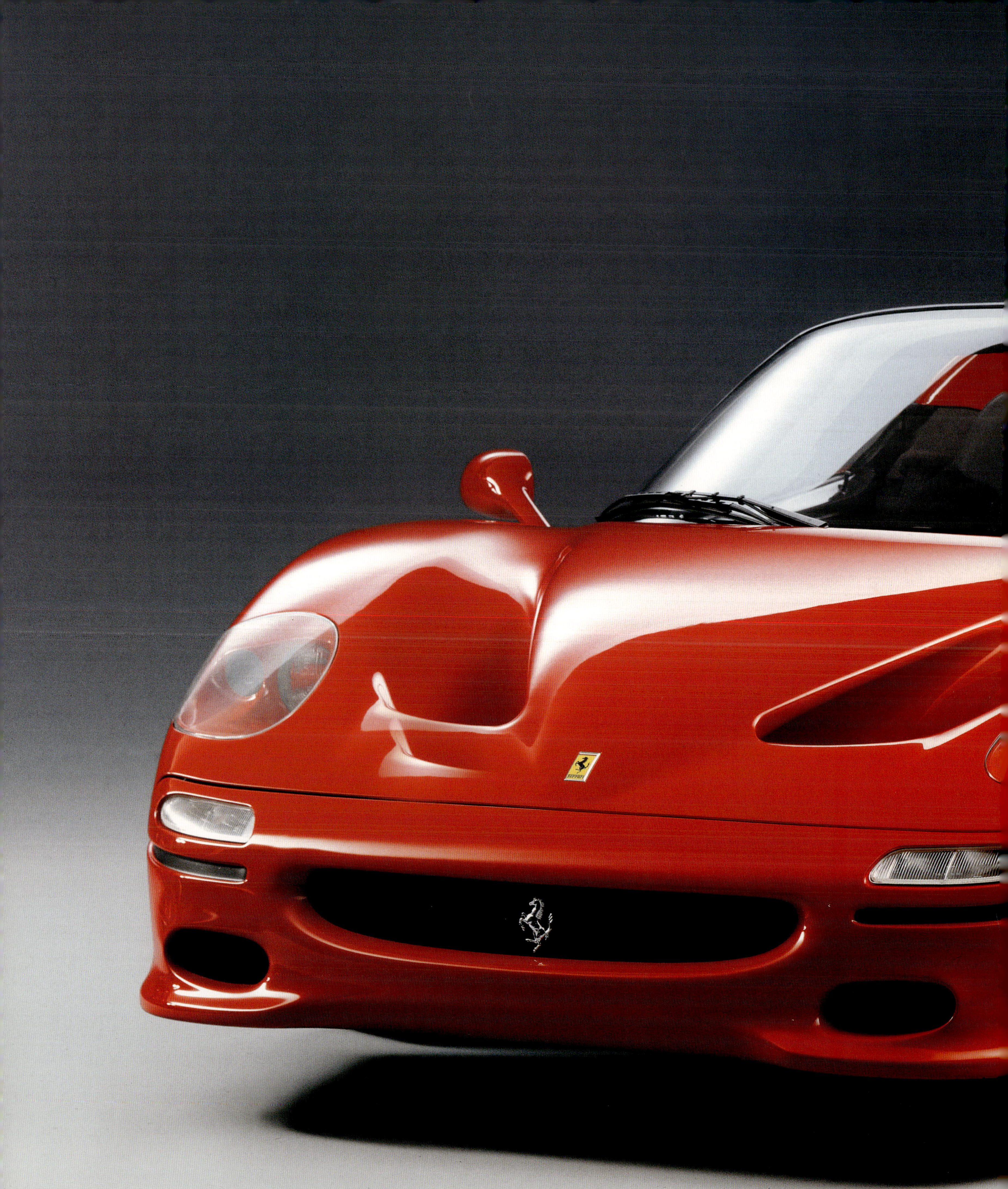

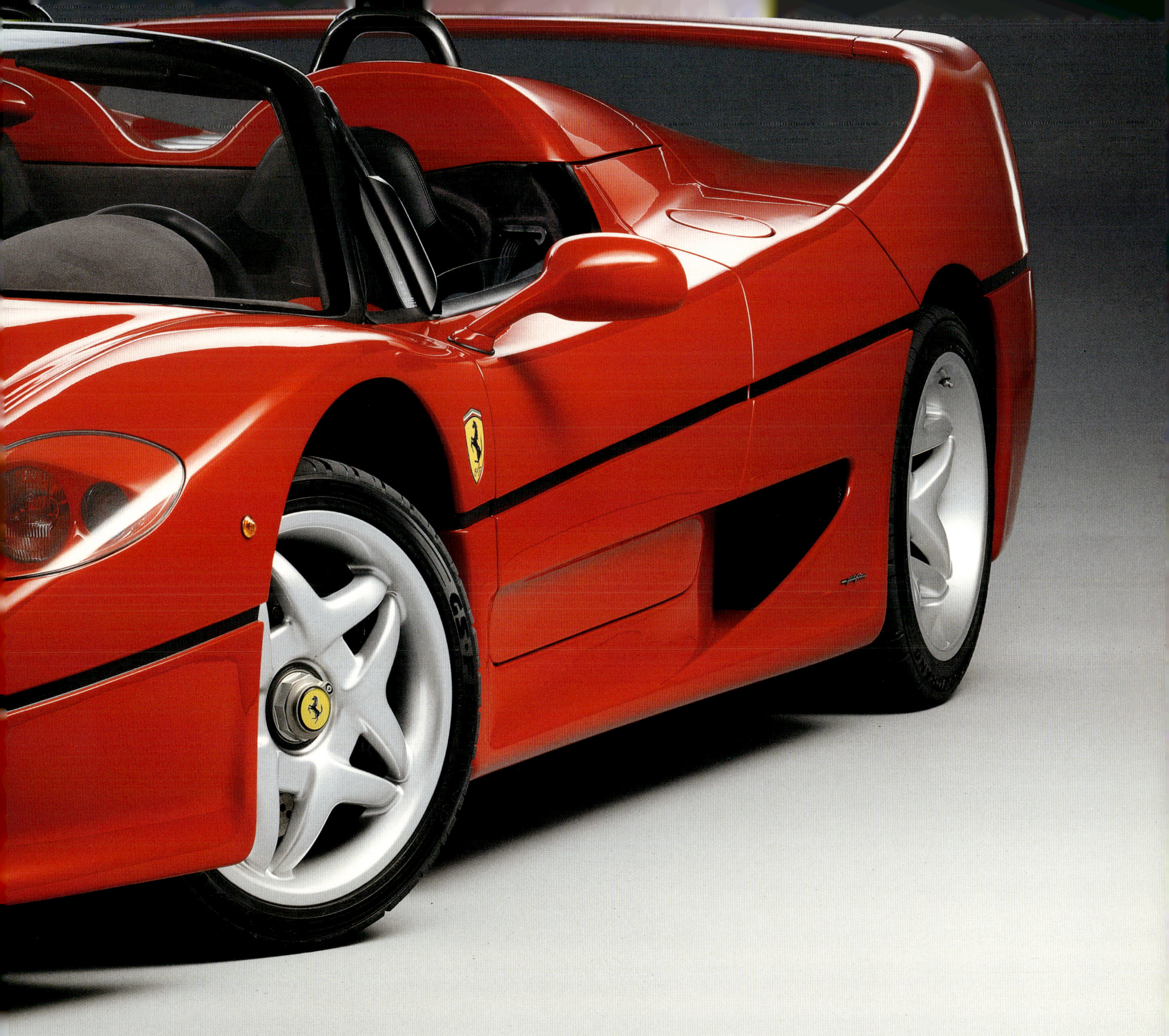

1996 新たな未来

F310でフェラーリ・デビューを飾ったミハエル・シューマッハー。94年と95年、ベネトンでドライバーズ・タイトルを獲得したチャンピオン・ドライバー。写真はニュルブルクリンク。結果は2位。ジャック・ヴィルヌーヴのウィリアムズ・ルノーとの差は0.762秒。

F310のペダルはふたつ（クラッチレバーはステアリングコラム上）。タイムラグを伴うことなく加速するため、シューマッハーは左足でブレーキ、右足でスロットルを踏む。

F310

【エンジン】軽合金製　ミドシップ縦置き　75度V型10気筒　DOHC　4バルブ　油圧タペット　点火システム：電子制御式　燃料供給：マレリ製電子制御式インジェクション　可変吸気インテーク　潤滑：ドライサンプ　オイルクーラー×2　排気量：2998cc　ボア×ストローク：90.0×47.2mm　最高出力：700ps／16500rpm（推定）　単位排気量出力：233.5ps／ℓ
【駆動形式】後輪駆動　ギアボックス：リア／6段（後に7段）　チタニウム製ギアボックス・ケース　セミオートマチック　LSD
【ホイール】軽合金　13インチ　センターノック式
【シャシー／ボディ】シングルシーター　コンポジット（カーボン＋ケブラー＋ノーメックス・ハニカム）モノコック　前：トランスバース・アーム＋プッシュロッド／コイル，テレスコピック・ダンパー　スタビライザー　後：トランスバース・アーム＋プッシュロッド／テレスコピック・ダンパー　スタビライザー　燃料タンク：ドライバーズシート後方
【ブレーキ】カーボン製ベンチレーテッド・ディスク
【ステアリング】ラック・ピニオン
【寸法／重量】ホイールベース：2990mm　トレッド（前／後）：1690mm／1605mm　全長×全幅×全高：4355×1995×970mm　重量：600kg
【性能】馬力荷重：0.857kg／ps（推定）

フェラーリにとっては、将来を決定する画期的な年となった。

スクーデリア・フェラーリは最強のドライバーを獲得する。アイルトン・セナの後継者たる資格を持つ、ミハエル・シューマッハーである。彼は26歳にして、すでに2度のワールド・チャンピオンに輝いていた。1シーズン400億リラ（約40億円）ともいわれる契約金を巡ってさまざまな憶測も流れた。しかし、それだけの価値のある投資だった。シューマッハーのモチベーションも高かったが、これは契約金のせいではない。かのフェラーリで戦うことができる――それが彼の意欲を掻き立てたのである。

シューマッハーは、チームの一員であることを強く自覚するドライバーであるうえ、高い分析能力も備えていた。この彼の性質が、マシーンの性能を高めるという共通目標に向かってチームを団結させる力となった。彼を中心として、再びシングルシーターに高い競争力を付けるための筋書き

●F1ドライバーズ・チャンピオンシップ
①デイモン・ヒル（ウィリアムズ・ルノー）
②ジャック・ヴィルヌーヴ（ウィリアムズ・ルノー）
③ミハエル・シューマッハー（F310）
⑩エディ・アーヴァイン（F310）
●F1コンストラクターズ・チャンピオンシップ
①ウィリアムズ・ルノー
②フェラーリ
③ベネトン・ルノー

●F1グランプリ
スペインGP／バルセロナ・モンテメロ
①ミハエル・シューマッハー（F310）
ベルギーGP／スパ・フランコルシャン
①ミハエル・シューマッハー（F310）
イタリアGP／モンツァ
①ミハエル・シューマッハー（F310）
●IMSA
ロード・アトランタ3時間
①モレッティ／パピス（333SP）
ライム・ロックGP
①モレッティ／パピス（333SP）
ワトキンス・グレン6時間
①モレッティ／パピス（333SP）
●アンデルストープ4時間
①オロフソン／デラ・ノーチェ（F40GTE）

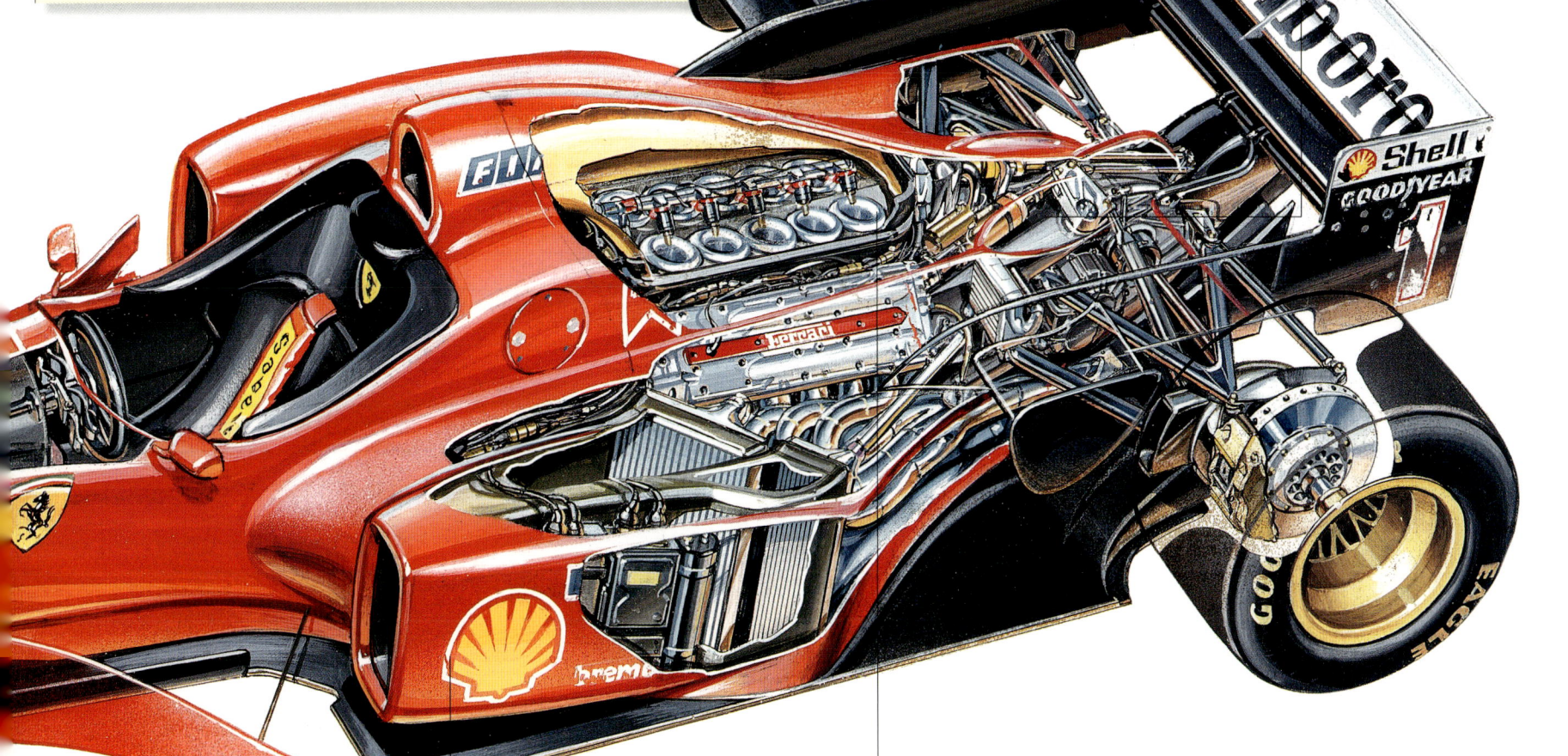

電子制御式油圧シーケンシャル・ギアボックスは横置き。超軽量チタン製ギアボックス・ケースを持つ。最初は6段、その後7段。

サイドポンツーンが持ち上がり、二重構造の底面を完全にフラットにすることができ、空力が向上した。

046エンジンはフェラーリ史上初のV型10気筒エンジン。V12に比べ、よりコンパクトで軽量。長さはわずか580mm。重量は120kg。

75度V10の"透視図"。クランクケースとヘッドは軽合金製。出力（推定）は700ps／16500rpm。信頼性はまだ充分とはいえず、フランス／イタリアGPでピストンが破損。

が出来上がっていったのである。

しかし、その時点ではすでに96年用マシーン、F310は完成しており、エンジン・ナンバー046を持つ75度V10が搭載されていた。V12が、そのディメンションの大きさと燃費の悪さにより却下されたとき、反射的にジョン・バーナードの頭に浮かんだのは小型で軽量な8気筒だったのだが、このアイデアを排除し、10気筒を推したのはジャン・トッドである。勝利を重ねるルノーやホンダが10気筒を採用していたせいでもあるが、なによりF1には10気筒の風が吹いていた。

公表された046の出力は"600ps以上"だが、おそらく700ps前後は発揮していただろう。しかしシューマッハーがこだわったのは、パワーではなく信頼性だった。「今は15〜20ps減ったところで問題ではない。大切なことは完走することだ」

ギアボックスはチタニウム製で6／7段の横置きだが、よりコンパクトになった。クラッチの操作は手で行なう（ペダルはなくなった）。ステアリングホイールとダッシュボード上には、たくさんのインストゥルメント類やスイッチ類が並んだ。F310のエアロダイナミクス・プロジェクトはフェラーリ独自に行なわれた。成功とは言いがたかっ

1996 | Ferrari | 199

550マラネロ。スポーティ・グラントゥリズモの伝統であるロード&サーキットの融合がデザインにも見られる。V12エンジンはフロントに搭載。

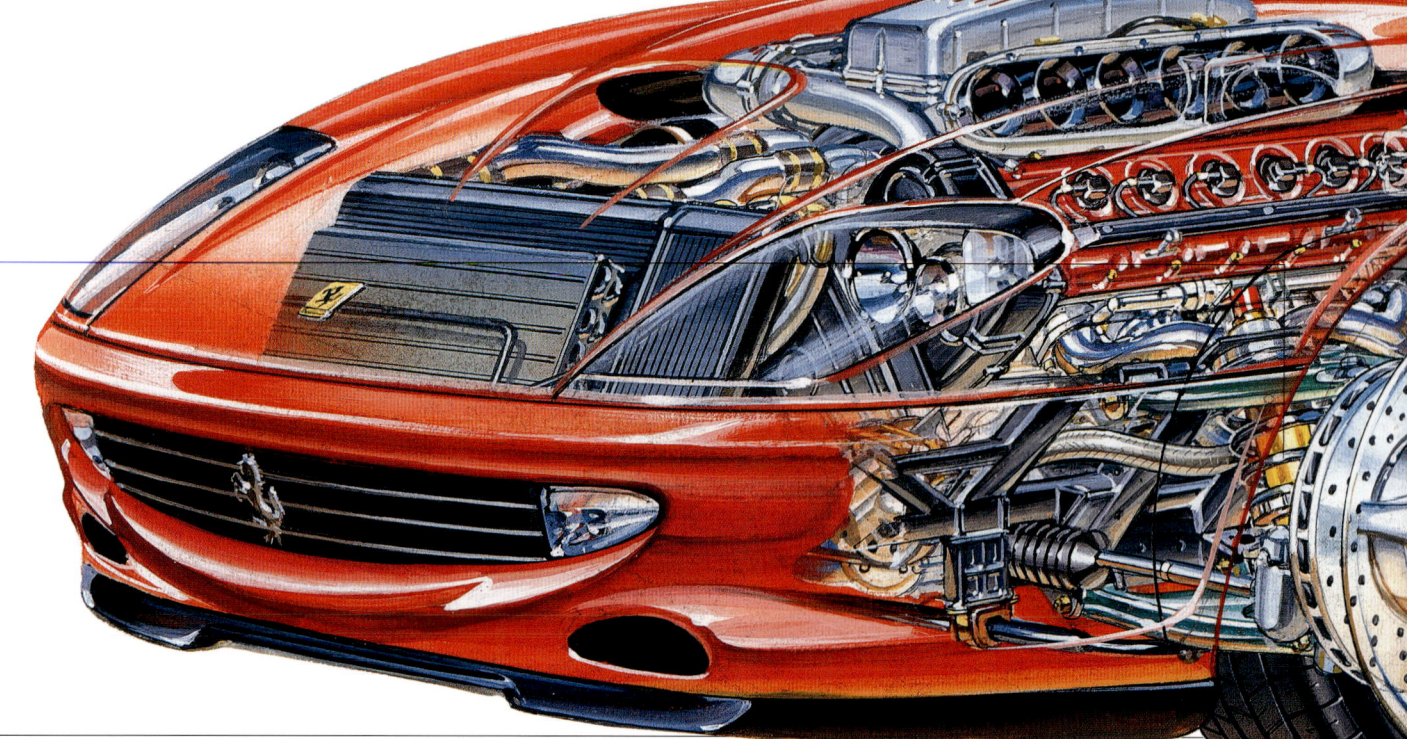

電子制御システムは道路状況やスロットル開度、ステア角、ブレーキングを考慮し、ダンパーの減衰力を調節する。

下："レトロ"なスタイルの2シーター・スポーツのダッシュボード。しかし、最新式のエアコンやオーディオなどが装備されている。

た1992年マシーン、F92Aのダブルデッカー・コンセプトが一部取り入れらており、形がよりシンプルで効率的になった点が新しい。サイドポンツーンが少し持ち上げられて、フロント部分が浮き上がっているが、そこで生じた隙間を利用して、グラウンドエフェクトを高めるのが目的だった。

■復調を見せたシーズン

　シューマッハのチームメイトには違いないが、あくまでナンバー2と明確に規定されたドライバーには、アイルランド人のエディ・アーヴァインが選ばれた。シューマッハは攻撃的なドライビングでポール・ポジションも獲得し、表彰台のトップにも立った。F310も、徐々にではあるが、信頼性を高めていった。

　最終結果は悲喜こもごもであった。6回のリタイアはあったものの、シューマッハーは5回のポールポジションを獲得、7回表彰台に上がり、そのうち3回は優勝している。コンストラクターズ部門では、フェラーリは2位であった。

■マラネロの情熱

　グラントゥリズモでは、テストロッサの

アルミ製ボディに溶接されたスチール・チューブラー・フレーム。2種類の異なる金属を溶接するために特殊素材フェランが使用され、剛性を高めている。

電子制御式ZF製サーボトロニックはハイパワーなフロントエンジン車であるにもかかわらず、安定して正確なハンドリングを実現している。

右：フィオラーノでテストされる550マラネロ。ミドシップエンジンのF512Mに対し、フロントV12であるにもかかわらずコーナリング性能が高く、1周で3秒の差をつけた。

550マラネロ

【エンジン】 軽合金製　フロント縦置き　65度V型12気筒　DOHC　4バルブ　ツインベルト駆動　燃料供給：電子制御式マルチポイント・インジェクション　ボッシュ・モトロニックM5.2　潤滑：ドライサンプ　排気量：5474cc　ボア×ストローク：88.0×75.0mm　最高出力：485ps/7000rpm　単位排気量出力：88.6ps/ℓ
【駆動形式】 後輪駆動　ギアボックス：トランスアクスル／6段　LSD
【タイア】 前：255/40ZR18　後：295/35ZR18
【シャシー／ボディ】 2シーター・クーペ　アルミ製ボディ（デザイン：ピニンファリーナ）　チューブラー・フレーム　前後：ダブルウィッシュボーン／コイル，電子制御可変式テレスコピック・ダンパー　スタビライザー　燃料タンク：ドライバーズシート後方（容量：114ℓ）
【ブレーキ】 ベンチレーテッド・ディスク　サーボ　ABS
【ステアリング】 ラック・ピニオン　電子制御速度感応式油圧パワーステアリング
【寸法／重量】 ホイールベース：2500mm　トレッド（前／後）：1632mm／1586mm　全長×全幅×全高：4550×1935×1277mm　重量：1690kg
【性能】 最高速度：320km/h　馬力荷重：3.48kg/ps

456GTと比べてホイールベースは100mm短縮されている。エンジンとシートが後ろに下げられたが、トランスアクスルは456GTを踏襲。重量配分はリアが52％。

550マラネロは優れたエアロダイナミクスによって、どのようなコンディションにおいても安定したハンドリングを提供する。

最終版であるF512Mがその役目を終え、新たに550マラネロというモデルが登場する。メディアばかりでなく、フェラリスタにも向けてニュルブルクリンクで行なわれた550マラネロのプレゼンテーションには、シューマッハーも立ち会った。

大排気量を備えたフロントエンジンの12気筒という、フェラーリのスポーツ・グラントゥリズモの伝統の復活である。4シーターの456GTのメカニズムに最新技術を盛り込み、コンパクトな2シーター・クーペに仕上げた。エンジン（485ps）のポジションはフロント・ミドシップとなり、重量配分は若干リアに偏っているものの（リアに52％）、優れたコーナリングを実現している。デザインはピニンファリーナが受け持ち、ソフトで包みこむような全体のライン、それでいてすっきりとした、クラシックとモダーンがバランス良く融合したスタイリングに仕上げられた。

一方で456GTはさらに"ロード・バージョン"としての快適性を高めることになる。新しくオートマチックが採用された456GTAの登場である。この手の"怠け者"向けギアボックスを採用したモデルでは、初めて最高速度が300km/hに達した。

1997 勝利の方程式

●F1ドライバーズ・チャンピオンシップ
①ジャック・ヴィルヌーヴ（ウィリアムズ・ルノー）
②ハインツ・ハラルド・フレンツェン（ウィリアムズ・ルノー）
③デイヴィド・クルサード（マクラーレン・メルセデス）
⑦エディ・アーヴァイン（F310B）
注：ミハエル・シューマッハー（F310B／ポイント上は2位）資格剥奪

●F1コンストラクターズ・チャンピオンシップ
①ウィリアムズ・ルノー
②フェラーリ
③ベネトン・ルノー

●F1グランプリ
モナコGP／モンテカルロ
①ミハエル・シューマッハー（F310B）
カナダGP／モントリオール
①ミハエル・シューマッハー（F310B）
フランスGP／マニクール
①ミハエル・シューマッハー（F310B）
ベルギーGP／スパ・フランコルシャン
①ミハエル・シューマッハー（F310B）
日本GP／鈴鹿
①ミハエル・シューマッハー（F310B）

●IMSA
セブリング12時間
①エヴァンス／ヴェレツ／ダルマス／ヨハンソン（333SP）
ライム・ロックGP
①モンテルミニ／ヘルマン（333SP）
モスポート2時間
①モーガン／フェロウ（333SP）
パイクス・ピーク2時間
①モンテルミニ／ヘルマン（333SP）
セブリング・オクトーバー・フェスト2時間
①モンテルミニ／ヘルマン（333SP）
ゾルダー・レース
①ライエンハルト／セイス（333SP）

355F1ベルリネッタ。オートマチック・モードも備えた電子制御油圧セミオートマチックを装備。F1同様、ステアリングコラムに備わったパドルでシフト操作する。

ほっそりしたF310Bのボディ。アンダーボディのエアフローを良くするためにノーズが上がっている。これによりグラウンドエフェクトが大幅に改善した。

ノーズを中心に、フロント部分は細くなりつつ上がっている。必然的に操作ペダルとフットレストも高い位置に移動した。

この年も重要な1年だった。後年に得る成功と栄光の基盤を作った年だからである。

モンテゼーモロの最終決断により、ジャン・トッドがチームのすべてを率いることになる。2月にはジョン・バーナードが解雇された。そのため、イギリスとイタリアに分かれていたスポーツ部門はマラネロで一括して運営されることになる。

そのマラネロでは新しい風洞実験室の建設が始まっていた。レンツォ・ピアノの設計による施設は、この分野の最新技術が満載された風洞となる予定だった。いっぽう、ジャン・トッドは鍵となる技術部門にふたりの精鋭を招聘する。イギリス人エンジニアのロス・ブラウン（43歳）をディレクターに、南アフリカ出身のロリー・バーン（53歳）をシャシー／エアロダイナミクス部門の責任者に任じた。いずれもベネトンでシューマッハーがタイトルを獲得した94／95年に、一緒に仕事をした技術者であった。

■ワンステップごとの革新

新しいシングルシーターを手掛けたのはジョン・バーナードで、F310Bと名づけられたマシーンは、前年モデルとは異なる設計コンセプトを持つ。ボディは驚くほどスリムで、高く持ち上げられたノーズを特徴とし、ボディ全体がウィングの効果を最大限に引き出すようデザインされている。しかし、シーズン序盤は効果が上がらず苦戦する。バーナードなら「急がされたことが原因だ」とフェラーリ・サイドを責めるところだが、ブラウンとバーンの"デュオ"は冷静に対処した。シーズン中にエクステリアを中心とした手直しを加えたのだ。

今回ばかりはエンジンに絶対的な改良が必要だった。新しいV10、046/2は超高回転型だったが（17500rpmで、出力は700psをはるかに超えていた）、不幸にもそのことがト

ノーズコーンから一体で連なるフロントセクションは、リアウィングの効果を引き出すために滑らかである。ホイールベースは350mm延長された。

新しい046/2はV10エンジン。クランクケースはアルミ合金製で、シリンダーライナーにシリコン合金とマグネシウムを採用。

ドライバーのポジションは沈んだ格好になる。寝そべったスタイルで足が上がっている。重心は低く、フロント部分が小さくなった。

ラブルの原因となり、シーズン当初、フェラーリは前年の046/1で走らざるをえなかった。しかし、エンジニアたちの必死の努力の結果、数ヵ月後には改良なったエンジンとギアボックスに信頼性が戻ってきた。

■タイトル

ミハエル・シューマッハーにとってフェラーリでの2度目のシーズン、すべてが好転しはじめた。F310Bは次第に戦闘力を高め、彼の類い稀なるドライビング・テクニックと驚異的な集中力で、前年度チャンピオン、ウィリアムズ・ルノーを攻めたてた。リタイアは4回に減り、代わりに優勝が増えた（5回）。彼の上を行ったのはジャック・ヴィルヌーヴのみで、彼は7回優勝していた。

ヘレス（ヨーロッパGP）での最終戦で、フェラーリは3ポイント差に迫っていた。勝てればシリーズ優勝という、その48周目、シューマッハーはトップを走っていた。しかし、後ろに付けていたヴィルヌーヴが、突然、追い越しをかける。シューマッハーはこの思いがけないアクションに、咄嗟にステアリングを切りブロックした。これが致命的なミスとなった。しかも2倍になって返ってきた。自らはコースアウトしたうえ（ヴィルヌーヴはレースを続行、この時点でチャンピオンが決定）、このことをスポーツマンシップに反する行為だと判断したFIAから、1997年シーズン失格という重いペナルティを課されてしまったのである。これまでのポイントはすべて剥奪された。

■ロードバージョンのF1

グラントゥリズモのニュースはひとつのみで、ベルリネッタ355F1がデビューする。そう名づけられたのは、F1で使われていた電子制御式セミオートマチック・トランスミッションが採用されたためであった。

ヘレスでのヨーロッパGP、ミハエル・シューマッハーはジャック・ヴィルヌーヴのウィリアムズにぶつかる。この年の戦いは、このフェラリスタの資格剥奪という結果で幕を閉じた。

1997 Ferrari 203

1998 前進

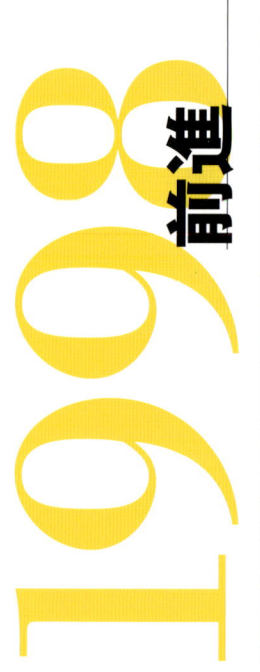

上：F300のコクピットに収まるミハエル・シューマッハー。コマンド類や計器類はステアリングホイール上にある。

205ページ：F300で優勝するたび、シューマッハーはスタッフが待機するコース脇のボックス近づき、感謝の意を示した。この年は6回、こんな熱い光景が見られた。

高いノーズと低い重心。これがここ数年のフェラーリのスタイルとなった。この時点ではバランスをとるバラストは約20kgに制限されていた。

　F1の世界では、性能に関連する技術に新しいレギュレーションが課された。

　スリックタイアが禁止となり、溝付きのグルーブドタイアに変更となった。タイアの接地面積を減らすための措置で、これに伴いトレッドは200mm狭められ、フロント部分は前面投影面積が20％削減された。

　悪影響を最低限に抑えるために、すべてのコンストラクターは設計を一から見直すことになった。フェラーリについて言えば、ロリー・バーンとロス・ブラウンが設計する初めてのフェラーリで走らなければならないという、二重のリスクを背負うこととなる。ミハエル・シューマッハーのドライビング能力に合わせて仕上げられたF300は、コーナー進入時に正確にすばやく適応できるレスポンスの良さがポイントだった。

　F300では軽量化もまた、重要な要素となった。アンダーボディのバラストを低重心化と回転モーメントの低減を最大限に引き出すために活用したのである。F300の新しいV10、"047"（700ps以上）にもこのコンセプトが採用された。バンク角は75度から80度となり、シャフトの位置が下げられた。エンジンの重心も150mm低くなっている。この時点ではまだ新しい風洞は完成しておらず、バーンはこれを試すことはできなかった。にもかかわらず、F300のエアロダイナミクスが上々だったのは、ノーズを上げたことと、ほっそりしたサイドの効果といえる。

　スパとモンツァという、スピードの高いふたつのサーキットでは、2950mmから3080mmにホイールベースを延長したマシーンが使用された。

■新たな敵

　F300の優秀性を本能的に感じ取ったミハエル・シューマッハーは、闘争心をさらに

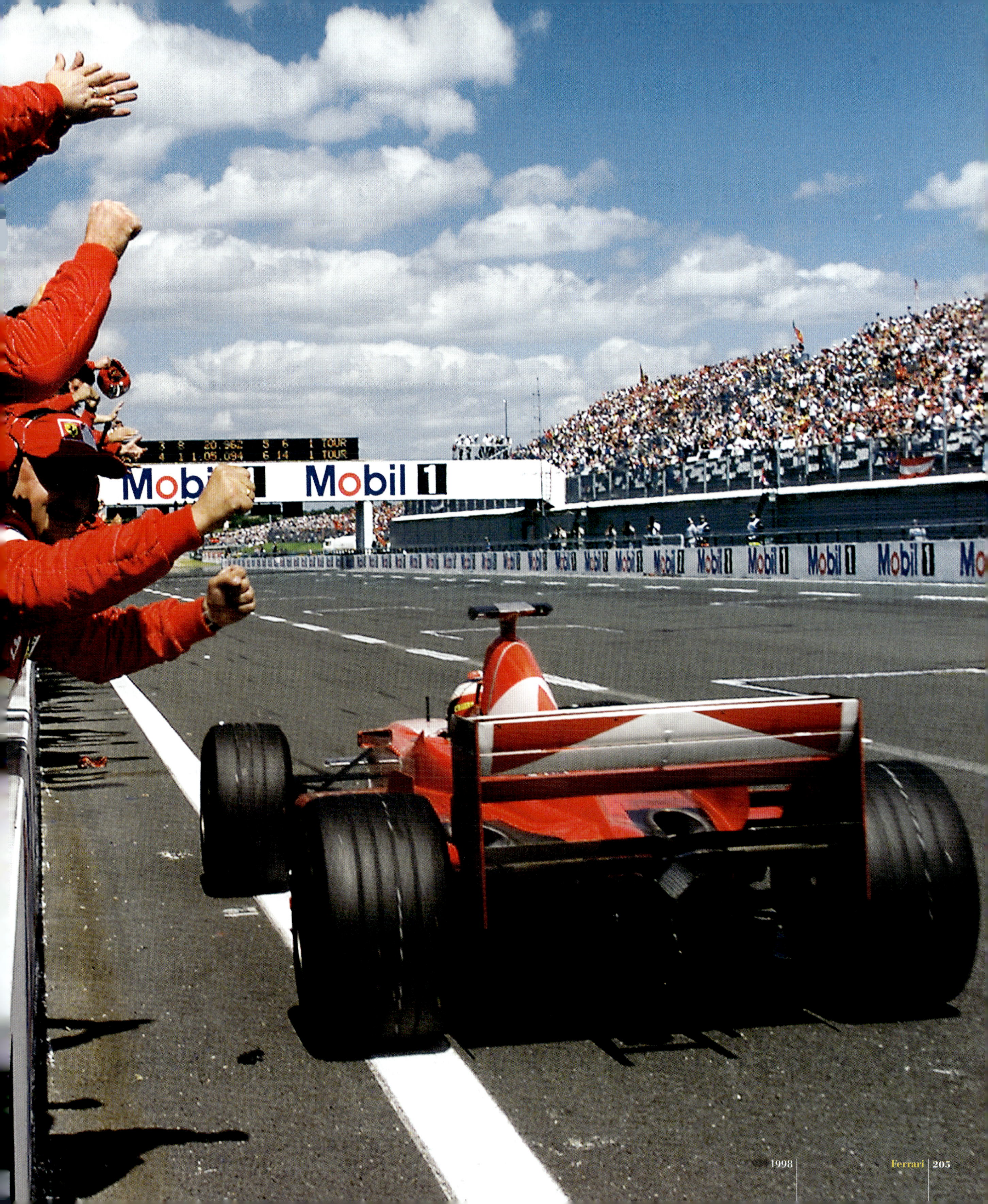
4 1 1.05.094 6 14 1 TOUR
Mobil 1

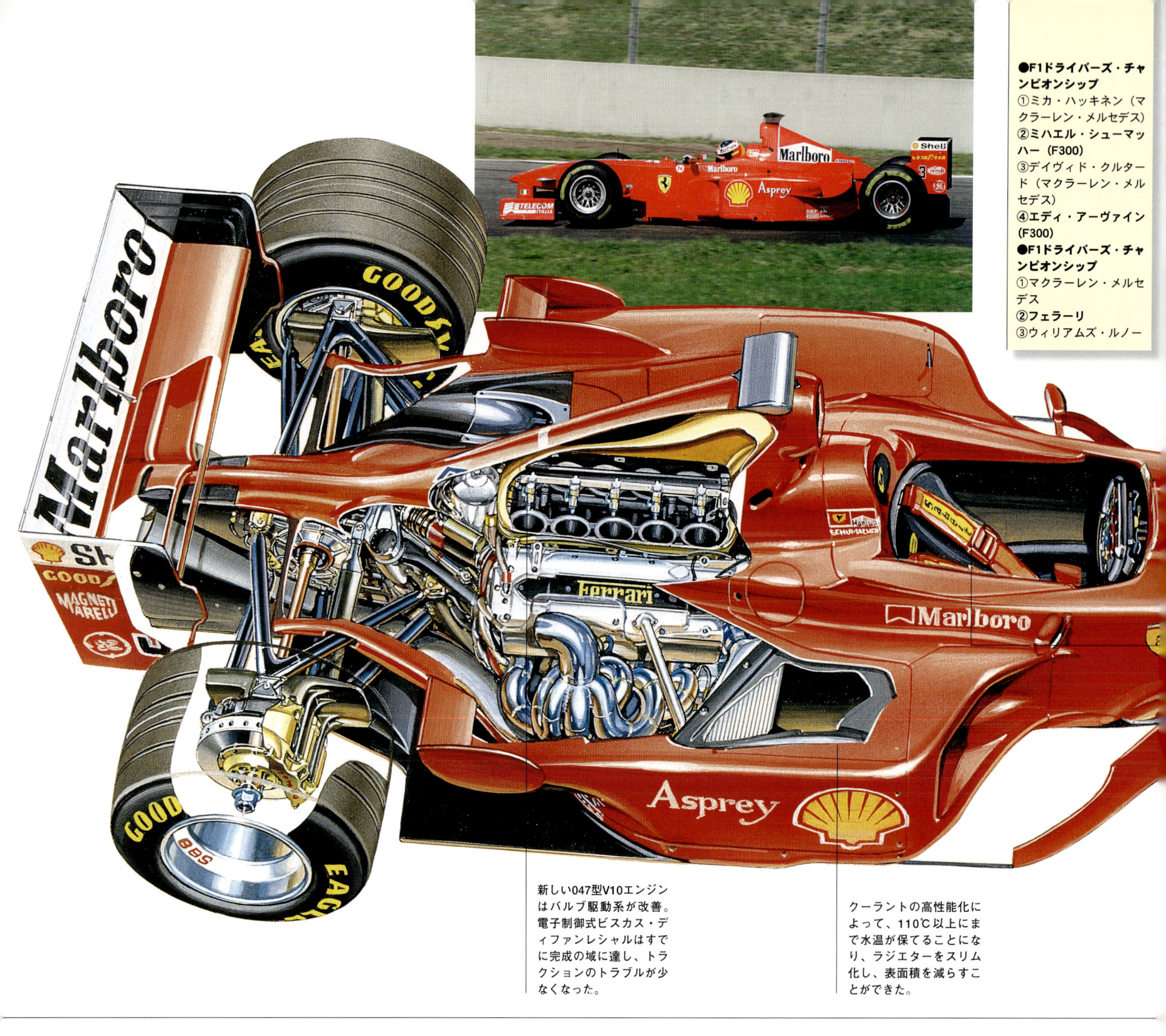

●F1ドライバーズ・チャンピオンシップ
①ミカ・ハッキネン（マクラーレン・メルセデス）
②ミハエル・シューマッハー（F300）
③デイヴィド・クルタード（マクラーレン・メルセデス）
④エディ・アーヴァイン（F300）

●F1ドライバーズ・チャンピオンシップ
①マクラーレン・メルセデス
②フェラーリ
③ウィリアムズ・ルノー

新しい047型V10エンジンはバルブ駆動系が改善。電子制御式ビスカス・ディファンレシャルはすでに完成の域に達し、トラクションのトラブルが少なくなった。

クーラントの高性能化によって、110℃以上にまで水温が保てることになり、ラジエターをスリム化し、表面積を減らすことができた。

高めた。信頼性にも問題はなかった。

しかし、またしても強力なライバルが出現する。ウィリアムズ以上に手強い相手、マクラーレン・メルセデスである。彼らはレギュレーションに適応したシャシーを最高に仕上げてきており、エンジンもとても軽く仕上げられていた（107kg）。その恐るべき出力（800ps）のマシーンに乗るのはミカ・ハッキネンで、いきなり多くのドライバーをごぼう抜きする鮮烈なデビューを飾ったフィンランド人ドライバーである。結果、彼は8戦に勝利してタイトルを獲得する。このシーズン、互角に戦えたのはシューマッハーだけだった。彼は6回優勝したが、2度の不運に見舞われた。激しい雨の降るスパ・フランコルシャンでの中盤、トップを快走していたシューマッハーは追い越しの際に、急ブレーキを掛けたクルタードのメルセデスを避けきれず衝突してしまい、リタイアを喫する。また、鈴鹿でもタイヤがバーストしてリタイアを余儀なくされたのだった。

■高められた快適性

グラントゥリズモでは456GTとGTA（オートマチック）の進化モデルが発表された。エレガントでパワフルな4シーター・クーペのフロントには、大排気量（5.5ℓ）のV12エンジンが置かれた。2年にわたって好調な販売（生産は1日1台）を続けたモデルがさらにモダーンになり、新しく456M GT、456M GTAとして登場した。MはModified（改良）を意味し、フェラーリの伝統に沿った呼び名である。エアロダイナミクス関連（可変式アンダースポイラーが廃され、空力を見直すためにアンダーボディがリデザインされた）の向上と、居住性をさらに改善することが課題だった。出力（442ps）に変化はなかったが、V12エンジンは点火

206 | Ferrari | 1998

●F1グランプリ
アルゼンチンGP／ブエノス・アイレス
①ミハエル・シューマッハー（F300）
カナダGP／モントリオール
①ミハエル・シューマッハー（F300）
フランスGP／マニクール
①ミハエル・シューマッハー（F300）
イギリスGP／シルヴァーストーン
①ミハエル・シューマッハー（F300）
ハンガリーGP／ハンガロリンク
①ミハエル・シューマッハー（F300）
イタリアGP／モンツァ
①ミハエル・シューマッハー（F300）

ドライバーズシートはさらに沈んだ。ヘッドレストが後退し、ドライバーはより寝そべるようなスタイルを強いられる。

456M GTの2＋2クーペ。室内の遮音装備や操作類の改良、サスペンションの仕様変更など、快適性を高めるための手直しが施された。

下：『クワトロルオーテ』と『カー＆ドライバー』の主催で、この年の10月、オハイオ（アメリカ）のサーキットを550マラネロが走った。3つの世界記録を達成。100kmの平均速度、304.138km/h。100マイル、306.037km/h、1時間では296.168km/h。

の順番を変えることで（旧型1-12-5-8-3-10-6-7-2-11-4-9から、1-7-5-11-3-9-6-12-2-8-4-10とされ、より高回転に適するようになった）、ドライバビリティがより優れたものになった。
　エクステリアでの違いはフロントフードとフロントバンパー、リアバンパーが変更となったことである。フロントフード上に備えられていたエアアウトレットが廃され、より滑らかなラインになっている。また、フロントフードをカーボンファイバーおよびケブラー製にしたことで、11kgの軽量化が達成された。

F300

【エンジン】軽合金製　ミドシップ縦置き　80度V型10気筒　DOHC　4バルブ　油圧タペット　ギア駆動　点火システム：電子制御式　燃料供給：マニエッティ・マレリ製電子制御式イグニッション　可変吸気インテーク　潤滑：ドライサンプ　オイルクーラー　排気量：2997cc　ボア×ストローク：95.0×42.3mm（推定）　最高出力：770〜780ps／17500rpm（推定）　単位排気量出力：256.9〜260.3ps/ℓ（推定）
【駆動形式】後輪駆動　ギアボックス：リア／シーケンシャル7段　電子制御式セミオートマチック（パドルシフト）　LSD
【ホイール】軽合金製　13インチ
【シャシー／ボディ】シングルシーター　コンポジット（カーボン＋ケブラー＋ノメックス・ハニカム）モノコック　前：トランスバース・アーム＋プッシュロッド／コイル，テレスコピック・ダンパー　スタビライザー　後：トランスバース・アーム＋プッシュロッド／コイル，テレスコピック・ダンパー　スタビライザー　燃料タンク：ドライバーズシート後方（容量142ℓ）
【ブレーキ】カーボン製ベンチレーテッド・ディスク
【ステアリング】ラック・ピニオン
【寸法／重量】ホイールベース：2953mm　トレッド（前／後）：1490mm／1405mm　全長×全幅×全高：4340×1795×961mm　重量：600kg（ドライバー乗車時）
【性能】最高速度：340km/h　馬力荷重：0.769〜0.779kg/ps（推定）

1999 技術の勝利

ホイールベースはF300の2953mmに対し、延長されている。エンジン、燃料タンク、ドライバーの着座位置を前方向に移動することによって、ヨー・モーメントが低減。

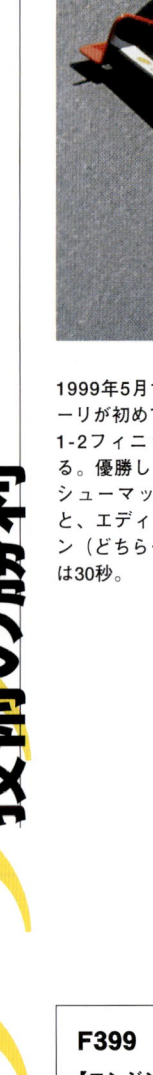

1999年5月16日、フェラーリが初めてモナコGPで1-2フィニッシュを決める。優勝したミハエル・シューマッハー（写真）と、エディ・アーヴァイン（どちらもF399）の差は30秒。

F399のボディ上に置かれたエグゾーストが目につく。これによって膨らみを帯びていたサイド部分をぐっと引き締めることができた。

シャシーの多くのコンポーネンツは重心を下げるために配置が変更された。ダンパー（1本380g）は上部に対し、水平ではなくセンターに垂直に配置されている。

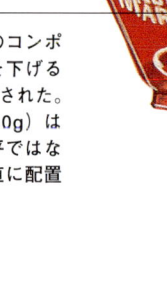

F399

【エンジン】 軽合金製　ミドシップ縦置き　80度V型10気筒　DOHC　4バルブ　油圧タペット　ギア駆動　点火システム：電子制御式　燃料供給：マネッティ・マレリ製デジタル・電子制御式インジェクション　可変吸気インテーク　潤滑：ドライサンプ　オイルクーラー　排気量：2997cc　ボア×ストローク：96.0×41.4mm　最高出力：770〜780ps／17500rpm（推定）　単位排気量出力：256.9〜260.3ps／ℓ（推定）

【駆動形式】 後輪駆動　ギアボックス：リア／シーケンシャル7段　電子制御式セミオートマチック（パドルシフト）　LSD

【ホイール】 軽合金製　13インチ　センターノック式

【シャシー／ボディ】 シングルシーター　コンポジット（カーボンファイバー／ケブラー／ノーメックス・ハニカム）モノコック　前後：トランスバース・アーム＋プッシュロッド／コイル，テレスコピック・ダンパー　スタビライザー　燃料タンク：ドライバーズシート後方

【ブレーキ】 カーボン製ベンチレーテッド・ディスク

【ステアリング】 ラック・ピニオン

【寸法／重量】 ホイールベース：3000mm（後に3052mm）　トレッド（前／後）：1490mm／1405mm　全長×全幅（タイア両側間）×全高：4387×1795×961mm　重量：600kg

【性能】 最高速度：351km/h　馬力荷重：0.769〜0.779kg/ps（推定）

この年は、F1の世界に新しいレギュレーションは導入されなかった。唯一のニュースはグッドイヤーの撤退である。これにより全チームにブリヂストンのタイアが供給されることとなった。

新しいレギュレーションが追加されなかったため、ロリー・バーンとロス・ブラウンは前年モデルを完璧に仕上げる方向で新しいF1マシーン、F399に取り組んだ。まずは軽量化である。モノコックの重量を前年モデルに比べて20kg減らし、重心を下げるためにバラストを40kg増やした。また、サイドポンツーンやリアアップスイープの形状を変更することでエアロダイナミクスも改善している。

エンジンとシャシーに代表される技術各部門は、スタッフが強い絆のもとに協力しながら作業が進められた。90度V10、048型エンジンは、マルティネッリとフランス人エンジニア、ジル・シモン（ジャン・トッド同様、元プジョー）が設計を担当する。重心はさらに低くなり、クランクシャフトもまた5mm下げられ、5％の軽量（およそ6kg）に成功した。すでに昨年のモデルで最大に達していたパワーはそのままだが、扱いやすくなっている。ドライバビリティ

●F1ドライバーズ・チャンピオンシップ
①ミカ・ハッキネン（マクラーレン・メルセデス）
②エディ・アーヴァイン（F399）
③ハインツ-ハラルド・フレンツェン（ジョーダン無限）
⑤ミハエル・シューマッハー（F399）
●F1コンストラクターズ・チャンピオンシップ
①フェラーリ
②マクラーレン・メルセデス
③ジョーダン無限

●F1グランプリ
オーストラリアGP／メルボルン
①エディ・アーヴァイン（F399）
サンマリノGP／イモラ
①ミハエル・シューマッハー（F399）
モナコGP／モンテカルロ
①ミハエル・シューマッハー（F399）
オーストリアGP／A1リンク
①エディ・アーヴァイン（F399）
ドイツGP／ホッケンハイム
①エディ・アーヴァイン（F399）
マレーシアGP／セパン
①エディ・アーヴァイン（F399）

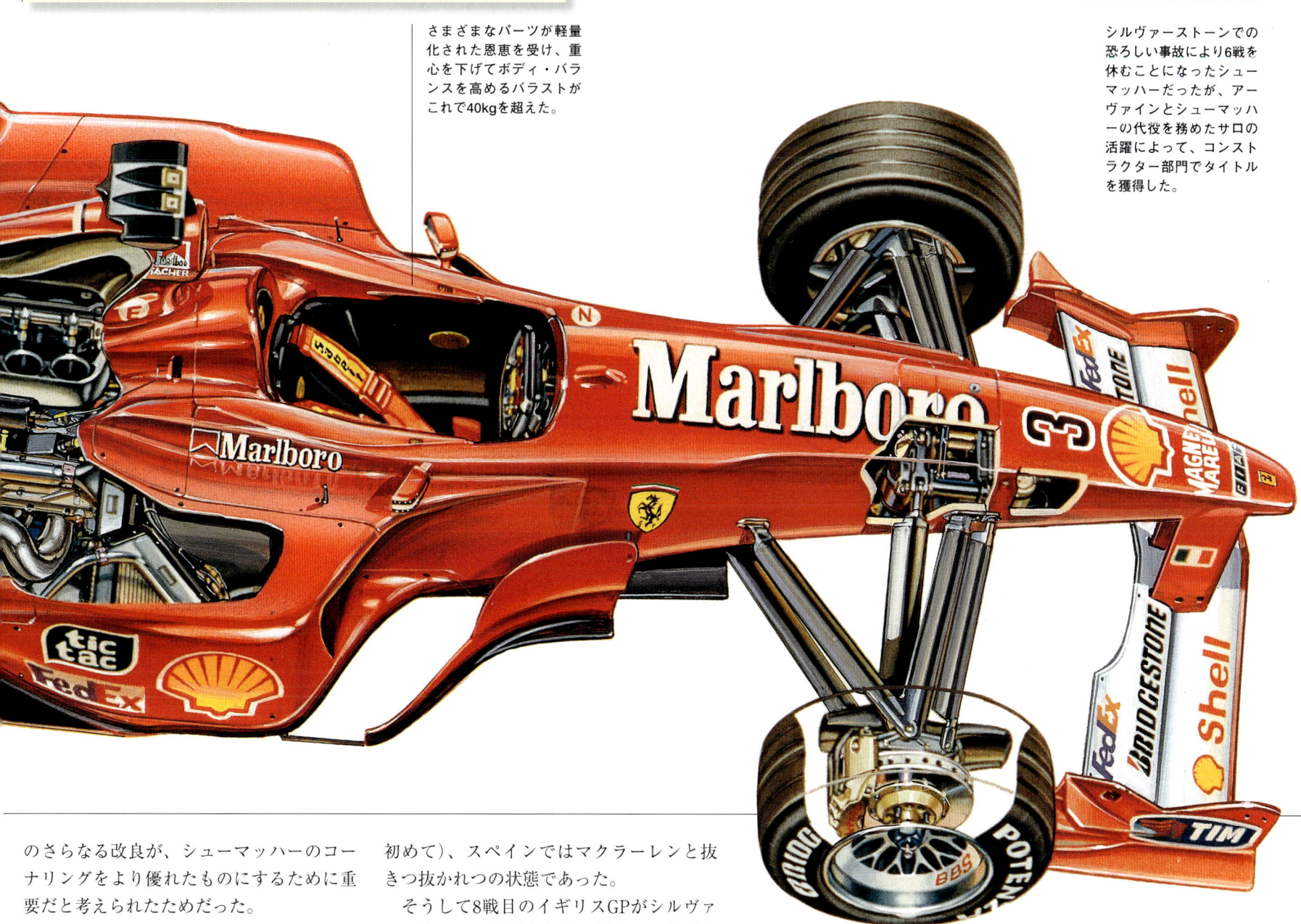

さまざまなパーツが軽量化された恩恵を受け、重心を下げてボディ・バランスを高めるバラストがこれで40kgを超えた。

シルヴァーストーンでの恐ろしい事故により6戦を休むことになったシューマッハーだったが、アーヴァインとシューマッハーの代役を務めたサロの活躍によって、コンストラクター部門でタイトルを獲得した。

のさらなる改良が、シューマッハーのコーナリングをより優れたものにするために重要だと考えられたためだった。

■心高鳴るシーズン

F399の戦闘力は高かったが、マクラーレン・メルセデスMP4/14も同様に強かった。

最初のグランプリが開催されたオーストラリアで、シューマッハーはメカニカル・トラブルに見舞われたが、代わってアーヴァインが優勝する。次のレースではハッキネンが優勝、次はシューマッハー、続けてフェラーリが1-2フィニッシュ（モナコでは初めて）、スペインではマクラーレンと抜きつ抜かれつの状態であった。

そうして8戦目のイギリスGPがシルヴァーストーンで開催された。運命のいたずらと言うほかはないだろう。ブレーキのたった1本のビスが原因で、300km/hで走行中だったシューマッハーがコースアウトしてしまう。そして激しく衝突するが、しかし、ドライバーの負った怪我が右足の骨折だけで済んだのは、奇跡としか言いようがなかった。いずれにせよ入院治療のため、その後の6つのグランプリをシューマッハは見送った。フェラーリは彼の代役として、一時的に別のドライバーを採用する。その役には"失業中"のドライバー、ミカ・サロに白羽の矢が立った。いっぽう、アーヴァインはその後、3戦で勝利する。オーストリアGP（A1リンク）とドイツGP（ホッケンハイム）ではトップで走っていたミカ・サロがアーヴァインを勝たせるために自分を抜かせ、そしてマレーシアでは復活したシューマッハーがチームのことを考え、ア

1999　Ferrari　209

360モデナ

【エンジン】軽合金製　ミドシップ縦置き　90度V型8気筒　DOHC　5バルブ（可変バルブ）　点火装置：ボッシュ製電子制御式　燃料供給：電子制御式マルチポイント・インジェクション　ボッシュ・モトロニックME7.3　可変吸気バルブ　電子制御式スロットル　潤滑：ドライサンプ　排気量：3586cc　ボア×ストローク：85.0×79.0mm　最高出力：400ps／8500rpm　単位排気量出力：111.54ps／ℓ
【駆動形式】後輪駆動　ギアボックス：リア／6段　LSD　ASR（トラクション・コントロール）　MSR（エンジン・ドラッグ・トルク制御）
【タイア】前：215/45ZR18　後：275/40ZR18
【シャシー／ボディ】2シーター・クーペ　アルミ製ボディ（ピニンファリーナ・デザイン）　アルミ製チューブラー・フレーム　前後：ダブルウィッシュボーン／コイル，テレスコピック・ダンパー　スタビライザー　燃料タンク：ドライバーズシート後方（容量：95ℓ）
【ブレーキ】ベンチレーテッド・ディスク　サーボ　ABS　EBD（電子制御式制動力配分装置）
【ステアリング】ラック・ピニオン
【寸法／重量】ホイールベース：2600mm　トレッド（前／後）：1669mm／1617mm　全長×全幅×全高：4477×1922×1214mm　重量：1390kg
【性能】最高速度：295km/h　0－100km/h：4.5秒　馬力荷重：3.47kg/ps

ーヴァインにコースを譲ったのだった。
　最終戦が行なわれた鈴鹿では、事故によってアーヴァインがリタイアし、2ポイント差でハッキネンが2年連続2度目のドライバーズ・タイトルを獲得した。フェラーリはしかし、コンストラクターズ部門では優勝を遂げた。返す返すも惜しまれるのは、シューマッハーの事故がなければ、ドライバー／コンストラクター双方のタイトルを、フェラーリが獲得していただろうということである。

■8気筒のイノベーション
　グラントゥリズモに、また1台の新たなるクルマが誕生した。その名を360モデナという。F355ベルリネッタの後継となるこのモデルは、きっぱり過去と決別し、まったく新しいコンセプトを持った21世紀向け

右：21世紀を担うニューモデル、360モデナは、居住空間が広く、ボディサイズが大きいにもかかわらず軽量化が進んでいる。

下：（シャシー同様アルミ製の）ボディはピニンファリーナ・デザイン。センターグリルが廃され、ラジエターグリルが左右に分割。

革新的"スペースフレーム"シャシー。アルミ製。

F1同様360モデナのフラットなアンダーボディは、リアのディフューザーまで続く。これにより空力性能が向上。

室内も新しく、広々とした空間がひろがる。リアにはカバンを置くスペースが確保されている。ステアリングコラムにF1タイプのパドルシフトが設置されている。

の、90度V8エンジンをミッドシップに縦置きしたベルリネッタである。

360モデナはフェラーリにとって、かつて手掛けたことのないタイプのモデルだった。サスペンションはシャシー同様、すべてアルミニウム製である。ピニンファリーナが担当したエクステリア・デザインも実に革新的で、流れるようなすっと伸びるラインは風洞実験を使った研究の成果といえよう。伝統のセンターグリルは廃され、代わりに、左右に分かれたラジエターグリルが設けられた。

アンダーボディはカバーリングされ、リアのディフューザーまで続く。これによって目障りなウィングやスポイラーを装着することなく、すばらしいグラウンドエフェクトを実現している（290km/hでの荷重は200kg）。3.6ℓ V8エンジンはリアハッチを通してその姿を見ることができるが、これはもちろんピニンファリーナの裁量である。6段ギアボックスは、横置きではなく縦置きされた。気筒あたり5バルブを持つエンジンで、出力は400ps（111ps/ℓ）、最高速度はこのクラスとしては最速の295km/hに達した。

1999 | Ferrari | 211

2000 帰ってきたタイトル

●F1ドライバーズ・チャンピオンシップ
①ミハエル・シューマッハー（F1-2000）
②ミカ・ハッキネン（マクラーレン・メルセデス）
③デイヴィッド・クルサード（マクラーレン・メルセデス）
④ルーベンス・バリチェロ（F1-2000）

●F1コンストラクターズ・チャンピオンシップ
①フェラーリ
②マクラーレン・メルセデス
③ウィリアムズBMW

●F1グランプリ
オーストラリアGP／メルボルン
①ミハエル・シューマッハー（F1-2000）
ブラジルGP／インテルラゴス
①ミハエル・シューマッハー（F1-2000）
サンマリノGP／イモラ
①ミハエル・シューマッハー（F1-2000）
ヨーロッパGP／ニュルブルクリンク
①ミハエル・シューマッハー（F1-2000）
カナダGP／モントリオール
①ミハエル・シューマッハー（F1-2000）
ドイツGP／ホッケンハイム
①ルーベンス・バリチェロ（F1-2000）
イタリアGP／モンツァ
①ミハエル・シューマッハー（F1-2000）
アメリカGP／インディアナポリス
①ミハエル・シューマッハー（F1-2000）
日本GP／鈴鹿
①ミハエル・シューマッハー（F1-2000）
マレーシアGP／セパン
①ミハエル・シューマッハー（F1-2000）

新しいエンジン、049は前モデルに比べてコンパクト（長さは600mm短縮）。より低くなり、バンク角は80度から90度へ。重量はわずか100kg。

重心を低くするために、すべてのパーツの配置が見直された。

　フェラーリのモータースポーツ部門がさらに強化される。450人から500人に増えたスタッフのうち、135人がエンジン部門、45人が開発担当となり、これによって、シーズンに向けた仕上がりを確認するためのテストが、同時にふたつのサーキットで行なえるようになった。
　エディ・アーヴァインがフェラーリを離れた。彼に代わり、ミハエル・シューマッハーのパートナーとして入ったのはブラジル人、ルーベンス・バリチェロだった。勝利の経験こそまだなかったものの、速く、113戦を数えるグランプリで走ったドライバーである。
　レギュレーションに大幅な変更は見られなかったが、新しい規定はすべてドライバーの安全に関するものだった。第一にコクピット・ウォールの厚さを3.5mmにし、素材にはケブラーを用いること、第二にリアに衝撃吸収構造を適用すること、第三にクラッシュテストを行なうことが、厳格に求められた。
　この規定に沿った素材が使用されたにもかかわらず、ロリー・バーンとロス・ブラウンによって設計／製作された新しいF1マシーン、F1-2000は、さらなる軽量化を実現している。細かいデータは明らかにされていないが、重心を下げるために採用されたバラストは70kgを超えた。採用されたコンポーネンツは最先端の高価な洗練されたものばかりで、いずれも航空機に使用されているものだ。すべては軽量化のためだった。ボディもカーボンファイバー製なら、サスペンション・アームもすべてフェラーリでは初めてのカーボンファイバー製となった。ベアリングはスチールからセラミックへ変更された。ECUは小さくなり、重量

F1フェラーリ・チームがF1-2000を囲む。世界チャンピオンのダブルタイトルを記念して。

は前モデルの3.5kgに対して2kgと軽くなったが、性能は大幅に向上した。ラジエターが後方に配置されたことで、ラジエターホースが短縮されるなど、さまざまな改良が施されている。

他の部分もすべて、F399に比してコンパクトになっている。ホイールベースは42mm短縮され、高さは2mm低くなった。グッドイヤーから代わったばかりだったため、前年はブリヂストン製タイアとは最高の相性とは言いがたかったが、ブリヂストン製タイアに合わせるよう、リアサスペンションが見直された。

フェラーリでは初めて、サスペンション・アームがカーボンファイバー製になった。バラストは70kgとなる。

F1-2000

【エンジン】軽合金製ブロック（シリンダー嵌め込み式）＆ヘッド　ミドシップ縦置き　90度V型10気筒　DOHC　4バルブ　油圧タペット　ギア駆動　点火システム：マネッティ・マレリ製電子制御式　燃料供給：マネッティ・マレリ製電子制御式インジェクション　可変吸気インテーク　潤滑：ドライサンプ　オイルクーラー（タンクとともにエンジン前部に配置）　排気量：2997cc　ボア×ストローク：93.5×43.7mm　最高出力：770ps／18000rpm（推定。最終戦では810ps／18000rpm）単位排気量出力：270.3ps／ℓ（推定）
【駆動形式】後輪駆動　ギアボックス：リア／シーケンシャル7段　電子制御式セミオートマチック（パドルシフト）　電子制御式LSD
【ホイール】軽合金製　13インチ　センターノック式
【シャシー／ボディ】シングルシーター　コンポジット（カーボンファイバー／ケブラー／ノーメックス・ハニカム）モノコック　前後：トランスバース・アーム（カーボン製）＋プッシュロッド／コイル，テレスコピック・ダンパー　スタビライザー　燃料タンク：ドライバーズシート後方（容量：140ℓ）
【ブレーキ】カーボン製ベンチレーテッド・ディスク
【ステアリング】ラック・ピニオン
【寸法／重量】ホイールベース：3010mm　トレッド（前／後）：1490mm／1405mm　全長×全幅×全高：4387×1795×959mm　重量：600kg
【性能】最高速度：353km/h　馬力荷重：0.740kg/ps（推定）

■改良の中身

　新しいエンジン、049は、構造の簡略化と重量の軽減が図られた。その長さは600mm以下となったが、これはシリンダー配置の見直しで、シリンダーが嵌め込み式になり、鋳造ブロックが薄く設えられたことによる。また、重心を下げるために、バルブ挟み角は80度から90度へ拡げられた。重量は合計で100kgあまり減っている。オイルタンクはギアボックスのある後方ではなく、エンジンの前、燃料タンクに設けられた窪みに配された。この配置の目的はヨー・モーメントの減少にあるが、同じ目的で、従来どおりチタニウムとカーボンファイバー製のギアボックスも小型化され、その結果、5kgあまり軽くなった。さらに、エンジンとギアボックスの油圧回路が統一されたため、オイルタンクもオイルクーラーもひとつずつに省略された。F1-2000のエアロダイナミクスについては、ノーズを上げ、さらに細くすることで向上を図った（新しい風洞実験室がまだ完成しておらず、部分的な実験しかできなかった）。この結果、アンダーボディのエアフローが一層改善された。

上：トリノ・ショーで熱い視線を浴びた"ロッサ"。ピニンファリーナがロッサと名づけたスタディ用プロトタイプのバルケッタ。エンジンはもちろんフェラーリの12気筒。

左：ミハエル・シューマッハー栄光のシーズン中、最も苦戦したふたつのレース。モンテカルロでは"ポール"とリタイア。

214ページ下：スパではハッキネンに大胆な追い越しを掛けられた。

"ロッサ"のメカニズムはフェラーリ550マラネロのもの。5.5ℓのフロントV12、ギアボックスは6段トランスアクスル。シャシーはチューブラー・フレーム。

"ロッサ"は1台のみの製作。ベースはフェラーリの生産モデルである550バルケッタ・ピニンファリーナ。過激さを抑えることをコンセプトにデザインされた。

■長く、栄光なる闘争

　F1-2000は非常に性能の高いマシーンだったが、マクラーレン・メルセデスに勝つためには、ミハエル・シューマッハーの魔法のようなドライビングテクニックと、それをうまくバックアップするピットの力が必要だった。最初の3つの勝利はたやすかった。宿命のライバル"シルバーアロー"は信頼性に問題があったためである。しかし、すぐに本来の力を発揮するようになる。夏の間に3回リタイアしたシューマッハーを（この間にバリケロが初優勝を果たす）、ミカ・ハッキネンがポイントでリードす

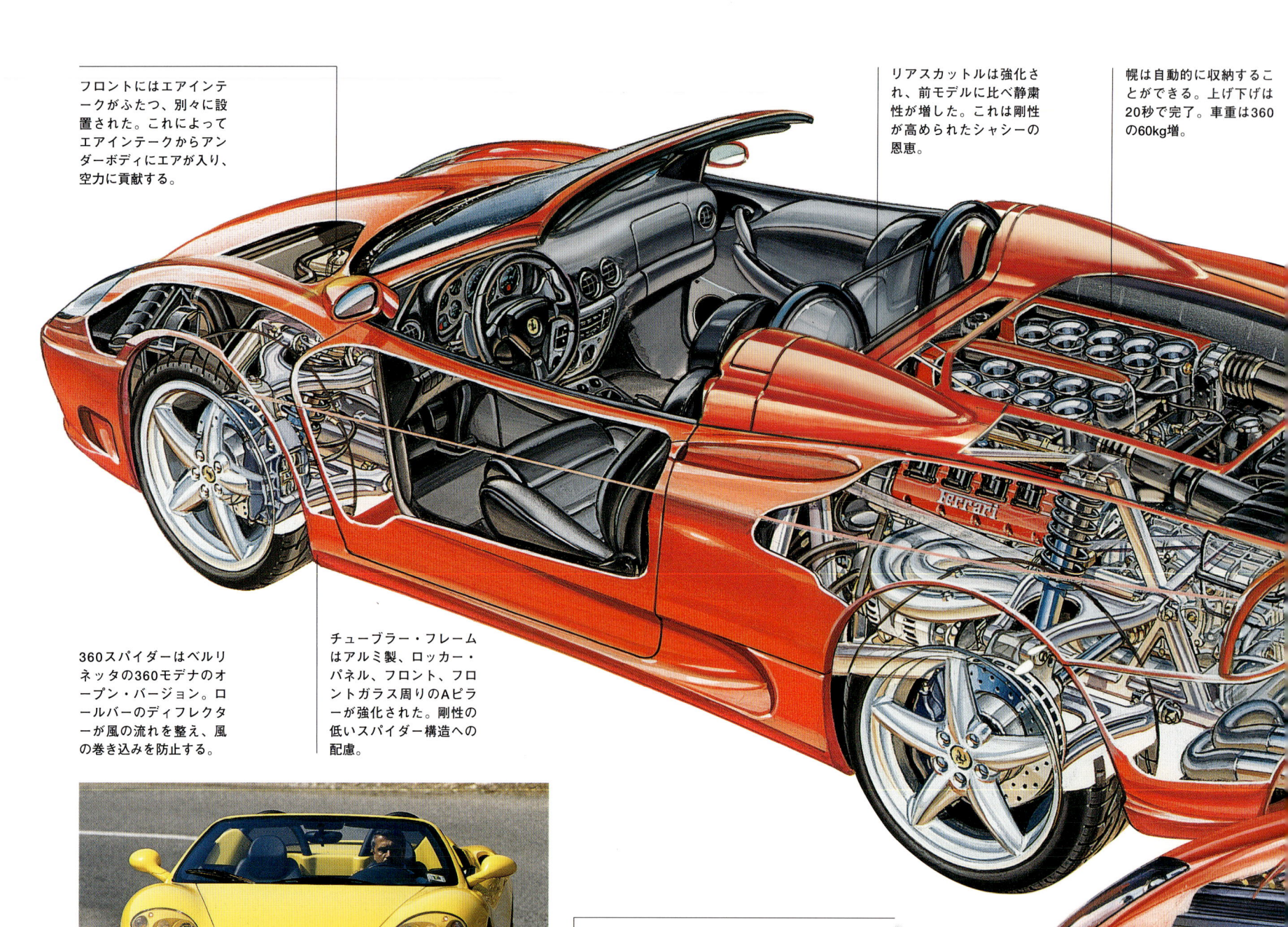

フロントにはエアインテークがふたつ、別々に設置された。これによってエアインテークからアンダーボディにエアが入り、空力に貢献する。

リアスカットルは強化され、前モデルに比べ静粛性が増した。これは剛性が高められたシャシーの恩恵。

幌は自動的に収納することができる。上げ下げは20秒で完了。車重は360の60kg増。

360スパイダーはベルリネッタの360モデナのオープン・バージョン。ロールバーのディフレクターが風の流れを整え、風の巻き込みを防止する。

チューブラー・フレームはアルミ製、ロッカー・パネル、フロント、フロントガラス周りのAピラーが強化された。剛性の低いスパイダー構造への配慮。

360スパイダー

【エンジン】軽合金製 ミドシップ縦置き 90度V型8気筒 DOHC 5バルブ（可変バルブ） 点火装置：ボッシュ製電子制御式 燃料供給：統合制御電子制御式マルチポイント・インジェクション ボッシュ・モトロニックME7.3 可変吸気インテーク 電子制御式スロットル 潤滑：ドライサンプ 排気量：3586cc ボア×ストローク：85.0×79.0mm 最高出力：400ps／8500rpm 単位排気量出力：111.54ps／ℓ
【駆動形式】後輪駆動 ギアボックス：リア／6段 LSD ASR（トラクション・コントロール） MSR（エンジン・ドラッグ・トルク制御）
【タイア】前：215/45ZR18 後：275/40ZR18
【シャシー／ボディ】2シーター・スパイダー アルミ製ボディ（デザイン：ピニンファリーナ）＋自動開閉式幌 アルミ製チューブラー・フレーム 前後：ダブルウィッシュボーン／コイル, テレスコピック・ダンパー スタビライザー 燃料タンク：ドライバーズシート後方（容量：95ℓ）
【ブレーキ】ベンチレーテッド・ディスク サーボ ABS EBD（電子制御制動配分装置）
【ステアリング】ラック・ピニオン
【寸法／重量】ホイールベース：2600mm トレッド（前／後）：1669mm／1617mm 全長×全幅×全高：4477×1922×1235mm 重量：1450kg
【性能】最高速度：約290km/h　0－100km/h：4.6秒　馬力荷重：3.62kg/ps

る。マクラーレンのフィンランド人チャンピオン・ドライバーはシューマッハーを相手に、彼のお気に入りのサーキット、スパ・フランコルシャンで、歴史に残るスペクタクルな追い越しを見せた。闘争心に火がついた先輩チャンピオンが反撃に転じたのはモンツァからで、牙を剥いてライバルに襲い掛かったシューマッハーは、連続勝利へと快進撃を開始、鈴鹿で3度目のタイトルを獲得する。コンストラクターズ・タイトルが確定したのはマレーシアだった。

550バルケッタ・ピニンファリーナ

【エンジン】軽合金製　フロント縦置き　65度V型12気筒　DOHC　4バルブ　油圧タペット　燃料供給：ボッシュ・モトロニック製電子制御式マルチポイント・インジェクション　可変吸気バルブ　潤滑：ドライサンプ　排気量：5474cc　ボア×ストローク：88.0×75.0mm　最高出力：485ps/7000rpm　最大トルク：58.0mkg/5000rpm　単位排気量出力：88.6ps/ℓ
【駆動形式】後輪駆動　ギアボックス：トランスアクスル/6段　LSD
【タイヤ】前：255/40ZR18　後：295/35ZR18
【シャシー/ボディ】2シーター・スパイダー　アルミ製ボディ（デザイン・ピニンファリーナ）チューブラー・フレーム　前後：ダブルウィッシュボーン/コイル，電子制御可変テレスコピック・ダンパー　スタビライザー　燃料タンク：ドライバーズシート後方
【ブレーキ】ベンチレーテッド・ディスク　サーボABS
【ステアリング】ラック・ピニオン　電子制御速度感応式油圧パワーステアリング
【寸法/重量】ホイールベース：2500mm　トレッド（前/後）：1632mm/1586mm　全長×全幅×全高：4550×1935×1258mm　重量：1690kg
【性能】最高速度：300km/h　0-100km/h：4.4秒　馬力荷重：3.48kg/ps

550バルケッタ・ピニンファリーナの5.5ℓエンジンは、ベルリネッタの550マラネロと同じ65度V12。軽合金製、コネクティングロッドはチタニウム製。重量はわずか235kg。

シャシーが強化され、オープンモデルに欠かせないロールバーが設置されたにもかかわらず、バルケッタの重量はマラネロと同じ。

上：550バルケッタ・ピニンファリーナのデザインはロードレースを走ったフェラーリを彷彿させる。緊急用に小さな幌が備わる。

カヴァリーノのドライバーに勝利が戻ってきた。実に20年ぶりのことである。そう、チャンピオン獲得への道はシューマッハーがチーム入りした1996年に、すでに始まっていたのだ。

■ミス・スパイダー

ロードゴーイング・バージョンでは、360モデナのオープンモデルが発表された。2シーターの360スパイダー、"マラネロにおける20台目のコンバーティブル"は、「世界で最も先進的な技術を搭載したスパイダー」と定義された。エンジンは3.6ℓV8（400ps）がミッドシップに配置され、6段ギアボックスは縦置きされる。サスペンションは360モデナと同じものだ。安全性に関しては、クルマの横転を含め、ドライバーとパッセンジャーにクローズド・タイプと同等の性能を保証するために、アルミ製シャシーの剛性が強化された。エアロダイナミクスについては、綿密な研究によってグラウンドエフェクト（290km/hで170kg以上のダウンフォースを発生する）がさらに改善され、幌（電動収納式）が格納されている状態でもベルリネッタと同じCd値を実現していることは称賛に値する。

もうひとつ、オープンカーを愛するフェラリスタにとっては、すばらしいニュースが待っていた。550バルケッタ・ピニンファリーナの誕生である。パワフルなV12をフロントに積んだ、550マラネロと同じメカニズムを持つモデルである。この"スペシャル"なフェラーリは2001年までの限定で、最終的な生産台数は448台だった。

●F1ドライバーズ・チャンピオンシップ
①ミハエル・シューマッハー（F2001）
②デイヴィド・クルタード（マクラーレン・メルセデス）
③ルーベンス・バリケロ（F2001）

●F1コンストラクターズ・チャンピオンシップ
①フェラーリ
②マクラーレン・メルセデス
③ウィリアムズBMW

●F1グランプリ
オーストラリアGP／メルボルン
①ミハエル・シューマッハー（F2001）
マレーシアGP／セパン
①ミハエル・シューマッハー（F2001）
スペインGP／バルセロナ・モンテメロ
①ミハエル・シューマッハー（F2001）
モナコGP／モンテカルロ
①ミハエル・シューマッハー（F2001）
ヨーロッパGP／ニュルブルクリンク
①ミハエル・シューマッハー（F2001）
フランスGP／マニクール
①ミハエル・シューマッハー（F2001）
ハンガリーGP／ハンガロリンク
①ミハエル・シューマッハー（F2001）
ベルギーGP／スパ・フランコシャン
①ミハエル・シューマッハー（F2001）
日本GP／鈴鹿
①ミハエル・シューマッハー（F2001）

F2001に搭載された050は軽量エンジンの秀作。049に比べて重量は8％、すなわち100kg以下に減量。エアインテークが丸くなり、より丈夫なロールバーを装着できるようになった。

2001 ライバル不在

F2001のサイドビュー。衝撃吸収率は前年より100％増というレギュレーションに対応するため、サイドが再設計された。

　このシーズン、またしても新しいレギュレーションに翻弄されることになる。

　禁止されたはずの電子制御システムだったが、シャシーとドライビング関連の電子制御システムが2001年になって登場する。エンジニアたちがレギュレーションの抜け道を見つけたのである。

　しかし、これより設計者たちを不安にさせたのは、50mmを最低地上高とするフロントウィングに関する規定だった。グラウンドエフェクトを減少させることが目的の、この50mmという数字は、エアロダイナミクスに重要な影響を与える。どうやって対応すべきか、すべてのスペシャリストたちはフロント・デザインの研究に没頭した。これがF1マシーンのエアロダイナミクスを決定する鍵となるからである。そして、それぞれのチームがさまざまな形で対応策を見いだした。

　たとえば、マクラーレンでは低かったノーズを上げる。その傍らでフェラーリは、新しいF2001の鳥のくちばしを思わせる形を弓なりに曲げることによりフロントを下げた。これはロリー・バーン率いるグループ（40人のスタッフと、この分野のスペシャリスト、ギリシア人のニコラス・トンバジスの協力を得て）が行なった初仕事だった。その作業は、ついに完成したマラネロの新しい風洞実験室をおおいに活用し、ここで実に5000回もの実験が行なわれたのだった。

　いくつかの改良と、エアロダイナミクス関連の仕上げ（サイドポンツーンが長くなった）を別にすれば、F2001は基本的に前モデルを踏襲している。重心がかなり下げられ、マスがセンターに集中したが（ヨー・モーメント軽減のため）、これは構造自体が軽量になったことによる。そして、バラストがさらに増量された（すでに90kg

2台のF2001がトップに並ぶ。(オーストラリアとマレーシアで) 2回、ともに最前列からのスタートだった。このシーズン、シューマッハーは11回のポールポジションを獲得。

F2001はさらなる軽量化が進み、重心を下げると同時にドライバビリティを向上させ、車重を調整するバラストは90kgとなった。

ノーズは弓なりに下方向に向けられ、50mm延長された。これについてロリー・バーンは「50mmウィングを上げるレギュレーションに、我々の高く位置するノーズは沿わないことが判明したため」と語る。

ドライバーはさらに沈み、寝そべったスタイルでドライブすることになる。これによってヘルメットがエアインテークを妨げることがなくなった。

以上となった)。

新しいエンジン、050は、デザインにおいても技術的にも、より洗練された。シリンダーヘッドは20mm低くなったことでエンジンの底部も20mm下がり、その効果もあって重量は8%軽くなった。また、フリクションの低減が図られ、エンジンレスポンスと加速が改善されている。出力は約810〜820psと、049エンジンのそれとほぼ同じだが、これは燃費を考慮してのことだ。

タイアについては、この年、ミシュランがF1に復帰したものの、共同での開発を含むブリヂストンとの信頼関係をそのまま維持することになった。

■ライバルはずっと後ろ

F2001とミハエル・シューマッハーの相性の良さは勝利となってすぐに表れた。サーキットで最速であることを見せつけたのである。たとえば、2戦目にあたるマレーシアGPでは、このドイツ人チャンピオンはトップでスタートするが、3周目にオイルで滑ってスピンし、10位にまで転落する。しかし、ここから凄まじいドライビングをみせて最終的には優勝している。彼は前年同様に9回の優勝を遂げ、マレーシア、モナコ (1位と2位の差は0.43秒)、そしてハンガリーと3回にわたり、バリケロとの1-2フィニッシュを果たした。これによってライバルは散り散りになり、リスクは減少した。マクラーレンのハッキネンとクルタードは4回の勝利を分けあった。ほかの4回は、この年からタッグを組んで参戦したウィリアムズBMWが獲得した。特にウィリアムズBMWのマシーンは、フェラーリより40psも上回っていたのだが、シャシーに問題を抱えていた。

2001 Ferrari 219

右解体図：フェラーリF2001の解体されたテクノロジーの宝石類。まさに高価なカレイドスコープ（万華鏡）である。

F2001

【エンジン】 軽合金製ブロック＆ヘッド　ミドシップ縦置き　90度V型10気筒　DOHC　4バルブ　油圧タペット　点火システム：マネッティ・マレリ製電子制御式　燃料供給：マネッティ・マレリ製電子制御式インジェクション　可変吸気インテーク　潤滑：ドライサンプ（オイルタンクはエンジン前方配置）　排気量：2997cc　最高出力：約810〜840ps／18000rpm（推定）　単位排気量出力：約270.2〜280.2ps／ℓ（推定）

【駆動形式】 後輪駆動　ギアボックス：リア／シーケンシャル7段　電子制御式セミオートマチック　電子制御式LSD

【ホイール】 軽合金製　13インチ　センターノック式

【シャシー／ボディ】 シングルシーター　コンポジット・モノコック　前後：トランスバース・アーム＋プッシュロッド（カーボン製）／トーションバー，テレスコピック・ダンパー　スタビライザー　燃料タンク：ドライバーズシート後方

【ブレーキ】 カーボン製ベンチレーテッド・ディスク

【ステアリング】 ラック・ピニオン

【寸法／重量】 ホイールベース：3010mm　トレッド（前／後）：1470mm／1405mm　全長×全幅×全高：4445×1796×959mm　重量：600kg（ドライバー＋バラスト90kg以上）

【性能】 最高速度：353km/h　馬力荷重：約0.736〜0.714kg/ps（推定）

①エンジン050：3ℓ90度V10 810〜840ps／18000rpm（推定）
②チタニウム／カーボンファイバー製ギアボックス：電子制御式シーケンシャル7段
③カーボンファイバー製多板クラッチ（直径12cm）
④カーボンファイバー製リアウィング・ストラット：衝撃吸収構造
⑤リアウィング（メイン・ストラクチャーはハード素材、フラップはソフトな素材）
⑥リア・ドライブシャフトとホイールハブ
⑦リアタイア：径13インチ／幅13.7インチ
⑧カーボンファイバー製リアブレーキ：下に配置されたキャリパー
⑨サスペンション・アームとプッシュロッド：カーボンファイバー製
⑩超軽合金製小型ラジエター
⑪エグゾースト・アウトレット付きリアカウル
⑫特殊ラバー製航空機用タイプ燃料タンク
⑬ハイ・モデューロのカーボンファイバー製センターシェル
⑭ドライバーの身体に合わせて製作されたシート
⑮各種スイッチ類が組み込まれたステアリングホイール
⑯フロントタイア：径13インチ／幅12インチまたは12.5インチ
⑰フロントサスペンション・アーム
⑱フェラーリ特製シリンダー型ブレーキ冷却インテーク
⑲フロントノーズとフロントウィング：エアロダイナミクスを考慮したスペシャル・フォルム

上：F2001のコクピット。夥しい数のコマンド類（20個以上のスイッチ、ギアレバー、クラッチ）が見える。フェラーリの革新はやがて生産車へと一般化する。

222〜223ページ：シューマッハーが駆るF2001。驚異の強さを見せた。しかし、ブラジルではアグレッシヴな新鋭モントーヤの猛チャージを受ける。彼のマシーンはポテンシャル充分のウィリアムズBMWだった。

ミハエル・シューマッハーはこうして4度目のドライバーズ・タイトルを獲得する（タイ記録を持つドライバーはアラン・プロストのみ）、シーズン終了まで、まだ4戦を残すという早い時期でのタイトル決定だった。また、獲得したポイントも記録的なもので（123ポイント）、これは2位のクルタード（65ポイント）のほぼ2倍であった。

フェラーリは、当然ながらコンストラクターズ・タイトルをも手にする。そのポイント差も大きく、マクラーレンとの差は77ポイント、ウィリアムズBMWとの差は99ポイントだった。

2001 | Ferrari | 221

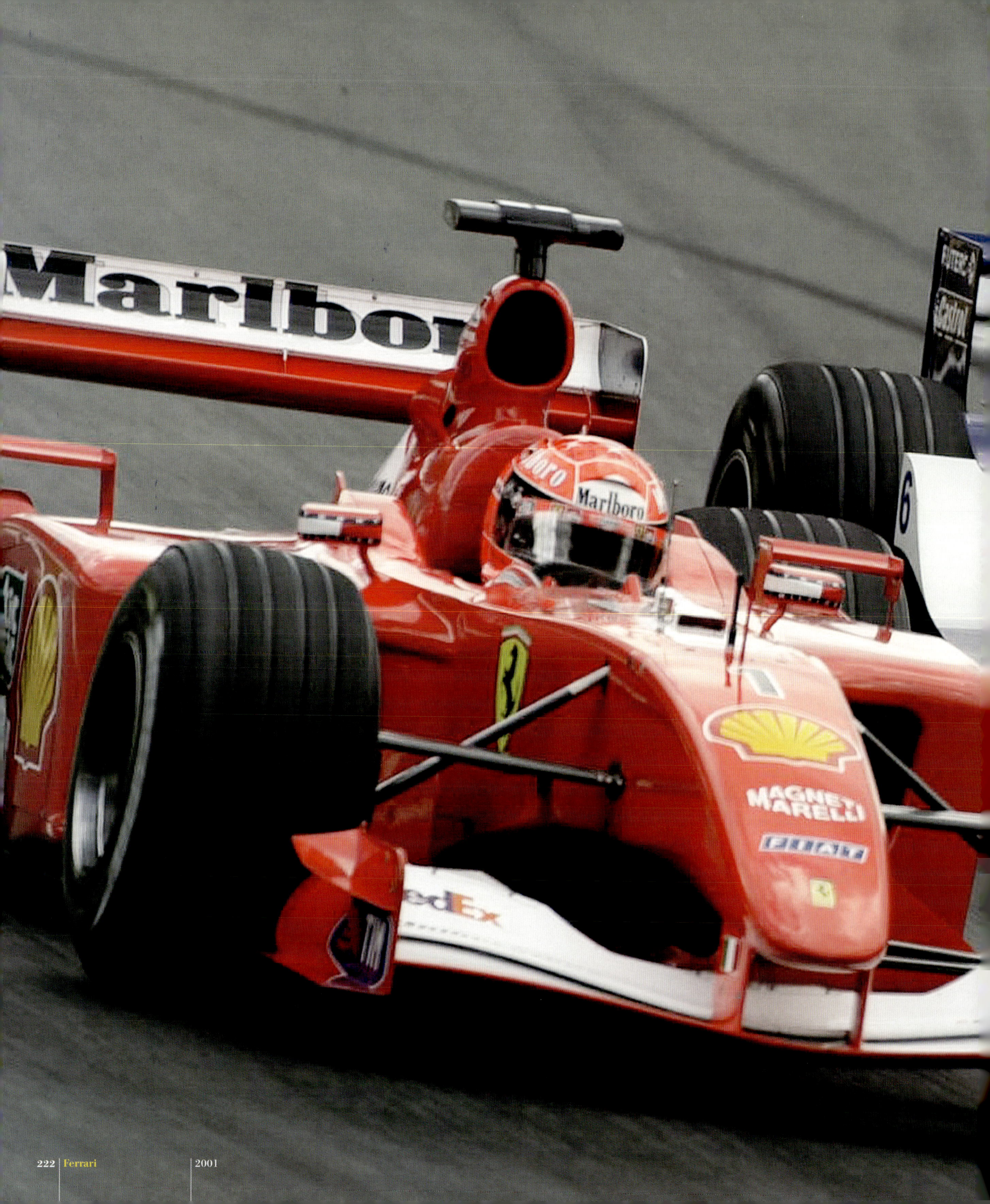
Marlboro
MAGNETI MARELLI
FIAT

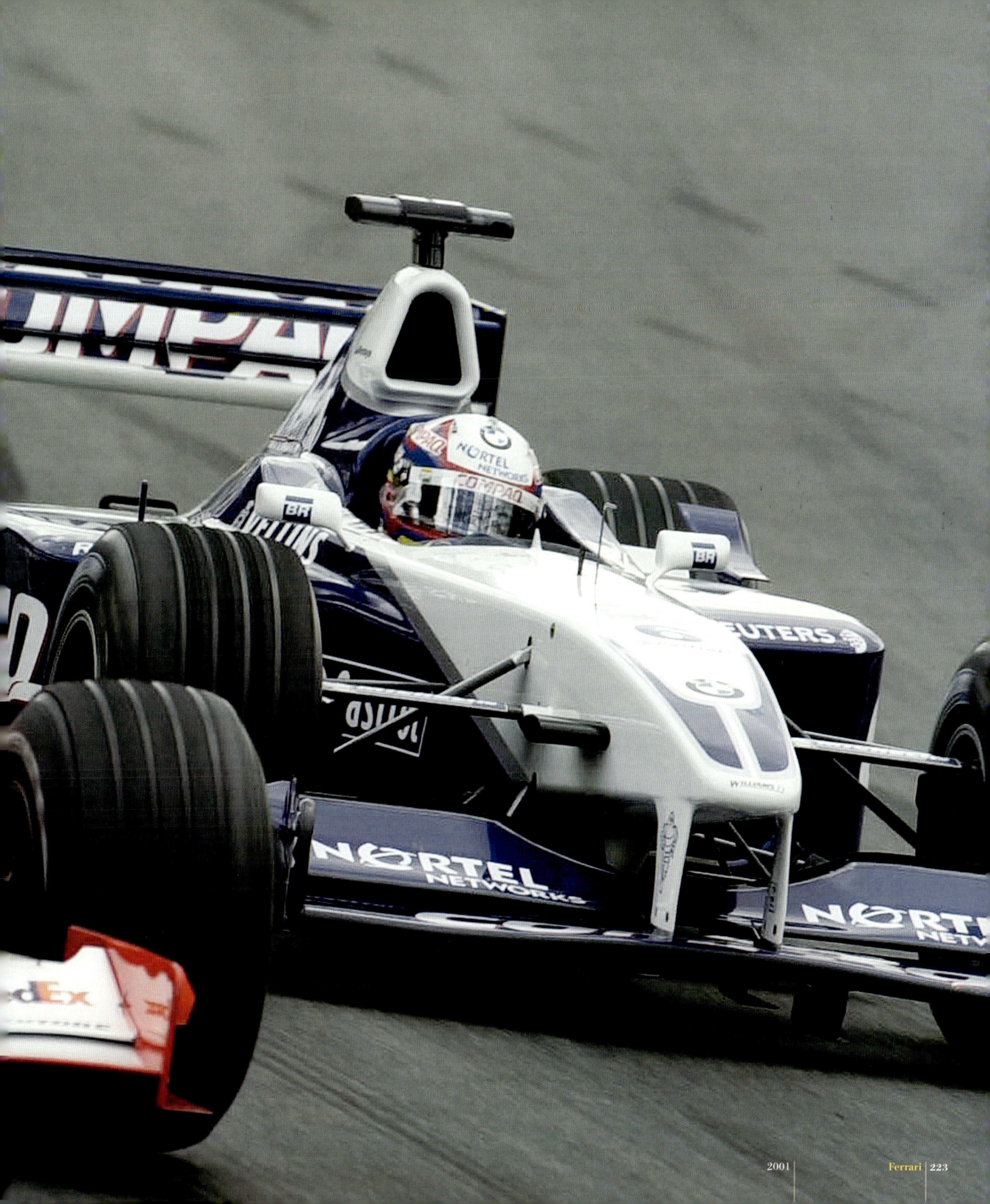

2002 歴史的記録

新しいギアボックスはより軽量で剛性が高く、コンパクトになった。チタニウム製だが、鈑金ではなく特殊鋳造で製作されている。

マシーン前方に置かれ、さらに外側に傾けられたラジエターは、前年モデルよりわずかにフロント寄りに配置され、これにより小さく細くなったサイドポンツーンとエアインテークがさらなるエアロダイナミクスの向上に寄与した。

フェラーリにとってはF1の世界での偉大な勝利の年であり、見事、歴史に残る記録を打ち立てた。

ミハエル・シューマッハーが5度目のドライバーズ・タイトル獲得する。破られることはないだろうと言われていたファンジオの神話に並んだのである。この年の優勝は、ひとえに技術の勝利と言えるだろう。宿敵ドイツ勢すら追いつけない完璧な勝利だった。ミハエル・シューマッハーは、名機F2002で勝ちまくった。無我の境地とも言うべきか、彼は心底リラックスしていたし、レースを心から楽しんでいるようだった

ドライバーズ・タイトルの回数

2002年、ミハエル・シューマッハーは5度目のタイトルを獲得、偉大なるファンジオの記録に追いついた。ファンジオがこの記録を作ったのは46歳のときだった。いっぽう、シューマッハーは33歳、6回目のタイトルを獲得することも可能だ。しかし彼はフェラーリ史において、すでに主人公であることは間違いない。出場したグランプリはわずか178戦（パトレーゼは256戦）、そのうち優勝したのは64回（プロスト51回、セナ41回）。合計獲得ポイント数は945ポイント（プロスト798.5ポイント、セナ614ポイント）、ファステストラップを記録したのは52回（プロスト41回）、1シーズン最多勝利回数は11回（マンセル、セナと並ぶ）という数字だ。最大の敬意に値する、ひとつのグランプリでポールポジションとファステストラップと優勝を同時に達成する"ハットトリック"を成功させたのは12回、これはかのジム・クラークを抜く記録である。

2002年には2位とのポイント数の差がF1史上最大（67ポイント差）という記録も打ち立てた。バリケロとのコンビでは"ドッピエッテ"、すなわち1-2フィニッシュも15回（アイルトン・セナとアラン・プロストの14回を抜いた）達成している。

（ライバルたちを引き離す必要のある最初の周回以外は、である）。おそらく、彼の性格と類稀なる才能がそうさせたのだろう。

シーズン中、全戦すべてを完走したという点でもF1史上初のドライバーである。合計1090周を100%走りきった。そのことにより、フェラーリの信頼性の高さも彼によって証明された。フェラーリは堂々12回目のコンストラクターズ・タイトル獲得を、最終レースどころか、4戦残した段階で実現したのである。まさに完勝であった。これで歴代通算勝利数は159回となり、ライバル（2位の記録を持つマクラーレンは135

- ●F1ドライバーズ・チャンピオンシップ
  ① ミハエル・シューマッハー (F2002)
  ② ルーベンス・バリチェロ (F2002)
  ③ ファン・パブロ・モントーヤ (ウィリアムズBMW)
- ●F1コンストラクターズ・チャンピオンシップ
  ① フェラーリ
  ② ウィリアムズBMW
  ③ マクラーレン・メルセデス
- ●F1グランプリ
  オーストラリアGP／メルボルン
  ① ミハエル・シューマッハー (F2002)
  ブラジルGP／インテルラゴス
  ① ミハエル・シューマッハー (F2002)
  サンマリノGP／イモラ
  ① ミハエル・シューマッハー (F2002)
  スペインGP／バルセロナ・モンテメロ
  ① ミハエル・シューマッハー (F2002)
  オーストリアGP／A1リンク
  ① ミハエル・シューマッハー (F2002)
  カナダGP／モントリオール
  ① ミハエル・シューマッハー (F2002)
  ヨーロッパGP／ニュルブルクリンク
  ① ルーベンス・バリチェロ (F2002)
  イギリスGP／シルヴァーストーン
  ① ミハエル・シューマッハー (F2002)
  フランスGP／マニクール
  ① ミハエル・シューマッハー (F2002)
  ドイツGP／ホッケンハイム
  ① ミハエル・シューマッハー (F2002)
  ハンガリーGP／ハンガロリンク
  ① ルーベンス・バリチェロ (F2002)
  ベルギーGP／スパ・フランコルシャン
  ① ミハエル・シューマッハー (F2002)
  イタリアGP／モンツァ
  ① ルーベンス・バリチェロ (F2002)
  アメリカGP／インディアナポリス
  ① ルーベンス・バリチェロ (F2002)
  日本GP／鈴鹿
  ① ミハエル・シューマッハー (F2002)

F2002

- 【エンジン】アルミ鋳造ブロック＆軽合金製ヘッド　ミドシップ縦置き　90度V型10気筒　DOHC　4バルブ　油圧タペット　ギア駆動　点火システム：マネッティ・マレリ製電子制御式　燃料供給：マネッティ・マレリ製電子制御式インジェクション　可変吸気インテーク　潤滑：ドライサンプ（オイルタンクはエンジン前方に配置）　排気量：2997cc　最高出力：840ps／18000rpm以上（推定。最終戦では850ps）　単位排気量出力：280.2〜283.6ps／ℓ（推定）
- 【駆動形式】後輪駆動　ギアボックス：リア／シーケンシャル7段　電子制御式セミオートマチック（パドルシフト）　電子制御式LSD
- 【ホイール】軽合金製　13インチ　センターノック式
- 【シャシー／ボディ】コンポジット（カーボンファイバー／ノーメックス・ハニカム）モノコック　前後：トランスバース・アーム＋プッシュロッド（カーボンファイバー製）／トーションバー、テレスコピック・ダンパー　燃料タンク：ドライバーズシート後方
- 【ブレーキ】カーボン製ディスク
- 【ステアリング】ラック・ピニオン
- 【寸法／重量】ホイールベース：3050mm　トレッド（前／後）：1470mm／1405mm　全長×全幅×全高：4495×1796×959mm　重量：600kg（ドライバー＋バラスト110kg以上）
- 【性能】最高速度：359km/h　馬力荷重：0.714〜0.705kg/ps（推定。ドライバー＋バラスト積載時）

軽量化はさらに進む。重心を下げ、バランス調整にも役立つバラストは100〜120kgに。新しくなったタイアに合わせるためサスペンションの見直しが図られた。

勝）を大きく引き離した。また、シーズン中、フェラーリの優勝は15回だったが（1998年のマクラーレンとタイ記録）、そのうち4回はルーベンス・バリチェロによってもたらされたものだった。最初の年、2000年に彼が優勝したのがたった1回だったことを考えると感慨深い。

さらに2台のF2002はこのシーズン、9回もの1-2フィニッシュを達成している。ほとんど差のないゴールも1回ならずあり、BMW、フォード、ホンダ、メルセデス、ルノー、トヨタといった並み居るライバルたちを引き離し、堂々たる姿で凱旋したのである。

最終的にコンストラクターズ部門でフェラーリは、2位のウィリアムズBMWの2倍以上（92ポイント）、3位のマクラーレン・メルセデスに至っては3倍以上（65ポイント）にあたる221ポイントを獲得、加えてドライバーズ部門は1位と2位をフェラーリのドライバーで独占した。これはフェラーリ史上、4回目（1952年のアスカリとファンジオ、1961年のヒルとフォン・トリップス、1979年のシェクターとヴィルヌーヴ）の偉業だった。

■どうやって無敵になったのか

F2002が備える高い戦闘力は、1996年のプロジェクトからスタートしている。

必要な技術をミハエル・シューマッハーのドライビングに合わせるということに主眼が置かれた。大々的な改革を行なうというよりも、小さな改良を着実に組み合わせていく、そんなやり方で進められていった。新しい素材の採用の可能性を綿密な計算で探り、エアロダイナミクスの研究を風洞実験室に持ち込んでテストを繰り返す。燃料サプライヤーやタイア・メーカーと密接な関係を築き、協力態勢を固めるといった具

550マラネロは新たに575Mマラネロとなる。ピニンファリーナ・デザインによるエクステリアの手直しはわずか。フロントのエアインテーク、ライト周りに変更を受けた。

新しいスポーツ・ベルリネッタはエンツォとよばれる。F1での"紅いマシーン"の勝利を記念して造られたモデル。最新技術が満載されている。

合に、密度の高い仕事をチームは休みなく続けたのだった。

シーズン中、ライバルのコンストラクターたちは、フェラーリがさまざまな改良を瞬く間にこなす様や、すばらしいエアロダイナミクスを備えたフェラーリのマシーンを、憧れの眼差しで眺めた。

新しいエンジン、051も軽量化がさらに進んでおり、その重量は90kg以下だと言われている。出力についてはシーズン中840psだった数値が、最終戦では850ps以上に向上した。

■進化したマラネロ

成功を収めた550マラネロ——このスポーツカーのベルリネッタ・モデルが、575Mマラネロへと進化した（Mは"Modified"の意）。ピニンファリーナ・デザインのボディにほとんど変化は見られないが、性能は向上している。

65度V12エンジンは、排気量（5.75ℓ）が拡大し、パワー（515ps）も増強され、60.0mkgに増大した優れたトルクのおかげで操縦性も向上した。トルクは1000rpmから4000rpmの回転域で1.5mkg大きくなっている。また、ロード・バージョンの12気筒モデルでは初めて、F1式のパドルシフトがステアリングコラムに組み込まれた。

■フェラーリの名前

F1での勝利を祝して、フェラーリは創設者、エンツォの名前を冠した新しいフェラーリを発表した。1998年にスタートしたプロジェクトは、ついにゴールを迎えたのである。

F50同様、限定生産のスペシャル・ベルリネッタである。エンジンは伝統のフェラーリV12を採用、パワフル（660ps）でありながら、ごく低回転域の1000rpmでも

226 | Ferrari | 2002

エンジンはF50のように直接マウントされているタイプではなく、アルミ製フレームに取り付けられている。

サスペンションはF1で使用しているプッシュロッド式。カーボン・セラミック・ディスクブレーキはF1のカーボン・ディスクブレーキを公道での使用に耐えうるように改良したもの。

エアロダイナミクス用トンネルはボディ下に。デザイン画を見るとF1同様のスタイルであることがよくわかる。これによって空力が向上。200km/hで344kg、300km/hでは775kgのダウンフォースを得る。

エンツォ

【エンジン】軽合金製ブロック＆ヘッド　ミドシップ縦置き　65度V型12気筒　DOHC 4バルブ　点火システム：電子制御式　燃料供給：電子制御式マルチポイント・インジェクション　ボッシュ・モトロニックME7　潤滑：ドライサンプ　排気量：5998cc　ボア×ストローク：92.0×75.2mm　最高出力：660ps/7800rpm　最大出力：657.0Nm/5500rpm　単位排気量出力：110.0ps/ℓ
【駆動形式】後輪駆動　ギアボックス：リア/6段LSD
【タイア】前：245/35ZR19　後：345/35ZR19
【シャシー/ボディ】2シーター・クーペ　コンポジット・ボディ（デザイン：ピニンファリーナ）カーボンファイバー製モノコック　前後：ダブルウィッシュボーン＋プッシュロッド/コイル，電子制御式可変ダンパー　スタビライザー　燃料タンク：両サイド（容量110ℓ）
【ブレーキ】カーボン製ベンチレーテッド・ディスク
【ステアリング】ラック・ピニオン
【寸法/重量】ホイールベース：2650mm　トレッド（前/後）：1660mm/1650mm　全長×全幅×全高：4702×2035×1147mm　重量：1365kg
【性能】最高速度：350km/h　0-100km/h：3.65秒　0-200km/h：9.5秒　馬力荷重：2.06kg/ps

50.0mkgというトルクのおかげで扱いやすく仕上がっている。シャシーはまさにフェラーリF1の技術そのものと言える。ボディはカーボンファイバー製で、ノーメックス・ハニカム構造を採る。ギアボックス（6段）はステアリングコラムに備え付けられたパドルシフトで操作するF1タイプのセミオートマチック（ギアチェンジの時間は1/150秒に短縮）を採用し、ブレンボのカーボン・セラミック製ディスクブレーキを装着する。

ダブルウィッシュボーンのロワーアームは翼断面形状をしており、エンジンとともにアルミのサブフレームに取り付けられている。これによって、直接エンジンがマウントされていたF50で感じられた若干の振動とノイズが減少した。エキゾチックなエクステリア・デザインは、F1同様、機能性を突き詰めた結果であり、抜群のグラウンドエフェクトを誇る。

228〜229ページ：ミハエル・シューマッハーのF2002。すぐ後ろを行くのはルーベンス・バリチェロ。この2台が先頭を走る。圧倒的強さを見せた2002年シーズンに、こうしてふたりがトップでゴールする"ドッピエッタ"を行なったのは9回だった。

228 | Ferrari   2002

2002 Ferrari 229

2003 疲れが見えた英雄

左：5月18日、オーストラリアGP。23周目のピットインでミハエル・シューマッハーが駆るF2003-GAから出火した。しかし、ドライバーは動じることなくピットを出る。8秒の後れを取ったが巻き返しを見せて、見事優勝したのだった。

下：6月1日、モンテカルロで行なわれたモナコGP。F2003-GAのスピードは低く、優れたエアロダイナミクスの効果を発揮することができなかった。ミハエル・シューマッハーは3位。ウィリアムズBMWのモントーヤが優勝、2位はマクラーレン。

231ページ：ミハエル・シューマッハーはF2003-GAで7戦を走った。このうち5回に勝利、しかし、いずれもぎりぎりの、薄氷を踏むような勝利だった。シーズン合計16戦で、異なる8名の優勝者が出たのも、F1史上の椿事といえた。

　F1界の赤い閃光、ミハエル・シューマッハーが6度目のタイトルをフェラーリで獲得した。かの超人ファンジオを超える、前人未踏の大偉業である。

　70戦のグランプリで勝利を飾る（次点はプロストの51戦）。1レース中にポールポジションとファステストラップと優勝とを同時に達成する"ハットトリック"は15回に及んだ（クラークは11回）。同チーム、つまりフェラーリで優勝した回数は51回で（セナがマクラーレンで35回）、122回の表彰台（プロストは106回）、合計1038ポイントを獲得した（プロストは798.5）。3974周をトップで走り（セナは2986周）、1ラップの平均速度が最も高かったのは2003年のイタリアGPで、247.686km/hにも達した。その他はフェラーリと彼の両方に向けた栄光の記録である。連続38戦でリタイアなし、F1史上最速の368.8km/hを2003年のモンツァで記録、5年連続のF1コンストラクターズ・タイトル獲得（これに次ぐ記録はマクラーレンの88年から91年の4年連続）というものだ。

■究極のシングルシーター

　新しいシーズンに向けて、フェラーリは勝利を重ねたF2002をさらに進化させる。F2003-GAという名のニュー・マシーンの、末尾のアルファベット2文字はジャンニ・アニエッリのイニシャルであり、この年亡くなった"ミスター・フィアット"を悼んで彼に捧げたものだった。シャシーとサイドポンツーンがぐっとスマートになり、ほっそりしたボディラインは、エアロダイナミクスがさらに向上したことを如実に示すものだ。なによりもノーズ部分のボトルネックが特徴的で、これが限界と思えるほど引き締められている。これによって、リアウィングが最大限に活用できるようになった。また、ホイールベースが50mm延長さ

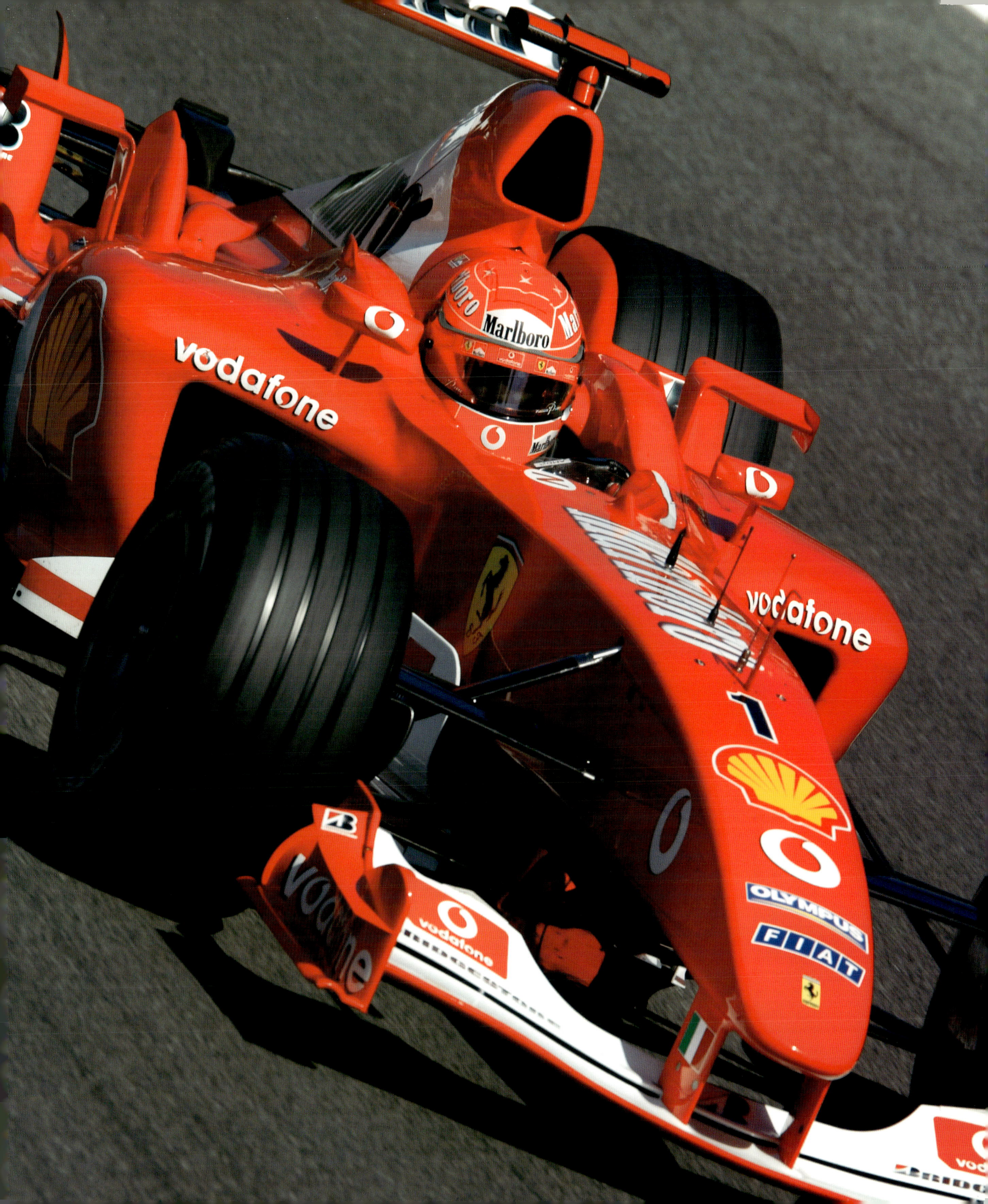
vodafone
Marlboro
vodafone
1
OLYMPUS
FIAT
vodafone

●F1ドライバーズ・チャンピオンシップ
①ミハエル・シューマッハー（F2002／F2003-GA）
②キミ・ライコネン（マクラーレン・メルセデス）
③ファン・パブロ・モントーヤ（ウィリアムズBMW）
⑤ルーベンス・バリケロ（F2002／F2003-GA）

●F1コンストラクターズ・チャンピオンシップ
①フェラーリ
②ウィリアムズBMW
③マクラーレン・メルセデス

●F1グランプリ
サンマリノGP／イモラ
①ミハエル・シューマッハー（F2002）
スペインGP／バルセロナ・モンテメロ
①ミハエル・シューマッハー（F2003-GA）
オーストラリアGP／A1リンク
①ミハエル・シューマッハー（F2003-GA）
カナダGP／モントリオール
①ミハエル・シューマッハー（F2003-GA）
イタリアGP／モンツァ
①ミハエル・シューマッハー（F2003-GA）
アメリカGP／インディアナポリス
①ミハエル・シューマッハー（F2003-GA）
日本GP／鈴鹿
①ルーベンス・バリケロ（F2003-GA）

チタニウム鋳造のギアボックスは、全長が20mm短くなり、重量はわずか38kg。ダンパーはローティング・タイプ（回転式）。コンパクトになれば空力性能への影響が少ない。

嵩高さを少しでも防ぐために052エンジンのバンク角は1度狭められる一方、重量は4％減り、85kgから90kgあまり減量されている。電気制御式インジェクターはインテークパイプのなかに移動し、燃費に貢献。

233ページ：ミハエル・シューマッハーの粘り強いドライビングにもかかわらず、F2003-GAは夏場のレースで苦戦した。ハンガリーでは周回遅れとなる屈辱を味わう。

ステアリングを切るミハエル・シューマッハー。F2003-GAのシャシーはバランスに優れていたが、しばしばトラクションの低減に悩まされた（特に暑いとき）。

向上したエアロダイナミクスはエンジン冷却にも効果を上げた。出力は850psから890psに向上。重心を下げるために必要なバラストは120kgに増えている。

れ、フラットなアンダーボディの面積が広くなったほか、リアウィングが気流の乱れるリアボディから離された。このように、すべての改良はエアロダイナミクスク向上を目指したものだった。

■対照的なシーズン

F2002はライバルから恐れられた。だが、同時にこの無敵の赤いマシーンも問題を抱えていた。向上したエアロダイナミクスのおかげで性能は格段に良くなったものの、とにかく扱いにくかったのだ。テストでは非常に速かったが、肝心の本番ではスピー

F2003-GA

【エンジン】 アルミ鋳造製ブロック＆軽合金製ヘッド　ミドシップ縦置き　89度V型10気筒　DOHC　4バルブ　ギア駆動　油圧タペット点火システム：マネッティ・マレリ製電子制御　燃料供給：マネッティ・マレリ製電子制御式インジェクション　可変吸気インテーク　潤滑：ドライサンプ　オイルクーラー（オイルタンクはエンジン前方に配置）　排気量：2997cc 最高出力：850ps／18500rpm（推定。最終戦では880ps）　単位排気量出力：283.26〜293.6ps／ℓ（推定）

【駆動形式】 後輪駆動　ギアボックス：リア／シーケンシャル7段　電子制御式セミオートマチック（パドルシフト）　電子制御式LSD

【ホイール】 軽合金製　13インチ　センターノック式

【シャシー／ボディ】 シングルシーター　コンポジット・モノコック　前：トランスバース・アーム＋プッシュロッド（カーボンファイバー製）／テレスコピック・ダンパー　スタビライザー　後：トランスバース・アーム＋プッシュロッド（カーボンファイバー製）／コイル，ローテーショナル・ダンパー　スタビライザー　燃料タンク：ドライバーズシート後方

【ブレーキ】 カーボン製ベンチレーテッド・ディスク

【ステアリング】 ラック・ピニオン

【寸法／重量】 ホイールベース：3100mm　トレッド（前／後）：1470mm／1405mm　全長×全幅（タイヤ両側間）×全高：4545×1796×959mm　重量：600kg（ドライバー＋バラスト120kg以上）

【性能】 最高速度：368.8km/h　馬力荷重：0.705〜0.681kg/ps（推定。ドライバー＋バラスト積載時）

この年のブリヂストン製タイアは暑さに弱いという弱点を抱えていた（夏に強かったのはウィリアムズBMW、マクラーレン・メルセデス、ルノー勢が採用したミシュラン）。一方でブリヂストン製タイアは雨では強さを発揮した。

ドが落ちた。そこで、フェラーリは5戦目のスペインから新しいマシーン、F2003-GAを投入する。それまでは、マクラーレンのキミ・ライコネンとBMWのファン・パブロ・モントーヤがチャンピオン・レースを先行していた。シューマッハーがトップに躍り出たのは8戦目（カナダGP）、そのうち優勝したのは4回で、どうにかトップに立ったものの、2位とのポイント差はわずかだった。

特に夏期のレースが問題で、悪戦苦闘が続き、超人シューマッハーをもってしても、満足のいく結果は得られなかった。5位、7位、8位——苛酷な暑さにタイアが悲鳴をあげ、F2003-GAの調子を狂わせた。終盤、モンツァとインディアナポリスでライバルのミスにより勝ちを拾い、最終戦の鈴鹿で8位だったにもかかわらず、シューマッハーは6度目のドライバーズ・チャンピオンに輝いた。いっぽう、ルーベンス・バリケロが鈴鹿で勝利したことによって、フェラーリは13回目となるコンストラクターズ・タイトルを獲得することができた。

■未来の伝統

2003年秋、フェラーリはこの年の唯一の新車を発表する。4シーターのグラントゥリズモで、生産は2004年からと決定された。1998年に発表された456M GTの後継車だが、DNAはまったく異なり、将来を見据えて造られたモデルであり、612スカリエッティと命名された。50〜60年代に活躍した、フェラーリのコンペティション用スポーツカー製作で名を馳せた、モデナの有名なカロッツェリアの名を冠したものだった。

デザインはピニンファリーナが請け負った。V12エンジンをはじめ、シャシーもボディも、マテリアルにすべてアルミを使用した、フェラーリとしては初めてのオールアルミ製である。

2004 7度目の挑戦

上：ミハエル・シューマッハーは幸先良く最初の2戦で優勝。結局この年は合計6勝し、見事5年連続7度目のドライバーズ・タイトルに輝いた。

カレンダーに記された18回のグランプリには、ふたつの新しいサーキット名があった（バーレーンのエミラートと中国の上海）。そして、エアロダイナミクス（リアウィングが3枚から2枚へ）とエンジンに関して、新しいレギュレーションが課された。

3日間のグランプリ中のエンジン交換が禁止された。つまり700km以上の走行に耐えうるタフなエンジンが求められることになったのである。ちなみに前のレギュレーションでは平均400kmほど保てば問題なかった。これによって、どのチームにとっても、シーズンが長く過酷なものになるであろうことが予想された。

しかも、フェラーリはもうひとつ問題を抱えていた。ライバルたち（トップグループにいるウィリアムズBMW、マクラーレン・メルセデス、ルノー）のマシーンに装着されたミシュラン・タイアが好調であるのに対し、フェラーリが採用したブリヂストンは、昨シーズン、夏場のグランプリでライバルのミシュランに比べて性能が劣っていた。フェラーリとブリヂストンは強固な協力態勢のもと、冬の間に新しいタイアのテストを集中的に行なった。

結果は、シーズン初戦のレースで即座に現れた。F2004はライバルの進歩の上を行く進歩を見せたのである。

■修正の嵐

ロス・ブラウンとロリー・バーンはF2004のプロジェクトを、過去数年と同じ方向で進めることに決定する。勝利を重ねたF2003-GAのエアロダイナミクスとシャシーをさらに洗練させ、問題とされたハンドリングを修正する方向を目指す。この目標に従って、最終的にはすべてのコンポーネンツが再設計されることになったが、目標は機能を倍に高めることであった。

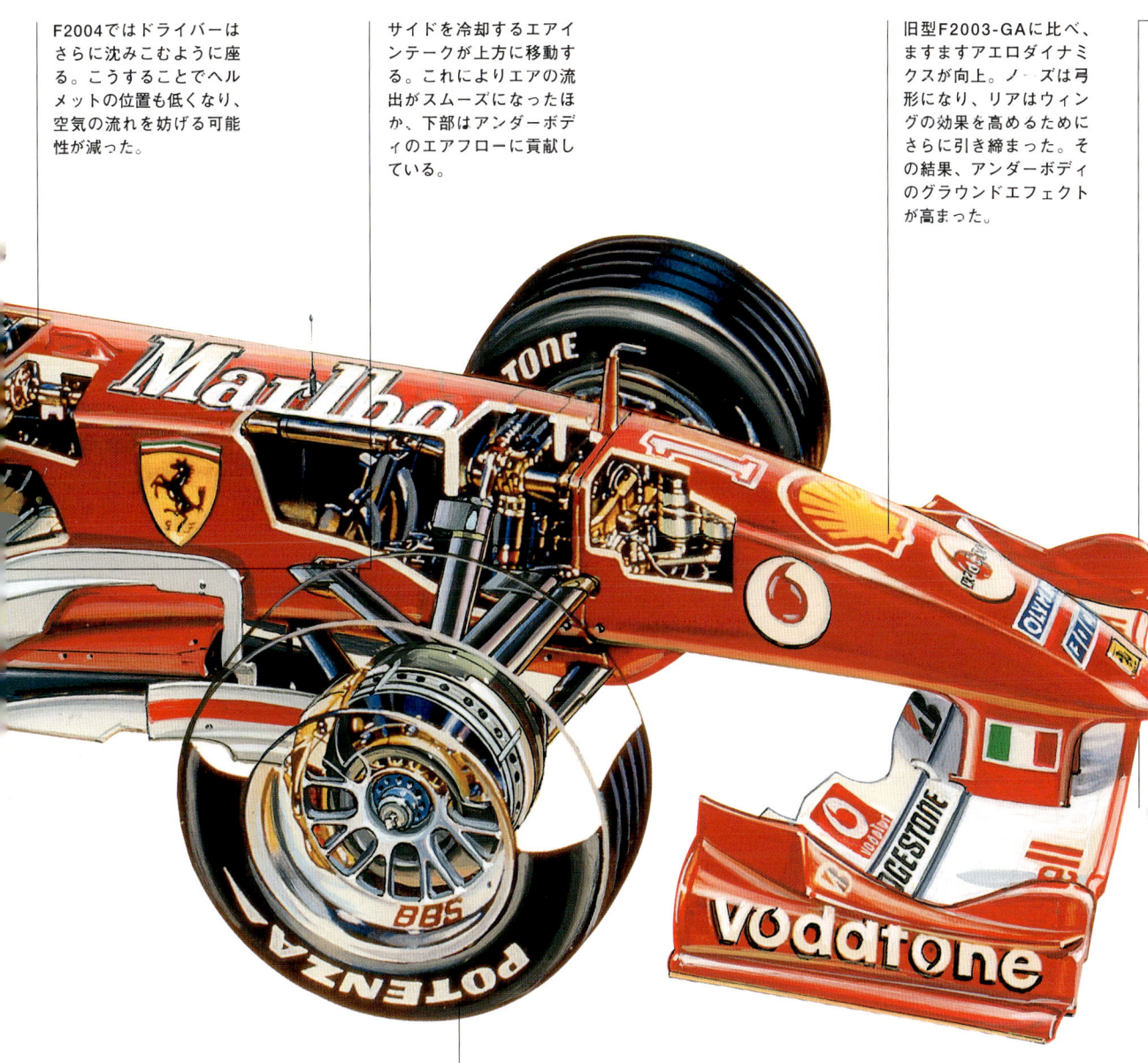

F2004ではドライバーはさらに沈みこむように座る。こうすることでヘルメットの位置も低くなり、空気の流れを妨げる可能性が減った。

サイドを冷却するエアインテークが上方に移動する。これによりエアの流出がスムーズになったほか、下部はアンダーボディのエアフローに貢献している。

旧型F2003-GAに比べ、ますますアエロダイナミクスが向上。ノーズは弓形になり、リアはウィングの効果を高めるためにさらに引き締まった。その結果、アンダーボディのグラウンドエフェクトが高まった。

F2004

【エンジン】アルミ鋳造製ブロック&軽合金製ヘッド ミドシップ縦置き 90度V型10気筒 DOHC 4バルブ ギア駆動 油圧タペット 点火システム：マネッティ・マレリ製電子制御式 燃料供給：マネッティ・マレリ製電子制御式インジェクション 可変吸気インテーク 潤滑：ドライサンプ オイルクーラー（オイルタンクはエンジン前方に配置） 排気量：2997cc 最高出力：880ps／19000rpm（推定） 単位排気量出力：293.6ps／ℓ（推定）
【駆動形式】後輪駆動 ギアボックス：リア／シーケンシャル7段 電子制御式セミオートマチック 電子制御式LSD
【ホイール】軽合金製 13インチ センターノック式
【シャシー／ボディ】シングルシ ク コンポジット（カーボンファイバー／ノメックス・ハニカム）モノコック 前：トランスバース・アーム＋プッシュロッド（カーボンファイバー製）／トーションバー、テレスコピック・ダンパー スタビライザー 後：トランスバース・アーム＋プッシュロッド（カーボンファイバー製）／コイル、テレスコピック・ダンパー スタビライザー 燃料タンク：ドライバーズシート後方
【ブレーキ】カーボン製ベンチレーテッド・ディスク
【ステアリング】ラック・ピニオン
【寸法／重量】ホイールベース：3050mm トレッド（前／後）：1405mm／1405mm 全長×全幅×全高：4545×1796×959mm 重量：605kg（ドライバー＋バラスト125kg以上）
【性能】馬力荷重：0.687kg／ps（推定。ドライバー＋バラスト積載時）

前年度の弱点を克服。ブリヂストンはF2004用に熱に強いタイアを開発した。フロントはライバルのミシュランのものに近づき、タイアショルダーが広くなった。

F2004の燃料補給シーン。2003年と比べると、新型V10、053の、車重／パワー／燃費はわずかながら向上している。度重なる研究の結果採用された新素材によって、信頼性は倍増した。

もうひとつの大きな課題は、新レギュレーションによって、より高い耐久性が求められるエンジンを、どのようにして効率的に冷却するかということであった。F2003-GAでは冷却について、すでに限界に近い配慮が施されていたが、それでも気温の高いサーキットでは、サイドのエアアウトレットをさらに大きくする必要に迫られた。しかし、それはエアロダイナミクスを悪化させると同時に、サイドから排出される熱風がタイアに悪影響を及ぼすことにもなってしまうのである。

ほぼ完成の域にあるエアロダイナミクスを悪化させることなく、この問題を解決するため、F2004の技術者たちはボディを設計し直すことでこの問題に対処する。再設計に使用された頑丈で軽量な新素材がボディをスリムにし、サイド・セクションにはエアが入るように見直された。エアロダイナミクスに富んだ流線型のスタイルはそのままである。いや、むしろリアはさらに洗練されスマートになっている。エンジンのエグゾーストパイプと熱風の出口は、タイアからは離され、中央近くに備えつけられた。この他、細部にわたってさまざまに改良が加えられた結果、エアロダイナミクス

612スカリエッティ
【エンジン】65度V型12気筒　軽合金製　フロント縦置き　DOHC　4バルブ　ベルト駆動　燃料供給：ボッシュ・モトロニックME7　潤滑：ドライサンプ　オイルクーラー　排気量：5748cc　ボア×ストローク：89.0×77.0mm　最高出力：540ps/7250rpm　単位排気量出力：93.9ps/ℓ
【駆動形式】後輪駆動　ギアボックス：トランスアクスル／6段（マニュアルもしくは電子制御式F1A）LSD
【タイア】前：245/45ZR18　後：285/40ZR19　CST（スタビリティ・トラクション・コントロール）
【シャシー／ボディ】2+2クーペ　アルミ製ボディ（デザイン：ピニンファリーナ）　アルミ製チューブラー・フレーム　前：ダブルウィッシュボーン／コイル，可変テレスコピック・ダンパー　スタビライザー　後：ダブルウィッシュボーン／コイル，可変テレスコピック・ダンパー　スタビライザー　燃料タンク：ドライバーズシート後方（容量：110ℓ）
【ブレーキ】ベンチレーテッド・ディスク　サーボ　ABS
【ステアリング】ラック・ピニオン　油圧可変パワーステアリング
【寸法／重量】ホイールベース：2950mm　トレッド（前／後）：1688mm／1641mm　全長×全幅×全高：4902×1957×1344mm　重量：1840kg
【性能】最高速度：315km/h　0－100km/h：4.2秒　馬力荷重：3.40kg/ps

612スカリエッティのすばらしいエアロダイナミクス。Cd値0.34はフロントエンジンのクルマとしては優秀な数字である。ウィングは装着されていないが、300km/h走行時に115kgのダウンフォースを発生する。

612の12気筒、F133Fにはいくつかの素晴らしい技術が見受けられる。ダイナミックなラジエターグリルはバンパー中央に。圧縮比は11.2：1。

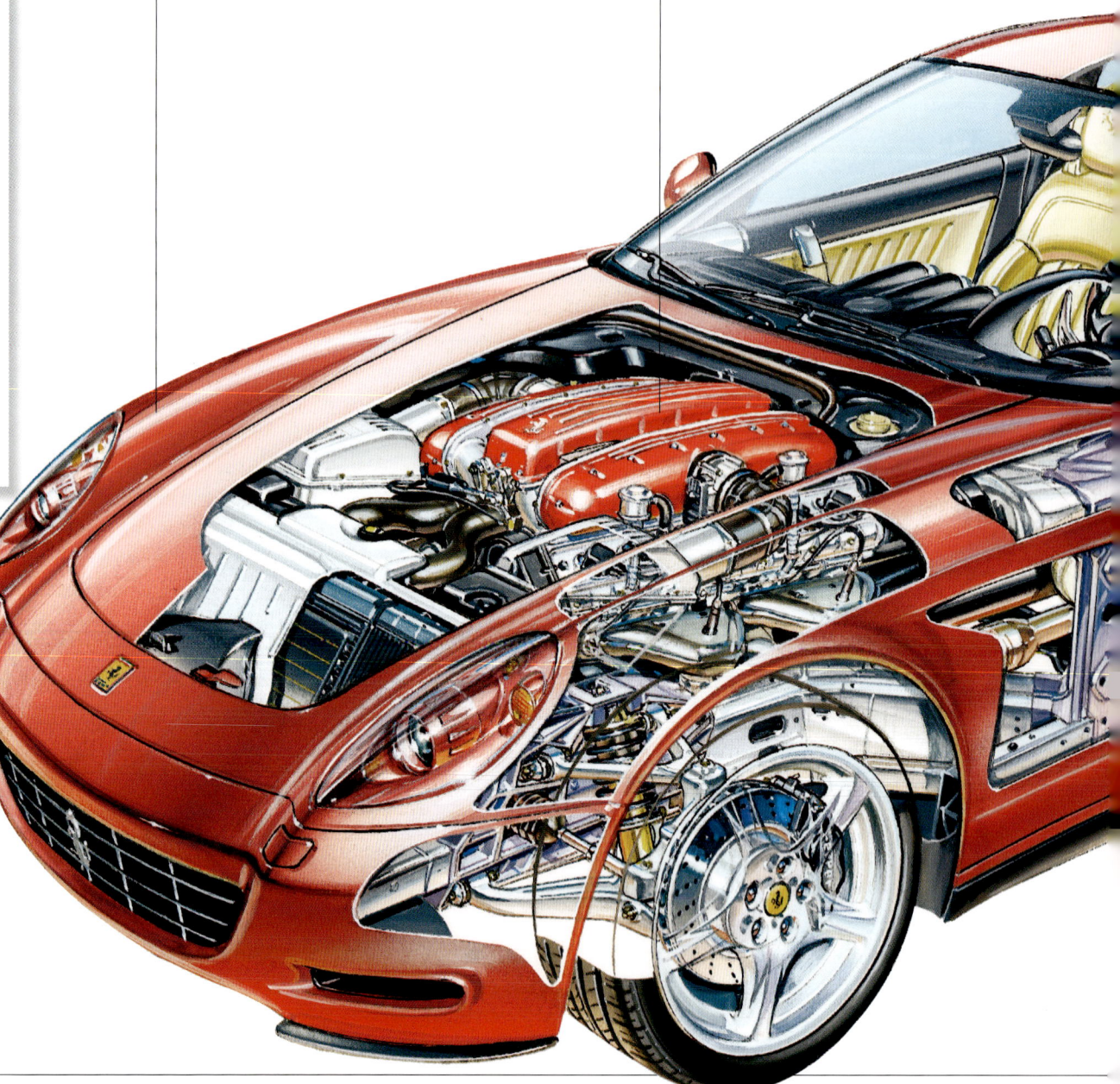

フェラーリ575Mマラネロのレース仕様。このマシーンはBMSチーム・イタリアのもので、ドライバーはトーマス・ビアジとマテオ・ボッビ。ふたりは2003年、インターナショナルGT選手権で優勝。2004年は新型の575GTCが走る。

はさらに向上、全高が上がったにもかかわらず、ダウンフォースは増大した。目立つところでは、ノーズが地面方向にさらに傾けられた。ドライバーはこれまで以上にシートに深く沈みこむことになり、ヘルメットの飛び出しも少なくなった。

結果はご存知のとおりである。シューマッハーは13勝を挙げ、F1史上最速でシリーズ・チャンピオンとなり、5年連続、通算7度目のドライバーズ・タイトルを獲得して、新たなる伝説を作った。フェラーリも6年連続、通算14度目のコンストラクターズ・チャンピオンに輝いたのだった。まさに"黄金期"と言えよう。

■神話の名

2003年の終わりに、すでに"紙"の上では発表されていたが、新たなるグラントゥリズモ、フロントに12気筒エンジンを搭載した612スカリエッティの生産が開始された。1月のデトロイト・ショーでは手放しの賞賛を受ける。神話となったコンペティション用モデル、250テスタロッサ、250 GTO、250LMが登場したときのことを思い起こさせるような騒ぎだったが、今回の612スカリエッティは、グランドツーリングを前提と

2＋2ベルリネッタの612スカリエッティは、ピニンファリーナが手掛けた。機能と美の融合。風洞実験室で3500時間にわたり、エアロダイナミクス関連のテストが繰り返された。

シャシーは"スペース・フレーム"で、すべてアルミ製。シャシー全体の38％はストレートで、接合ジョイント部分は軽合金製（34％）。薄板（28％）を合わせることにより、剛性を生み出している。

6段変速のギアボックスはトランスアクスルに配置され、マニュアルと進化したF1A（Aはアフィナート＝洗練を意味する）システムが選べる。後者の操作はステアリングコラムのパドルで行なう。

612スカリエッティの居住性は456よりはるかに改善されている。ドアは開閉幅が150mm広がり、リアシートは70mm拡大し、シート角度が12度寝かされた。トランク容量は240ℓ。

した4シーターであり（これほど広いフェラーリは初めてだろう）、最先端の快適性を備えている。だからといってフェラーリが性能をおざなりにすることは、もちろんありえない。リッターあたりの出力は94ps、最高速度315km/hと、サーキットでの加速が味わえる一方で、渋滞の中でも快適に走れるのは、低回転でも全体の80％から90％にあたる60mkgという優れたトルクを駆使できるからである。1998年の456M GTの後継となる612はオールアルミ製で、ボディとシャシー（フェラーリ・スカリエッティの工場で製作）もひと回り大きくなり、驚くほど居住性が高まった。ボディ剛性や安全性能も飛躍的に高められた。エンジンをフロントアクスルの後方、フロント・ミドシップに、LSD内蔵の6段ギアボックスをリアに配置したトランスアクスルにすることにより、ほぼ理想的な車重バランスを実現し（フロント46％）、優れた走行性能を可能にしている。デザインはピニンファリーナで、エレガントだが自然でダイナミックなラインが特徴である。456Mより139mmほど全長が延長されているが、サイズの大きさを逆に利用してできあがった、すばらしいデザインと言えるだろう。

2004　Ferrari　237

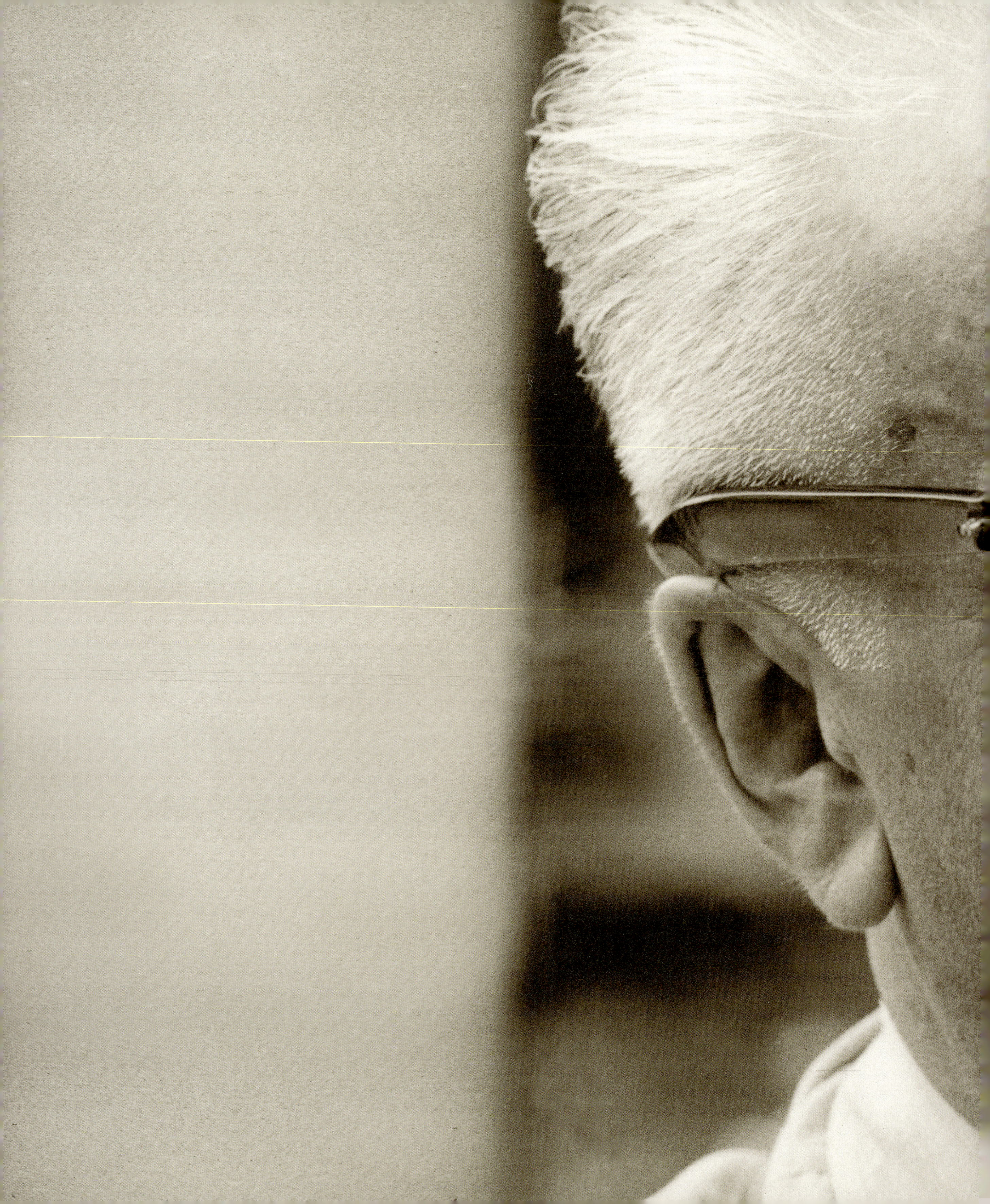

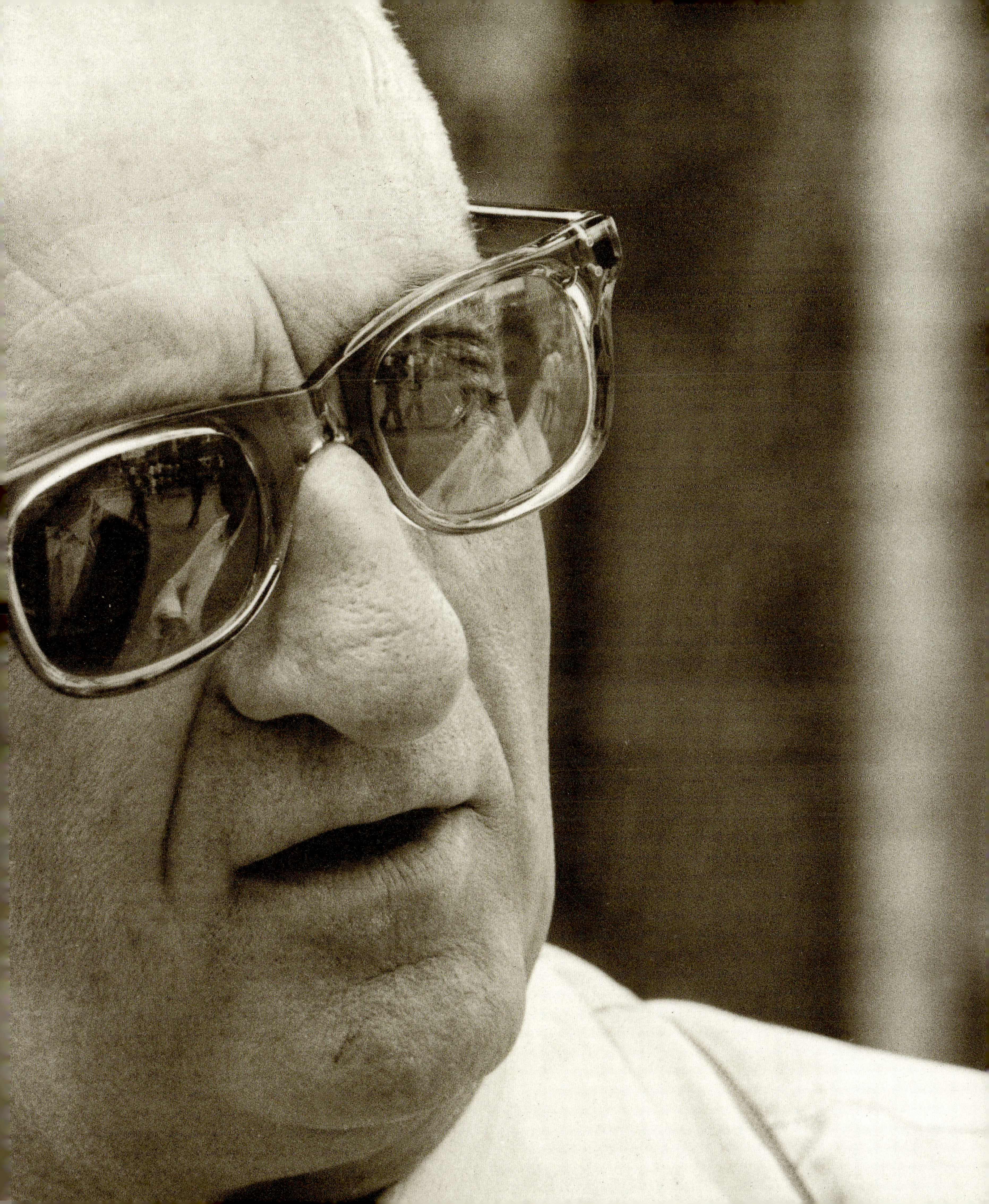

シングルシーター

フェラーリにとってシングルシーターは"継続"を意味する。1948年から2004年まで、一度も中止することなく、マラネロではシングルシーターが製作され続けてきた。リストにはF1（1950年から）、F2（1947年から）、そして1952年のインディアナポリス500用の375が並ぶ。
なお、初期の頃は、スポーツカーであればシングルシーターでなくとも、サイクルフェンダーを外しさえすれば（166SC）、レースに参加することが可能だった。

125 F1
1948
1497cc　60度V型12気筒
230ps　260km/h

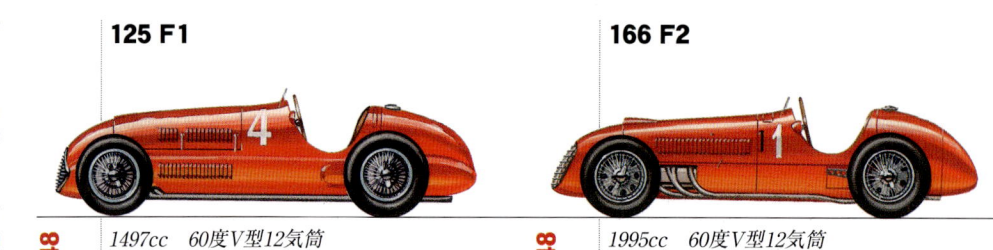

166 F2
1948
1995cc　60度V型12気筒
155ps　235km/h

500 F2
1952
1985cc　直列4気筒
185ps　260km/h

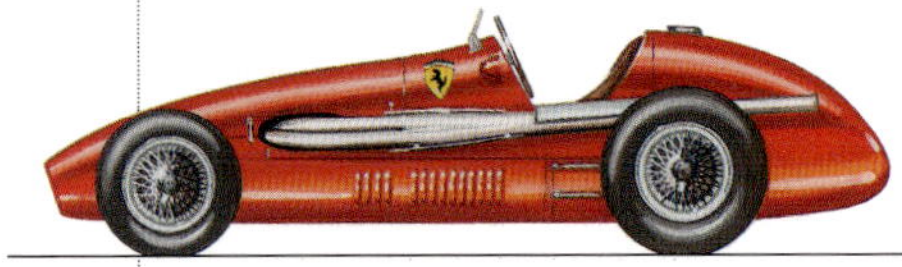

375 Indy
1952
4382cc　60度V型12気筒
400ps　330km/h

553 F2
1953
1997cc　直列4気筒
190ps　260km/h

D50
1955
2486cc　90度V型8気筒
265ps　280km/h

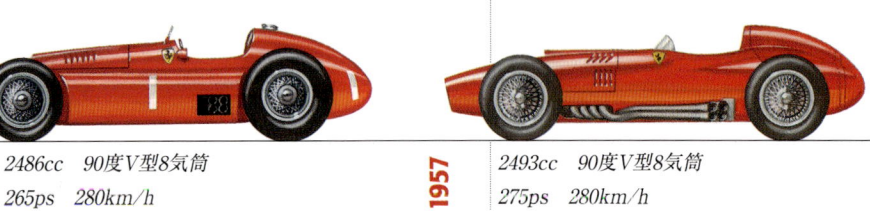

801 F1
1957
2493cc　90度V型8気筒
275ps　280km/h

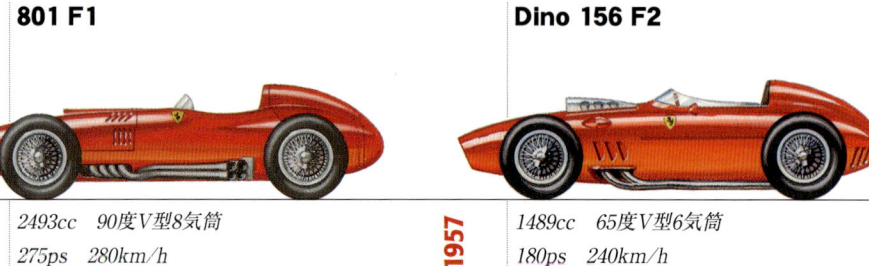

Dino 156 F2
1957
1489cc　65度V型6気筒
180ps　240km/h

Dino 156 F1
1961
1477cc　65度V型6気筒
180ps　260km/h

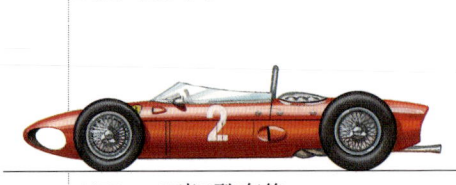

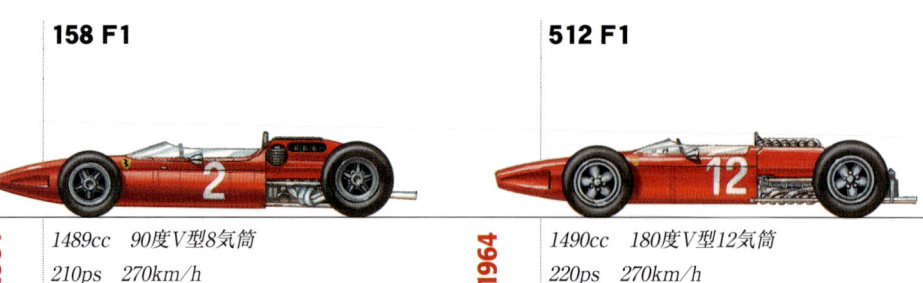

158 F1
1964
1489cc　90度V型8気筒
210ps　270km/h

512 F1
1964
1490cc　180度V型12気筒
220ps　270km/h

312 B
1970
2992cc　180度V型12気筒
450ps　320km/h

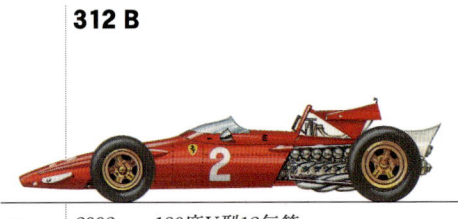

312 B2
1971
2992cc　180度V型12気筒
470ps　320km/h

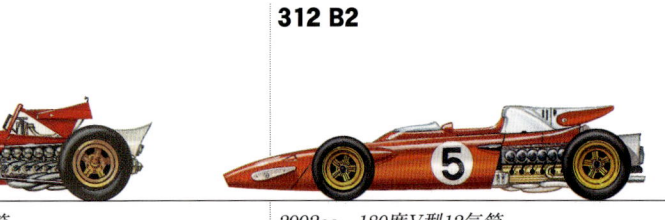

312 B3
1973
2992cc　180度V型12気筒
485ps　325km/h

312 T4
1979
2992cc　180度V型12気筒
515ps　320km/h

312 T5
1980
2992cc　180度V型12気筒
510ps　320km/h

126 CK
1981
1496cc　120度V型6気筒
580ps　320km/h

フェラーリ総覧

275 F1	**340 F1**	**375 F1**
1950 — 3322cc　60度V型12気筒　300ps　280km/h	1950 — 4102cc　60度V型12気筒　335ps　300km/h	1950 — 4494cc　60度V型12気筒　360ps　320km/h
553 F1	**625 F1**	**555 F1**
1954 — 2497cc　直列4気筒　260ps　280km/h	1954–1955 — 2498cc　直列4気筒　250ps　270km/h	1955 — 2497cc　直列4気筒　260ps　280km/h
246 F1	**412 M1**	**256 F1**
1958 — 2417cc　65度V型6気筒　280ps　280km/h	1958 — 4023cc　60度V型12気筒　447ps　320km/h	1959–1960 — 2474cc　65度V型6気筒　295ps　280km/h
312 F1	**Dino 166 F2**	**312 F1-68**
1966 — 2989cc　60度V型12気筒　360ps　300km/h	1967 — 1596cc　65度V型6気筒　200ps　265km/h	1968 — 2989cc　60度V型12気筒　410ps　310km/h
312 T	**312 T2**	**312 T3**
1975 — 2992cc　180度V型12気筒　495ps　330km/h	1976 — 2992cc　180度V型12気筒　500ps　300km/h	1978 — 2992cc　180度V型12気筒　510ps　320km/h
126 C2	**126 C3**	**126 C4**
1982 — 1496cc　120度V型6気筒　600ps　320km/h	1983 — 1496cc　120度V型6気筒　600ps　320km/h	1984 — 1496cc　120度V型6気筒　660ps　320km/h

フェラーリ総覧　Ferrari

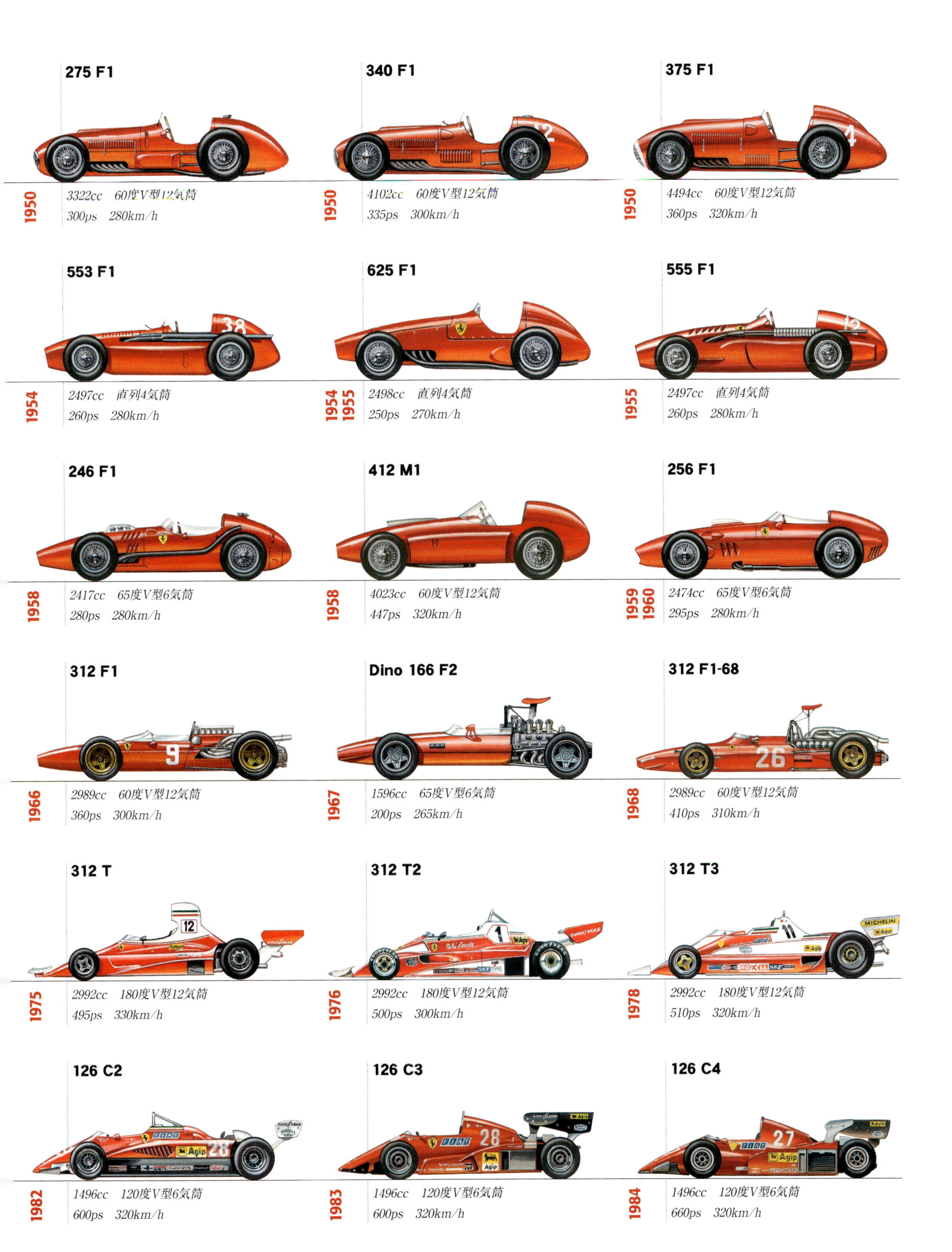

シングルシーター

156-85
1985
1496cc　120度V型6気筒
780ps　330km/h

F1-86
1986
1496cc　120度V型6気筒
850ps　330km/h

F1-87
1987
1496cc　90度V型6気筒
880ps　330km/h

F1-642 / 643
1991
3499cc　65度V型12気筒
720ps　320km/h

F92 A
1992
3498cc　65度V型12気筒
740ps　320km/h

F93 A
1993
3498cc　65度V型12気筒
730ps　320km/h

F310 B
1997
2998cc　75度V型10気筒
700ps以上　325km/h

F300
1998
2997cc　80度V型10気筒
770〜780ps　340km/h

F399
1999
2997cc　80度V型10気筒
770〜780ps　351km/h

F2003-GA
2003
2997cc　90度V型10気筒
850ps　369km/h

F2004
2004
2997cc　90度V型10気筒
900ps　370km/h

スポーツ・プロトタイプカー

創設から1972年まで（フェラーリのワークス・チームが耐久レースに参加した最後の年）、スポーツ・プロトタイプカーは、マラネロの勝利のための武器だった。リストには625TFや330LMBのように、レース用に製作されたGTも含まれる。1994年、333SPが発表になる。IMSAに参加するプライベート・チーム用で、おおいに評判を呼んだ。数多くのレースに勝利している。

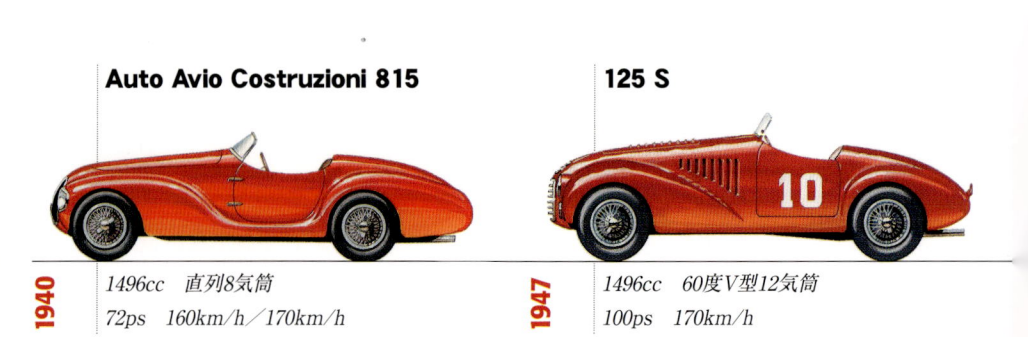

Auto Avio Costruzioni 815
1940
1496cc　直列8気筒
72ps　160km/h／170km/h

125 S
1947
1496cc　60度V型12気筒
100ps　170km/h

F1-87/88C
1988　1496cc　90度V型6気筒
620ps　310km/h

F1-89
1989　3498cc　65度V型12気筒
600ps　300km/h

F1-641
1990　3498cc　65度V型12気筒
680ps　310km/h

412 T1
1994　3498cc　65度V型12気筒
780ps　320km/h

412 T2
1995　2997cc　75度V型12気筒
600ps以上　310km/h

F310
1996　2998cc　75度V型10気筒
700ps　320km/h

F1-2000
2000　2997cc　90度V型10気筒
800ps　353km/h

F2001
2001　2997cc　90度V型10気筒
840ps　356km/h

F2002
2002　2997cc　90度V型10気筒
840ps　359km/h

159 S
1947　1902cc　60度V型12気筒
125ps　180km/h

166 SC
1948　1995cc　60度V型12気筒
130ps　225km/h

166 Sport
1948　1995cc　60度V型12気筒
105ps　170km/h

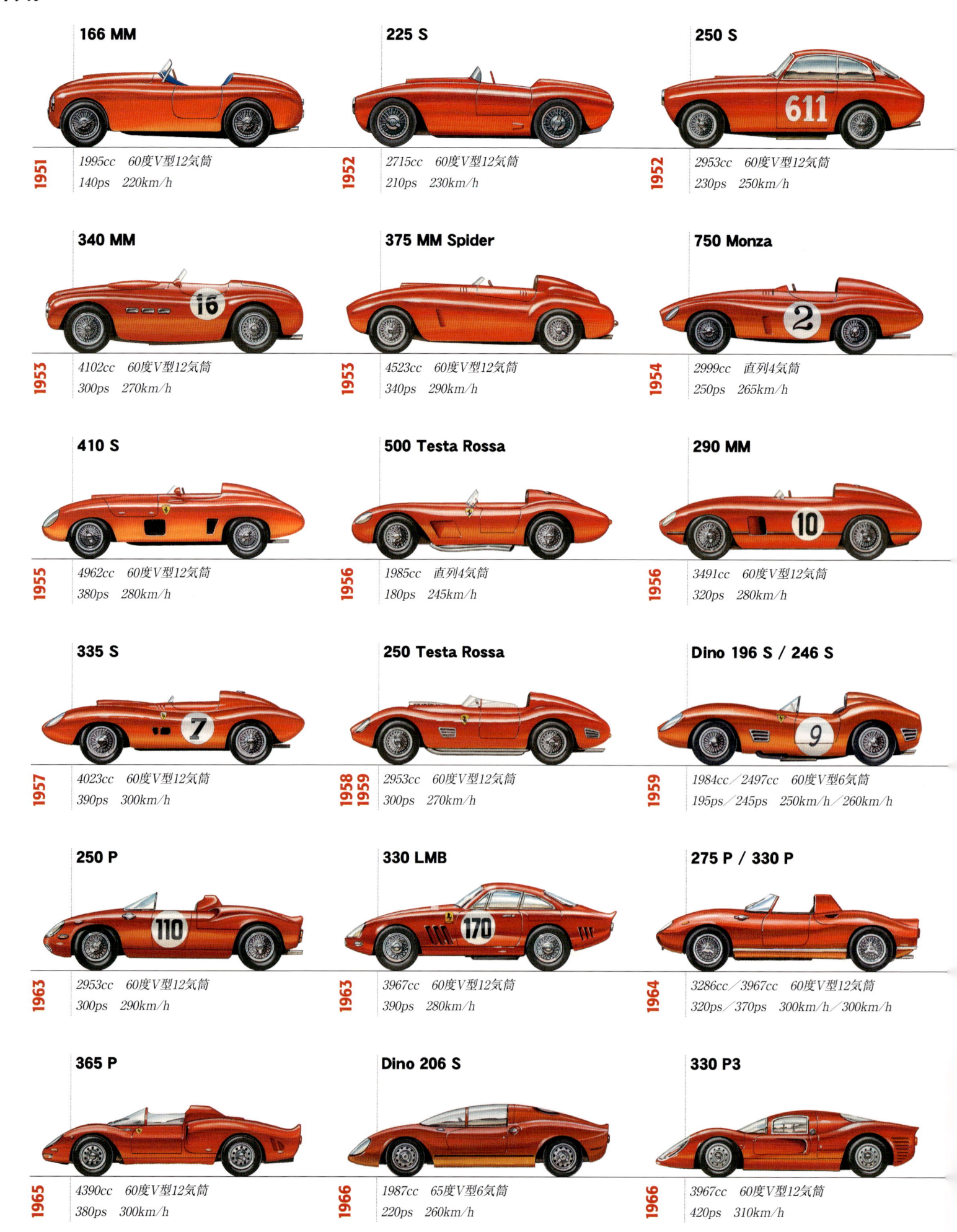

スポーツ・プロトタイプカー

166 MM
1951 — 1995cc　60度V型12気筒　140ps　220km/h

225 S
1952 — 2715cc　60度V型12気筒　210ps　230km/h

250 S
1952 — 2953cc　60度V型12気筒　230ps　250km/h

340 MM
1953 — 4102cc　60度V型12気筒　300ps　270km/h

375 MM Spider
1953 — 4523cc　60度V型12気筒　340ps　290km/h

750 Monza
1954 — 2999cc　直列4気筒　250ps　265km/h

410 S
1955 — 4962cc　60度V型12気筒　380ps　280km/h

500 Testa Rossa
1956 — 1985cc　直列4気筒　180ps　245km/h

290 MM
1956 — 3491cc　60度V型12気筒　320ps　280km/h

335 S
1957 — 4023cc　60度V型12気筒　390ps　300km/h

250 Testa Rossa
1958／1959 — 2953cc　60度V型12気筒　300ps　270km/h

Dino 196 S / 246 S
1959 — 1984cc／2497cc　60度V型6気筒　195ps／245ps　250km/h／260km/h

250 P
1963 — 2953cc　60度V型12気筒　300ps　290km/h

330 LMB
1963 — 3967cc　60度V型12気筒　390ps　280km/h

275 P / 330 P
1964 — 3286cc／3967cc　60度V型12気筒　320ps／370ps　300km/h／300km/h

365 P
1965 — 4390cc　60度V型12気筒　380ps　300km/h

Dino 206 S
1966 — 1987cc　65度V型6気筒　220ps　260km/h

330 P3
1966 — 3967cc　60度V型12気筒　420ps　310km/h

Ferrari｜フェラーリ総覧

340 Mexico
1952
4102cc　60度V型12気筒
205ps　260km/h

500 Mondial
1953
1985cc　直列4気筒
160ps　235km/h

625 TF
1953
2498cc　直列4気筒
200ps　240km/h

250 Monza
1954
2953cc　60度V型12気筒
240ps　250km/h

375 Plus
1954
4954cc　60度V型12気筒
330ps　280km/h

860 Monza
1955
3431cc　直列4気筒
280ps　260km/h

625 LM
1956
2498cc　直列4気筒
225ps　250km/h

500 TRC
1957
1985cc　直列4気筒
180ps　245km/h

315 S
1957
3783cc　60度V型12気筒
360ps　290km/h

246 SP
1961
2417cc　65度V型6気筒
275ps　270km/h

196 P
1962
1984cc　60度V型6気筒
200ps　240km/h

248 SP
1962
2459cc　90度V型8気筒
250ps　290km/h

250 Le Mans
1964
2953cc　60度V型12気筒
300ps　287km/h

Dino 166 P / 206 P
1965
1592cc／1986cc　65度V型6気筒
180ps／205ps　260km/h／270km/h

275 P2 / 330 P2
1965
3286cc／3967cc　60度V型12気筒
350ps／410ps　290km/h／300km/h

330 P4 / 412 P
1967
3967cc／3967cc　60度V型12気筒
450ps／350ps　320km/h／290km/h

612 Can-Am
1968
6222cc　60度V型12気筒
620ps　340km/h

212 E
1969
1991cc　180度V型12気筒
300ps　250km/h

フェラーリ総覧　Ferrari

スポーツ・プロトタイプカー

312 P
1969
2989cc　60度V型12気筒
420ps　320km/h

512 S
1970
4993cc　60度V型12気筒
550ps　340km/h

512 M
1971
4993cc　60度V型12気筒
610ps　310km/h

グラントゥリズモ

「公道で日常的に使用できるフェラーリ」、こんな声に応えて造りはじめた。1948年からスタートし、最初のロード・バージョンは166インテルで、ロード・バージョンでありながらレースにも参加したグラントゥリズモである、195Sから250GTOまで。250GT 2+2から612スカリエッティまでの2+2シーター。そして、スパイダーやGTSなどのオープン・モデルがリストには含まれている。

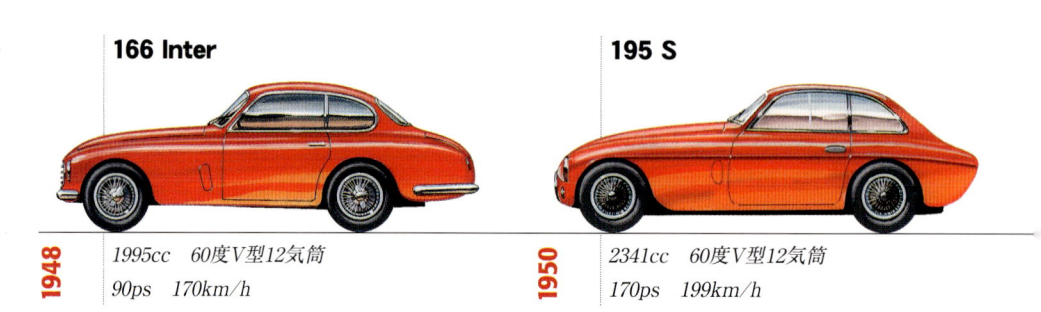

166 Inter
1948
1995cc　60度V型12気筒
90ps　170km/h

195 S
1950
2341cc　60度V型12気筒
170ps　199km/h

340 America
1951
4102cc　60度V型12気筒
220ps　240km/h

342 America
1952
4102cc　60度V型12気筒
200ps　186km/h

250 MM
1953
2963cc　60度V型12気筒
240ps　250km/h

250 GT Coupé Pinin Farina
1954
2953cc　60度V型12気筒
220ps　230km/h

410 SA / 410 Superfast
1956
4962cc　60度V型12気筒
340ps　260km/h

250 GT Spider Pinin Farina
1957
2953cc　60度V型12気筒
240ps　250km/h

250 GT Spider Pinin Farina II
1959
2953cc　60度V型12気筒
240ps　250km/h

400 Superamerica
1960
3967cc　60度V型12気筒
340ps　280km/h

250 GT 2+2
1960
2953cc　60度V型12気筒
240ps　220km/h

312 P

1971　2992cc　180度V型12気筒
450ps　320km/h

333 SP

1994　3997cc　65度V型12気筒
650ps　368km/h

195 Inter

1951　2341cc　60度V型12気筒
130ps　180km/h

212 Export

1951　2562cc　60度V型12気筒
150ps　220km/h

212 Inter

1951　2562cc　60度V型12気筒
160ps　200km/h

375 MM Coupé

1953　4523cc　60度V型12気筒
340ps　270km/h

250 Europa

1953　2963cc　60度V型12気筒
200ps　218km/h

250 America

1953　4523cc　60度V型12気筒
300ps　250km/h

250 GT California

1957　2953cc　60度V型12気筒
240ps　250km/h

250 GT Berlinetta

1958　2953cc　60度V型12気筒
280ps　270km/h

250 GT Coupé

1958　2953cc　60度V型12気筒
240ps　250km/h

250 GT Berlinetta

1960　2953cc　60度V型12気筒
280ps　280km/h

250 GTO

1962　2953cc　60度V型12気筒
300ps　280km/h

250 GTL

1962　2953cc　60度V型12気筒
250ps　240km/h

フェラーリ総覧　Ferrari

グラントゥリズモ

250 GTO 64
1964 — 2953cc　60度V型12気筒　300ps　280km/h

275 GTB / GTS
1964 — 3286cc　60度V型12気筒　280ps　258km/h

330 GT 2+2
1964 — 3967cc　60度V型12気筒　300ps　245km/h

365 California
1966 — 4390cc　60度V型12気筒　320ps　245km/h

Dino 206 GT
1967 — 1987cc　65度V型6気筒　180ps　235km/h

365 GT 2+2
1967 — 4390cc　60度V型12気筒　320ps　245km/h

365 GTC/4
1971 — 4390cc　60度V型12気筒　340ps　260km/h

365 GT/4 2+2
1972 — 4390cc　60度V型12気筒　320ps　245km/h

308 GT4
1973 — 2927cc　90度V型8気筒　250ps　250km/h

400 GT / 400 Automatic / 400i
1976 — 4923cc　60度V型12気筒　340ps／310ps　240km/h

512 BB / BBi
1976 — 4943cc　180度V型12気筒　340ps　283km/h

208 GTB / GTS
1980 — 1990cc　90度V型8気筒　155ps　215km/h

288 GTO
1984 — 2885cc　90度V型8気筒　400ps　305km/h

Testarossa
1984 — 4943cc　180度V型12気筒　390ps　290km/h

328 GTB / GTS
1985 — 3185cc　90度V型8気筒　270ps　263km/h

GTB Turbo / GTS
1986 — 1990cc　90度V型8気筒　254ps　253km/h

F40
1987 — 2936cc　90度V型8気筒　478ps　324km/h

408/4RM
1987 — 3998cc　90度V型8気筒　300ps　310km/h

Ferrari　フェラーリ総覧

500 Superfast	**275 GTB/4**	**330 GTC / GTS**
1964 — 4961cc　60度V型12気筒　400ps　280km/h	1966 — 3286cc　60度V型12気筒　300ps　268km/h	1966 — 3967cc　60度V型12気筒　300ps　245km/h
365 GTB/4 Daytona / 365 GTS/4	**365 GTC / GTS**	**Dino 246 GT / GTS**
1968 — 4390cc　60度V型12気筒　352ps　280km/h	1969 — 4390cc　60度V型12気筒　320ps　245km/h	1970 — 2491cc　65度V型6気筒　195ps　245km/h
365 GT/4 BB	**208 GT4**	**308 GTB / GTS**
1973 — 4390cc　180度V型12気筒　380ps　302km/h	1975 — 1990cc　90度V型8気筒　180ps　220km/h	1975 — 2927cc　90度V型8気筒　250ps　255km/h
Mondial 8 / Quattrovalvole	**208 Turbo GTB / GTS**	**Mondial Cabriolet**
1980 — 2927cc　90度V型8気筒　215ps／240ps　230km/h	1982 — 1990cc　90度V型8気筒　220ps　240km/h	1983 — 2927cc　90度V型8気筒　240ps　240km/h
Mondial 3.2	**Mondial 3.2 Cabriolet**	**412**
1985 — 3185cc　90度V型8気筒　270ps　245km/h	1985 — 3185cc　90度V型8気筒　270ps　245km/h	1985 — 4943cc　60度V型12気筒　340ps　255km/h
Mondial t	**Mondial t Cabriolet**	**348 tb / ts**
1989 — 3405cc　90度V型8気筒　300ps　245km/h	1989 — 3405cc　90度V型8気筒　300ps　245km/h	1989 — 3405cc　90度V型8気筒　300ps　275km/h

フェラーリ総覧　Ferrari

グラントゥリズモ

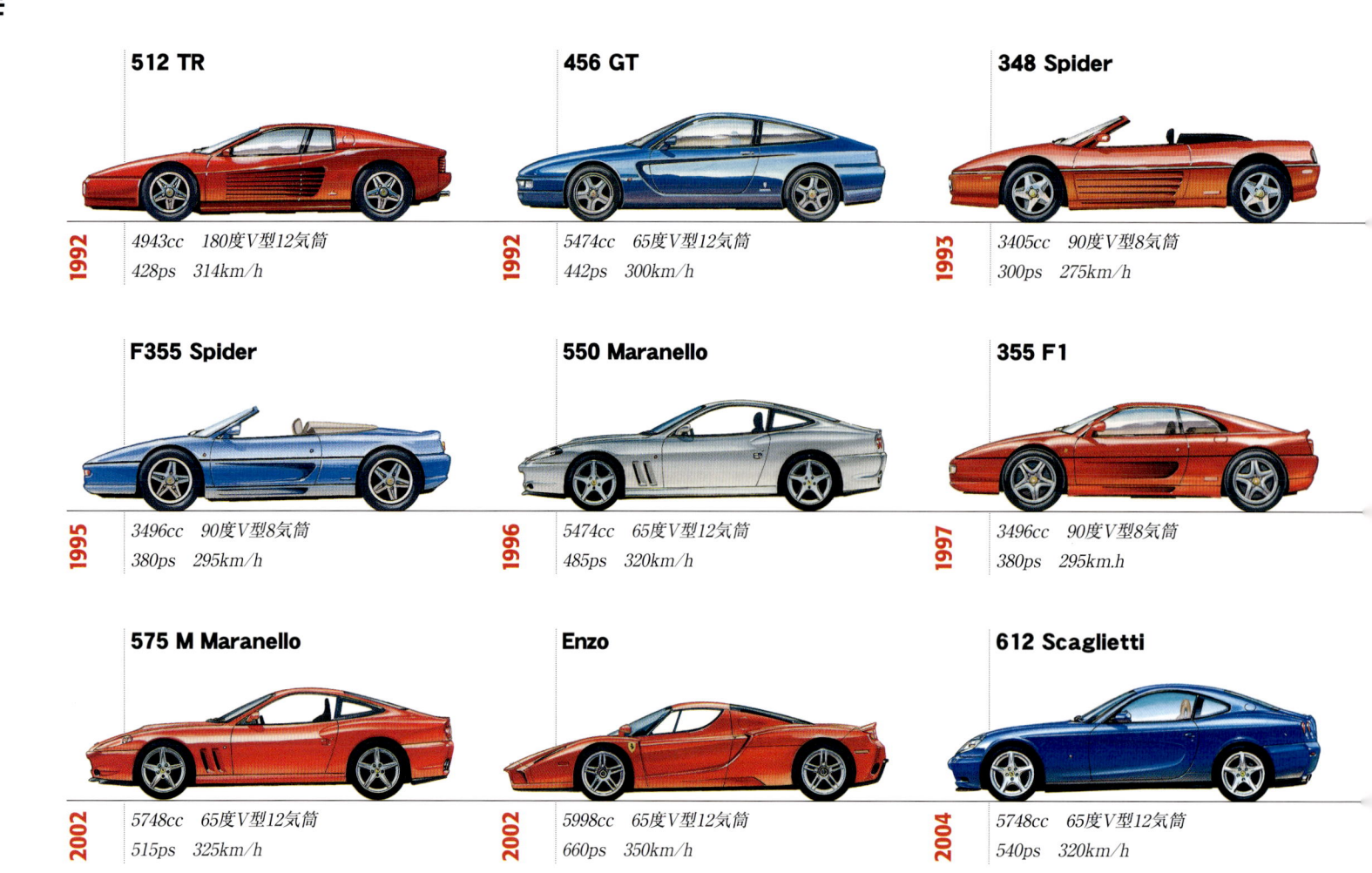

	512 TR	**456 GT**	**348 Spider**
1992	4943cc　180度V型12気筒 428ps　314km/h		
1992		5474cc　65度V型12気筒 442ps　300km/h	
1993			3405cc　90度V型8気筒 300ps　275km/h
	F355 Spider	**550 Maranello**	**355 F1**
1995	3496cc　90度V型8気筒 380ps　295km/h		
1996		5474cc　65度V型12気筒 485ps　320km/h	
1997			3496cc　90度V型8気筒 380ps　295km.h
	575 M Maranello	**Enzo**	**612 Scaglietti**
2002	5748cc　65度V型12気筒 515ps　325km/h		
2002		5998cc　65度V型12気筒 660ps　350km/h	
2004			5748cc　65度V型12気筒 540ps　320km/h

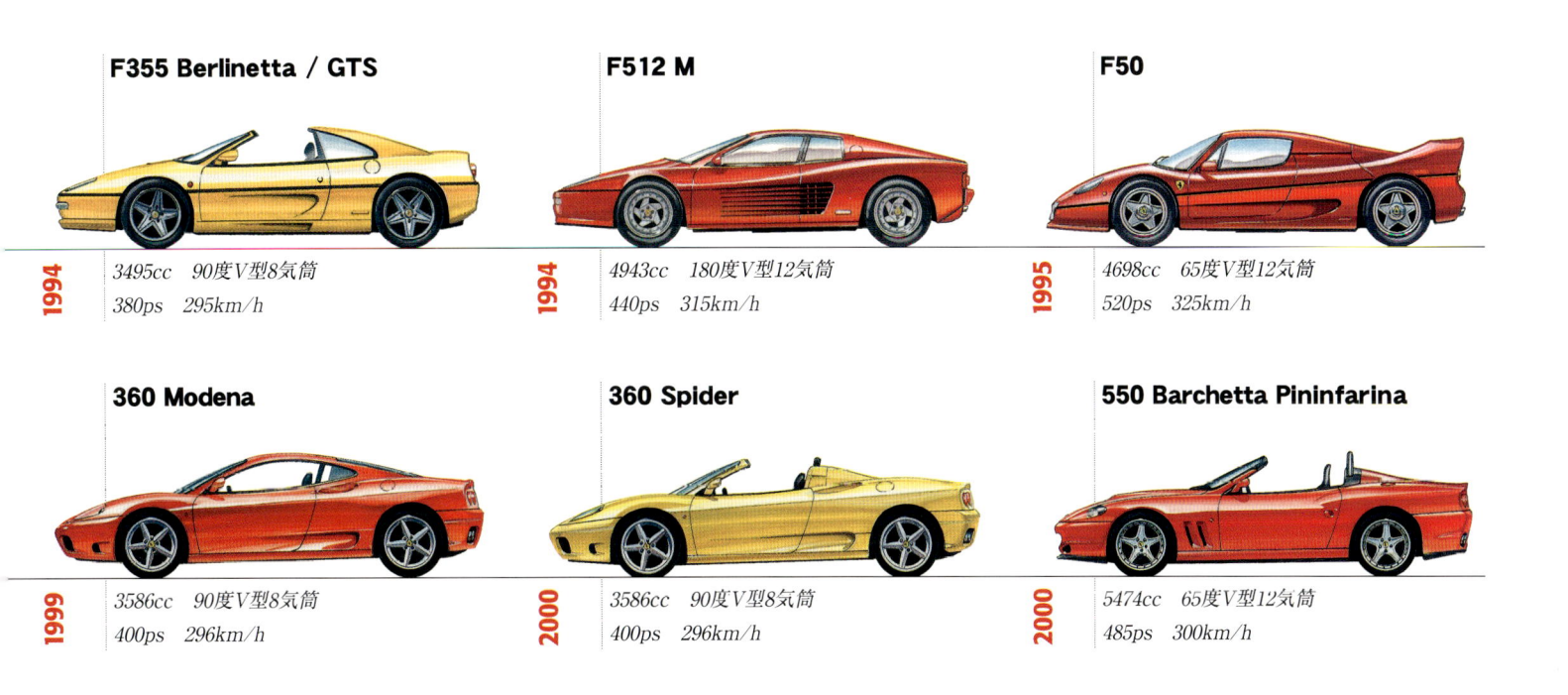

F355 Berlinetta / GTS 1994 3495cc　90度V型8気筒 380ps　295km/h	**F512 M** 1994 4943cc　180度V型12気筒 440ps　315km/h	**F50** 1995 4698cc　65度V型12気筒 520ps　325km/h
360 Modena 1999 3586cc　90度V型8気筒 400ps　296km/h	**360 Spider** 2000 3586cc　90度V型8気筒 400ps　296km/h	**550 Barchetta Pininfarina** 2000 5474cc　65度V型12気筒 485ps　300km/h

フェラーリ総覧

フェラーリを駆ったドライバー

A

Michele Alboreto
ミケーレ・アルボレート

国籍：イタリア
生誕地：ミラノ
生年月日：1956年12月23日
在籍期間：1984～1988年

●フェラーリでの優勝グランプリ
1984年ベルギーGP（126C4）
1985年カナダGP（156-85）
1985年ドイツGP（156-85）

バンディーニが亡くなってから（67年）、エンツォ・フェラーリはイタリア人のF1ドライバーを求めなくなった。この考えを変えたのがルネ・アルヌーのパートナーだったミケーレ・アルボレートである。このティレルで走る、速く、そしてインテリジェントな若者がエンツォはすっかり気に入った。81年にデビュー。82年、ラスベガスで勝利。83年にはデトロイトで（最後のコスワースのNAエンジンに乗り）優勝。その後、ベルギーGPではフェラーリ126C4でポールポジションと勝利を獲得するが、彼が本当に花開いたのは85年のシーズンだった。156-85という恐るべき出力のマシーンでカナダGPとドイツGPを制覇。4回の2位、数多くの入賞も果たす。8月まではタイトル戦のトップを走ったが、その後エンジンの不調によってタイトルを逃した。この年、タイトルを手にしたのはマクラーレンのアラン・プロストだった。フェラーリで80回にも及ぶグランプリを経験したのち、ティレルに戻り、94年まで他のチームも含めてF1を走った。その後、インディーを活躍の場としたが、97年にはトム・クリステンセンと共にルマンに出場、ポルシェで優勝を飾った。それからは、まるで青春を取り戻したかのようにアウディ・スポーツで活躍、数々の優勝を勝ち取った（2001年のセブリング12時間など）。2001年4月25日、ラウジッツリンク（ドレスダ／ドイツ）でアウディR8を試乗中に亡くなる。生前エンツォはミケーレのドライビングを、「速く、そして美しいスタイル」と評し、「ヴォルフガング・フォン・トリップスを思い出す。礼儀正しく、真面目なところも似ている」と語った。

Jean Alesi
ジャン・アレジ

国籍：フランス
生誕地：アヴィニョン
生年月日：1964年6月11日
在籍期間：1991～1995年

●フェラーリでの優勝グランプリ
1995年カナダGP（412T2）

アヴィニョンに移民したシチリアの自動車修理工場の息子、ジャン・アレジは早い時期にその才能を開花させる。23歳でF3フランス・チャンピオン、25歳でF3000ヨーロッパ・チャンピオン、そしてF1へ。89年、ティレルに入る。翌年、マクラーレンのセナと長い時間にわたる一騎打ちのすえ、2度にわたって2位を奪い取る勇敢な戦いぶりを見せた。91年から95年までフェラーリ在籍、70戦を走る。常に速く、激しいドライビングだったが、勘の鋭さが彼の持ち味だった（雨にも強い）。しかし優勝には恵まれず、自身90回目のレースを待たなければならなかった。95年6月11日、412T2でカナダGPで勝利。

ここに掲載したカヴァリーノのパイロットのデータは、2003年チャンピオンシップ終了時現在のものである。

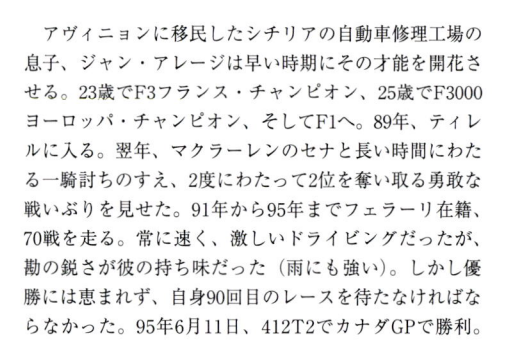

96年から2年間はベネトンに在籍、優勝こそ逃したものの、2度目のポールポジションを獲得した（最初は94年、フェラーリ在籍中）。その後、4年間はザウバー（エンジンはフェラーリ）、プロスト、ジョーダンで走ったが、カナダでの優勝後は98年のベルギーGPでの3位が最高の成績となった。2001年シーズン終了を待ってF1（計201GPに参加）から引退、DTM（ドイツ・ツーリングカー選手権）に移り、メルセデスのステアリングを握ることになった。

Cliff Allison
クリフ・アリスン

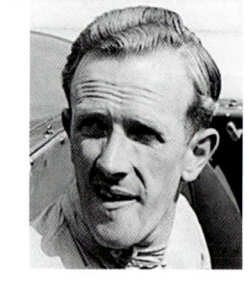

国籍：イギリス
生誕地：ブロー
生年月日：1932年2月8日
在籍期間：1959～1960年

52年、父親の勧めでレース・デビュー。57年にルマン24時間で活躍ののち、翌年、F1へ。ロータスとマセラーティで9戦に出場。その正確なドライビングがエンツォの目に留まり、59年フェラーリ入り。最初のグランプリ、モナコでは156F2でスタートしてすぐ、ヴォルフガング・フォン・トリップスが起こした事故に巻き込まれる。その後、256F1に乗り4回連続でグランプリに参戦したものの、入賞はモンツァの5位のみだった。60年はアルゼンティンGPのみ参加、256F1で2位獲得。これが彼の最高位となった。翌年、ロータスに戻るが、スパ・フランコルシャンでの事故が原因で引退した。

Chris Amon
クリス・エイモン

国籍：ニュージーランド
生誕地：ブル
生年月日：1943年7月20日
在籍期間：1967～1969年

40歳の誕生日プレゼントに、クリス・エイモンはエンツォ・フェラーリから1枚の写真を受け取る。そこにはこう記してあった。「最も優秀で、最も不運なドライバーへ」。まさに彼の長いキャリアを象徴する一文である。63年から76年の間にマシーンを酷使するようなドライビングをしたわけでもないのに、故障による苦しいリタイアを幾度も経験する。エンツォは彼を「70年代のフェリーチェ・ナッツァーロ、ステアリングを握るアーティスト」と評した。マラネロに入ったのは67年だが、デビューは17歳のときだった。24歳ですでにロータスとクーパーに乗りF1を4シーズン経験、加えてルマン24時間ではフォードGT40で優勝していた。フェラーリでもスポーツカー選手権では華々しい活躍を見せた。にもかかわらず、F1での不運は、まるでそう運命づけられているかのようだった。フェラーリ在籍中、68年のイギリスGPでの2位が最高だった。その後、マーチ、マトラ、テクノ、ティレル、BRM、エンサインで走り、自分のチーム、エイモン・フォードも結成したが、総合ではフェラーリ時代に獲得した67年の4位以上の成績を残すことはできなかった。76年、ニュージーランドに戻り、飛行機の操縦とエンジンの整備を行なうようになった。

Mario Andretti
マリオ・アンドレッティ

国籍：アメリカ
生誕地：モントナ（イストリア）
生年月日：1940年2月28日
在籍期間：1971～1972年／1982年

●フェラーリでの優勝グランプリ
1971年南アフリカGP（312B）

戦後、トスカーナの難民キャンプで過ごした時代にミッレミリアと出会い、ドライバーになろうと決心する。この決意を心に秘めてアメリカに渡った少年が、やがてチャンピオンとなった。運命と言う以外にない。マリオ・アンドレッティはたくさんの勝利を手にした。インディアナポリス500マイル、フォーミュラ・インディー、そしてF1。しかし彼が走った128個のタイトル戦のうち、フェラーリのシングルシーターでのそれはわずかに12回、しかも優勝はたったの1回、312Bで走った南アフリカGPのみだった。彼がワールド・チャンピオンとなったのはそれから7年後、マシーンはロータス79だった。にもかかわらず、この"イタロ・アメリカーノ"は"ピエドーネ"、すなわち"大きな足（向こう見ずで大胆な加速から）"と呼ばれ、イタリア国民から愛された。エンツォはアンドレッティがわずか2年ほどでチームから去ったことをひどく残念がっていたという。「勇敢で心の広いチャンピオン、そのうえプロ中のプロ。しかし彼を獲得するのは難しい。アメリカで信じられないような額を稼ぐドライバーだったから」と語った。82年、フェラーリは再度、彼を招聘。ヴィルヌーヴが亡くなり、ピローニも亡くなり、タンベイはケガで走れず、頼れるドライバーは彼以外にいなかった。アンドレッティは義に感じて駆けつける。126C2を駆ったモンツァではポールポジションからスタートしたものの、3位で終わり、ラスベガスではコースアウトしたのだった。

René Arnoux
ルネ・アルヌー

国籍：フランス
生誕地：グルノーブル
生年月日：1948年7月4日
在籍期間：1983～1985年

●フェラーリでの優勝グランプリ
1983年カナダGP（126C2）
1983年ドイツGP（126C3）
1983年オランダGP（126C3）

フェラーリに入ったのは35歳のときだった。F1で走りはじめて6年目。「スピードのアニマルという名声は彼にはふさわしくない」、エンツォはこう言ったという。語り草となった、血の気の多いヴィルヌーヴとのディジョンにおけるデッドヒートからこんなふうに呼ばれるようになったが、実際は小柄で真面目、笑顔が似合う。ルネ・アルヌーはそれまでにすでにルノー・ターボで4戦を制覇。「私たちのところでさらに速くなった」とはエンツォの弁。「なにより頭がよくて勘が鋭い。戦いの時を察知すると、一気に行く」83年、カヴァリーノのシングルシーターでの最初の年、126C2とC3でカナダとドイツ、オランダを制覇、ポールポジションは4回。しかし、翌年は2回、2位になっただけだった。モチベーショ

ンを失くしたように、エンツォには感じられたという。「グランプリは彼にとってすでに最優先の場ではなくなったようだ」85年初め、ブラジルGPの予選で2度、コースアウト（彼にとってはフェラーリでの32回目のグランプリ、4位）。この後、突然の解雇。アルヌーはリジェに移り、89年まで4シーズン走るが、優勝することはなかった。合計で149戦に出場。

Alberto Ascari
アルベルト・アスカーリ

国籍：イタリア
生誕地：ミラノ
生年月日：1918年7月13日
在籍期間：1949～1953年

1952／1953年F1ドライバーズ・チャンピオン

●フェラーリでの優勝グランプリ
1951年ドイツGP（375）
1951年イタリアGP（375）
1952年ベルギーGP（500F2）
1952年フランスGP（500F2）
1952年イギリスGP（500F2）
1952年ドイツGP（500F2）
1952年オランダGP（500F2）
1952年イタリアGP（500F2）
1953年アルゼンティンGP（500F2）
1953年オランダGP（500F2）
1953年ベルギーGP（500F2）
1953年イギリスGP（500F2）
1953年スイスGP（500F2）

アルベルト・アスカーリの体内には、アスカーリが7歳のときに亡くなった父親、チャンピオンであったアントニオ・アスカーリの激情が血となって流れている。18歳でモーターサイクルのレースを始める。27戦の激しいレースだった。40年に22歳で、まだフェラーリと呼ばれていなかった時代のフェラーリ、アウト-アヴィオ815で四輪レースにデビュー。あまりのハイスピード・ドライビングにエンジンが追従できずに故障する。戦後の49年、フェラーリに戻ったときには別人のようになっていた。鍛えられた（歩くドライバーと自らを称した）肉体（太め、大きい、筋肉質などを意味する"チッチョ"と呼ばれた）と洗練されたドライビング・スタイルで、シングルシーター、スポーツ・プロトタイプカー合わせて36戦を走った。5度の優勝。50年にF1ワールド・チャンピオンシップがスタート、アスカーリはモンテカルロGPとイタリアGPで2位、その他、タイトル戦以外でも多数勝利。翌年はファンジオとの激しい戦いが繰り広げられるが、最後のレースのみ2位だった。そして52年と53年、2ℓの500F2でいよいよタイトルを獲得するのである。「トップを走るとき、つまり自分の前に誰もいないときのアスカーリは、シャープで自信に溢れたドライビングを見せた」、ファンジオはこう語る。「一方で追う立場になったときには、いつもの勇敢な彼からは想像できないくらい神経質になった」、とはエンツォの観察。54年、26戦で13回の勝利を挙げたアスカーリはフェラーリを離れる。マセラティで走ったのち、ランチアに入るが、結果を出せなかった。55年5月26日、モンツァで謎の死を遂げる。スーペル・コルテマジョーレに出場予定の、カステロッティのフェラーリ750モンツァを試乗している最中に起きた事故だった。

B

Giancarlo Baghetti
ジャンカルロ・バゲッティ

国籍：イタリア
生誕地：ミラノ
生年月日：1934年12月25日
在籍期間：1961～1962年
　　　　　／1965～1966年
　　　　　／1968年

●フェラーリでの優勝グランプリ
1961年フランスGP（156）

F1デビュー戦でいきなり勝利したドライバー。ミラノの企業家の息子、ジャンカルロ・バゲッティは、家族には内緒で自分の家のマシーンを使ってレースを始めた。60年、フォーミュラ・ジュニアのダグラダ・ランチアでの活躍によって、その存在が知られるようになる。特にウェットの路面での大胆ながら正確なドライビングによる勝利で注目された。61年、フェラーリは新しいF1用156を彼に託す。このマシーンですぐにノンタイトル戦の2戦、シラクサとナポリで優勝。そして、いよいよフランスで行なわれたワールド・チャンピオンシップでデビューを飾る。このレースにはフィル・ヒル、ヴォルフガング・フォン・トリップス、リッチー・ギンサーも出場したが、トラブルを起こす彼らのマシーンを横目に、バゲッティはロータスのジム・クラークやポルシェのダン・ガーニーと戦い、0.1秒の差で優勝する。大偉業を達成したが、評判になればなるほどエンツォを不機嫌にし、誉める代わりにこの若者に、彼は皮肉な質問を浴びせる。「キミが乗ったマシーンはなんだったかな？」翌年もバゲッティはフェラーリでF1とスポーツ・プロトタイプカーに参戦するが、モチベーションは落ちているようだった。その後、他のチームに移ったものの、成績は冴えなかった。68年のシーズン後、引退。フォトグラファー／ジャーナリストとなる。95年に病死。

Lorenzo Bandini
ロレンツォ・バンディーニ

国籍：イタリア
生誕地：リビア
生年月日：1935年12月21日
在籍期間：1962～1967年

●フェラーリでの優勝グランプリ
1964年オーストリアGP（156）

60年代、その長いキャリアによってイタリア人ドライバーとしてはもっとも知られた存在。戦争孤児となった彼は16歳で、ミラノのゴリアルド・フレッディのガレージ／オフィチーナに入る。家族のようにかわいがられ、第二の家族を見つけた彼は21歳のとき、仕事のあとに自分で整備したマシーンでレースを始める。最初はFJで活躍、名を挙げる。61年までチーム・チェントロ・スッドでクーパー・マセラーティに乗っていたが、F1にフェラーリで参加するという彼の夢が実現する。いきなり156で出場したモンテカルロGPで3位。63年は何度か5位になっただけで終わるが、ルドヴィコ・スカルフィオッティと組んで250Pで参加したルマン24時間では優勝を飾る。64年は彼にとってゴールド・イヤーだった。元の雇い主の娘であるマルゲリータ・フレッディと結婚、（156で）オーストリアGPで優勝、彼にとってはタイトル戦唯一の勝利だった。65／66年はモナコで2位。チームに寄せる信頼によってフェラーリも彼を大切にしていた。おそらく彼に欠けていたのは、タイトル獲得への貪欲さだったのではないだろうか。67年、パワフルな3ℓフェラーリ、312を見た、古くからの友人で、レーシングカーを製作するジーノ・デ・サンクティスは「これなら勝てるが、400psを背負って走るのだから死ぬことだって簡単だ」と言う。5月7日のモンテカルロ、この友人の不吉な言葉が現実となった。再び2位を走っていた彼のマシーンが事故を起こし火を放つ。数日後、彼は人生を終えた。

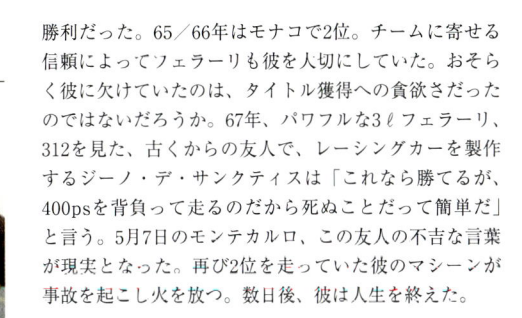

Rubens Barrichello
ルーベンス・バリケロ

国籍：ブラジル
生誕地：サンパウロ
生年月日：1972年5月23日
在籍期間：2000年～

●フェラーリでの優勝グランプリ
2000年ドイツGP（F1-2000）
2002年ヨーロッパGP（F2002）
2002年ハンガリーGP（F2002）
2002年イタリアGP（F2002）
2002年アメリカGP（F2002）
2003年イギリスGP（F2003-GA）
2003年日本GP（F2003-GA）

インテルラゴスのサーキット付近で生まれ、レースへの情熱を幼い頃から育んだ。94年、セナ亡きあと、ブラジルの誇りとしてF1で活躍する。彼のドライバーとしてのキャリアは9歳のときにカートでスタート。ブラジルのカート選手権で、5度タイトルを獲得。90年、まだ18歳になっていなかったが、フォーミュラ・オペル・ロータスに乗ってヨーロッパでの彼のキャリアが始まる。91年にはイギリスのF3で優勝、翌年はインターナショナルF3000で3位となり、その速さが知られるようになる。翌年ジョーダンF1のシートを手にする。ここで4シーズンを過ごすが、さしたる活躍は見られなかった。97年から99年まではスチュワート・フォードへ。チームメイトのジョニー・ハーバートがキャリアを積むのを横目に、彼は1勝もすることができなかった。2000年、ようやくチャンスを掴む。ミハエル・シューマッハーのいるフェラーリ・チームと契約を交わすことができたのだ。この年、さっそく勝利。2002年は4回、優勝（チャンピオンシップでは総合4位）、2003年は2回（鈴鹿では1-2フィニッシュ）。たとえチームではナンバー2ドライバーであっても、ウェット・コンディションでは非常に優れたドライビングを見せる。

Jean Behra
ジャン・ベーラ

国籍：フランス
生誕地：ニース
生年月日：1921年2月16日
在籍期間：1959年

ゴルディーニとマセラーティのエースであったが、フェラーリでは一瞬のヒーローで終わる。マセラーティ時代のジャン・ベーラはまさに"水を得た魚"で、彼は技術面に精通していたばかりか、テストドライバーとしても認められた存在だった。しかし59年に入ったフェラーリでは技術部門がドライバーの介入を好まないことを感

フェラーリを駆ったドライバー

じ取る。フェラーリではドライバーは走っていればよかったのだ。チーム内の緊張が高まっていく。ベーラはモナコ、オランダ、フランス、3つのタイトルが掛かったグランプリに参加するものの、結果を出すことはできなかった。7月、チームの雰囲気に耐えられなくなった彼はチームを離れる。彼の夢はスポーツ・プロトタイプカー・レースに参加するマシーンを製作することだった。しかし、フェラーリを離れた数日後の8月1日、アヴス・サーキットで行われた小さなレースにポルシェで出場した彼は事故死を遂げる。

Derek Bell
デレック・ベル

国籍：イギリス
生誕地：ロンドン近郊
生年月日：1941年10月31日
在籍期間：1968～1970年

フェラーリが空だとすれば彼は流星。上流階級出身のベルは23歳でデビュー。F3を経て、68年に27歳でフェラーリ入り。F2からすぐF1へ。このシーズンの最後の2戦だったイタリアとアメリカに312で参加するが、結果は振るわず。69年、フェラーリでタスマニアGPに参加したあと、マクラーレンに移り、イギリスGPに出場したほか、テストドライバーとして四輪駆動シングルシーターの開発に携わる。その後、ブラバム、サーティース、テクノの3チームで、74年まで6戦に出場。最高成績は6位だった。しかし、耐久レースに向いていたのか、ルマン24時間では5回優勝した。

Gerhard Berger
ゲルハルト・ベルガー

国籍：オーストリア
生誕地：ウォルグル
生年月日：1959年8月27日
在籍期間：1987～1989年
／1993～1995年

●フェラーリでの優勝グランプリ
1987年日本GP（F1-87）
1987年オーストラリアGP（F1-87）
1988年イタリアGP（F1-87/88C）
1989年ポルトガルGP（F1-89）
1994年ドイツGP（412T1）

イタリアでドライバーとして開花。21歳でアルファスッド・トロフィー、25歳でイタリアF3に参加。84年にF1へ。3年間、BMW製ターボエンジンを載せたATS、アロウズ、ベネトンで走る。迷いのないドライビングが彼の持ち味で、速く堂々とした走りっぷりをみせた。ベネトンで出場したメキシコGPでの勝利ののち、87年、フェラーリに召集され、アルボレートのチームメイトとなった。「突然、浮上したドライバーだったが、彼が日本とオーストラリアで勝利すると、我々にとって欠くことのできないドライバーに変わった」特にホンダの本拠地である鈴鹿でウィリアムズ・ホンダに勝利したことは、エンツォ・フェラーリをおおいに喜ばせた。88年のモンツァではベルガー1位、数メートル差でアルボレートが2位となる。89年4月、イモラのタンブレロ・コーナーで300km/hで走行中に大クラッシュ、マシーンは火を放ち、彼は重傷を負う。しかし9月、復帰したポルトガルでいきなり優勝。その後、マクラーレンに移って3年走り、再び93年から95年までフェラーリに在籍。94年にはベネトン時代の思い出のサーキット、ホッケンハイムで優勝を飾った。97年引退。14年の間に210戦に出場し（そのうち96回がフェラーリ）、10回の優勝を果たした。1998年から2003年までBMWスポーツ部門のマネジャーを務めた。

Clemente Biondetti
クレメンテ・ビオンデッティ

国籍：イタリア
生誕地：ブッドウソ
　　　　（ササーリ）
生年月日：1898年8月18日
在籍期間：1948～1949年

アスカリ同様、彼のスタートもモーターサイクルからだった。その後、ロードレースに強いドライバーとして、30年にわたって四輪のステアリングを握る。ミッレミリアでは4度優勝。最初は38年、マシーンはアルファ・ロメオだった。平均速度133.91km/h。53年まで破られることのなかった記録である。47年には再びアルファ・ロメオでヌヴォラーリのチシタリアと戦い、勝利。その後、誕生したばかりのフェラーリに入り、サルデニア出身のこのドライバーは48年のミッレミリアで再度、勝利したのだった。このときのマシーンは2ℓの166S、翌年は166MMで走り、3年連続、4度目の優勝を飾った。166Sと166SCではタルガ・フローリオとジーロ・ディ・シチリアを制覇。さらにプライベートで参加したメッシーナ10時間でも勝利（52年）、マシーンはフェラーリ212エクスポートだった。1955年、フィレンツェで病気のため死去。

Bira
ビラ

国籍：タイ
生誕地：バンコク
生年月日：1914年7月15日
在籍期間：1948年

ビラという愛称で親しまれたが、本名はビラボンセ・バヌテル・バヌバン。タイがシャムと言われていた頃の正真正銘のプリンスで、イギリスのイートン校とケンブリッジ大学で教育を受ける。イギリスには35年から55年までの20年間滞在した。多才なドライバーとして知られ、どんなマシーン、どんなカテゴリーにも対応することができた。フェラーリに在籍したのは48年のみ。レイモン・ソマー、ニーノ・ファリーナらとともに、9月5日、トリノのバレンティノ公園で行われたレースに、GP用に製作された初のフェラーリ、125で出場している。56年、タイに戻るため引退、70年には飛行機レースに参加している。85年、ロンドンで亡くなった。

Giampiero Biscaldi
ジャンピエロ・ビスカルディ

国籍：イタリア
生誕地：ミラノ
生年：1937年
在籍期間：1965～1966年

ヒルクライム・レースから始め、その後アバルト、そしてアルファ・ロメオで耐久レースのワークス・ドライバーとなる。65年にはF1に登場、タイトル戦ではなかったが、ペルグーサで行なわれたヨーロッパGPではチェントロ・スッドのドライバーとしてBRMに乗る。同年、フェラーリに入り、2年間在籍。ロードレースとサーキットの両方を走った。タルガ・フローリオ、ニュルブルクリンク1000km、ルマン24時間に275GTBコンペティツィオーネ、275P2で参加、パートナーはジャンカルロ・バゲッティやロレンツォ・バンディーニといった優秀なドライバーだった。67年、ワークス・ドライバーとして参加したタルガ・フローリオで2ℓポルシェを駆って2位。翌シーズンはアルファ・チーム所属でワールド・マーチに参加。タルガ・フローリオ、ルマン24時間では6位、デイトナ24時間では7位を獲得する、69年にはアバルトで活躍、翌年、健康上の理由から引退を決めた。

Bob Bondurant
ボブ・ボンデュラント

国籍：アメリカ
生誕地：エヴァンストン
生年月日：1933年4月27日
在籍期間：1965～1966年

イリノイ出身のこのアメリカ人は、キャロル・シェルビーのグラントゥリズモ、コブラでパワフルなドライビングを見せたにもかかわらず、フェラーリでの存在感は薄かった。フェラーリではデビュー戦となった65年のアメリカGP、ワトキンス・グレンでのレースに158で参加するだけに終わっている（ウィナーから4周遅れの9位）。その後、ロータス、BRM、イーグルで計8GPに参加した。66年のモンテカルロGPでの4位が自己最高成績。「特に思い出はない」というのがエンツォの彼についてのコメント。Cam-Amで深刻な事故に遭い、ドライバーを辞めてドライバー養成スクールを設立した。このスクールはアメリカで高い評価を得た。

Felice Bonetto
フェリーチェ・ボネット

国籍：イタリア
生誕地：マネルビオ
生年月日：1903年6月9日
在籍期間：1949年

戦時中のフェラーリのイタリア人ドライバーの中で、最も勇敢で過激なドライビングで知られた。コンペティション向きに仕上がっていないマシーンで戦うことを強いられたにもかかわらず、いつでも速かった。鉄道員の息子。17歳でモーターサイクルのレースを始め、31年に四輪に移行。最初はプライベートで参加していたが、資金に余裕のないチームで走ったにもかかわらず、彼の成績が注目を集めるようになる。47年、ようやくワークス・チームに迎えられる。チシタリアだった。翌年、F2のイタリア・チャンピオンを獲得。49年にフェラーリ入り。在籍は1年だったが、このシーズンの彼は2位ばかりだった（166MMで参加したミッレミリア、166F2で参加したモンツァ）。性格は気難しいが、決断力があり、"チームの命令"に従うことを嫌った。50年はオスカ、プライベートのマセラーティ、戦前のアルファでレースにひとりで参加（オポルトGPで1位）。51年はアルファに入り、ファンジオやファリーナとともに159で走る。そ

後、ランチア（スポーツ・プロトタイプカー・レース）と、マセラーティ（F1）へ。彼の黄金時代（52年のタルガ・フローリオにランチア・アウレリアB20で参加して優勝、翌年、リスボンのジュビレオGPにランチアD24で出場、モスと戦って勝利する）、ランチア・スポーツで出場したカレラ・パナメリカーナでトップを走っていたが、事故により死亡。

Franco Bordoni
フランコ・ボルドーニ

国籍：イタリア
生誕地：ミラノ
生年：1913年
在籍期間：1952年

スポーツ・プロトタイプカー・レースで活躍。強い情熱を持ったドライバーだった。空軍出身。フランコ・ボルドーニはアスカーリがタイトルを獲得した時期にフェラーリに入る。同期のドライバーはブラッコ、ファリーナ、タルフィ、ヴィロレージなど。52年のミッレミリアに166MMで参加、総合で10位、2ℓスポーツ・クラスで2位となる。このとき優勝したのはチームメイトのジョヴァンニ・ブラッコだった。翌年はゴルディーニへ。スポーツ・プロトタイプカーの2ℓ以上クラスでイタリア・チャンピオンとなる。その後、60年代初めまで3ℓマセラーティでサーキット（ペルグーサGPで3度勝利）と公道の双方を走る。モーターボートのレースでも活躍。69年、飛行機事故で死亡。

Giovanni Bracco
ジョヴァンニ・ブラッコ

国籍：イタリア
生誕地：ビエッラ
生年月日：1908年6月6日
在籍期間：1952年

繊維会社を継いだブラッコは、いつもレースに出るためのマシーンを探し、買い求めていた。レースでのすばらしい活躍によって、プロになってからも彼の望みは変わらなかった。自分で自分の人生を決めることが好きで、ワインとシガーを愛した（特にワインには目がなかった）。ひとりでいることを好み、チームの絆を嫌った。彼のドライビングは勇敢で、予想がつかず、困難の中で力を発揮するタイプだった。34年のコッパ・ドーロ（ジーロ・ディ・イタリアのこと）がデビュー戦だったが、フィアット・バリッラ・スポーツに乗った彼はコースアウトし、左肺を失う重傷を負う。その後、親から走ることを禁じられるが、父親の死後、再びレースの世界に戻ってくる。47年、再びモデナのサーキットで見物人に死傷者が出る重大事故を起こす。この事故のあと、彼は人間的に成長し、レースに再び参加するようになった。カレラ・パナメリカーナ、タルガ・フローリオ、ルマン24時間など。52年が彼のキャリア最高の年であった。カール・クリングのメルセデス300SLを退け、ミッレミリアで優勝。フェラーリはワークス・ドライバーのシートを提供するが、彼はいつものように購入を望んだ。マシーンはベルリネッタの250S、エンジンは3ℓの12気筒。ウェット路面のミッレミリアに適したマシーンだった。"ジョニン・ブラッコ"（フェラーリは彼のことをこう呼んだ）は、フィレンツェに遅れて到着。脇にはキャンティのフィアスコを抱え、シガーを口に咥えて姿を見せた

（日に90本は吸った）。しかし、フータ峠にかかると、ブラッコは優勝を確信したかのように猛然とスパートを開始、見事1位でゴールする。この年は250Sでペスカーラ12時間（パートナーはパオロ・マルツォット）と、そしてこれまたフェラーリでカレラ・パナメリカーナにも参加した。50年代半ばまで走り、87回もの優勝を獲得した。68年にビエッラで亡くなる。

Tino Brambilla
ティーノ・ブランビッラ

国籍：イタリア
生誕地：モンツァ
生年月日：1934年1月31日
在籍期間：1968〜1969年

荒削りな、モンツァ出身の優秀なメカニック。日ごろは寛大な反面、カッとなりやすい性質の人物。アーネスト（ティーノ）・ブランビッラはモーターサイクル・レースでデビュー。54年から60年までの間に6タイトル獲得。直感ですべてを決める、アグレッシヴで向こう見ずな彼のドライビングは、FJ、自分で製作したマシーンで参加したF3に移ってからも変わることがなかった。数多くの勝利と事故を経験し、最終的に66年、F3のタイトルを獲得する。2年後、フェラーリはF2用のディーノ166を彼に託す。ブランビッラはこのマシーンでヨーロッパ・トロフィーを走り、2度勝利（ホッケンハイムとヴァレルンガ）。テンポラーダ・アルゼンティン（ブエノス・アイレス）でも優勝したが、エンツォは「いつでも準備ができているドライバー」と称えた。「自分が得た名声の重さがわからない。わからないのは性格が良いからだろう。ディーノF2に初めて勝利をもたらしたドライバーのことは忘れられない」69年、フェラーリは彼にモンツァのイタリアGP用312F1を提供するが、直前にバイク事故で腕を折ったブランビッラはギプスを嵌めて現れる。それでも予選で何周かは走ったものの、結局レースには出場できなかった。

Tony Brooks
トニー・ブルックス

国籍：イギリス
生誕地：ダンキンフィールド
生年月日：1932年2月25日
在籍期間：1959年

●フェラーリでの優勝グランプリ
1959年フランスGP（256）
1959年ドイツGP（256）

職業、歯科医。23歳までプライベティアとしてレースに参加。その活躍が評判となり、アストン・マーティンに耐久レースのドライバーとして呼ばれる。"ステアリングを握る歯医者"の、F1での最初の活躍は57年と58年、ヴァンウォールのワークス・ドライバーとなったときだった。14戦に出場し、4勝を挙げる。4つ目の勝利はモンツァ。こうして翌年、フェラーリに入る。フェラーリは彼に幸運を運ぶ。まずは結婚で、女子バスケットのイタリア・チャンピオン、ピーナ・レゼゴッティと結ばれる。フェラーリ・チームでは前年ホーソーンが去り、ジャン・ベーラとは方向性を巡って行き違いが続いていたために、彼がトップ・ドライバーとなる。6気筒の256F1でタイトルの掛かった7戦を走り、2度優勝、最終的に2位を獲得した。しかしエンツォが彼を認めることはなく、

シーズン終了前に解雇された。「彼はイタリアにインテリとしてやってきた。優秀なドライバーとして紹介されたが、あまりに慎重だ……」その後、2年間、ブルックスはヴァンウォール、クーパー、BRMで走ったが、再び優勝を手にすることはできなかった。引退し、イギリスで自動車関連の会社を始める。周りは驚かなかった。夫人はいつも言ったものだった。「理性の勝ったドライバーね。レースに取り憑かれてはいたけれど、抜けられない、というほどではなかったのよ」

C

Giulio Cabianca
ジュリオ・カビアンカ

国籍：イタリア
生誕地：ヴェローナ
生年月日：1923年2月19日
在籍期間：1959〜1960年

ヒルクライムとロードレースのスペシャリスト。小排気量のマシーンを操らせれば無敵だった。51／52年、ミッレミリアやタルガ・フローリオのこのクラスでスポーツカー選手権のイタリアン・チャンピオンを、58年にはオスカ1500でナショナル・タイトルを獲得したのち、F1に移行。58／59年、マセラーティで3戦に参加、59年5月、モンツァにて196Sで念願のフェラーリ・デビュー。（スカルフィオッティと組んで）タルガ・フローリオ、ニュルブルクリンク1000km、ルマン24時間、トゥーリスト・トロフィーにも出場。よりパワフルな246Sで経験を積んだあと（60年のタルガにメレス、スカルフィオッティと組んで出場、4位）、カビアンカはフォーミュラ・インターコンチネンタル用クーパーに3ℓフェラーリ・エンジンを積ませる。60年にはフェラーリ・エンジンのクーパーで、ヒル、ギンサー、メレス、この3人のフェラーリ・ワークス・ドライバーに続いて4位となる。61年6月15日、モデナのアウトドロモでテスト中、最後の直線からそのまま開いていた門を突き抜け、エミリア通りに飛び出し、3人の通行人を巻き込む事故により死亡。

Ivan Capelli
イヴァン・カペリ

国籍：イタリア
生誕地：ミラノ
生年月日：1963年5月23日
在籍期間：1992年

20歳だった83年、21歳の84年、F3でヨーロッパ・チャンピオンとなり、2年後にはさらに難しいF3000を制覇。85年にティレルでF1デビューを飾ってすぐ、オーストリアで4位となる。87年は初参加のマーチで走るが、彼が最高のシーズンを迎えるのはその翌年。2位、3位、5位が3回。そして6位。総合では7位となった。エンツォ・フェラーリは彼のことを「レースでの振る舞いと礼儀正しさの見本」と評した。そしてこう付け加える。「まだ待つ必要があるな」カペリがマラネロに着いたのは92年（エンツォが亡くなって4年後）、すでに78戦を走ったあとだった。チームメイトはジャン・アレージ。14戦に参加してF92Aで5位と6位を獲得するが、フェラーリは契約を打ち切る。93年、ジョーダンで走ったのち、引退。テレビのコメンテーターとして活躍。

フェラーリを駆ったドライバー | Ferrari 255

Mario Casoni
マリオ・カゾーニ

国籍：イタリア
生誕地：フィナーレ・
　　　　エミリア（モデナ）
生年：1939年
在籍期間：1965〜1966年
　　　　　／1968年

63年、24歳のときにFJのシングルシーターでヒルクライム・レースを制覇。翌年、誕生したばかりのF3へ。ヒルクライム・トロフィーのタイトルを2年連続で獲得。64年はロードレースにもスポーツカー選手権のマシーンで参加。65年、ニコデミと組んでフェラーリ250LMを駆り、全行程60km、ジオゴとフータ峠を通るムジェッロのロードレースを制覇。同じマシーンでペルガーザで行なわれたコッパ・チッタ・エナでも優勝。タルガ・フローリオにも出場。66年には再び"タルガ"、そしてディーノ206Sでルマン24時間に出場。68年にF2用ディーノ166で2レースに参加した後、アルファ・ロメオ・アウトデルタのワークス・ドライバーとなる。スポーツ・プロトタイプカー・レースに参加（タルガ・フローリオとイモラ500kmで3位、ルマン24時間で6位）、そしてアバルトへ。70年にはモンヴァントーで事故に遭うが、最後はポルシェで走った（72年のルマン24時間で3位）。

Eugenio Castellotti
エウジェニオ・
　　カスティロッティ

国籍：イタリア
生誕地：ローディ（ミラノ）
生年月日：1930年10月10日
在籍期間：1955〜1957年

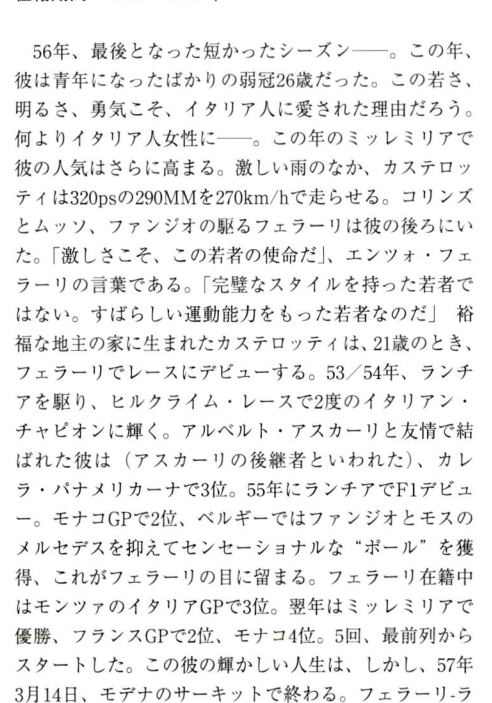

56年、最後となった短かったシーズン——。この年、彼は青年になったばかりの弱冠26歳だった。この若さ、明るさ、勇気こそ、イタリア人に愛された理由だろう。何よりイタリア人女性に——。この年のミッレミリアで彼の人気はさらに高まる。激しい雨のなか、カステロッティは320psの290MMを270km/hで走らせる。コリンズとムッソ、ファンジオの駆るフェラーリは彼の後ろにいた。「激しさこそ、この若者の使命だ」、エンツォ・フェラーリの言葉である。「完璧なスタイルを持った若者ではない。すばらしい運動能力をもった若者なのだ」　裕福な地主の家に生まれたカステロッティは、21歳のとき、フェラーリでレースにデビューする。53/54年、ランチアを駆り、ヒルクライム・レースで2度のイタリアン・チャピオンに輝く。アルベルト・アスカーリと友情で結ばれた彼は（アスカーリの後継者といわれた）、カレラ・パナメリカーナで3位。55年にランチアでF1デビュー。モナコGPで2位、ベルギーではファンジオとモスのメルセデスを抑えてセンセーショナルな"ポール"を獲得、これがフェラーリの目に留まる。フェラーリ在籍中はモンツァのイタリアGPで3位。翌年はミッレミリアで優勝、フランスGPで2位、モナコ4位。5回、最前列からスタートした。この彼の輝かしい人生は、しかし、57年3月14日、モデナのサーキットで終わる。フェラーリ-ランチアF1をテスト中の出来事だった。

Peter Collins
ピーター・コリンズ

国籍：イギリス
生誕地：キッダーミンスター
生年月日：1931年11月8日
在籍期間：1956〜1958年

●フェラーリでの優勝グランプリ
1956年ベルギーGP（フェラーリ-ランチアD50）
1956年フランスGP（フェラーリ-ランチアD50）
1958年イギリスGP（246）

自動車と工業関連の企業を営む父親のもとに生まれたコリンズの、レースにかける情熱はエンツォのお気に入りだった。「まだまだ彼の能力は伸びる」とよく言っていた。同時に技術にも長けていた。「マシーンを理解できるドライバー」　レース・デビューは18歳のとき。初めはマイナーなシングルシーターで走ったが、次第にスターリング・モスと並ぶようになる。55年、ふたりが組み、メルセデスでタルガ・フローリオ制覇。ポール・フレールと組んだルマン24時間では2位入賞。マシーンはアストン・マーティンだった。フェラーリを納得させるには充分な成績で、56年にチームから召集が掛かる。この若きイギリス人はすぐに最前列からのスタートを決め、ベルギーとフランスGPで勝利。マシーンは8気筒のD50だった。チームメイトであったファンジオと競り合いを繰り返すが、最後のグランプリが行なわれたモンツァで、マシーンが壊れたファンジオに自分のマシーンを譲る（この時代、レギュレーションでこの行為が認められていた）。ファンジオはこれによって4度目のドライバーズ・タイトルを獲得した。「まだ25歳だ。勝つ時間は充分ある」、コリンズはフェラーリにこう言ったという。58年、イギリスGPで3度目の優勝を果たしたあと、ニュルブルクリンクでコースアウト、死亡した。

Franco Cortese
フランコ・コルテーゼ

国籍：イタリア
生誕地：ノヴァーラ
生年：1903年
在籍期間：1947〜1949年
　　　　　／1951年

フェラーリが初めて製作したマシーン、125Sスポーツを最初にレースに持ち込んだドライバー。マシーンは2シーター、12気筒、1.5ℓ、100ps。パワー不足ではないかと言われそうだが、コルテーゼが47年5月11日にピアツェンツァ・サーキットで見せたように、この時代にトップを走るには充分だった。この日、17周目で燃料ポンプ故障。2週間後の5月25日、ローマGPでコルテーゼは、同じマシーンでマセラーティを押さえて優勝を果たす。フェラーリにとっては記念すべき初の勝利である。このとき、フランコ・コルテーゼは44歳。レース・デビューは26年で、ロードレースで多くの経験を積んできていた。ミッレミリアには21回参加。33年に2位、常に10位以内をキープした。リスクを冒すことを好まない性格という。きれいで理論的なドライビング・スタイルで、パワーの限られたマシーンが得意。エンツォ・フェラーリは「技術を理解している」ことを理由に採用。「新しいマシーンのデビューにふさわしいドライバー（奇妙な色の靴下をはいていたことも記憶に残っている）」　スポーツカー選手権ばかりでなく、シングルシーターにも乗った。50年にはポシリポ・サーキットで行なわれたナポリGPで勝利、マシーンはプライベート参加の166F2だった。58年に引退、86年に亡くなった。

D

Andrea de Adamich
アンドレア・デ・アダミッチ

国籍：イタリア
生誕地：トリエステ
生年月日：1941年10月3日
在籍期間：1967〜1968年

もともとトリエステ出身の家系だが、彼はミラノで大きくなった。21歳のときヒルクライム・レースでデビュー。F3に移行し、65年にイタリアン・タイトル獲得。翌年、アルファ・ロメオGTAでヨーロピアン・ツーリスモ・チャンピオンシップを2年連続制覇。これが67年の秋、ひと月前にモンテカルロで亡くなったロレンツォ・バンディーニに代わって、フェラーリのシートに就くきっかけとなった。68年1月、南アフリカGPでデビュー。しかし、312で走る2度目のレースで予選中にコースアウト、脊椎に損傷を負い、長い闘病生活を強いられた。フェラーリを離れたあと、メガネをかけたこのドライバーは73年までマクラーレン、マーチ、サーティース、ブラバムでF1を走った。合計30戦のグランプリに参加（最高は4位）、アルファ・ロメオ・スポーツで耐久レースにも参加した。シルヴァーストーンでブラバムを運転中に事故に遭ったあと、レースから引退、ジャーナーリストに転身した。

Alfonso de Portago
アルフォンソ・デ・ポルターゴ

国籍：スペイン
生誕地：ロンドン
生年月日：1928年10月11日
在籍期間：1956〜1957年

スペイン貴族。世界のトップクラスの人々と交流するうち、アルフォンソ・カベザ・デ・ヴァカ・デ・ポルターゴの胸の内に危険なスポーツへの情熱が生まれる。すでにオリンピックのボブスレー・チャンピオンだった彼は、25歳のとき、ルイジ・キネッティから53年のカレラ・パナメリカーナでセカンド・ドライバーを務めないかというオファーを受ける。マシーンはフェラーリ340MM。抗しきれない誘いだった。このことがきっかけとなって、彼は250MMを購入、スポーツ・プロトタイプカー・レースに参加するようになる。キネッティの紹介でフェラーリに入るが、残念ながら、彼は優秀なアマチュアではあっても、真のプロフェッショナルではなかった。ワークス・フェラーリで、耐久レースのほか、F1にも5回参加するものの（56年4回、57年1回）、結果を出すことはできなかった。57年、悲劇が起きる。ミッレミリアにパワフルな4ℓの335Sで参加中、ゴールまであと数キロの時点で4位だったが、グイディッツォロの近くの直線でタイアがバースト、マシーンは外に飛びだしてしまう。見物人、ポルターゴ、そしてパートナーだったジャーナリストのネルソンが亡くなった。このことが世論を動かし、ミッレミリアは中止になった。

F

Juan Manuel Fangio
ファン・マヌエル・ファンジオ

国籍：アルゼンティン
生誕地：バルカルセ
生年月日：1911年6月24日
在籍期間：1956年

1956年F1ドライバーズ・チャンピオン

●フェラーリでの優勝グランプリ
1956年アルゼンティンGP（フェラーリ-ランチアD50）
1956年イギリスGP（フェラーリ-ランチアD50）
1956年ドイツGP（フェラーリ-ランチアD50）

シューマッハー現象が起きる前まで、このアルゼンティン人こそ、もっとも偉大なドライバーであると称されていた。20年間のドライバー人生のなかで、50年から58年まで51戦のグランプリに参加、ポールポジション28回、優勝24回、2位10回。2002年以前は5度のタイトルを獲得した唯一のドライバーだった（51／54／55／56／57年、40〜46歳）。この優勝のなかで、フェラーリが占めるのはごく一部、56年のシーズンだけだ。この年、フェラーリ入りしたファンジオは、すでにアルファ・ロメオ、マセラーティ、メルセデスで3つのタイトルを獲得していた。すべてのチームが彼を欲しがった。これも、エンツォ・フェラーリがこのドライバーを好きになれなかった理由のひとつだろう。「真の競争者、高い洞察力、すぐれたバランス感覚、技術を理解する能力」、こう評価しながらも「謎めいた人物」と付け加えることを忘れなかった。心から信頼しあえないとでもいう意味だろうか。アルゼンティンGPでの勝利で始まり、スポーツカー選手権でも走ったこのシーズン半ば、ファンジオにしばらく休暇をとるように勧める。ノイローゼを理由に、だ。レースに戻ったファンジオは、イギリスとドイツのグランプリで勝利し、タイトルをものにする。しかし、翌年、彼が選んだのはマセラーティに戻ることだった。58年にF1から引退、95年7月17日、84歳で永眠。

Nino Farina
ニーノ・ファリーナ

国籍：イタリア
生誕地：トリノ
生年月日：1906年10月30日
在籍期間：1947〜1949年
　　　　／1952〜1955年

●フェラーリでの優勝グランプリ
1953年ドイツGP（500F2）

有名なカロッツェリア創設者、ピニン・ファリーナの甥に当たるジュゼッペ。ニーノと呼ばれた。50年にF1初代のチャンピオンとなる。アルファ・ロメオが37／38年にチャンピオンになったときと同じアルフェッタ159で、ファンジオを相手に戦い、優勝したのだ。フェラーリでは、48年に125F1に乗りガルダ・サーキットで、49年に166を駆りフォーミュラ・リブレのテンポラダ・アルゼンティンの1レースで、それぞれ優勝している。タイトルを携え、52年にフェラーリに帰ってくるが、戻ったフェラーリには10歳年下のアルベルト・アスカーリがいた。50歳のファリーナはナンバー2ドライバーに甘んじる。フェラーリのシングルシーターでの優勝は1度のみ。500F2で走ったニュルブルクリンクでのことだった。このとき、アスカーリのマシーンはタイアが外れ、リタイアしていた。耐久レースやマイナーなレースにも出場し活躍した。いずれにしても「偉大なるドライバー、信じられないほど勇敢」と、エンツォ・フェラーリは彼を褒めた。「いつだって全力を尽くさなければならないと考えるドライバーだった。スタートでもゴール近くでも。こんなふうだったから病院通いが耐えなかった」 法学部出身の彼は自転車から始め、スキー、乗馬、レースというルートを辿った。56／57年にはインディアナポリス500にまでチャレンジ。66年6月30日、フランスで交通事故のため亡くなった。

Paul Frère
ポール・フレール

国籍：ベルギー
生誕地：ル・アーブル
　　　（フランス）
生年月日：1917年1月30日
在籍期間：1955〜1956年
　　　　／1960年

エンジニア、ジャーナリスト、ドライバー。ドライビングとテクノロジーに深い関心を寄せる。「ステアリングを握る数学者」と呼ばれ、耐久レースに強い。レースを始めたのは遅く、31歳のとき。マシーンはツーリングカーだった。しかし、52年にはすでにHWMとゴルディーニでF1に出場している。翌年、ルマン24時間に初出場（ワークス・ポルシェ1500でクラス優勝）。55年にはピーター・コリンズと組んで再びルマンへ。マシーンはアストン・マーティンだったが（総合で2位）、この年と翌年にはフェラーリ所属でF1にも一部参加している。56年のベルギーGPでは友人のコリンズを押さえて2位（マシーンはD50）。250tdfでランス12時間にも出場、57／58年、二度にわたってオリヴィエ・ジャンドビアンと組んで優勝したのだった。60年、同じくジャンドビアンと組んで、250テスタロッサでルマンを制覇。これを最後に引退し、ジャーナリスト業に専念。

G

Nanni Galli
ナンニ・ギャリ

国籍：イタリア
生誕地：ボローニャ
生年月日：1940年10月2日
在籍期間：1972年

トスカーナ出身。もともと家族はプラトで繊維工業を営むが、彼はボローニャで生まれた。ジョヴァンニ・ギャリは65年、25歳でトゥリズモ・カテゴリーのイタリアン・チャンピオンとなり、ナンニの愛称で知られるようになる。ワークスのアルファ・ロメオ・ジュリアGTAとティーポ33でレースに出場。その後はF1にも出場、チームはマーチ・アルファ・ロメオとテクノだったが、さしたる結果は挙げられなかった。72年、フェラーリ・ドライバーとなるが、チーム在籍期間は短かった。（サッカーの最中にケガをした）クレイ・レガッツォーニの代わりとしてフランスGPに出場。この前のレースではテクノに乗ったナンニはマシーンコントロールを誤り、レガッツォーニのフェラーリにぶつかっている。そのぶつけられたマシーン、312B2で走ったフランスでの成績は13位。続く2年はスポーツカー選手権とF1イソ（ウィリアムズの前身）で走り、74年に引退した。

Olivier Gendebien
オリビエ・ジャンドビアン

国籍：ベルギー
生年月日：1924年1月12日
在籍期間：1956〜1962年

耐久レースのマイスター。56年から62年まで7年間、フェラーリに在籍。フェラーリはこのベルギーの貴族出身のドライバーの勝利を確信して、スポーツカー選手権のマシーンを全面的に彼に託した。実際、彼の活躍は第一級だった。ルマン24時間の4度の優勝をはじめ、タルガ・フローリオ、セブリング12時間（一度はポルシェで）、トゥール・ド・フランスでそれぞれ3回ずつ勝利している。「どんなマシーンでもエレガンスに変身させた。彼のノーブルな血がなせる技だろう」（エンツォは高貴な血が少々わずらわしかったようだ）「ジャンドビアンはストップウォッチだった」と、評されるほどに完璧。「堅実で知性を要求されることには向いていたのだが」、F1には不向きだったようだ。フェラーリのシングルシーターで8戦を走り、59年の（256に乗った）フランスGPと61年の（156に乗った）ベルギーGPで獲得した2回の4位が、彼のF1での最高の成績だった。98年10月、死去。

Richie Ginther
リッチー・ギンサー

国籍：アメリカ
生誕地：ロサンゼルス
生年月日：1930年8月5日
在籍期間：1960〜1961年

同郷のダン・ガーニーは背が高く、スポーツマンだった。ポール・リチャード・ギンサーはその一方で、「チビで神経質、キレやすく、孤独な眼差しだった。それでいて突然、ウィンクする……」、エンツォはこんなふうにギンサーのことを語っている。カリフォルニアで航空エンジニアだった時代に、彼はフィル・ヒルと知り合う。フィルとともに53／54のカレラ・パナメリカーナに参加。マシーンは古いフェラーリだった。当然、このフィルとの結びつきが彼をマラネロに繋げる。60年のことだった。しかしこの頃、彼はおもにテストドライバーとしての役割を担っていた。翌年のレギュレーションに合わせて改良された1.5ℓ156を担当。同時に246P（リアエンジン）で3戦に参加、モンツァのイタリアGPでは2位に入った。61年、この小柄なアメリカ人の分析能力によって高い戦闘力を持つようになった156で、ヴォルフガング・フォン・トリップスとフィル・ヒルが全グランプリに出場し、フェラーリをコンストラクターズ・チャンピオンに導いた。

Ignazio Giunti
イグナツィオ・ギュンティ

国籍：イタリア
生誕地：ローマ
生年月日：1941年8月30日
在籍期間：1970～1971年

短い、1年ちょうどである。でも濃密だった。イグナツィオ・ギュンティの宿願だったのだろう。「才能溢れる、情熱を持ったドライバー。誰からも愛されていた」、エンツォは彼をこう記憶する。「スポーツカー選手権では、彼はレベルの高さをはっきりと示したが、シングルシーターでも同じことができたはずだ」70年にフェラーリに入る。29歳だった。アルファ・ロメオのジュリアGTA、そしてティーポ33（たとえば68年のタルガ・フローリオでは2位）で活躍したあとのことだ。フェラーリで走ったのは70年のシーズンのみ。セブリング12時間にマリオ・アンドレッティ、ニーノ・ヴァッカレッラと組んで参加、その後、F1へ。タイトルの掛かった4戦に出場、312Bで出場したベルギーGPで4位入賞。そのほか、キャラミ9時間の優勝でこの年を終え、そして新シーズン、71年1月10日、ブエノス・アイレス1000kmに出場。マシーンは312PB。512に乗るマイク・パークスのすぐ後ろにいた彼はパークスを追い越すところだった。が、パークスの前にはサーキットの真ん中で止まったマトラを押すベルトワーズがいた。パークスはなんとかベルトワーズを避けられたが、ギュンティが気づいたときには遅かった。正面からぶつかり、フェラーリは火を噴いた。ギュンティは焼死体となって発見された。

Froilan González
フロイラン・ゴンザレス

国籍：アルゼンティン
生誕地：アレッシフシス
生年月日：1922年10月5日
在籍期間：1951年／1954年

●フェラーリでの優勝グランプリ
1951年イギリスGP（375）
1954年イギリスGP（625）

ワールド・チャンピオンシップがスタートしたF1で、初の勝利をフェラーリにもたらしたドライバー。場所はイギリス、シルヴァーストーン。51年7月14日のことだった。エンツォ・フェラーリにとっては忘れられない日。アルファ・ロメオに勝つことは悲願だったのだ。12気筒4500ccの375に乗ったゴンザレスは、ようやくファンジオのアルフェッタ159と闘うことができた。巨体のアルゼンティン人、筋肉が盛り上がったゴンザレスは"エル・カベゾン"、すなわち"頑固者"と呼ばれた。勇敢で無鉄砲、コーナーでのドライビングは凄まじいもので、いつでもエネルギーを爆発させながら、顔中汗だらけで不安げだった。あるときは非常に優秀、ダイナミックで無敵、一方でひどく落胆させる日もあった。52／53年はマセラーティで走り、54年、再びフェラーリに戻る。この年が彼のベスト・イヤーだった。スポーツ375プラスで走ったルマン24時間に優勝。F1では再びイギリスGPで勝利、マシーンは625だった。タイトルを獲得したファン・マヌエル・ファンジオに続いて2位となった。55年から年に1回、アルゼンティンGPのみに参加。最後のレースはフェラーリで参加した。60年のことだった。

Masten Gregory
マスティン・グレゴリー

国籍：アメリカ
生誕地：カンサス・シティ
生年月日：1932年2月29日
在籍期間：1957年／1965年

早熟な少年、冒険好き、向こう見ず。そんなマスティン・グレゴリーは、レースに自分の好奇心を満足させるものを感じ取る。合法的に死の危険に身を晒すことができることが、彼の好奇心を満足させたのだ。闇夜のドライバー、まだ15歳で法律的には認められない年齢だった。17歳で結婚し、若くして4児の父となった。彼自身は父親から受け継いだ遺産があったため、モータースポーツに身を投じることができた。22歳で最初の国際レベルのレースで勝利を獲得する。375MMでプライベート参加したバハマのナッソー・トロフィーだった。このときから彼はヨーロッパを本拠地として、さまざまなタイプのマシーンでレースに出場するようになる。57年から65年まで、マセラーティ、クーパー、ポルシェ、ロータス、ローラ、BRMでF1の38戦に参加。結果は2位が1回、3位が2回。一方で大排気量のスポーツカーで耐久レースにも参加した。290MM（他のマシーンがトラブルを抱えていたため、これがワークス・マシーンとなった）で57年のブエノス・アイレス1000kmに参加、ルイジ・ムッソとエウジェニオ・カステロッティと組んで優勝。4年後、61年にはニュルブルクリンク1000kmを制覇する。マシーンはマセラーティだった。再びフェラーリ250LMでスクーデリアNART（ノース・アメリカン・レーシング・チーム）に所属した彼は、ヨッヘン・リントと組んで、彼のドライバー人生最高の栄誉となるルマン24時間での優勝を果たす。65年のことだった。勇敢で、限界を知らぬほど向こう見ずなグレゴリーは事故も多かった。レースで命を落とすことは宿命だったと誰もが思っていた。しかし、彼は40歳までレースを続け、引退してしばらくたってから亡くなった。享年53歳。

Jean Guichet
ジャン・ギシェ

国籍：フランス
生誕地：マルセイユ
生年：1927年
在籍期間：1964～1966年

マルセイユの実業家、船舶業のオーナーの息子。彼のモータースポーツと関わりはラリーから始まっている。49年のことである。その後、スピードレースに移行するが、250GTコンペティツィオーネ、250GTベルリネッタ、GTOといったマシーンで、ロードレーサーとしての才能を見せた。彼はフェラーリに乗り、フランス・グラントゥリズモ・チャンピオンシップで4度のタイトルを獲得する（最初は61年）。ギシェにフェラーリから声が掛かったのは64年のことだった。すぐにルマン24時間に参戦、ニーノ・ヴァッカレッラと組んで275Pを駆り、優勝する。翌年、マイク・パークスと組んだモンツァ1000kmでも再び勝利（275P2）を挙げ、次いでペドロ・ロドリゲスと組み、NART（ノース・アメリカン・レーシング・チーム）から出場したランス12時間では、365Pを駆って再び優勝。さらに、ロドリゲスと組んで走った67年のデイトナ24時間では3位に入ったのだった（このときは412P）。その後、マトラに移る。70年、自分のチームを結成するが、3年後、リタイア。チームの運営に携わると同時に家業を継ぐことになった。

Dan Gurney
ダン・ガーニー

国籍：アメリカ
生誕地：ニューヨーク
生年月日：1931年4月13日
在籍期間：1959年

ダン・ガーニーはF1ドライバーとしての11年間に86戦に出場したが、そのうち最初の4戦をフェラーリのシングルシーターで走った。「意志が強く、単純でまじめ」と、エンツォは彼を評する。スポーツカー選手権のマシーンでアメリカのレースに参加する彼に目を付け、フェラーリに引き合わせたのはルイジ・キネッティだった。59年初め、フィル・ヒル、オリヴィエ・ジャンドビアンとともにセブリング12時間に参加し、勝利に貢献する（このとき、彼はスピンしたライバルを避けるためにコースアウトしたが、再びコースに戻るまでに要したのはわずか31秒だった）。マラネロではF1に出場するためには、過酷なテストをパスしてエンツォに認められなければならなかった。しかし"マリン"（こう呼ばれていた）はエンツォを失望させることがなかった。ドイツGPでは2位、ポルトガルでは3位に入る。が、シーズン終わりにフェラーリを去る。その後、10年にわたってBRM、ポルシェ、ブラバム、自分で開発および製作したイーグル、そして最後はマクラーレンで走り、4回の優勝を果たした。70年にカリフォルニアで引退。

H

Duncan Hamilton
ダンカン・ハミルトン

国籍：アイルランド
生誕地：コーク
生年月日：1920年4月30日
在籍期間：1956年

裕福な家庭に生まれる。航空エンジニアリングを学ぶだが、趣味が高じてレーシング・ドライバーとなる。戦争の真っ只中、20歳になったばかりだったハミルトンは、冒険好きの青年だった。ノルウェーでナチに捕らえられ、スパイの容疑で死刑を宣告される。なんとか逃げ出したが、戦争が終わるまで、イギリス秘密警察のスパイとなってヨーロッパで暮らす。戦後、自身の所有するMG、ブガッティ、マセラーティでレースに復帰。その後、友人のトニー・ロルトとルマン24時間での勝利に向けて準備を始める。50年に始められたこの準備は53年、ジャガーで達成される。しかし、数日後、オポルトで深刻な事故に遭う。死んだと思われたが、彼が呼吸していると医者が気づき、一命を取り留めたのだった。翌年、再びジャガーでレースに参加、何度か優勝を果たす。これは56年まで続いたのだが、ランス12時間で1位をチームメイトのホーソーンとフレールに譲るよう言われた彼は、これを拒否、チームから追い出されることになった。その日のうちに彼はフェラーリ入りを決めることになる。スポーツカー選手権で走ることになるが、たいした成績を残すことはできなかった。唯一の入賞はホーソーン、デ・ボルタゴとともに860モンツァで参加したスウェーデンGPの3位のみ。個人的にジャガーを購入して、ルマンに戻るが、58年のこのレースで足を複雑骨折する。

この年の暮れ、回復した彼は友人のマイク・ホーソーンとビジネスで手を組むことを決める。しかし1週間後の夜、ホーソーンは事故で亡くなり、ハミルトンが死体確認に呼ばれた。この一件でショックを受けたハミルトンは引退を決める。94年5月に死去。

Mike Hawthorn
マイク・ホーソーン

国籍：イギリス
生誕地：メックスボラウ
生年月日：1929年4月10日
在籍期間：1953〜1954年
　　　　　／1957年／1958年

1958年F1ドライバーズ・チャンピオン

●フェラーリでの優勝グランプリ
1953年フランスGP（500F2）
1954年スペインGP（553）
1958年フランスGP（246）

　走る（生きる）ことで燃え尽きるドライバーのストーリーはあまりに短い。『すべて限界以上』、彼の自伝のタイトルがすべてを物語っている。ホーソーンは50年に小排気量のマシーンでローカル・レースを始めた。52年にF2に移行（この年はヒーロー、翌年はチャンピオン）、マシーンはクーパー・ブリストルだった。スピードが速く難しいスパで行なわれたベルギーGPで4位となる。シルヴァーストーンでは（フェラーリのアスカーリとタルフィに続く）3位。オランダでは4位。この結果がフェラーリ・チームの人間の注意を引いた。エンツォはこの青い目を持つ金髪の青年の、感情に左右されることのない大胆さと緻密に計算されたドライビングが気に入ったが、「恐怖を知らないドライビングだったが、成績にムラがあるのが難点だ」とも思っていた。翌年、フェラーリ入り。500F2に乗ったホーソーンはファンジオ、ゴンザレス、アスカーリ、ファリーナを押さえて勝利を飾る。ランスで行なわれたフランスGPでのことだった。54年にはシーズン最後のレース、スペインGPでメルセデスと闘い、優勝したのだった。55年は悲劇と栄光の年。ジャガーに入ったホーソーンはルマンで勝利したが、このルマンではピエール・ルベーのメルセデスが観客100人あまりを巻き込む事故を起こした。57年にフェラーリに戻る。翌年、スターリング・モスを押さえて再びランスで優勝。そのほか、2位が5回、最終的にドライバーズ・タイトルを獲得。イギリス人としては初めての、大変な栄誉だった。しかし友人だったピーター・コリンズをニュルブルクリンクで失い、チームメイトのルイジ・ムッソが亡くなったことで、モチベーションを失う。12月、引退を表明。この日から7週間後、彼は交通事故で亡くなる。まだ30歳にもなっていなかった。

Phil Hill
フィル・ヒル

国籍：アメリカ
生誕地：フロリダ／マイアミ
生年月日：1927年4月20日
在籍期間：1955〜1962年

1961年F1ドライバーズ・チャンピオン

●フェラーリでの優勝グランプリ
1960年イタリアGP（256）
1960年ベルギーGP（256）
1961年イタリアGP（256）

　アメリカではわりに一般的なことだが、フィル・ヒルもまた少年時代にレースを始めた。モータースポーツで大きくなったといえるだろう。カレラ・パナメリカーナでの2度の活躍（6位と2位）がマラネロに伝わり、55年、フェラーリ入り。最初の数年はスポーツカー選手権のマシーンを任される。耐久レースにおける彼の勝利を数えるのは大変だ（ごく一部を紹介）。ブエノス・アイレス1000km、58年セブリング12時間と61／62年ルマン24時間、マシーンはテスタロッサ）。F1デビューは58年だった。62年の終わりまでに31戦に参加している。最初の勝利は60年のモンツァ、マシーンは256だった。その他、61年にベルギーとモンツァで2回優勝（1.5ℓに小排気量化したマシーン）。モンツァではチームメイトのヴォルノガング・フォン・トリップスのマシーンが観衆の中に突っ込み、ドライバーのほか、15人が亡くなった。この事故でトリップスに渡るはずだったタイトルがヒルのもとに転がりこんできた。「飛びぬけた才能を持ったドライバーではないが、ドライビングが確実で無駄がない。特にハイスピードでのコーナーリングがうまい」とは、エンツォの評価だ。63年フェラーリを離れ、ATSに移る。67年引退。

Jacky Ickx
ジャッキー・イクス

国籍：ベルギー
生誕地：ブリュッセル
生年月日：1945年1月1日
在籍期間：1968年
　　　　／1970〜1973年

●フェラーリでの優勝グランプリ
1968年フランスGP（312）
1970年オーストリアGP（312B）
1970年カナダGP（312B）
1970年メキシコGP（312B）
1970年オランダGP（312B）
1971年オランダGP（312B2）
1972年ドイツGP（312B2）

　雨の帝王と呼ばれた。滑りやすい路面での正確ながら大胆なドライビング、そのずば抜けた才能からこう名づけられた。マラネロの技術者はマシーンに関する自分の要求に対しては、決して譲ろうとしない彼を"ピエリーノ・ラ・ペステ"（学校の成績は悪いが、頭の回転が速く、すばしっこい、ちょっとしたいじめっ子を指す）と呼んだ。エンツォは「無謀さと計算高さの結婚」と評した。68年にフェラーリ入り。23歳になったばかりだった。F2の優秀なドライバーからF1へ、すぐにフランスGPで勝利。その後、カナダで事故にあい、休養を余儀なくされる。69年、ブラバムに入り、翌年には再びフェラーリに戻る。彼が得た8回の勝利のうち、フェラーリでのそれは7回だった。70年の総合結果は2位。この年、スペインのハラマ・サーキットで彼が乗っていた312Bが火を噴き、奇跡的に救出される。彼が参加した116戦のうち、55戦をフェラーリで走った。耐久レースでも活躍している。312PBでの8回の勝利、72年のマラネロのタイトル獲得はこのときの彼の活躍によるものだった。ワールド・タイトルをジャッキー・イクスが手にしたことはないが、ルマン24時間の活躍を見るかぎりでは（6回優勝）、最高のドライバーに違いない。しかし、フェラーリでのルマン勝利はなかった。これも運命だろうか。

Innes Ireland
イネス・アイルランド

国籍：スコットランド
生誕地：カーククドブライト
生年月日：1930年6月12日
在籍期間：1962年

　元パラシューティスト、ロールス・ロイス専門修理工場の責任者。アイルランドはF1ですばらしいキャリアを築いた。59年から66年までに50戦に参加、勝利1回、2位2回、3位1回、その他、6位以内多数。マシーンはロータス、クーパー、BRP、BRMだった。フェラーリではゼロ。彼が獲得した唯一の勝利はアメリカGP、ロータスで得たものだったが、当時、彗星のように現れたジム・クラークを昌屓にしていたコーリン・チャプマンはアイルランドに嫉妬し、UDTレイストール入りを勧める。62年、フェラーリはこのチームにベルリネッタ250GTを託す。こうしてアイルランドはフェラーリでトゥーリスト・トロフィーに出場し、勝利する。4年後、F1から引退、93年に亡くなった。

Eddie Irvine
エディ・アーヴァイン

国籍：北アイルランド
生誕地：ニュータウナーズ
生年月日：1965年11月10日
在籍期間：1996〜1999年

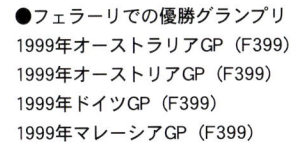

●フェラーリでの優勝グランプリ
1999年オーストラリアGP（F399）
1999年オーストリアGP（F399）
1999年ドイツGP（F399）
1999年マレーシアGP（F399）

　ダブリンの貧しい家庭に育ったが、彼が望んだレースの世界に足を踏み入れることができた（この点で少しマンセルと似ている）。彼の情熱と血の気の多い性格、そして多くの犠牲がレース界へと導いたのだ。22歳でアーヴァインはフォーミュラ・フォードのイギリス・チャンピオンに輝く。F3000で4シーズン活躍したのち、93年にF1デビュー。当時、ルーベンス・バリケロの友人だったコンストラクターのジョーダン（彼の名前もエディ）の推薦によるものだった。アーヴァインはそのスピードで圧倒する。32戦を走り、96年にフェラーリへ。ミハエル・シューマッハーのチームメイトとなった。2位、3位を多数獲得、99年には優勝を4度、シューマッハーの欠場中に（シルヴァーストーンでの事故によって長い休養を強いられた）果たした。当時、タイトル争いのトップにいたミカ・ハッキネンが駆るマクラーレン・メルセデスとの闘いだった。結局、この年のタイトルはわずか2ポイント差でハッキネンに奪われた。フェラーリを離れた2000年から、フォードの支援を受けてデビューしたばかりのジャガーで3シーズンを走る（2001年のモナコ、2002年のモンツァでのそれぞれ3位が最高）。トータルで146戦に参加した。

J

Stefan Johansson
ステファン・ヨハンソン

国籍：スウェーデン
生誕地：ヴェクショー
生年月日：1956年9月8日
在籍期間：1985〜1986年

フォーミュラ・フォードで20歳のときにスウェーデン・チャンピオンとなる。23歳のときにはF3のイギリス・チャンピオンに。83年にF1へ。テストドライバーとして、F2のシャシーにホンダの6気筒ターボを載せた新しいシングルシーターで6戦に出場する。マシーンの仕上がりが良くなかったにもかかわらず、ヨハンソンは好成績を残す。エンツォは彼の走りに注目する。「大胆で迷いのない追い越し、コーナリング・スピードが高い」85年、ミケーレ・アルボレートのパートナーとしてフェラーリに招聘される。翌年、若きスウェーデン人は4度の3位と2度の4位入賞を果たし、タイトル戦では総合5位を獲得。31戦を走ったのち、フェラーリは彼に代えてゲルハルト・ベルガーを据えた。その後、マクラーレン、リジェ、オニックス、フットワークでF1を続け（計79戦）、92年にフォーミュラ・インディーに移る。97年、スポーツカー選手権のマシーンでセブリング12時間を制覇（再びフェラーリ333SP、プライベート出場）。ルマン24時間にも出場し、TWRポルシェで元フェラーリのチームメイト、アルボレートとクリステンセンとともに優勝した。

L

Chico Landi
キッコ・ランディ

国籍：ブラジル
生年月日：1907年7月14日
在籍期間：1948〜1949年
／1951年

ブラジルからやってきた流星。キッコの愛称で親しまれる。本名はフランチェスコ。彼は47年、40歳でペロン・カップに出場、3位となる。マシーンはアルファ・ロメオだった。48年、イタリアに移り住み、166SCでF2のバリGPに出場、ボネットやヴァルツィのチシタリアを押さえて優勝。彼の栄光の瞬間だった。51年、フェラーリ125でF1のイタリアGPに出場。モンツァで行なわれたこのレースは、彼にとって初のワールド・チャンピオンシップ出場だったが、ギアボックスの故障によって1周でリタイア。翌年は5戦にマセラーティで出場。56年のアルゼンティンで4位、そして引退。89年にサンパウロで亡くなった。

Nicola Larini
ニコラ・ラリーニ

国籍：イタリア
生誕地：ルッカ
生年月日：1964年3月19日
在籍期間：1992年／1994年

87年、コローニでF1デビュー。その後4年間、オゼッラ、リジェ、ランボルギーニ（シーズン前に撤退）でグランプリに出場。ラリーニは優れたテストドライバー、真面目で勇気があって勝利を望むドライバーとして、知られるようになる。マシーンに競争力がなくとも、徐々にマシーンの力を引き出すようなドライビングを見いだすのが彼の特徴だった。40戦に出場したのち、92年、フェラーリはテストドライバーとして彼を採用。マラネロの技術者たちは彼の中に高い分析能力を見出す。「非常に熱心。自分が日曜日のF1に出場するかのように熱心に作業に加わった」実際、4回彼は走ったのだ。92年の最後の2戦、日本とオーストラリアに、ラリーニは突然、解雇となったイヴァン・カペリに代わって出場。94年は事故の後遺症に苦しむジャン・アレージの代役を務める。あのアイルトン・セナの事故が起きたサンマリノGP（イモラ）で、ラリーニは2位に入賞する。97年、フェラーリはV10エンジンを提供するザウバー・ペトロナスに彼を送りこみ、彼は最初の5戦に出場した。98年、彼とフェラーリの関係は終わるが、ツーリングとスーパー・ツーリングでアルファ・ロメオを駆り、活躍した。

Niki Lauda
ニキ・ラウダ

国籍：オーストリア
生誕地：ウィーン
生年月日：1949年2月22日
在籍期間：1974〜1977年

1975年／1977年F1ドライバーズ・チャンピオン

●フェラーリでの優勝グランプリ
1974年スペインGP（312B3）
1974年オランダGP（312B3）
1975年モナコGP（312T）
1975年ベルギーGP（312T）
1975年スウェーデンGP（312T）
1975年フランスGP（312T）
1975年アメリカGP（312T）
1976年ブラジルGP（312T）
1976年南アフリカGP（312T）
1976年ベルギーGP（312T2）
1976年モナコGP（312T2）
1976年イギリスGP（312T2）
1977年南アフリカGP（312T2）
1977年ドイツGP（312T2）
1977年オランダGP（312T2）

裕福な家庭に育つ。家族の反対にもかかわらず、ニキは18歳でレース・デビュー。22歳ですでにF1へ。171戦に出場（25回勝利、24回ポールポジション）。74年、レガッツォーニのチームメイトとしてフェラーリへ。顔つきはいかにも癇癪そうだが、芯は強い青年と言われた。ラウダは312B3でこの年、2回の勝利と9回のポールポジションを獲得する。「すぐに真面目な青年とわかった。マシーンのコンディションについては頑固」、エンツォはこう記憶する。「あっという間に優れた知的なドライバーになった」75年、312Tは5回の勝利を遂げる。そして彼の初タイトル。翌年も、ニュルブルクリンクでのあの事故がなければ再びタイトルを手にしただろう。ニキは燃えるマシーンの中で火傷を負い、片方の耳を失った。たった6週間後に奇跡のレース復帰。しかし、タイトルのかかった最終戦、日本GPで、悪天候を理由にレースを断念する。これによってタイトルはハント（マクラーレン）に渡った。77年に雪辱を果たし、312T2でタイトルを取り戻す。そして77年の終わり、フェラーリを離れる（57戦を走った）。79年シーズン終了後、ラウダの伝説は彼の引退によって完成したかのように見えたが、3年後、なんと驚きの復帰。84年、マクラーレンでチームメイトのアラン・プロストを半ポイント差で抑え、3度目のタイトルを手にしたのだった。

M

Umberto Maglioli
ウンベルト・マリオーリ

国籍：イタリア
生誕地：ビエッラ
生年月日：1928年6月5日
在籍期間：1953〜1955年
／1963〜1964年

19歳でデビュー。マリオーリはジョヴァンニ・ブラッコの愛弟子、彼のパートナーとして多くのレースに出場した。耐久レースが専門で、53年にはタルガ・フローリオで優勝。マシーンはランチア、ファン・マヌエル・ファンジオを抑えて勝利したのだった。フェラーリでの2年が彼にとっては最良の時代だったといえる。54年のカレラ・パナメリカーナで活躍、F1の4戦にも出場して2回の3位（54年のイタリアと56年のアルゼンティン）を獲得。マセラーティに移り、そしてポルシェへ（F1の10戦に出場）。（56年）タルガ・フローリオでは2位になるが、この後、事故に遭い、長い休養を余儀なくされる。復帰後に出場した64年、セブリング12時間ではフェラーリに乗って優勝を果たした。68年にはポルシェでタルガ・フローリオを制覇。99年、2月に亡くなった。

Willy Mairesse
ウィリー・メレス

国籍：ベルギー
生誕地：モミニーズ
生年月日：1928年10月1日
在籍期間：1960〜1964年

デビュー（53年、リエージュ-ローマ-リエージュ）から7年後、プジョー、マセラーティを経て、テストドライバーとしてフェラーリに入り、すぐにF1の3戦に出場することになる。モンツァとベルギーで3位、フィル・ヒルとリッチー・ギンサーの時代だった。他のテストドライバーに比べてスピードに対するモチベーションの高さが際立っていた。フェラーリは彼の「断固たる意志、非常に勇敢で闘う意欲を備えている」点を評価した。これを証明したのが62年だった。彼はノンタイトル戦のふたつのグランプリ（ブリュッセルとナポリ）に156F1で、また246SPで（ジャンドビアンとリカルド・ロドリゲスと組み）タルガ・フローリオ、スパ500km（マシーンは250GTO）に出場し、優勝したのだった。65年には再び250LMでスパを制覇、66年にはポルシェでタルガ・フローリオに出場して優勝している。これが最後の栄光となった。68年、ルマン24時間で事故に遭う（フォードGT40）。オステンドで自ら命を絶ったのは、翌年の9月のことだった。

Nigel Mansell
ナイジェル・マンセル

国籍：イギリス
生誕地：アップトン・オン・セヴァーン
生年月日：1953年8月8日
在籍期間：1989～1990年

●フェラーリでの優勝グランプリ
1989年ブラジルGP（F1-89）
1989年ハンガリーGP（F1-89）
1989年ポルトガルGP（F1-90）

頭脳ではなく、勘で走るドライバーと呼ばれた。骨の弱さは中国の花瓶のよう（76年にフォーミュラ・フォードで走りはじめてから、何度となく脊椎を損傷した）。首が満足に動かない状態で50戦に出場、20勝を挙げている。いずれにせよ、偉大なドライバーには違いない。本番でも予選でもドライビング中はいつも頑固一徹を貫く、そういう点でライオンという愛称にふさわしいドライバーだった。80年から95年までにF1に187戦に出場、ポールポジションが32回、31回の勝利と32回の事故。92年にウィリアムズでタイトル獲得。93年にはルーキー・イヤーだったフォーミュラ・インディでもタイトルを手にしている。エンツォは彼をたいそう気に入っていた。「最も強いドライバーのひとり。勇気があって、考えることなく勘を信じて走ることを好むドライバーだ」しかしフェラーリのチームに入ったのはエンツォが亡くなったあと、89年だった。ゲルハルト・ベルガーと1年、アラン・プロストと1年、合計2シーズンをフェラーリで過ごす。勝利は3回。杓子定規なプロスト（これがふたりをぶつからせた）との違いがレースにはっきり現れた。「速く走るため、マンセルは自分のやり方でマシーンを調整することを好んだ」これは、マラネロのメカニックの思い出である。

Robert Manzon
ロベール・マンツォン

国籍：フランス
生誕地：マルセイユ
生年月日：1917年4月12日
在籍期間：1954年

ゴルディーニ・スポーツ・ボル・ドォールで出場したモンレリーのレースで知られるようになる。その後もゴルディーニのシングルシーターで15戦に出場。52年のベルギーGPの3位が最高成績。このときのライバルはフェラーリのアスカーリとファリーナだった。53年にランチア・スポーツに入り、翌年、フェラーリへ。5戦に出場したが、活躍したのはランスでのフランスGPだけだった。結果は、ファンジオとクリングのメルセデスから1周遅れての3位（フェラーリのドライバーのなかでは最高）。その後、ゴルディーニに戻り、56年のナポリGP（ノンタイトル戦）で驚きの優勝を遂げる。トータルで28戦に出場したのち、引退した。

Helmut Marko
ヘルムート・マルコ

国籍：オーストリア
生誕地：グラーツ
生年月日：1943年4月27日
在籍期間：1972年

法学部を卒業したのちにレースを始める。25歳のときだった。3シーズンをF3で走り、71年にF1へ。BRMに所属するが、成績を残すことはできなかった。しかしこの年、スポーツカー選手権で活躍を見せる。マルティーニ・チームのポルシェ917でルマン24時間を制覇したのだ。これによって72年、アルファ・ロメオ入りを果たす（タルガ・フローリオで2位）。そしてフェラーリへ。（カルロス・パーチェと組んで）エステルライヒリンク1000kmで2位。マシーンは312PBだった。またBRMではF1の道を目指したが、フランスGPで前のマシーンが跳ねた石が彼の目を直撃、これが致命傷となりレースから引退したのだった。

Giannino Marzotto
ジャンニーノ・マルツォット

国籍：イタリア
生誕地：ヴィチェンツァ
生年月日：1928年4月13日
在籍期間：1953～1954年

ジャンニ、いや、ジャンニーノ。ヴァルダーノの繊維業を営む家庭に生まれる。戦後のレースで数々の記録を残した。他の兄弟とともに、48年にプライベートでレースを始め、4兄弟の中で最も知られた存在になる。トゥーリズモ・カテゴリーですぐにイタリアのチャンピオンとなる。50年に自分のマシーン、フェラーリ195Sでミッレミリアに出場、アスカーリ、ヴィロレージ、サネージといったフェラーリとアルファ・ロメオのドライバーが途中でリタイアしたこともあり、優勝を果たした。翌年、166F2でルーアンGPを制覇、53年、プライベートからワークス・ドライバーに転身。フェラーリから託された340MMスパイダー・ヴィニャーレで再びミッレミリアで優勝。ファンジオとクリングのアルファ3500、ボネットのランチアD50を抑えての勝利だった。平均速度は142.540km/h。プロではなかったこの若いドライバーの結果には、誰もが驚きを隠せなかった。ジャンニーノは（兄弟同様）、自分でフェラーリを購入し、毎日のように、交通量の少なかった当時の道で思いきり限界走行を試みていたのだ。同じくこの年、340MMベルリネッタ・ピニン・ファリーナで弟のパオロと組み、ルマン24時間に出場、総合で5位に入った。翌年、引退。

Paolo Marzotto
パオロ・マルツォット

国籍：イタリア
生誕地：ヴィチェンツァ
生年月日：1930年9月9日
在籍期間：1953～1955年

ジャンニの2歳年下だが、兄同様、レースに魅せられたパオロは、フェラーリのプライベート・ドライバーとして活躍する。52年が最高の年で、スポーツカー選手権でイタリアン・チャンピオンとなる。マシーンは225Sスパイダー・ヴィニャーレだった。166MMで出場したジーロ・ディ・シチリアではフェリーチェ・ボネットを抑えて優勝。ドロミテのコッパ・ドーロ、ジーロ・ディ・カラブリア、セニガリア・サーキット（ジジ・ヴィロレージを追い越す）も制覇。250Sベルリネッタで（ジョヴァンニ・ブラッコと組み）出場したペスカーラ12時間でも優勝を遂げた。53年、フェラーリに入る。再びドロミテのコッパ・ドーロを（250MMスパイダー・ヴィニャーレ）制覇、375MMベルリネッタ・ピニン・ファリーナを駆り、セニガリア・サーキットで勝利する。55年、アスカーリが亡くなり、ルマンで起きた悲劇の後、モチベーションを失い、レースの世界を去った。

Umberto Marzotto
ウンベルト・マルツォット

国籍：イタリア
生誕地：ヴィチェンツァ
生年月日：1926年4月12日

兄弟とは異なり、フェラーリのワークス・ドライバーにはならなかったが、フェラーリのステアリングを握り、活躍したことは間違いない。51年、2ℓ以上のクラスのスポーツカー選手権でイタリアン・チャンピオンとなる。最高成績のなかには52年のドロミテでのコッパ・ドーロの5位が残る（弟のパオロが優勝）。翌年、ランチア・アウレリアでレースに出場したのち、引退。

Vittorio Emanuele Marzotto
ヴィットリオ・エマヌエーレ・マルツォット

国籍：イタリア
生誕地：ヴィチェンツァ
生年月日：1922年1月13日
在籍期間：1954年

マルツォット兄弟の一番上。購入したフェラーリのステアリングを握り、レースで活躍した。51年、ジーロ・ディ・シチリアを滑稽なカラーリングを施した212エクスポート・スパイダーで制覇。2シーターのスポーツに限定された52年のモナコGPで225Sスパイダー・ヴィニャーレで出場して優勝。この年、ドロミテのコッパ・ドーロにも出場したが、ライバルは3兄弟だった。全員がフェラーリに乗る。パオロが1位、ジャンニーノが2位、彼が4位で、ウンベルトが5位だった。54年のミッレミリアにワークスの500モンディアルで出場するためフェラーリ入りし、2位入賞（2ℓクラスでは優勝）。ランチア・スポーツに乗るアスカーリに敗れたのだった。翌年、政治の世界に入るため、レースから引退した。

Arturo Merzario
アルトゥーロ・メルツァリオ

国籍：イタリア
生誕地：チヴェンナ／コモ
生年月日：1943年3月11日
在籍期間：1970～1973年

「生き生きとリラックスした大胆さ」、エンツォはこう彼を評している。加えて「72年にサンドロ・ムナーリと組んで出場したタルガ・フローリオでのドライビングが印象に残った」という。実際、メルツァリオのドライビングは、非常に勢いがあるのに、ライン取りがとても正確である。ドライビング・ポジションにこだわりがあり、ヘルメットだけが出てコクピットに深く沈みこむような、そんなスタイルを求めた。どうやってサーキットを見ていたのだろう。27歳のとき、アバルト・スポーツでのロードレースと耐久レース専門家（69年のこのカテゴリーでイタリアン・タイトル獲得。ヨーロピアン・ヒルクライムで2位、ムジェッロのロードレースで優勝）という触れ込みでフェラーリに入る。フェラーリでは70年のデイトナ24時間にてデビュー（512Sでアンドレッティ、イクスと組み3位）。モンツァ1000kmでは4位。72年にはすばらしい勝利を獲得する。スパ1000km（パートナーはレッドマン）とタルガ・フローリオでのことだった。この年とその翌年は312B2とB3で57戦のうち最初の11戦に出場する（ブラジルと73年の南アフリカで4位）。フェラーリのあと、イソ、ウィリアムズ、マーチでレースを続け、最後の2年（78／79年）はメルツァリオ・フォードを立ち上げたが、良い成績を残すことはできなかった。

Gianni Morbidelli
ジャンニ・モルビデッリ

国籍：イタリア
生誕地：ペスカーラ
生年月日：1968年1月13日
在籍期間：1991年

有名なグランプリ用のモーターサイクル・コンストラクターの息子に生まれたモルビデッリがドライバーを選んだことは、自然な成り行きだっただろう。F3でタイトルを得たのち、F3000へ。22歳のとき、F1デビューを果たす。フェラーリにはテストドライバーとして入ったが、イタリアのチーム、BMSダラーラで1戦、ミナルディで2戦に出場している。91年、フェラーリから12気筒エンジンの供給を受けていたミナルディに落ち着くが、この年の暮れ、フェラーリからの要請でオーストラリアGPをF1-91（F1-643）で走ることになる。「トラックのような操縦性」とマシーンを批判してチームを去ったアラン・プロストの穴埋めだった。どしゃぶりのサーキットでのレースは14周で中止になった。この時点でモルビデッリは6位。これが彼の唯一のフェラーリでのグランプリだったが、テストドライバーとして高い能力を見せた。92年はミナルディで再び走ることになる。エンジンはランボルギーニだった。94／95年はアロウズへ。2年後、フェラーリと再び契約。テストが彼の仕事だったが、マラネロのV10エンジンを載せたザウバーで7戦出場した（合計で67戦）。

Stirling Moss
スターリング・モス

国籍：イギリス
生誕地：ロンドン
生年月日：1929年9月17日
在籍期間：1962年

タイトルのないチャンピオン。無冠の帝王。スターリング・モスのすばらしい勇気と不運は、すべてこの呼び名に集約される。51年から61年まで11年にわたって66戦のF1グランプリに出場して勝利は16回。チャンピオンシップでは4年連続で総合2位、3年連続の3位。そして62年4月23日、グッドウッドでの恐ろしい事故でレースからの引退を余儀なくされる。いずれにせよ、モスは今に至るまで偉大なるドライバーの中心であることには違いない。「時代は異なるが、ヌヴォラーリに似ている。モスはどんなタイプのマシーンでもどんな状況でもどんなコースでも、最高の結果を出すことができた。ふたりとも、ライバルも存在しなければ死を恐れることもないように、私には思われた。ベルリネッタでもレーシング・スポーツでもシングルシーターでも、つまりどんなタイプのマシーンでも最高のポテンシャルを引き出すことができたのだ。ほかのドライバーは、たとえファンジオほどのレベルのドライバーでも、マシーンが変わると当惑するのが見えた」 メルセデスに乗ったモスは55年のミッレミリアで平均速度157.650km/hを記録し、優勝している。しかしフェラーリでは、イギリス版ヌヴォラーリは一部のレースのみに出場。トゥーリスト・トロフィーでの7回の勝利のうち、フェラーリでのそれは60／61年、ロブ・ウォーカー・チームに所属し、250GTベルリネッタで得た2回のみ。62年の初め、250GTスペリメンターレのテスト役を引き受け（シャシー番号2643で知られる）、デイトナ3時間のグラントゥリズモ・カテゴリーで優勝した。このあとすぐ、モスのキャリアはグッドウッドのコーナーで終わったのだった。

Sandro Munari
サンドロ・ムナーリ

国籍：イタリア
生誕地：ヴェネチア
生年月日：1940年3月27日
在籍期間：1972年

戦うときの強さとラリーでの勝利から"ドラゴン"と呼ばれた。67／69年のイタリアン・チャンピオン。ランチア・チームに所属していた彼は、しかし、ロードレースでも牙を剥き出しにした。ムナーリは小さなフルヴィアHFでモンテカルロ・ラリーを初めて制覇した（75／76／77年にはパワフルなストラトスで勝利）。72年、タルガ・フローリオに312PBで出場、このレースでも優勝している。パートナーを組んだのはアルトゥーロ・メルツァリオだった（オーストリア1000kmでも彼と組み、4位）。73年に再びラリーで3度目の世界タイトルを獲得した。

Gino Munaron
ジーノ・ムナロン

国籍：イタリア
生誕地：トリノ
生年月日：1928年4月2日
在籍期間：1955～1958年

芸術家の息子。父親のラミロは1903年から32年のミッレミリア（8位）までレースに出場。いっぽう、ジーノ・ムナロンは22歳のとき、友人のパオロ・コルデロ・モンテゼーモロとともに自宅で製作したマシーンでレース・デビュー。何台かのマシーンでレースに出場し、活躍したのち、フェラーリへ。55年のことだった。すぐにヘレス12時間で勝利、マシーンは4気筒スポーツの750モンツァだった。その他の活躍によって（サッシースーペルガのヒルクライムレースで最高平均時速を出して優勝）、57年、スポーツカー選手権のイタリアン・チャンピオンとなる。フェラーリでの最後の優勝は60年のロディGP。マシーンは250テスタロッサで、チーム・セレニッシマ所属だった。

Luigi Musso
ルイジ・ムッソ

国籍：イタリア
生誕地：ローマ
生年月日：1924年7月28日
在籍期間：1956～1958年

●フェラーリでの優勝グランプリ
1956年アルゼンティンGP（フェラーリ-ランチアD50）

「ナッツァーロとヴァルツィの流れを汲む、完璧なドライビング・スタイルを持つ最後のドライバー」、フェラーリは彼をこう定義づけた。"ルイジーノ"もしくは"イル・ロマニーノ"の愛称で親しまれたムッソがフェラーリに入ったのは意外と遅く、56年だった。すでにマセラーティでスポーツカー選手権のイタリアン・タイトルを3度獲得、F1でも9回のグランプリに出場し、レベルの高いレースを行なっていた。フェラーリ・デビューは華やかなものだった。シーズン最初のアルゼンティンGPで勝利したが、記録された優勝者はふたり。ムッソとファンジオである。"ルイジーノ"はチームの命令によってタイトルに王手をかけるファンジオに1位を譲ることになっていたためだった。この年、860モンツァで出場したミッレミリアでは、チームメイトであるカステロッティとコリンズに続いて3位。続く2年間は、グランプリでは4回の2位以上に上りつめることはできなかった。しかしノンタイトル戦のグランプリでは勝利した（ランスとシラクサ）。さらにスポーツカー選手権でも優勝している（ブエノス・アイレス1000kmとタルガ・フローリオ）。58年7月6日、ランスのフランスGPで（24回目のGP）、チームメイトのマイク・パークスの後ろを走っていたムッソは、カルヴェールの難しいコーナーに入る。前年もスロットル全開でこのコーナーに挑んではいたが、その時の速度はこの年よりはるかに低かった。ムッソはコースから飛び出し、そして亡くなった。「美しいイタリアン・スタイルの終わり方だった」、エンツォはこう言ったという。

N

Tazio Nuvolari
タツィオ・ヌヴォラーリ

国籍：イタリア
生誕地：カステルダリオ／マントヴァ
生年月日：1892年11月16日
在籍期間：1947〜1948年

"マントヴァーノ・ヴォランテ"の伝説は1920年代に誕生、30年代に膨らんだ。二輪、四輪あわせて100回以上の勝利を獲得。身体中に、神経と意志、霊感、即興が充満する。いかなるマシーンにも対応できる唯一のドライバーといえた。スクーデリア・フェラーリとドイツのアウト・ウニオンでの活躍は神業に等しかった。フェラーリと結びついたのは遅く、期間は短い。「フェラーリ、準備できたぞ」47年、コントラクターとしてデビューした友人に、ヌヴォラーリはこう知らせた。ヌヴォラーリ、55歳。骨という骨をすべて折った身体だった。愛息を失い、呼吸困難に苦しみ、それでも戦う気力を備えていた。皆が彼を"悪魔の子"と呼んだのだった。誕生したばかりの125SCを駆り、フォルリとパルマで優勝。その後、48年に2ℓの166SCでミッレミリアを走る。忘れられないレースである。雨のなか、ヌヴォラーリはトップを行く。フェンダーがなくなり、ボンネットを失う。メカニックのシートも消えた。それでも走り続けた、だが、レッジョ・エミリアでスプリングがいかれるという致命傷でリタイアせざるをえなかった。フェラーリはドライバーと、そしてヌヴォラーリという人間に惜しみない敬意を払った。「ライバルの死さえも、ステアリングを握る彼を妨げるものは何もなかった」30年代、このチャンピオンのドライビング・テクニックは、信じられないような鋭い勘にコントロールされた大胆さを持っていた。コーナーに入る前にマシーンを横向きにした。そうしながらコーナーに突入、入口から出口までタイアはまっすぐ、スロットルは全開のまま走ったのだ。効果的（で危険）なテクニックだったが、タイアが付いてこなかった。それでも彼はスピーディでスムーズなドライビングにより、タイアの難点をカバーしたのだ。晩年も彼はレースに戻ることを考えていたという。53年、病気のため亡くなる。

O

Jackie Oliver
ジャッキー・オリヴァー

国籍：イギリス
生誕地：シャッドゥウェル・ヒース
生年月日：1942年8月14日
在籍期間：1970年

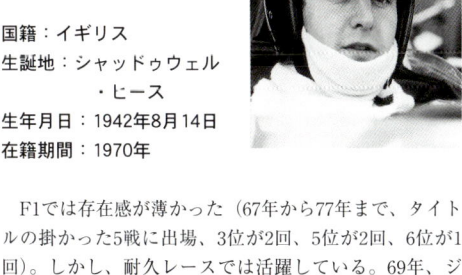

F1では存在感が薄かった（67年から77年まで、タイトルの掛かった5戦に出場、3位が2回、5位が2回、6位が1回）。しかし、耐久レースでは活躍している。69年、ジャッキー・イクスとともにフォードGT40で出場し、セブリング12時間とルマン24時間を制覇。このサクセスによって翌年、フェラーリから招聘される。512S（イクスと組んだブランズハッチで8位）のドライバーとしてフェラーリ入りするが、期間は短いものだった。71年、ポルシェへ。ルマンで400km/hを記録した最初のドライバーである。このシーズンはデイトナ24時間、モンツァ1000km、スパで優勝を果たした（コンビを組んだのはいずれもペドロ・ロドリゲス）。74年にはシャドウでCam-Amを制覇。77年の終わりにドライバーを引退し、シャドウの仲間とともにF1チーム、アロウズを立ち上げ、98年までスポーツ・ディレクターを務めた。

P

Carlos Pace
カルロス・パーチェ

国籍：ブラジル
生誕地：サンパオロ
生年月日：1944年10月6日
在籍期間：1972〜1973年

代々地主を務める家系に生まれる。26歳でブラジルを離れ、フィッティパルディ兄弟のように、ドライバーになるためにヨーロッパへ渡った。そして、フォーミュラ・フォードとF3で活躍後、マーチからお呼びが掛かる。翌年、F2のヨーロッパ・チャンピオンになった。72年には早くもF1へ。マーチで11戦に出場。彼の運命を決めるのはいつも「72」という数字だった。合計で72戦のグランプリに出場した（75年、ブラジルGPで勝利。5回表彰台に上がった）。昇り調子だった77年、乗っていた飛行機がブラジルの家の近くに墜落して亡くなる。F1ではサーティース、ブラバムでも出場したが、フェラーリでは走ったことがなかった。312PBで出場したのは耐久レース。72年、（ヘルムート・マルコと組み）オーストリア1000kmで2位、73年（アルトゥーロ・メルツァリオと組み）ルマン24時間とニュルブルクリンク1000kmで2位となった。

Mike Parkes
マイク・パークス

国籍：イギリス
生誕地：リッチモンド
生年月日：1931年9月24日
在籍期間：1962〜1967年

フェラーリでは例外的なほどトータルな役割を担った。大学でエンジニアリングを学んだ彼が情熱を注いだのがレースである。デビューは21歳のとき。フェラーリのグラントゥリズモとスポーツカー選手権で30戦あまりのレースに出場している。250GTベルリネッタで2回スターリング・モスと闘い（スネッタートンとグッドウッド）、250テスタロッサで出場したルマン24時間では総合2位になった。フェラーリは彼をさらに巻き込みたいと考え、テストドライバー、ドライバー以外に、63年にはエンジニア、開発設計者とすることを決める。64年、すこぶる長身のパークスの活躍が始まる（275Pでセブリング12時間、250GTOでスパ500kmをそれぞれ制覇）。翌年からはさらにすごかった。モンツァ1000kmで2度勝利（275P2と330P3）、66年のスパ1000kmでも勝ったのだった。この年のF1に、3ℓの312で最初の4戦にも出場。イタリアGPでは優勝を目前にしていたルドヴィコ・スカルフィオッティを守るよう指示を受け、パークスはポールポジションでスタート、ぴったり2位でゴールした（フランスGPも同じ）。67年はこのエンジニアが、F1で最初で最後の勝利を果たす。シラクサだった。タイトルは掛かっていなかったが、スカルフィオッティと同時にゴールしたのだ。再びルマンで2位。ベルギーGPが行われるハイスピードのサーキット、スパではコースアウトして足を骨折する。2年後、レースに復帰するが、ワークス・ドライバーとしてではなく、プライベートという立場で気ままに走った。とはいうものの、NARTとフィリピネッティ所属でセブリング、デイトナ、ニュルブルクリンクにも出場している。71年にはフィリピネッティで走るかたわら、このチームのテクニカル／スポーツ・ディレクターを務めた。2年後、ランチアのレース部門に移ったが、77年に交通事故で亡くなった。

Cesare Perdisa
チェーザレ・ペルディーザ

国籍：イタリア
生誕地：ボローニャ
生年月日：1932年10月21日
在籍期間：1957年

"束の間の在籍"という意味では、フェラーリ・チームのなかでも際立った存在だ。早い時期にレースを始め、22歳のときにはすでにミッレミリアでクラス別3位を獲得。マセラーティ・スポーツを購入してヒルクライムに出場、その存在が認められるようになる。55年、ルイジ・ムッソと並ぶドライバーとしてマセラーティ・チームに入り、モナコを皮切りに7戦に出場。デビュー戦となったモナコではエウジェニオ・カステロッティ（ランチア）と優勝者となったモーリス・トランティニアン（フェラーリ）に続く3位。翌年はミッレミリアでスポーツ3000クラス優勝。その他、F1でも活躍し（ベルギーで3位、フランスで5位）、57年にフェラーリへ。1月、最初のグランプリ、アルゼンティンGPに出場。3月14日、チームメイトで友人のカステロッティがモデナのサーキットで亡くなる。ペルディーザは激しいショックを受け、レースから離れる決心をする。98年、5月に死去。

Ronnie Peterson
ロニー・ペターソン

国籍：スウェーデン
生誕地：オレブロ
生年月日：1944年2月14日
在籍期間：1970〜1972年

氷の眼を持つスウェーデン人、しかしステアリングを握ると炎の眼となった。70年代のF1に烈火のごとく飛びこんできた、レガッツォーニが養成したカート出身の最初の世代（3つのナショナル・タイトルとヨーロッパ・タイトルをひとつ獲得）。66年、F3へ（2年後にこのカテゴリーで優勝）。69年にはF2に（2年後にチャンピオンになる）。70年、いよいよF1へ。この年から78年まで123戦に出場し、眩いばかりの成績を残す。優勝10回、2位10回、3位6回、ポールポジション14回、71年と78年にはドライバーズ・タイトルで総合2位となった。マーチ、ロータス、ティレルで走り、再びロータスで走ったが、フェラーリではF1ではなく、スポーツカー選手権に出場した。70年、512Sでルマン24時間に出場するものの、運に見放される。しかし2年後、今度は312PBで2回優勝（ブエノス・アイレス1000kmとニュルブルクリンク1000km）。2位4回（デイトナ、セブリング、ブランズハッチ、ワトキンス・グレン）。3位は2回（モンツァとエステルライヒリンク）、パートナーは常にオーストラリア人のティム・シェンケンだった。こうしてイタリアで有名になったのだが、運命の日もモンツァだった。78年9月10日、1周目で

複数のマシーンが事故を起こし、ロニーも重傷を負う。彼が亡くなったのは翌日のことだった。

David Piper
デイヴィド・パイパー

国籍：イギリス
生誕地：エドゥグウエア
生年月日：1930年12月2日
在籍期間：1969年

耐久レースのスペシャリスト。マラネロのクライアントとしては特殊な存在。62年、最初のフェラーリを購入する。すぐに南アフリカのキャラミ9時間をはじめとするいくつかのレースで優勝。このレースでは4年続けて優勝したのだが（いずれもフェラーリのグラントゥリズモもしくはスポーツカー）、69年にもまた優勝している（ポルシェ917）。66年には250LMを駆ってパリ1000kmを制覇（モンレリー）、コンビを組んだのはマイク・パークスだった。69年、フェラーリのワークス・ドライバーとなる。スパ1000km（312Pで2位、パートナーはペドロ・ロドリゲス）とミッレミリア（リタイア）に出場。翌年、映画『栄光のル・マン』の撮影に出場中、事故で重傷を負い、片足切断。このためレースから身を引いたのだった。

Didier Pironi
ディディエ・ピローニ

国籍：フランス
生誕地：パリ
生年月日：1952年3月26日
在籍期間：1981～1982年

●フェラーリでの優勝グランプリ
1982年サンマリノGP（126C2）
1982年オランダGP（126C2）

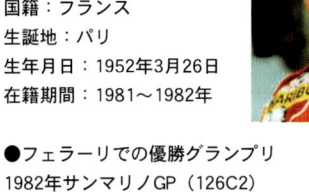

20歳のころ、スクールでドライビングを学んでいた。優秀な生徒だったという。22歳でフランスのチャンピオンとなる。24歳でフォーミュラ・ルノーへ。78年、ルノーでルマン24時間に出場し、優勝する。またこの年からF1も始め、ティレルとリジェ所属で3シーズン、45戦に出場し、7回優勝、2位1回、3位5回と、その才能をいかんなく発揮する。81年初め、チームメイト兼ライバルとなるジル・ヴィルヌーヴのいるフェラーリへ。「フリウリ地方（ヴェネツィアの北）にルーツを持つ、このフランス人のことは以前から注目していた。がむしゃらな追走と粘りのある攻めがいい。戦う星の下に生まれている」、エンツォはこう記憶する。82年、126C2を駆るふたりの若きフェラリスタ、ピローニとヴィルヌーヴは友人からライバルとなる。82年のサンマリノGP（イモラ）で、ディディエはほんのわずか後ろにいたカナダ人ドライバーを押さえて優勝。次のベルギーGPでヴィルヌーヴは事故の犠牲となる。ドイツGP（ホッケンハイム）では、ピローニはヴィルヌーヴと同じような事故に遭い、重傷を負ってレースの世界から引退することを余儀なくされる。数年後、パワーボートに命を賭けるようになったが、87年8月23日、ホワイト島（イギリス）の海で亡くなった。

Alain Prost
アラン・プロスト

国籍：フランス
生誕地：サン・シャモン／ロワーラ
生年月日：1955年2月24日
在籍期間：1990～1991年

●フェラーリでの優勝グランプリ
1990年ブラジルGP（F1-90）
1990年メキシコGP（F1-90）
1990年フランスGP（F1-90）
1990年イギリスGP（F1-90）
1990年スペインGP（F1-90）

シューマッハー、ファンジオに続く記録をもつドライバー。4度のドライバーズ・タイトル獲得（85／86／89年マクラーレン、93年ウィリアムズ）、80年から93年までに199戦に出場、優勝数では歴代2位（51回）。最初の頃はリスクぎりぎりまで攻めたてる勢いがあったが、次第に正確で計算高くなる。"プロフェッサー"と呼ばれたアラン・プロストは、いつでも勝利のドライバーだった。90年にフェラーリ入りしたが、在籍したのは2シーズンのみ。すでに35歳、2度のタイトルを手にしていた。マシーンの仕上がりにとことんこだわり、それはメカニックたちを苛立たせるほどだった。勝利の可能性を高めるために最大限の注意を払い、準備が整うと、正しいタイミングを狙って攻めたが、リスクを冒すようなことは絶対にしなかった。「戦後、活躍したドライバーのなかで最も優秀なひとりに入る。エースの落ち着きとスタイル、スピードを持ったドライバー」と、エンツォは彼を評価する。プロストがフェラーリに入ったのは、エンツォが亡くなって2年後のことだった。5勝を挙げながら、タイトルを手にすることができなかったことを、プロストはチームメイトのマンセルのせいだと主張、チーム内がぎくしゃくし始める。91年シーズン終わりには「操縦性がトラックのようだ」とフェラーリを批判してチームを去った。リフレッシュのバカンスを1年とったあと、93年、サーキットに戻る。チームはウィリアムズ・ルノー。4度目のドライバーズ・タイトルをここで獲得してドライバーとしてのキャリアを終える。97年、リジェをプロスト・グランプリと改め、活動を始めるが、不幸にも4年後に破産する。

R

Brian Redman
ブライアン・レッドマン

国籍：イギリス
生誕地：バーンレー
生年月日：1937年3月9日
在籍期間：1968年／1971～1973年

得意分野は、大排気量グラントゥリズモとスポーツカー選手権用マシーンのドライビング、および耐久レース。しかし、レッドマンはシングルシーターにも乗っている。68年（31歳）、ディーノ166でF2に、同年から74年まで、クーパー、サーティース、マクラーレン、BRM、シャドウでF1に出場。11戦に出場して最高は3位、5位が2回。そこそこの活躍といえるだろう。しかし、スポーツカー選手権では成功する。たとえば69／70年はポルシェで出場（モンツァ／スパ／ニュルブルクリンク1000km、タルガ・フローリオ）。このタルガでは翌年、事故に遭い、長い休養を余儀なくされたが、その後フェラーリへ。72年はすばらしい優勝を遂げる（スパとエステルライヒリンク）。マシーンは312PBだった。これによってスポーツカー選手権タイトルも獲得。再び73年、ジャッキー・イクスと組んでモンツァ1000kmとニュルブルクリンク1000kmを制覇する。その後はレースへの出場が減ったが、北米のレースだけは例外で、フォーミュラ5000のシングルシーターのチャンピオンシップで、3年連続で優勝した（74～76年）。

Clay Regazzoni
クレイ・レガッツォーニ

国籍：スイス
生誕地：ルガーノ
生年月日：1939年9月5日
在籍期間：1969～1972年／1974～1976年

●フェラーリでの優勝グランプリ
1970年イタリアGP（312）
1974年ドイツGP（312B3）
1975年イタリアGP（312T）
1976年西アメリカGP（312T）

全身に力が張るようなエネルギッシュで強い走り方。これによってしばしばマシーンが悲鳴を上げた（フェラーリはヌヴォラーリと同じように捉えた）。しかし、いったんコントロールを始めると、そのテクニックはまさに熟練したプロのそれで、勢いに満ちたいつもの彼からは想像できないものだった。外向的で運動神経抜群、人生を楽しむことが好きだった。まさにフェラーリのドライバーにふさわしい。マラネロのシートに就いたのは30歳のときだったが、それほど経験があったわけではない。70年にF1に登場、312Bでモンツァのイタリアン GPを制覇。合い間にテクノでF2を走り、ヨーロピアン・タイトルを得る。その後もフェラーリで走り、タイトルの掛かったグランプリで活躍（ニュルブルクリンク、モンツァ、ロングビーチ）。312PBでイクスとともに72年のモンツァ1000kmに出場して優勝。合計132戦のグランプリに出場し、73戦をフェラーリで走った。フェラーリ以外で走ったグランプリでの優勝経験は1度のみ（79年のウィリアムズ）。しかし、人間として最も偉大で、最も苦しかった"勝利"は、80年のロングビーチでのグランプリで、ひどい事故の被害者になったことだろう（エンサインのブレーキペダルが粉砕した）。この事故で彼は歩行の自由を奪われたにもかかわらず、レースへの情熱が変わることはなく、パリ-ダカールのようなレースで戦い、また障害を持つ若者のためにレースを主催している。

Carlos Reutemann
カルロス・ロイテマン

国籍：アルゼンチン
生誕地：サンタフェ
生年月日：1942年4月12日
在籍期間：1973年／1976～1978年

●フェラーリでの優勝グランプリ
1977年ブラジルGP（312T2）
1978年ブラジルGP（312T2）
1978年西アメリカGP（312T3）
1978年イギリスGP（312T3）
1978年東アメリカGP（312T3）

鍛えられた肉体、謎めいた眼差し、素敵な"ローレ"、ロイテマンは世界中にファンを持つ。72年から82年まで（146回のタイトル戦に出場）、F1に出場した彼は足しげく表彰台に上がった。その回数、45回（12回1位、13回2位、20回3位）。フェラーリ入りは73年、31歳のときだった。すでにブラバムでF1に出場した経験を持っていたが、フェラーリではスポーツカー選手権に出場する（312PBでヴァレルンガ6時間とモンツァ1000kmに出場、2位。パートナーはティム・シェンケン）。このときの在籍は1年だったが、3年後、再びフェラーリに戻り、F1で走ることになった。76年は1度のみの出場（モンツァ）、翌シーズンから2年は33回。「ドライバーとして最高の能力を持つ。テンションが高い」、お馴染みのエンツォの評価だ。被害者意識が強く、これがチームメイトとの関係をぎくしゃくさせた。つまりお互いに"苦しみ、苦しめられた"のだった。「難しい状況にあってもマシーンに欠けている部分を補い、自分で問題を解決する力を備えていた。しかし一方で、悲観論者なところもあって、スタートする前から勝利しないのではないかという不安にかられていた」フェラリスタとし77年に1度、78年には4度の優勝を経験している。78年にはタイトル戦でロニー・ペターソン、マリオ・アンドレッティ（ふたりともロータス）に続く3位を獲得。79年、まさにこのロータスに入るため、フェラーリを離れる。皮肉なことに、シーズンはジョディ・シェクターとジル・ヴィルヌーヴ、ふたりのフェラリスタに独占されることになったのだった。翌年、ロイテマンはウィリアムズに移る。81年にはタイトルにあと一歩というところまでいくが、ブラバムのネルソン・ピケに1ポイント差で2位。またしても最後のひと押しが欠けていたのだった。82年、引退。

Jochen Rindt
ヨッヘン・リント

国籍：オーストリア
生誕地：マインツ／ドイツ
生年月日：1942年4月18日
在籍期間：1965年

1歳で両親を失った幼いヨッヘンは、グラーツの祖父のもとで育てられ、養子となったことでドイツ人からオーストリア人になった。18歳になった記念にシムカを贈られる。このマシーンでロードレースを始めたが、身内には内緒にしていた（モータースポーツではよくあることだ）。70年代初め、FJで活躍していたクルト・バーディ・バリーと知り合う。これがレースに彼を結びつけた。リントのドライビングは大胆でスペクタクル。シングルシーターには向いていなかったにもかかわらず、たちまち勝利する。最初は63年、チェゼナティコ・サーキットだった。すぐにF1へステップアップし、64年にデビュー。6年間にF2で11回の勝利を挙げる。クーパー・クライマックス、クーパー・マセラーティ、そして再びブラバム（エンジンはレプコ）で59戦に出場、最後はロータス・フォードで6回の勝利を収めた。勝利以外にも7回表彰台に上がっている。フェラーリの在籍期間も短い。65年、ルイジ・キネッティ率いるノース・アメリカン・レーシング・チーム（NART）のオファーを受けて、ふたつの耐久レースに出場する。ルマン24時間とオーストリアでのレースである。マシーンは250LMだった。どちらのレースも見事に優勝（ルマンのパートナーはマスティン・グレゴリー）。彼が最も輝いたのはこの年だった。70年、ロータス72に乗った彼が亡くなる。イタリアGP（モンツァ）の予選での出来事だった。メカニカルトラブルが原因でコースアウト。死してドライバーズ・チャンピオンの名を残すことになった。

Pedro Rodriguez
ペドロ・ロドリゲス

国籍：メキシコ
生誕地：メキシコ・シティ
生年月日：1940年1月18日
在籍期間：1960〜1962年
　　　　／1964〜1965年
　　　　／1969年

若くしてメキシコ・チャンピオンとなる。最初はモーターサイクル、そして四輪である。マシーンはアメリカのフェラーリ・インポーターであった、ルイジ・キネッティのフェラーリだった。20歳のとき、無鉄砲を武器にフェラーリに入る。61年、パリ1000kmで優勝（マシーンは250GTベルリネッタ）、翌年も再び優勝する（マシーンは250GTO）。パートナーを組んだのは2回とも弟のリカルドだった。リカルドはさらに速く過激なドライバーだったが、62年、メキシコシティGPの予選で事故死を遂げる。ペドロは激しく動揺し、フェラーリを去る。その後、何度かフェラーリに戻ってくるが、結果を残すことはできなかった。最高位は65年のランス12時間での優勝と（マシーンはNARTの365P、パートナーはジャン・ギシェ）、65年と69年のアメリカGPの5位だった。69年にはまた、スパ1000kmとブランズハッチ6時間でそれぞれ2位と4位に入っている。フェラーリはペドロの素質を評価していたが、同時に結果を含めてムラがあることを指摘した。67年から70年までクーパー・マセラーティとBRMを含めて55戦に出場した（このうちフェラーリでは8回）。結果は耐久レースのほうが華やかで、フォードGT40で出場した68年ルマン24時間優勝、70年には4回（デイトナ、ブランズハッチ、モンツァ、ワトキンス・グレン）、ポルシェ917で勝利している。71年も同様である（デイトナ、モンツァ、スパ、エステルライヒリンク）。この年の7月、ノリスリンクのレースで、友人のスイス人ドライバー、ヘルベルト・ミュラーの512M——彼が愛したフェラーリで、バリアに激突し炎上、帰らぬ人となった。

Ricardo Rodriguez
リカルド・ロドリゲス

国籍：メキシコ
生誕地：メキシコ・シティ
生年月日：1942年2月14日
在籍期間：1961〜1962年

兄よりさらに若くしてドライバーとなる。なんと14歳でモーターサイクルのメキシコ・チャンピオン。15歳で四輪のレースを始める（オスカとポルシェ）。15歳でルイジ・キネッティのNARTに入り、セブリング、ニュルブルクリンク、タルガ・フローリオ、そしてルマン24時間（アンドレ・ピレッティと組み、250テスタロッサで総合2位）で活躍。61年には兄と組んで出場したパリ1000kmで優勝し、フェラーリ入り。9月、156でイタリアGPデビュー。フォン・トリップスと観客が亡くなる事故が起きたGPだった。62年はスポーツカー選手権（メレスとジャンドビアンと組んだタルガ・フローリオ、ペドロと組んだパリ1000kmで優勝）と、F1の両方で活躍。タイトルの掛かった4戦に出場、スパでは4位、ニュルブルクリンクで6位となる。危険を顧みないスピード——エンツォはずいぶん気を揉んだものだった。「いつも仰天するようなドライビング、肉体のエネルギーを激しく消耗するドライビングは、他に類を見ない」と言っ

たが、「意欲を発散するのではなく、溜めなくては駄目だ。スタイルを洗練させることを学ぶ必要がある」とも付け加えたのだった。ジャック・ブラバムと衝突したときは彼を厳しく咎めたという。しかし、リカルドは聞くふりをするだけだった。この年、62年11月にメキシコGP（ノンタイトル戦）の予選で、ロータスに乗った彼は事故死した。20歳9ヵ月だった。

Louis Rosie
ルイ・ロージェ

国籍：フランス
生誕地：シャブドゥ
　　　　・ボーフォー
生年月日：1905年11月5日
在籍期間：1952〜1954年

28年にレース・デビュー。56年にフェラーリ750モンツァで事故死。モンレーリのサーキットだった。23歳から51歳まで28年間に4度、フランス・チャンピオンとなった。47年、タルボでアルビGPを制覇、国内で4位となる。これが彼の評判のはじまりだった。翌年、再びタルボでパリ・サロン・カップに出場して優勝。同じマシーンで49年から51年までの間にノンタイトル戦のグランプリ、ベルギー、オランダ（2度の勝利）、アルビ、ボルドーで優勝。しかし、最も印象的なレースは50年のルマン24時間だろう。マシーンはタルボ・スポーツ。パートナーは息子のジャン・ルイ。父、45歳は、20時間、昼夜ぶっ続けで運転した。50年から56年にはF1の38戦に出場、2度の3位、2度の4位、2度の5位が最高成績。50年のタイトル戦では総合で4位となっている（タルボ）。52年から3年間、4.5ℓのフェラーリ375F1と2ℓの500F2（54年2.5ℓに拡大）で14戦に出場するものの、結果を残すことはできなかった。この時期、チャンピオン戦ではない4レース、アルビに2回、カドウース、サーブル・ドローンに出場し、入賞している。56年、マセラーティで同じくフランス人のジャン・ベーラと組み、パリ1000kmを制覇したが、数ヵ月後、同じ場所で亡くなった。乗っていたのはフェラーリだった。

S

Mika Salo
ミカ・サロ

国籍：フィンランド
生誕地：ヘルシンキ
生年月日：1966年11月30日
在籍期間：1999年

この名前を持ったことが宿命といえるだろう。ミカ・サロは工員の家庭に生まれた。ヘルシンキ近郊で過ごした幼少時代には"ドライバー通り"、今ではこう呼ばれるようになった通りで遊んだものだった。一緒に遊んだ子供の名前は、ミカ・ハッキネン。6歳でカートを始め、兵役の年まで続ける。フォーミュラ・フォードに移行したことが幸いし（88年、ミハエル・シューマッハーを押さえての5勝）。イギリスF3へ（90年、6戦で勝利。しかしタイトルはハッキネンに）。ところがあるパーティーからの帰り道、酔っ払って運転したことが判明し、スポンサーを失う。結果、日本でF3000を戦うことになったのだった（エディ・アーヴァイン、ハインツ-ハラルド・フレンツェン、ジャック・ヴィルヌーヴがいた）。94年、イギリスに戻り、ロータスでF1に出場。98年まで

ロータス、ティレル、アロウズで68戦に出場して、4位が1回、5位5回、6位が2回。99年はBARで3戦に出場。シルヴァーストーンでミハエル・シューマッハーが怪我をしたことでフェラーリに呼ばれ、彼に代わって6戦を走ることになる。フェラーリでは2度、喜びの瞬間を味わった。最初はホッケンハイムだった。トップに立った。勝利は確実だ。しかしチーム・オーダーで、アーヴィンに道を譲る。アーヴィンにはタイトルが掛かっていたのだ。2度目はモンツァで3位となる。アーヴィンは6位だった。その後、2シーズン走り、2度5位を獲得して引退。トータルで110戦に出場した。

Lodovico Scarfiotti
ルドヴィコ・スカルフィオッティ

国籍：イタリア
生誕地：トリノ
生年月日：1933年10月18日
在籍期間：1960年／1962〜1967年

1962年／1965年ヨーロピアン・ヒルクライム・チャンピオン

●フェラーリでの優勝グランプリ
1966年イタリアGP（312）

ステアリングを握るジェントルマン。資産家、強い意志、計り知れない情熱と一族の血が、モータースポーツへと導いた。父のルイジは27年から37年まで優れたドライバーとして活躍。父方の祖父（彼の名がルドヴィコだった）はフィアットの創設者のひとり。5歳のときに贈られたミニチュアのシングルシーターには、モーターサイクルのエンジンが付いていた。それで家の庭をドライブするようになる。20歳になる前からフィアット・トポリーノを運転し、23歳のとき、1100TVでミッレミリアに出場してクラス優勝。24歳でグラントゥリズモの国内チャンピオンになる。マシーンはフィアット8Vザガートだった。30歳でF1へ。スポーツカー選手権で鍛え（最初はオスカ、その後フェラーリ。ルマン24時間にも出場）、いよいよ62年、フェラーリへ。新しい196SPが彼の手に託された。エンジンはディーノ2ℓ。スカルフィオッティはヒルクライムのヨーロッパ・タイトルを獲得。ポルシェ・チームを倒しての勝利だった。63年、セブリング12時間とルマン24時間で勝利する。マシーンは250Pだった。オランダGP（6位）にも出場する。事故で重傷を負うが、翌年レースに復帰し、ニュルブルクリンク1000kmに275Pで出場して優勝を果たす。「度を越えた過激さ。こういう彼のデリカシーに欠けるドライビング・テクニックはF1には馴染まない」とは、エンツォの批評だ。65年もスポーツカー選手権（330P2でニュルブルクリンク制覇）とヨーロピアン・ヒルクライム（ディーノ206Pで2度優勝）に専念することになるが、彼が走りたかったのはF1だった。フェラーリは彼の希望を聞き入れることにする。こうして66年、イタリアGPに出場、3ℓの312で彼は歓喜の勝利を得たのだった。翌年、フェラーリはF1に彼を送り込まず、スカルフィオッティはイーグルに移籍。その後、クーパー、そしてポルシェで、耐久とヒルクライムを走ったが、68年、ロスフェルドでコースアウトし、亡くなった。

Giorgio Scarlatti
ジョルジョ・スカルラッティ

国籍：イタリア
生誕地：ローマ
生年月日：1921年10月2日
在籍期間：1959年／1961年

54年から56年まで、才能の発掘で定評のあったグリエルモ・デイ率いるチェントロ・スッド・チームから託されたマセラーティ・スポーツで、耐久／スピード・レースで多くの勝利を獲得。57年、マセラーティのワークス・ドライバーとなる。スポーツカー選手権のマシーンで活躍（悲劇となった57年のミッレミリアで4位）、同時にF1グランプリにも4回出場。モンツァのイタリアGPでの5位が最高。翌年、ジャン・ベーラと組み、ポルシェでタルガ・フローリオに出場、2位に入った。61年まで、さまざまなシングルシーターでF1に出場する。マセラーティ、クーパー、クーパー・マセラーティ、そしてデ・トマゾ。ワークスではないフェラーリで56年GPシリーズ初戦を戦う。3年後、フェラーリ入り。チームメイトにジュリオ・カビアンカがいた。マシーンはディーノ6気筒エンジンを積んだ新しい196S。60年は運に恵まれなかったが、フェラーリ・スポーツでは最後の年となる61年、ロレンツォ・バンディーニと組んでペスカーラ4時間を制覇。マシーンはスクデリア・チェントロ・スッドから託された250テスタロッサだった。

Jody Scheckter
ジョディ・シェクター

国籍：南アフリカ
生誕地：イーストロンドン
生年月日：1950年1月29日
在籍期間：1979〜1980年

1979年ワールド・チャピオン

●フェラーリでの優勝グランプリ
1979年ベルギーGP（312T4）
1979年モナコGP（312T4）
1979年イタリアGP（312T4）

「2年にわたって、リトアニアにルーツをもつ南アフリカ人の、迫力のあるドライビングを観察していた。彼の活発なドライビングは、プロのチームの技術面でのアシストがあれば活かされることを確信した。世界の頂点まで持っていけると……」エンツォはこんなふうに語った。シェクターは自国で活躍したのち、スポンサーを見つけ、ヨーロッパにベースを移す。イギリスとアメリカでF5000を闘い、22歳でF1を始める。チームはマクラーレンだった。72年から78年まで、マクラーレンを皮切りに、ティレル、ウルフで84戦に出場、7回優勝したほか、3位が2回、ドライバーズ・チャンピオンシップでは総合2位を獲得する。激しいドライビングによる事故が73年だけで15回。エマーソン・フィッティパルディをフランスで、フランソワ・セヴェールをカナダでコースアウトさせた。79年、フェラーリ入り。フェラーリ自身が予測したとおり、すぐに3戦を制覇、312T4でドライバーズ・タイトルをものにする。「大胆に戦うばかりでなく、理論に基いた計算もするようになった」タイトルを得てからの彼の興味は家族に向く。ふたりの子供と送るモンテカルロでの静かなビジネスマンの暮らしを優先させるようになったのだ。80年終わり、フェラーリで28戦を闘い、合計112戦に出場した向こう見ずなドライビングは終わりを告げたのだった。

Harry Schell
ハリー・シェル

国籍：アメリカ
生誕地：パリ
生年月日：1921年6月29日
在籍期間：1955年／1956年

アイルランド系アメリカ人。情熱家だが、落ち着きがなく、いっぷう変わったドライバーは、プロとしての厳しい訓練を拒絶し、ワークス・チームの結束を嫌った。恐ろしいほど速いときがあれば、ひどく落胆させられるドライビングをすることもあった。シェルがレースを始めたのは46年。最初のマシーンは古いマセラーティだった。すぐにF3に移行し、好成績を挙げる。F1では50年から60年の間に55戦に出場。マセラーティからゴルディーニまで、ヴァンウォールからBRM、クーパーまで、さまざまなマシーンに乗った（最高は58年、BRMで走ったオランダGPの2位）。一度だけ、ワークスのフェラーリにも乗っている。55年のモナコGPである（リタイア）。この年、フェラーリのスポーツ（121LM。エンジンは4.4ℓ6気筒）でモーリス・トランティニアンと組んでルマン24時間に出場した。このときのルマンはピエール・ルベーと80人以上の観客が亡くなった悲劇を生んだ。56年、ニュルブルクリンク1000kmで優勝（マセラーティ）、プライベート出場のフェラーリでも優れた結果を残す（アガディール、ダカール、パリ1000kmで2位）。再び、ワークスのフェラーリでレースに出場。マシーンは860モンツァで、ルイジ・ムッソと組み、セブリング12時間で2位となった。シルヴァーストーンでクーパーF1を試乗中に事故死した。

Tim Schenken
ティム・シェンケン

国籍：オーストラリア
生誕地：ゴールドン／シドニー
生年月日：1943年9月26日
在籍期間：1972年／1973年

ロニー・ピーターソンやカルロス・パーチェ同様、フェラーリのシングルシーターを駆ったことのないドライバーである。シェンケンが乗ったのは312PB、72年のことだった。オーストラリアとニュージーランドでコンチネンタル・チャンピオンとなったあと、彼は23歳でイギリスに渡る。すぐに20戦あまりのレースで勝利し、その名を知られるようになる。フォーミュラ・フォードでナショナル・タイトルも獲得。70年F1にデビュー。74年まで33戦をデ・トマゾ、ブラバム（チームメイトはグレアム・ヒル、シェンケンは71年のポイント数で彼を抜いた）、サーティース、イソ、トロージャンで走る。いずれも競争力の低いマシーンだったにもかかわらず、結果は3位、5位、6位が1回ずつ。72年、312PBでブエノス・アイレス1000kmとニュルブルクリンク1000kmを制覇、コンビを組んだのはピーターソンだった。カルロス・ロイテマンと組んだヴァレルンガ6時間とモンツァ1000kmでは2位。77年、ポルシェで出場したニュルブルクリンク1000kmで再び優勝を手にした。

Peter Schetty
ピーター・シェッティ

国籍：スイス
生誕地：バジレア
生年：1942年
在籍期間：1969〜1970年

1969年ヨーロピアン
・ヒルクライム・チャンピオン

実業家の息子。彼がレースに出ることに両親は反対だった。69年、27歳でフェラーリに合流。ヒルクライムに強いという評判は、2年にわたるアバルトの2ℓスポーツでの戦いぶりが評価されてのことだった。212Eで出場したレースのすべてを制覇、しばらくの間、最高記録であり続けた。69年の312Pでレースに出場、翌70年はスポーツカー選手権に出場。マシーンは512S、パートナーはジョン・サーティースだった。モンツァ1000kmでは3位。「彼のマシーンは完走を目指したチューンが施され、速いことはもちろんだが、よりコンスタントに走れるよう、トラブルが出ないように整備された」というのは、エンツォの観察である。いずれにせよ、シェッティの能力の高さを否定するものではない。もし彼の家族が呼び戻さなかったら、さらに成長していただろう。このスイス人はさらに2年、スポーツ部門のディレクターとしてマラネロに留まったが、家業を継ぐためにバジレアに戻った。

Michael Schumacher
ミハエル・シューマッハー

国籍：ドイツ
生誕地：ハルス・ヘウムルヘイム
生年月日：1969年1月3日
在籍期間：1996年〜

2000〜2004年F1ドライバーズ・チャピオン

●フェラーリでの優勝グランプリ
1996年スペインGP（F310）
1996年ベルギーGP（F310）
1996年イタリアGP（F310）
1997年モナコGP（F310B）
1997年カナダGP（F310B）
1997年フランスGP（F310B）
1997年ベルギーGP（F310B）
1997年日本GP（F310B）
1998年アルゼンティンGP（F300）
1998年カナダGP（F300）
1998年フランスGP（F300）
1998年イギリスGP（F300）
1998年ハンガリーGP（F300）
1998年イタリアGP（F300）
1999年サンマリノGP（F399）
1999年モナコGP（F399）
2000年オーストラリアGP（F1-2000）
2000年ブラジルGP（F1-2000）
2000年サンマリノGP（F1-2000）
2000年ヨーロッパGP（F1-2000）
2000年カナダGP（F1-2000）
2000年イタリアGP（F1-2000）
2000年アメリカGP（F1-2000）
2000年日本GP（F1-2000）
2000年マレーシアGP（F1-2000）
2001年オーストラリアGP（F2001）
2001年マレーシアGP（F2001）
2001年スペインGP（F2001）
2001年モナコGP（F2001）
2001年ヨーロッパGP（F2001）
2001年フランスGP（F2001）
2001年ハンガリーGP（F2001）
2001年ベルギーGP（F2001）
2001年日本GP（F2001）
2002年オーストラリアGP（F2001）
2002年ブラジルGP（F2002）
2002年サンマリノGP（F2002）
2002年スペインGP（F2002）
2002年オーストリアGP（F2002）
2002年カナダGP（F2002）
2002年イギリスGP（F2002）
2002年フランスGP（F2002）
2002年ドイツGP（F2002）
2002年ベルギーGP（F2002）
2002年日本GP（F2002）
2003年サンマリノGP（F2002）
2003年スペインGP（F2003-GA）
2003年オーストリアGP（F2003-GA）
2003年カナダGP（F2003-GA）
2003年イタリアGP（F2003-GA）
2003年アメリカGP（F2003-GA）

4歳でペダルのカートを始め、5歳のとき、カートに草刈り機のエンジンを積むように父に頼む。6歳のとき、当時住んでいたケルンで、家の前の外灯に激突する。両親は、より安全なサーキットで彼を走らせることにする。父のロルフは彼のファン第1号だった。息子の才能を信じる父はカート・サーキットを購入、経営するようになる。このサーキットで飛び抜けた才能を見せる。こうしてシューマッハーの輝かしいキャリアはスタートした。7度のドライバーズ・タイトル（ファン・マヌエル・ファンジオより2度多い）、2004年までのF1出場回数は212回、そのうち優勝83回、ポールポジション63回（アイルトン・セナは65回）という凄まじさである。2003年までの最前列からのスタート（91回）、最速周回記録（56回）、ポイント数（1038）、すべての記録を保持する。16歳でカートのタイトルを獲得。90年、21歳でF3のナショナル・タイトルを手にしたのち、メルセデス・チームでスポーツカー選手権のデビューを果たす（優勝）。翌年、F3000へ転向。なんとその1ヵ月後、F1界へ入る。チームはジョーダン、ベルギーGPだった。センセーショナルなデビューを遂げ、瞬く間にスターとなる。ジョーダンからベネトンへ移籍し、ここで94／95年のタイトルを獲得。翌年は69戦に出場して19勝。そしてフェラーリへ。彼の使命は、79年のシェクター以来のドライバーズ・タイトルをマラネロにもたらすことだった。懸命に働き、最初の年は3度の勝利。97年は10回出場して5回の優勝。しかし、最後のレースでタイトルを逃す。ウィリアムズ・ルノーのジャック・ヴィルヌーヴとの一騎討ちに敗れたのだった。翌年は敵が変わる。メルセデス・マクラーレンのミカ・ハッキネンだった。しかし、結果はまたしても同じだった。6回優勝したが、最後の最後でタイトルに逃げられた。99年は悲喜こもごもだった。ふたり目の子供の誕生。2回のすばらしい勝利はイモラとモナコ（フェラーリのドライバーの勝利回数記録を塗り替える。シューマッハー16回目の勝利、ラウダは15回）。だが、シルヴァーストーンでの事故により、右足を2ヵ所骨折する。これによって7戦を見送ることになってしまった。マレーシアで復帰し（チームメイトのアーヴァインに続いて2位）、16年の歳月を経て、マラネロにコンストラクターズ・タイトルが帰ってきた。そして2000年から2004年までの連続勝利が始まったのである。5度のタイトル獲得、勝利は59回に上る。

Wolfgang Seidel
ヴォルフガング・セイデル

国籍：ドイツ
生年月日：1926年7月4日
在籍期間：1957〜1958年

50年代、60年代を代表するプライベート・ドライバーのひとり。この時代、F1には純粋な情熱だけで出場するドライバーがたくさんいたのだ。レース回数は少なく、限られていた。53年から62年までの間に10戦に出場。得意としていたのはドイツとイギリスのグランプリである。ヴェリタスのシングルシーターからキャリアをスタート、その後、マセラーティ、クーパー、エマーソン、ロータスに乗った（フェラーリには乗っていない）。結果は最下位、もしくはリタイア。彼が頭角を現したのは耐久レースだった。57年、250テスタロッサのプロトタイプで、もうひとりのヴォルフガング、フォン・トリップスと組み、ベネズエラ・ワールド・レースに出場して3位。ランス12時間では250GTコンペティツィオーネでフィル・ヒルと組み、2位。翌年はGTとスポーツカーの両方でレースに出場。ワークスの250テスタロッサでニュルブルクリンク1000kmに出場して5位（パートナーはジーノ・ムナロン）。ルマン24時間にも出場したが（フォン・トリップスと組む）、運には恵まれなかった。しかし、イタリアで風向きが好転する。59年のタルガ・フローリオにエドガー・バルトと出場して優勝したのだ。マシーンはポルシェ1500RSKだった。イタリア車での優勝は、60年のフィアット・アバルト750でパートナーはマリオ・ポルトロニエリ、ホッケンハイム3時間に勝利している。87年3月1日に59歳でその生涯を終えた。

Dorino Serafini
ドリーノ・セラフィーニ

国籍：イタリア
生誕地：ペーザロ
生年月日：1909年7月22日
在籍期間：1950〜1951年

18歳でモーターサイクルのレースを始める。乗ったのはもちろん175ベネッリ、彼同様ペザーロ出身のモーターサイクルである。二輪でセラフィーニはすぐにレーサーとしての才能を発揮する。運動神経が良く、勇気があった。排気量の大きいMM、ビアンキに移行し、最後はジレラへ。2度、ナショナル・タイトルを獲得し、39年にはヨーロピアン・タイトルを手にした最初のイタリア人となる。四輪に移ったのは戦後のことだった。すでに40歳。オスカ・スポーツ1100で出場したガルダ・サーキットを制覇。パワフルなマセラーティに乗り換え、フランスのレースでアスカーリ、ヴィロレージ、シロンの前からスタートする。しかし、ステアリングの故障でコースを外れ、マシーンは火を放ちながら運河に突っ込む。セラフィーニはマシーンから出ることができたが、気絶し、溺死寸前で助かったのだった。長い治療生活を終えて、50年、フェラーリに入る。アスカーリ、ヴィロレージに続くナンバー3としてバルケッタ・ツーリング195Sでミッレミリアに出場し、2位。トスカーナ・カップとジーロ・ディ・カラブリアで優勝。いっぽう、F1ではイタリアGPで2位に入り、栄光を味わった。51年、スポーツカー選手権に戻ったが、5戦目の出場となったミッレミリアで340アメリカが縁石にぶつかり220km/hでコー

スアウト、重傷を負う。これによってレースから引退。2000年7月、91歳を迎える直前に亡くなった。

Sergio Sighinolfi
セルジョ・シギノルフィ

国籍：イタリア
生年：1925年
在籍期間：1954～1955年

少年時代から自動車のメカニズムに興味を持っていた。父親の会社で、自らの手で改良したマシーンを用いレースを始める。その後、モデナのコンストラクターであるスタンゲリーニの小さな2シーターへ。闘争心の強いドライバーとして知られるようになるが、同時にマシーンをコントロールする術も弁えていた。彼のマシーンは、いつもスタンゲリーニだった。ミッレミリアでは、フータ峠で縁石にぶつかるまでは、このクラスでトップを行った。48年、スポーツ・クラス1100でナショナル・タイトルを獲得。この成功がマルツォット兄弟のチームへの扉を開いた。このチームのフェラーリ・スポーツ166F2で、50年代初頭、多くのレースに出場し、活躍した。ワークス・フェラーリでの最初のレースは、52年のモデナGPだった。アルベルト・アスカーリとともに3位入賞。ドライバーというよりメカニックのごとく技術を理解していることが、皆の印象に残る。フェラーリはコンペティションカーのテストを彼に委ねる。レースにも出場させた（6気筒の118LMで55年のミッレミリアに出場、6位）。シギノルフィは、まだ開発中だったベルリネッタのテスト中にマラネロ近郊で亡くなる。56年9月6日のことだった。

André Simon
アンドレ・シモン

国籍：フランス
生誕地：パリ
生年月日：1920年1月5日
在籍期間：1952～1956年

折衷派ドライバー。20年にわたってさまざまなマシーンでレース出場、この時代には当たり前のことだったのだが、彼もまたプライベートでの出場が多かった。52年、ワークスのフェラーリ500F2に乗り、ブレムガルテンで行なわれたタイトル戦のスイスGP（リタイア）に出場。モンツァのイタリアGPでは、優勝したアルベルト・アスカーリから1周遅れで6位に入った。この年、アスカーリとフランスのコミンジュGPで優勝を分けあう。モンツァGPの2位でこの年は終了。ルイジ・キネッティの340アメリカを駆り、（ヴィンチェンティと組み）ルマン24時間では5位。55年にはマセラーティでアルビGPを走り優勝。トゥーリスト・トロフィー（モスが優勝）では3位に入った。マシーンはメルセデス300SLR、パートナーを組んだのはヴォルフガング・フォン・トリップスとカール・クリングだった。56年、フェラーリのマシーンに戻る。625LMでルマン24時間に出場（フィル・ヒルと組んだが、4位をキープしながらもリタイア）。イタリアGPでは9位になった。このときのマシーンはゴルディーニ。再びモンツァ・サーキットで、8年後の64年、250km/hで走行中にクラッシュするものの（タイアのバーストが原因）、奇跡的に助かる。5ℓのマセラーティをテスト中の出来事だった。

Raymond Sommer
レイモン・ソマー

国籍：フランス
生誕地：パリ
生年月日：1906年8月31日
在籍期間：1947～1950年

47年、コンストラクターとしてデビューするにあたり、12気筒の採用をエンツォ・フェラーリに提言したドライバーである。このエンジンの音に魅了されていたのだ。繊維業を営む実業家の息子。その戦いぶりから"ハート・オブ・ライオン"と呼ばれたソマーは、若くしてレースを始める。28年のことだった。白いヘルメットにシルクのスカーフというそのスタイルで知られる彼は、2度の勝利で有名になる。32年にルイジ・キネッティと組み、アルファ・ロメオ8C2300で出場したルマン24時間、翌年、今度はタツィオ・ヌヴォラーリと組んだ、これもルマンでのことである。フェラーリ159SC（コンペティション・スポーツ）では47年、バレンティノ・サーキットで行なわれたトリノGPで優勝。デビューしたばかりの166F2ではランスとフィレンツェで2度、優勝した。この年の秋、初めてフェラーリでグランプリに出場。トリノで行なわれたイタリアGPでマシーンは125、3位となった。次のグランプリが開催されたモンツァでは7周目にリタイア、非常に珍しい例だが、喘息の発作が原因だった。50年、フランスのサーキットでクーパーをドライビング中に事故死を遂げた。

Antonio Stagnoli
アントニオ・スタニョーリ

国籍：イタリア
生誕地：ブレシア
生年月日：1919年6月1日
在籍期間：1951年

フェラーリの得意客、高い能力を持つプライベート・ドライバー。スタニョーリがフェラーリに在籍したのは1シーズンのみである。50年のモンツァで開かれたインターヨーロッパ杯で総合2位と、セニガリア・サーキットで自ら購入した166MMのステアリングを握って優勝したことで、フェラーリ入りすることになった。この166MMはザガートで"ベルリネッタ・パノラミカ"として製作され、その後、コンペティション用のバルケッタとなったのだが、意味ある優勝という点ではフェラーリでプライベート出場したレース、モナコGPを語らないわけにはいかない。マシーンは225Sスパイダー、ビオンデッティと組み（ヴィットリオ・マルツォットとエウジェニオ・カステロッティに続く）3位入賞。翌年もまたプライベート・ドライバーとして、ジョゼッペ・スコトゥッツィと組み、375MMでパナメリカーナに出場。第2ステージでタイアがバーストし、マシーンはコースアウトして火を噴く。スタニョーリはひどい火傷を負い、翌日の夜に息を引き取った。第4ステージではフェリーチェ・ボネッティが亡くなる。ランチアでトップを走っているときのことだった。

Bruno Sterzi
ブルーノ・ステルツィ

国籍：イタリア
生誕地：ノヴァーラ
生年：1922年
在籍期間：1948年

ブルーノ・ステルツィ伯爵。ミラノで育つ。フェラーリの最初のクライアント・ドライバーのひとり。スクーデリア・インテルの共同運営者だった彼は、フェラーリの活動を広げるうえで重要な役割を果たした。47年終わり、ますますグランプリに力を入れるフェラーリはインテルに166のようなスポーツカー選手権のマシーンを託す。なかでもレースに適した2シーターの166SCは、わずかな改良でレースに出場できることもあって（フェンダーやライトの追加のみ）、インテルからサーキットまで、さまざまなコンペティションに出場することになったのだった。ステルツィ自身も出場して多くの活躍が見られた。48年はヴェルチェッリ、ペスカーラ、ガルダ・サーキットで、125F1のニーノ・ファリーナに続く2位。49年、モンツァでの第1回インターヨーロッパ杯（クーペ・ツーリング166スポーツ）と、アングレイム、エクスレバン（プライベートの166F2）で勝利するが、その後、ステルツィはガルダ・サーキットで事故、ケガによって52年までレースから離れる。戻ってきた年に、212エクスポート・ヴィニャーレでトスカーナ杯、再びインターヨーロッパ杯で入賞。225Sでは初のボローニャ・メンドラ・ヒルクライムで優勝している。80年、ミラノで死亡。家族の名前が付いた、有名な区域にある倉庫の火事が原因だった。

Jackie Stewart
ジャッキー・スチュワート

国籍：スコットランド
生誕地：ミルトン
生年月日：1939年6月11日
在籍期間：1967年

ジム・クラークと同じスコットランド人。少年時代、トラップ射撃でチャンピオンとなった彼は、24歳から34歳まで9年間、F1に参戦。タイトル戦の99戦に出場、3度のドライバーズ・タイトル獲得する（69/71年と引退する73年）。27勝（クラークより2度多い）、11回の2位、5回の3位。F1では、BRM、マトラ、マーチ、ティレルで走り、フェラーリはなし。正確なドライビングが要求されるF1とは正反対の耐久レースでも、スチュワートはその才能を示した。65年、ローバーBRMでルマン24時間に出場（10位）。67年には330P4でクリス・エイモンとブランズハッチ500マイルに出場して2位。マラネロにタイトルをもたらした。フェラーリは彼に敬意を評したが、手放しの敬意ではなかった。もちろん"天才チャンピオン"とわかってはいたが、「リスクにも細心の注意を払って計算する会計士」というのがエンツォの評価だった。

John Surtees
ジョン・サーティース

国籍：イギリス
生誕地：タッツフィールド
生年月日：1934年2月11日
在籍期間：1963～1966年
　　　　／1970年

1964年F1ドライバーズ・チャンピオン

1963年ドイツGP（156）
1964年ドイツGP（158）
1964年イタリアGP（158）
1966年ベルギーGP（312）

モーターサークルの元チャンピオンが四輪でもF1でタイトルを手にした、今のところ唯一の例。"風の申し子""ビッグ・ジョン"と呼ばれたサーティースは、イタリアのモーターサイクル、MVアグスタで7度のタイトルを獲得。四輪に移行したのは60年、26歳のときだった。この年、さっそくF1を走る。62年には非常に速いローラで、タイトル戦2位に入る。これにより63年、フェラーリへ。グランプリ初勝利はニュルブルクリンクだった。マシーンは156。250Pで耐久レースでも活躍（セブリングとニュルブルクリンク）。64年、156は158となり2気筒増え、戦闘力が高まった。このマシーンで2度の勝利。いつものニュルブルクリンクとモンツァだった。"ビッグ・ジョン"はグレアム・ヒル（BRM）に1ポイント差でチャンピオンを獲得する。翌年のF1は振るわなかった（330P2ではニュルブルクリンクで勝利）。翌66年は、新しい3ℓの312でタイトルをものにすることは確実なはずだった。しかし、サーティースはモンツァ1000kmでの勝利後（マシーンは330P3）、ベルギーGPでフェラーリを離れ、パワーの点ではフェラーリを下回ったクーパー・マセラティに入る。このマシーンで、いずれにせよメキシコGPを制覇したのだが。この年、ローラ-シボレーでCan-Amに出場し、入賞している。翌年、今度はホンダで驚きの優勝、イタリアGPだった。これが彼にとって7度目のF1での勝利だったが、最後となった（111戦に出場）。ホンダのあと、BRM、マクラーレンで走り、70年、フェラーリに戻ってくる。耐久レースで少し走ったあと、自らコンストラクターとなった。サーティースのことは他の元ライダー同様、エンツォは非常に褒めた。「技術と情熱と清々しさ。ライバルを研究して、サーキットでは細心の注意を払った。マシーンに満足したことはない。なぜならメカニズムにはいつも何かしら新しい発見があることを知っていたからだ」

T

Patrick Tambay
パトリック・タンベイ

国籍：フランス
生誕地：パリ
生年月日：1949年6月25日
在籍期間：1982～1983年

●フェラーリでの優勝グランプリ
1982年ドイツGP（126C2）
1983年サンマリノGP（126C2）

フェラーリが彼を召集したのは82年。ジル・ヴィルヌーヴを失い、チームがショックを受けていた時だった。当時タンベイ、33歳であった。彼はパリの裕福な家庭に生まれる。Can-Amで2度チャンピオンとなった彼は（77／80年）、豊富な経験を持っていたものの、F1にはそれほど情熱を持っていたわけではない。エンサイン、マクラーレン、セオドール、リジェ・マトラ（4位が最高）で77年から49戦に出場すると、1年間活動を停止。「興味がないようだった」とエンツォは言う。しかし彼はタンベイの能力に注目していた。「我々のチームは彼の人間性とテクニックによって再び目覚める。勝てるドライバーであることを示してくれるだろう。正直なプロフェッショナル、パリ版ロイテマン」 あの、呪われた82年のシーズン。27番は栄光を運んだヴィルヌーヴのカーナンバーだった。タンベイはディディエが使うカーナンバー28をイギリスとフランスで影のように追った（ターボエンジンの126C2で3位と4位）。ドイツでタンベイはフェラーリの名誉を取り戻す。F1初勝利。モンツァでは2位でゴール。しかしシーズン終わり、首の故障でペースダウン。83年、アルヌーとコンビを組み、イモラで再び勝利する。観衆はフェラーリと、そして27番に惜しみない拍手を送った。さらに2位を2度獲得（C2でベルギー、新しい126C3でオランダ）、タイトル戦で4位に入った。フェラーリを離れたのちも、3年間ルノーとローラで走り続けたが（トータルで114戦に出場）、勝利することはできなかった。

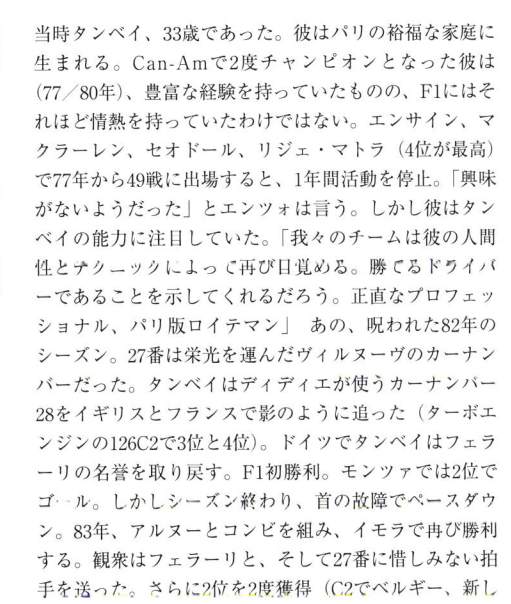

Piero Taruffi
ピエロ・タルフィ

国籍：イタリア
生誕地：ローマ
生年月日：1906年10月12日
在籍期間：1949年
　　　　／1951～1952年
　　　　／1954～1955年／1957年

●フェラーリでの優勝グランプリ
1952年スイスGP（500F2）

大学でエンジニアリングを専攻した、この時代としてはかなり異色なドライバー。勘より理論でドライブした。他のドライバーのように、マシーンに限界以上ものを求めるのではなく、技術的理論に基き、限界までを使いきったドライビングが彼の特徴だった。いずれにしても結果を見るかぎり、この戦略は効果的だったといえる。タルフィは長く多なキャリアを持つドライバーだった。27歳でモーターサイクル、スポーツカー、シングルシーター（4度のナショナル・タイトルを持つ）から、なんと彼自身が設計したマシーンにまで乗っていた。このマシーンはタルフィI、タルフィIIといい、多くの記録を生み出した。マセラティからランチアまで、アルファ・ロメオからメルセデスまで、あらゆるマシーンをカバーする高い適応力があり、フェラーリのステアリングを握っても、この適応性が発揮された。51年のカレラ・パナメリカーナで優勝。マシーンは212。52年、スイスGPでは500F2を駆って優勝（この年はファリーナ、アスカーリに続いてタイトル戦3位）。55年のジーロ・ディ・シチリア（マシーンは6気筒の118LM）、57年のミッレミリア（マシーンはエンツォ・フェラーリから提供された12気筒の315S）、双方とも優勝を飾った。悲劇として記憶される事故が起きたこのミッレミリアは、タルフィにとっては13回目の出場だったが、年齢もあってこれが最後となった。"シルバー・フォックス"（レースでの巧みな戦略とシルバーグレーの髪の色からこう呼ばれた）は妻のイザベッラとの約束でレースから引退。88年1月、80歳で亡くなった。

Maurice Trintignant
モーリス・トランティニアン

国籍：フランス
生誕地：ヴォウクルーズ
生年月日：1917年10月30日
在籍期間：1954年／1957年

●フェラーリでの優勝グランプリ
1955年モナコGP（625）

ウィミーユ、ベーラ、トランティニアンの3人を、エンツォ・フェラーリは「フランスが生んだエースのなかのエース」と評した。ブドウ栽培を手広く行なう家庭に生まれ、30年代終わりにレース・デビュー。ゴルディーニで活躍したのち、54年、フェラーリへ。625でノンタイトル戦（ブエノス・アイレスとルーアン）、375プラスでフロイラン・ゴンザレスと組んで出場したルマン24時間を制覇。55年には再び（マシーンは625）、ファンジオとモスのメルセデスがリタイアし、アスカーリがマシーンごと海に突っ込んだモナコGPで勝利。2年連続でチャンピオンシップ4位。翌年はフィル・ヒルと組んで出場したスウェーデンのレースで290MMを駆って優勝。スポーツカー選手権でのタイトルをマラネロにもたらす。57年、156F2で出場したコッパ・ランスで優勝するものの、グランプリには3度出場しただけだった。フェラーリを離れ、クーパーへ。再びモナコGPでムッソとコリンズのフェラーリと戦い、優勝をものにする（これがF1での最後の勝利となった）。65年引退、50歳を目前にしていた。82戦に出場、ギ・リジェと組んで出場した、自身最後のルマンで乗ったのはフォードGT40だった。

Wolfgang von Trips
ヴォルフガング・フォン・トリップス

国籍：ドイツ
生誕地：ケルン
生年月日：1928年5月4日
在籍期間：1956～1961年

●フェラーリでの優勝グランプリ
1961年オランダGP（156）
1961年イギリスGP（156）

「彼の人生同様、トリップスのドライビングはジェントルマンのそれだった」とエンツォは回想する。「飛びぬけて速いドライバー。どんなときにも大胆だった」「どんな状況でも微笑みを絶やさなかったが、その微笑みにはどこか悲しさが漂っていた」 裕福な男爵家のひとり息子、ヴォルフガング・グラフ・ベルゲ・フォン・トリップス（誰もが親しみをこめてタフィーと呼んだ）。スポーツが好きで、54年にレース・デビュー。最初のマシーンはポルシェだったが、両親に反対されていたため、"アクセル・リンゼー"という偽名で走った。ミッレミリアでクラス優勝。翌年、メルセデスに移り、ナショナル・チャンピオンとなる。フェラーリに入り、F1（イタリアとフランスで3位）とスポーツカー選手権の両方でその存在が注目されるようになったのは、57／58年だった。ポルシェで短期間走るが、60年から再びフェラーリへ。F2で2度の優勝（フロントエンジンの156で出場したシラクサとリアエンジン・バージョンで出場したソリテュードGP）、その他、数多くの入賞を果たした。翌年は最高の年。タルガ・フロリオで優勝（オリヴィエ・ジャンドビアンと組む。マシーンは246SP）、1.5ℓの新しい

シングルシーターでオランダとイギリスを制覇。ベルギーとドイツでは2位になった。モナコは4位。9月10日の時点ではタイトル戦のトップにいた。モンツァのイタリアGPではポールポジションでスタート。2周目、パラボリカ・コーナーのブレーキングでジム・クラークのロータスに追突。マシーンは宙を舞い、フェンスにぶつかった。これによって15人の観客が死亡。マシーンから放り出されたタフィーはサーキットの上で息を引き取った。

V

Nino Vaccarella
ニーノ・ヴァッカレッラ

国籍：イタリア
生誕地：パレルモ
生年月日：1933年3月4日
在籍期間：1963～1965年／1970年

プロフェッサー、パレルモの高校の校長。24歳のとき、プライベート・ドライバーとして地元シチリアのヒルクライム・レースでデビューを飾り、瞬く間にロードレースとヒルクライムのスペシャリストとなる。「ドライバー体質」と、エンツォは彼を評価した。一見おとなしく堅物だが、「中身は熱く、レースでは情熱の塊になる」。63年、フェラーリから招聘される。スポーツカー選手権、グラントゥリズモのほか、F1でも3戦を走った経験を持っていた（デ・トマゾ、ポルシェ、ロータス）。フェラーリのワークス・ドライバーとしての最初のシーズンは不運に見舞われた。ニュルブルクリンク1000kmで怪我を負い、レースから離れることを余儀なくされる。64年、レースに復帰し、勝利。マシーンは275Pだった。ルドヴィコ・スカルフィオッティと組んだニュルブルクリンクでのレースである。ジャン・ギシェと組んだミッレミリアも制覇。翌年はロレンツォ・バンディーニと275P2で出場したタルガ・フローリオで優勝。4度目、そして最後のF1にモンツァで出場した（マシーンは158、故障でリタイア）。その後、数年間"校長ドライバー"はフェラーリを離れ、アルファ・ロメオで走るようになる。70年、再びフェラーリへ。イグナツィオ・ギュンティ、マリオ・アンドレッティとチームを組み、セブリング12時間を512Sで走り優勝。アルファ・ロメオで出場したタルガ・フローリオで2度優勝（71／75年）。その後、活躍は次第に減り、引退した。

Gilles Villeneuve
ジル・ヴィルヌーヴ

国籍：カナダ
生誕地：ケベック
生年月日：1950年1月18日
在籍期間：1977～1982年

●フェラーリでの優勝グランプリ
1978年カナダGP（312T3）
1979年南アフリカGP（312T4）
1979年西アメリカGP（312T4）
1979年東アメリカGP（312T4）
1981年モナコGP（126CK）
1981年スペインGP（126CK）

17歳でスノーバイク・モトスリットのカナダ・チャンピオン。レース・デビューは23歳のときだったが、まさにスノーバイクと同じで、恐怖に怯まないドライバーだった。エンツォに注目されるようになるのは彼の宿命だったのだろう。「77年にシルヴァーストーンで、マクラーレンに乗ってF1にデビューしたときから見ていた。彼を獲ろうとすぐに決めた」 ヴィルヌーヴの天才的な能力は周りが慄くほどだったが、同時に誰もが熱狂的なファンになった。マクラーレンで走った初戦以降、66戦のF1レースに出場したが、マシーンはすべてフェラーリだった。最初の勝利は78年、自国での優勝だった。79年は3度。チャンピオンシップで彼の上にいるのは、チームメイトのジョディ・シェクターだけだった。81年、最後の2勝はターボエンジンのマシーンを駆ってのもの。飛行機乗りと呼ばれたが、これは彼の事故の多さを指すものではなかった。事故でマシーンが飛ぶ様子がスペクタクルだったからだ。まっすぐに飛んで、そして逆さまになった。「頭がちょっとおかしいという声もあったが、大衆は彼をどのドライバーより愛した。ギアやブレーキやクラッチをばら撒きながらドライビングする破壊的な大胆さだったが、それでも彼は勝つために何をすべきかを教えてくれた」 82年5月8日、ベルギーのサーキット、ゾルダーで、ジル・ヴィルヌーヴは300km/hで走行中にヨッヘン・マスのマーチにぶつかり、伝説となるカーナンバー27のフェラーリでまたしても宙を舞った。そして、これが最後の飛行となった。

Luigi Villoresi
ルイジ・ヴィロレージ

国籍：イタリア
生誕地：ミラノ
生年月日：1909年5月16日
在籍期間：1949～1953年

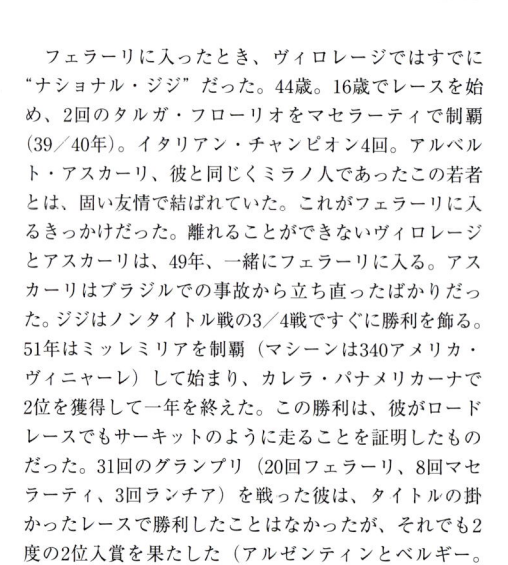

フェラーリに入ったとき、ヴィロレージではすでに"ナショナル・ジジ"だった。44歳。16歳でレースを始め、2回のタルガ・フローリオをマセラーティで制覇（39／40年）。イタリアン・チャンピオン4回。アルベルト・アスカーリ、彼と同じくミラノ人であったこの若者とは、固い友情で結ばれていた。これがフェラーリに入るきっかけだった。離れることができないヴィロレージとアスカーリは、49年、一緒にフェラーリに入る。アスカーリはブラジルでの事故から立ち直ったばかりだった。ジジはノンタイトル戦の3/4戦ですぐに勝利を飾る。51年はミッレミリアを制覇（マシーンは340アメリカ・ヴィニャーレ）して始まり、カレラ・パナメリカーナで2位を獲得して一年を終えた。この勝利は、彼がロードレースでもサーキットのように走ることを証明したものだった。31回のグランプリ（20回フェラーリ、8回マセラーティ、3回ランチア）を戦った彼は、タイトルの掛かったレースで勝利したことはなかったが、それでも2度の2位入賞を果たした（アルゼンティンとベルギー。マシーンは500F2）。3位は6回。エンツォは「スタイルと勇気では間違いなくチャンピオンだ」と褒めた。他のドライバーが苦手だったマシーンを最大限に使う術を知っていた。アスカーリとともに、ヴィロレージはフェラーリを離れる。向かった先はランチアで54年のことだった。4年後、引退。アウレリアGTでアクロポリスのラリーを制覇したのが最後のレースになった。97年8月、80歳で亡くなる。モデナで人生を終えたのだった。

W

Jonathan Williams
ジョナサン・ウィリアムズ

国籍：イギリス
生誕地：カイロ／エジプト
生年月日：1942年10月26日
在籍期間：1967年

金髪のイギリス人はF3からやってきた。イタリアには66年到着、ローマのコンストラクター、ジーノ・デ・サンクティスのワークス・ドライバーになるためだった。すぐに注目されるようになるのだが、それは結果や、マシーンの戦闘力を高める能力ばかりでなく、レース運びが独特だったからである。先頭集団にいるときは最終ラップまで落ち着いている。そしてゴールぎりぎりで追い越すのだ。67年、フェラーリにテストドライバーとして入る。ルーアンでデビュー、マシーンはディーノ166F2だった。シーズン最後となるメキシコGPでは"テスト"のために難しい312が託され、8位でレースを終える。しかしこのテストがエンツォには不満だった。1ℓのF3で見せたときと同じ熟練した技術で、3ℓのF1の大パワーをコントロールするレベルにないと判断したのだ。翌年、ウィリアムズはアバルトで走る。F2のスポーツカー選手権をテクノとブラバムで走り（68年まで3年連続でモンツァのロトGPを制覇）、その後デ・トマゾのF1のテストを任されるようになる。飛行機のパイロットになるため、72年に引退。

フェラーリF1のエンジニア

B

John Barnard
ジョン・バーナード

国籍：イギリス
生誕地：ロンドン
生年：1948年
役職：設計者
在籍期間：1987～1989年
／1993～1997年初め

メカニカル・エンジニアリングを専攻した彼が、ランプの小さな電球工場で働くことは運命ではなかったのだろう。32歳ですでにマクラーレンの開発責任者となる。80年から86年まで、F1において"天才"の称号をほしいままにした（この時期、彼のマシーンは28戦で勝利）。ワンマンで完璧主義者。バーナードは、ライバルたちが競争力を維持するためには採用せざるをえないと考えるような、重要な技術革新を生みだした。カーボン・モノコック（81年のマクラーレンMP4）、セミオートマチック・トランスミッション（89年のフェラーリ640）などである。エンツォ・フェラーリは87年に彼をマラネロに呼ぶ。予想に反して、フェラーリはバーナードのイギリスを離れないという要求を聞き入れ、アドバンスド・テクノロジー・センターGTOをギルフォードに建設する。この決定はチームに混乱を招いた。87／88年はグスタフ・ブルナーが行なった設計を手直しするに留まる。彼の設計したF1-89が登場するのは89年（エンジンのプロジェクト・ナンバーが640）。マンセルとベルガーが駆り3戦で勝利するが、まだ熟成が必要だった。しかし、この年の暮れ、チーム内部の軋轢がエスカレートし、バーナードはフェラーリを辞め、ベネトンへ移籍。そして93年、再びフェラーリに戻ってくる。シャルフォードに今度はFDD（フェラーリ・デザイン・ディベロップメント）を立ち上げる。ここでジョージ・リトンとともに93年のF93Aを設計。その後、94年の412T1から97年のF310Bまで、カヴァリーノのシングルシーターを設計した。最後のマシーンの冬のテストをもって、バーナードの契約は満期を待たずに打ち切りとなる。彼の心だけが、永久にマラネロに残ることになった。

Giotto Bizzarrini
ジオット・ビッザリーニ

国籍：イタリア
生誕地：リヴォルノ
生年：1926年
役職：設計者
在籍期間：1957～1961年

エンジニアリングの分野で博士号を取得後、ピサ大学で教鞭を振るったが、自動車工学への思いを断ちきれず、アルファ・ロメオに入社。3年後の57年、フェラーリへ。担当はスポーツカー選手権用マシーンとグラントゥリズモの開発、カルロ・キティらとともに働くことになったのだった。最初の仕事は12気筒3ℓの250テスタロッサの開発だったが、その後、250GTベルリネッタを受け持ち、続いて伝説のマシーン、勝利のGTO（親しみをこめて"アヒル"と呼ばれたが、この愛称は彼がデザインしたリアのスタイルから付けられたものだった）を担当。エンジンはこれも12気筒3ℓだった。GTOのプロジェクト終了後、61年、キティとともにフェラーリを離れる。数年後、エンジン設計（ランボルギーニの3.5ℓ12気筒を設計）とグラントゥリズモを設計する会社（ビッザリーニGTストラーダとGTヨーロッパ）を立ち上げるが、成功には至らなかった。

Ross Brawn
ロス・ブラウン

国籍：イギリス
生誕地：マンチェスター
生年：1954年
役職：テクニカル・ディレクター
在籍期間：1996年～

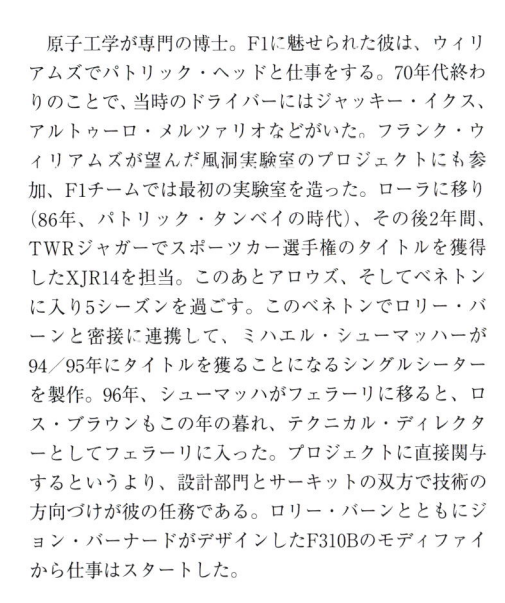

原子工学が専門の博士。F1に魅せられた彼は、ウィリアムズでパトリック・ヘッドと仕事をする。70年代終わりのことで、当時のドライバーにはジャッキー・イクス、アルトゥーロ・メルツァリオなどがいた。フランク・ウィリアムズが望んだ風洞実験室のプロジェクトにも参加、F1チームでは最初の実験室を造った。ローラに移り（86年、パトリック・タンベイの時代）、その後2年間、TWRジャガーでスポーツカー選手権のタイトルを獲得したXJR14を担当。このあとアロウズ、そしてベネトンに入り5シーズンを過ごす。このベネトンでロリー・バーンと密接に連携して、ミハエル・シューマッハーが94／95年にタイトルを獲ることになるシングルシーターを製作。96年、シューマッハがフェラーリに移ると、ロス・ブラウンもこの年の暮れ、テクニカル・ディレクターとしてフェラーリに入った。プロジェクトに直接関与するというより、設計部門とサーキットの双方で技術の方向づけが彼の任務である。ロリー・バーンとともにジョン・バーナードがデザインしたF310Bのモディファイから仕事はスタートした。

Gustav Brunner
グスタフ・ブルナー

国籍：オーストリア
生誕地：グラーツ
生年月日：1950年9月12日
役職：設計者
在籍期間：1986～1987年
／1993～1997年

メカニカル・エンジニア。彼のキャリアは20歳頃のマイナー・カテゴリー（フォーミュラVee、F3）で設計者としてスタート。78年、ドイツの軽合金ホイールメーカーのオーナーであるギンザー・シュミットが立ち上げた若いチーム、ATSに入る。ブルナーはコンペティションカーの設計者としての多才な才能を発揮し、チームを強くした。その後、マウラー、アロウズ、ユーロレーシング、アルファ・ロメオ、ラム、リアル、ザックスピード、レイトンハウス、マーチに在籍、イタリアのチームではほかにミナルディに2回とフェラーリを経験している。最初のフェラーリ在籍時代は（86／87年）、北米カートのチャピオンシップ用シングルシーターを担当したが、このマシーンがレースに出ることはなかった。もう1台はハーヴェイ・ポスルズウェイトと行なったF1-87。このシングルシーターは（ゲルハルト・ベルガーが乗って）日本とオーストリアで勝利した。この時期、フェラーリにジョン・バーナードがやってくる。彼と仕事をすることは難しく、87年8月、マラネロを離れ、3度目のリターンとなるシュミットに戻った。ここでリアル製作。その後のキャリアは、93年から97年まで再び在籍したフェラーリも含めて、あまり輝かしいものではない。フェラーリのあとは3年半、ミナルディで仕事をした。2001年5月からはF1に挑戦するトヨタに在籍している。

Giuseppe Busso
ジョゼッペ・ブッソ

国籍：イタリア
生誕地：トリノ
生年：1913年
役職：設計者
在籍期間：1946～1947年

工学が専門のブッソは24歳のとき、フィアットの航空エンジンを手掛け、39年から46年まではアルファ・ロメオに在籍。これが設計者としてのスタートだった。46年6月、ジョアキーノ・コロンボがフェラーリに彼の採用を提言。マラネロでのブッソは2ステージ方式のコンプレッサー付き1500cc12気筒エンジン搭載のシングルシーターと、ド・ディオン式リアアクスルなど、いくつかのプロジェクトを手掛けることになるのだが、次第に仕事はコロンボが設計した125Sの仕上げへと集中していく。47年8月、カヴァリエーレ・バッツィが亡くなったことで、ブッソが実験部門から製作に至るまですべての責任を負うことになった。125Sは159Sとなり、47年10月12日完成。レイモン・ソマーがトリノのグランプリでこのシングルシーターに乗り、ブッソの重要なキャリアとなる成功を収めたのだった。フェラーリはブッソについて66年、情熱に取り憑かれた天才と記している。ブッソにとって、このときのマラネロの嵐のような経験は決定的なものとなる。48年にはアルファ・ロメオに戻り、77年まで籍を置いたが、そのマラネロでの経験が、90年代までのアルファ・ロメオのすべての技術を設計する支えとなったのだった。

Rory Byrne
ロリー・バーン

国籍：南アフリカ
生誕地：ヨハネスブルグ
生年：1944年
役職：設計者
在籍期間：1997年2月～

コンペティションカーの設計者として、彼には仰ぐ師もなく、属する場もなく、まったくひとりでシングルシーターを設計するというすばらしい経験を持つ。両親はアイルランド出身だが、彼自身は南アフリカで生まれ育った。薬学で博士号を取得したのち、プラスチック素材を扱う企業に入るが、彼のレースへの情熱は膨らむばかりだった。自分で製作したマシーンでグラントゥリズモのレースに出場するも、技術方面を手掛けることを好むようになる。67年、会社を辞め、パーツ輸入とコンペティションカーのエンジンを製造販売する会社を立ち上げる。5年後、フォーミュラ・フォード用のマシーンが完成、成功する。これによって77年、トールマンからロワイヤルの設計を依頼され、彼はすべてを売却してイギリスに移る決心を固めた。ここでハートのエンジンを積んだF2のシングルシーター、TG280を完成させる。80年、ブライアン・ヘントンによってこのマシーンがデビュー。その後、F1へ。ロリー・バーンはトールマンと一緒に仕事を始めるが、このふたりがのちにベネトンを立ち上げることになる。バーンは特にエアロダイナミクスに強く、効果的ですぐに実現できる工夫を編み出した。ベネトンでは彼の"火山"が効果を発揮、94／95年にミハエル・シューマッハーによってチャンピオンシップを獲得する。96年の終わりに一度引退。タイでスキューバ

このリストは1947年から今日までのF1の設計者を集めたものである。そのため、クラウディオ・ロンバルディやパオロ・マルティネッリ（2000年のタイトルを獲得したV10エンジンの製作エンジニア）といったエンジンのスペシャリストは含まれていない。

ー・ダイビング（彼の第二の情熱的関心事）のスクールを始めたが、97年初め、バーナードが退いたフェラーリから呼ばれる。（ロス・ブラウンがスーパーバイザーを務める）開発部門で98年のマラネロのシングルシーターとなるF300を担当することが彼の任務だった。これ以降、彼の手掛けたマシーンによって、99年から2004年まで、フェラーリに6つのコンストラクターズ・タイトルがもたらされることになる。

C

Carlo Chiti
カルロ・キティ

国籍：イタリア
生誕地：ピストイア
生年：1924年
役職：設計者
在籍期間：1957～1961年

ピサで航空エンジニアリングの博士号を取得、アルファ・ロメオのレース部門に入る。57年、フェラーリへ。ディーノF1の試乗中に亡くなったエンジニア、フラスケッティに代わって設計部門を統率することになる。カルロ・キティはテクニカル・イノベーションの大家だった（我慢が足りず、時に仕事を放り投げることもあったが）。彼の在籍中、生産台数は年間300台まで増加。58年、マイク・ホーソーンが6気筒の246F1でタイトルを獲得。キティは徐々にリーフ状スプリングに代えてコイルスプリング式リアサスペンション、またレバー式のウダイユに代えてコニのモダーンなテレスコピック・ダンパーを採用するようになる。ディスクブレーキ、全輪独立サスペンションといった具合に次々と技術革新を実施。なにより彼が行なった改革で際立つのは、6気筒エンジンをマシーンにミドシップしたことだった。60年と61年の246PF1、156F2、156F1——、現在では完成の域に達した、またすべてのチームが採用するスポイラーの装着を決定したのも彼。成績はスポーツカー選手権で3タイトル（58／60／61年）を獲得、フィル・ヒルがドライバーズ・チャンピオンシップで優勝、マシーンは156F1（61年）だった。61年の活躍ののち、キティの、感情の起伏が激しいその性格によって、ほかの技術者とともにフェラーリを解雇される。その後、20年にわたってアルファ・ロメオのスポーツ部門であるアウトデルタを率いた。94年、ミラノで死去。

Gioachino Colombo
ジョアキーノ・コロンボ

国籍：イタリア
生誕地：ミラノ
生年：1903年
役職：設計者
在籍期間：1945～1951年

14歳ですでにテクニカル・ディレクターの才能を開花させる。21歳のとき、スーパーチャージャーのアイデアを競うコンクールで優勝し、アルファ・ロメオ入社。37年、スクーデリア・フェラーリはアルファ・ロメオのレーシング部門から離れたのだが、当時シングルシーターの女王だった1500cc8気筒のスーパーチャージャー付き158を開発したコロンボを、戦後、フェラーリはマラネロに呼ぶ。コロンボが自らの名を冠したマシーンを造る決心をしたときだった。12気筒の開発を依頼されるが、コロンボはこの話におおいに魅了される。45年8月15日、1.5ℓ60度V12のデザインが完成する。彼が生まれたレニャーノの近く、カステランツァにある姉の家の庭、木の下でこれを見せたのだった。このエンジンを積んだ125Sを、フェラーリは47年5月のレースに運びこむ。そして、このクルマを2ℓ弱にチューンナップしたエンジンを搭載したのが159Sだった。1年半後、48年9月5日、グランプリ用の初のフェラーリ、125F1が完成する。スーパーチャージャー付き1500ccV12エンジンを搭載し、サーキット・デビューを飾った。51年、コロンボはフェラーリを去る。アルファ・ロメオに戻り、その後、マセラーティで2ℓと2.5ℓの6気筒エンジンを設計した（これで57年にファンジオがタイトルを獲得）。87年、死去。

F

Mauro Forghieri
マウロ・フェルギエーリ

国籍：イタリア
生誕地：モデナ
生年：1935年
役職：設計者
在籍期間：1962～1984年

ボローニャ大学でメカニカル・エンジニアリングの博士号を取得後、24歳でフェラーリに入る。61年終わり、カルロ・キティがほかのスタッフとともにフェラーリを去ると、レース部門に残されたのが、この若きエンジニアだった。彼がチーフ・デザイナーとしてレース部門を統率していくことになったが、ここでの仕事ぶりが認められて69年、ディレクターに昇進。34歳のときだった。決定力、妥協を知らない頑固さ、仕事への情熱から"フーリー"と呼ばれた。彼は20年にわたってフェラーリの技術史の中心として活躍。彼の仕事は4タイトルの獲得に結びついている（64年／ジョン・サーティース／158、75年／ニキ・ラウダ／312T、77年／再びラウダ／312T2、79年／ジョディ・シェクター／312T4）。7回のコンストラクターズ・タイトル、合計54戦。スポーツカー・カテゴリーでも5度にわたるタイトル獲得に貢献した。フォルギエーリが設計した最後のF1マシーンは126CKターボである。このマシーンには81年、ジル・ヴィルヌーヴとディディエ・ピローニが乗った。その後、2年間テクニカル・ディレクターを務めたが、中心となったのは彼の後継者である空力とコンポジット・マテリアルのスペシャリスト、ハーヴェイ・ポスルズウェイトだった。84年の126C4が完成すると、エンツォはフォルギエーリに新しい部門を任せる。開発リサーチ・センターだった。ここで四輪駆動の408の研究を行ない、同時にGTシリーズのさまざまな改良に従事した。

J

Vittorio Jano
ヴィットリオ・ヤーノ

国籍：イタリア
生誕地：トリノ
生年：1891年
役職：テクニカル・アドバイザー
在籍期間：1955～1965年

コンペティション・マシーンの技術史のなかで彼が果たした役割は非常に大きい。ヴィットリオ・ヤーノがフェラーリに入ったのは遅かった。20歳でフィアット入社。彼の名前は804（22年のフランスGP、フェリーチェ・ナッザーロ）、805で知られるようになる。アルファ・ロメオのスポーツ部門の重役だったエンツォは、23年、ヤーノをアルファに呼ぶ。彼はすぐにP2を設計、7年にわたってこのマシーンは活躍した。6C1750は29／30年のミッレミリアを制覇、続いて32／33年には伝説の8C2300が勝利する。アルファ・ロメオを辞めたヤーノが次に手掛けたのはF1のランチアD50。54年のこのマシーンには数々の画期的な技術革新が施された。エンジンはV型8気筒、ローラー・ベアリングによってサポートされるクランクシャフト、リアトレーンに配置した横置きの5段ギアボックス、サイドに配置された燃料タンク——。55年、アルベルト・アスカーリが亡くなったことで、ランチアはレースからの撤退を決め、6台のシングルシーター、D50はフェラーリの手に渡った。このマシーンはフェラーリ-ランチアD50となり（56年、このマシーンでファンジオがタイトルを獲得）、2年にわたって活躍。そして801では、ヤーノはアドバイザーとしてフェラーリに関わるようになった。65年、自殺。

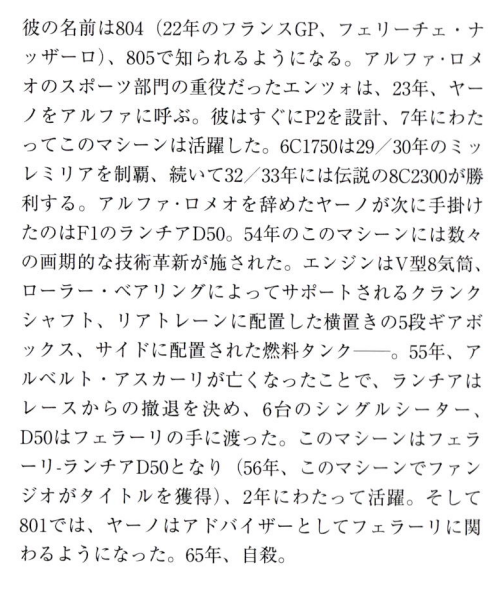

L

Aurelio Lampredi
アウレリオ・ランプレディ

国籍：リヴォルノ
生年：1917年
役職：設計者
在籍期間：1947～1955年

飛行機のエンジン設計で経験を積んだのち、30歳でフェラーリに入社。役職は設計者だったが、テスト部門の責任者も務めた。信頼性と、事前の正確な計算で技術を裏づけることが必要とされる航空エンジンで仕事をした彼は、天才ながらも時に一貫性に欠けるジョアキーノ・コロンボとは対照的だった。コロンボが去ると、新しい4.5ℓV12エンジンと375のシャシーの改良に取り掛かる。375は51年にシルヴァーストーンで、当時無敵と言われたアルフェッタ159を押さえて優勝したマシーンだった。同時にランプレディは52／53年の4気筒2ℓエンジンを搭載した500F2の仕上げに掛かった。このマシーンでアルベルト・アスカーリがタイトルを獲得して神話となったのである。55年、ランチアがレースからの撤退を決めて、ヤーノが設計した8気筒のD50がマラネロに運びこまれた年にフェラーリとの関係は終わる。その後、フィアットに移ってエンジン設計の責任者となった。

M

Alberto Massimino
アルベルト・マッシミーノ

国籍：イタリア
生誕地：トリノ
生年：1895年
役職：設計者／アドバイザー
在籍期間：1952～1975年

イタリア国外でエンジニアリングを学び、フィアットでレーシングマシーンのシャシーを担当、ピエトロ・ボルディーノが駆って27年のモンツァを制覇した806が生まれる。その後、航空エンジンを手掛け、38年に再び自動車界へ。スクーデリア・フェラーリに入った。グランプリ用アルファ・ロメオ158の開発にも携わったが、40年

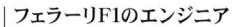

にエンツォとアルファとの関係が終わり、モデナにアウト-アヴィオ・コストルツィオーネを興すと、マッシミーノはエンツォのもとで8気筒の815の製作に取り掛かる。これが有名な"フェラーリでないフェラーリ"で、アルベルト・アスカーリによってミッレミリアに出場したマシーンだった。その後、オフィチーナ・アルフィエーリ・マセラーティの技術部門の重役となるが、エンツォとの友好関係を取り戻し、52年から80歳で亡くなる75年まで、フェラーリのコンサルタントを務めた。

P

Harvey Postlethwaite
ハーヴェイ・ポスルズウェイト

国籍：イギリス
生誕地：ロンドン
生年：1944年
役職：設計者
在籍期間：1982〜1988年
／1992〜1993年

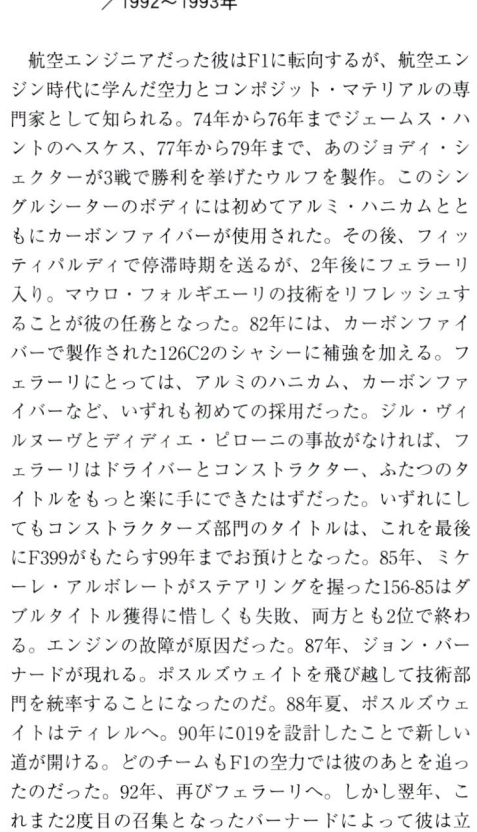

航空エンジニアだった彼はF1に転向するが、航空エンジン時代に学んだ空力とコンポジット・マテリアルの専門家として知られる。74年から76年までジェームス・ハントのヘスケス、77年から79年まで、あのジョディ・シェクターが3戦で勝利を挙げたウルフを製作。このシングルシーターのボディには初めてアルミ・ハニカムとともにカーボンファイバーが使用された。その後、フィッティパルディで停滞時期を送るが、2年後にフェラーリ入り。マウロ・フォルギエーリの技術をリフレッシュすることが彼の任務となった。82年には、カーボンファイバーで製作された126C2のシャシーに補強を加える。フェラーリにとっては、アルミのハニカム、カーボンファイバーなど、いずれも初めての採用だった。ジル・ヴィルヌーヴとディディエ・ピローニの事故がなければ、フェラーリはドライバーとコンストラクター、ふたつのタイトルをもっと楽に手にできたはずだった。いずれにしてもコンストラクターズ部門のタイトルは、これを最後にF399がもたらす99年までお預けとなった。85年、ミケーレ・アルボレートがステアリングを握った156-85はダブルタイトル獲得に惜しくも失敗、両方とも2位で終わる。エンジンの故障が原因だった。87年、ジョン・バーナードが現れる。ポスルズウェイトを飛び越して技術部門を統率することになったのだ。88年夏、ポスルズウェイトはティレルへ。90年に019を設計したことで新しい道が開ける。どのチームもF1の空力では彼のあとを追ったのだった。92年、再びフェラーリへ。しかし翌年、これまた2度目の召集となったバーナードによって彼は立場を失った。99年4月13日、死去。

S

Enrique Scalabroni
エンリケ・スカラブローニ

国籍：アルゼンチン
生誕地：アルタ・グラシア
生年：1949年
役職：設計者
在籍期間：1989〜1991年

ブエノス・アイレスで博士号取得、専門はメカニカル・エンジニアリング。早くからFJのコンペティションカーのデザインを始めており、82年にイタリアに渡る。F3マシーンの製作で知られていたエンジニア、ジャンパオロ・ダラーラに風洞実験室の設計を任される。彼はこの年、パルマ出身の女性と結婚してイタリア定住のベースを作ったが、85年にはイギリスのチーム、ウィリアムズに入り、横置きギアボックス、新しいリアトレーンのプロジェクトと、89年のFW13の開発を手掛けることになった。この年の終わり、フェラーリに呼ばれる。ジョン・バーナードが去り、新しくディレクターとなったエンジニア、ピエールグイド・カステッリが協力者を探していたのだ。こうしてスカラブローニはF1-90を完成させる（プロジェクト・ナンバーは641、641/2）。バーナードのモデルを実にうまく改良してあった。90年、アラン・プロストとナイジェル・マンセルの手でこのマシーンは6戦を制覇（79年以来だった）。プロストはタイトル獲得あと一歩に迫った（タイトルはアイルトン・セナの手に。プロストは2位）。スカラブローニは独立志向の強い人物で、グループで仕事をすることが苦手だった。これによってチームを去る決意を固めたのだった。

索引

ATS ……74
BMW ……220, 225
BRM ……65, 77, 78, 82, 83, 90, 91, 112, 121, 124, 126
CSI（インターナショナル・スポーツ・コミッション）
　……110
FDD（フェラーリ・デザイン・アンド・ディベロップ
　メント）……184
GTOセンター ……164
IHI, ターボ ……163, 166
IMSA ……188, 189, 190
KKK（Kunhle, Kopp und Kausch）, ターボ
　……144, 149, 151, 152, 155, 160, 163
NACAダクト ……146, 163, 173
NART（North American Racing Team）, レーシングチーム
　……84, 91, 92
SEFAC（Societa Esercizio Fabbriche Automobili e
　Corse）……66
TAGポルシェ, エンジン ……154
アーヴァイン, エディ
　……199, 200, 202, 206, 208～210, 212, 259
アーテル ……131
アイルランド, イネス ……78, 259
アウデット, ダニエーレ ……130, 135
アウト-アヴィオ815 ……10, 11, 242
アウト-アヴィオ, コストゥルツィオーニ ……11, 66
アエルマッキ（航空関連企業）……160
アガ・カーン殿下 ……89
アジップ ……148, 180
アスカーリ, アルベルト ……10, 11, 26, 27, 30～32, 33,
　36～38, 40, 41, 43, 45, 46, 48, 51, 253
アスカーリ, アントニオ ……13, 41
アストン・マーティン ……64
アニエッティ, ジャンニ ……65, 99
アバーテ ……77
アバルト, カルロ ……42
アベトーネ ……13
アボット ……39
アメリカ ……99
アメリカGP, インディアナポリス ……212, 225, 232
アメリカGP, デトロイト ……164
アメリカGP, ワトキンス・グレン
　……73, 84, 85, 125～126, 127, 137, 139
アメリカ西GP, ロング・ビーチ
　……130, 132, 133, 137, 139, 142, 149
アランデル, ピーター ……85
アリスン, クリフ ……67, 252
アルゼンティン ……61
アルゼンティンGP ……50, 53, 126
アルゼンティンGP, ブエノス・アイレス
　……41, 101, 207
アルヌー, ルネ ……152～157, 160, 161, 252
アルファ・ロメオ ……10～13, 18, 19, 22, 31, 32, 36
アルファ・ロメオ・ティーポ158アルフェッタ
　……12, 23, 28, 30
アルファ・ロメオ・ティーポ159アルフェッタ ……32, 33
アルボレート, ミケーレ
　……154～156, 157, 160～162, 163, 165, 168, 173, 252
アレージ, ジャン ……178, 179, 181, 184～186, 188～190,
　192, 194, 252
アレマーノ ……19
アンデルストープ4時間 ……192, 199
アンドリュエ, J.C. ……116, 119, 145, 148
アンドレッティ, マリオ
　……109, 110, 112, 115, 116, 119, 134, 136, 148, 252
イギリスGP, シルヴァーストーン ……26, 32, 33, 37, 41,
　46, 47, 53, 61, 74, 176, 207, 209, 225
イギリスGP, ブランズハッチ ……132, 137, 157
イクス, ジャッキー ……100～104, 109, 111, 112, 114, 116,
　118, 119, 121, 122, 259

イス, ジャン-ジャック ……164, 172
イタリア＆ヨーロッパGP ……25, 26
イタリアGP, トリノ ……19, 22
イタリアGP, モンツァ ……28, 30, 32, 33, 37, 41, 45, 51,
　60, 61, 65, 67, 70, 74, 85, 87, 92, 93, 100, 101, 103, 109,
　121, 126, 127, 132, 139, 151, 160, 168, 199, 207, 212,
　225, 230, 232
イモラ300km ……114
イモラ500km ……119
インディアナポリス2時間, IMSA ……188
インディアナポリス500マイル ……37, 38, 165
ヴァッカーリ ……78
ヴァッカレッラ, ニーノ
　……86～88, 91, 97, 109～111, 270
ヴァレーゼ・サーキット ……15
ヴァンウォール ……55, 60, 61
ヴァン・デ・ポール ……192
ヴァンダーヴェル, ベアリング ……13
ウィーン ……127
ヴィジェヴァーノ・サーキット ……15
ヴィニャーレ ……24, 33, 38, 39, 43, 45
ウィミーユ ……19, 22
ウィリアムズ
　……139, 142, 144, 148, 151, 162, 163, 166, 179, 180
ウィリアムズBMW ……212, 218, 220, 225, 230, 232
ウィリアムズ, ジョナサン ……270
ウィリアムズ・フォード ……139, 145
ウィリアムズ・ホンダ ……161, 165
ウィリアムズ・ルノー
　……173, 185, 188, 192, 194, 198, 199, 201, 202, 206
ヴィルヌーヴ, ジャック ……198, 199, 202, 203
ヴィルヌーヴ, ジル ……135～137, 139, 142, 143, 145, 147
　～150, 153, 173, 225, 270
ヴィロレージ, ルイジ
　……21, 22, 26, 27, 30～32, 37, 41, 42, 45, 270
ウェバー, キャブレター ……14, 15, 18, 19, 23, 31, 37, 60,
　72, 74, 76, 82, 86, 88, 99, 103, 123
ウェバー／マレリ, インジェクション
　……152, 155, 160, 164, 177, 180, 188
ヴェルチェッリ・サーキット ……15
ヴェレツ, フェルミン ……192, 202
ヴェンチュリー・トンネル ……138, 146, 152
ウォーカー, ロブ ……60, 62
ウォッシャー ……55
エイモン, クリス ……96, 97, 101～105, 252
エヴァンス ……192, 202
エドワーズ ……131
エルメーテ, ブルーノ ……23
エンバシー・チーム ……127
オーヴェルニュ6時間 ……75
オースティン・ヒーレー ……49
オーストラリアGP, アデレード ……105, 165
オーストラリアGP, メルボルン
　……209, 212, 218, 219, 225
オーストリア1000km ……116, 119
オーストリアGP
　……91, 120, 123, 127, 210, 230
オーストリアGP, A1リンク ……209, 225, 230, 232
オーストリアGP, エステルライヒリンク
　……85, 87, 109, 121, 142, 152
オータム・カップ, ルマン ……192
オーロン・ヴィラール ……112
オスペダレッティ・サーキット ……26
オランダGP ……127
オランダGP, ザンドフォールト ……26, 37, 41, 71, 85, 97,
　112, 114, 123, 124, 134, 148, 152, 153
オリヴァー, ジャッキー ……112, 263
オロフソン ……188, 199
カー＆ドライバー ……207

カーティス, トニー ……111
ガーニー, ダン ……64, 65, 73, 97, 258
カステッリ, グイド・ピエール ……176
カステロッティ, エウジェニオ
　……37, 48, 50～55, 60, 256
カステルヴェトロ ……9
カソーニ, マリオ ……91, 256
カッサーニ ……32, 41
カナダGP ……132, 143, 181, 192
カナダGP, モン・トランブラン ……109
カナダGP, モントリオール
　……137, 152, 161, 192, 202, 207, 212, 225, 232
カビアンカ, ジュリオ ……43, 255
カペリ, イヴァン ……181, 255
ガラッシ, ファウスト ……73
ガルダ・サーキット ……21, 22, 28, 31
ガルディーニ, ジェロラモ ……73
カルリ ……57
カレラ・パナメリカーナ ……32, 33, 38, 42, 47
カンパニョーロ ……88
ギア, カロッツェリア ……24, 39, 48, 52
ギシェ, ジャン ……77, 86, 87, 91, 96, 97, 258
キティ, カルロ ……62, 70, 73, 74, 79, 272
キネッティ, ルイジ ……21, 26, 27, 31, 32, 37, 85
ギャリ, ナンニ ……119, 257
ギャレット, ターボ ……164
ギュンティ, イグナツィオ ……108～110, 114, 115, 258
ギルドフォード ……164
ギンサー, リッチー ……67, 70, 73, 75, 82, 83, 92, 257
グイディッツォーロ ……55, 56
クーパー ……61, 65, 78, 93, 97
クーパー・クライマックス ……61, 64, 67
クーパー・マセラティ ……93
グッドイヤー, タイア ……136, 150, 154, 208, 213
グッドウッド ……110
クラーク, ジム
　……72, 78, 79, 84, 87, 90, 91, 97, 101, 224, 230
クルタード, デイヴィド ……192, 202, 206, 218, 219, 220
グレアム, ローレンス ……105, 108
グレゴリー, マスティン ……55, 90, 91, 258
クレマンタスキー ……53
クロサーラ ……31, 41
グロスマン ……63
クワトロルオーテ ……7, 207
ゲスラン ……91
コクラン, ジェイ ……188, 189
コッパ・アチェルボ ……10
コベントリー・クライマックス ……91
コリンズ, ピーター ……51～53, 55, 57, 60～62, 256
コルテーゼ, フランコ ……14, 15, 20, 256
コルドバ, グランプリ ……101
コルナッキア, フランコ ……37, 42
コロンボ, アレッサンドロ ……119, 121, 123
コロンボ, ジョアキーノ
　……12～14, 18, 24, 27, 28, 30, 44, 272
ゴンザレス, ホセ・フロイラン
　……32, 33, 38, 45, 46, 47, 49, 258
コンプレックス, スーパーチャージャー ……144
サーティース, ジョン
　……82～84, 86, 87, 90～93, 131, 269
サイテック・エアロスペース社 ……194
サヴィオ・サーキット ……10
ザガート ……57, 115
サラザー ……188
サラミ ……26
サルヴィアーティ ……42
サロ, ミカ ……209, 265
サンティアゴGP ……31

サンマリノGP, イモラ
　……148, 150, 152, 173, 176, 189, 209, 212, 225
ジウジアーロ ……79
シェクター, ジョディ
　……124, 132, 134, 139, 142, 147, 225, 266
シェッティ, ピーター ……104, 105, 112, 116, 267
ジェリーニ ……44
シェル, ハリー ……266
シェンケン, ティム ……116, 119, 122, 266
シギノルフィ, セルジョ ……268
シナリア, コッパ・トーロ・デヴ ……37
シチリア, ジーロ・ディ ……32, 33, 37, 41, 47, 48, 53, 55
ジベルティ, フェデリコ ……26, 73
シモン, アンドレ ……268
シモン, ジル ……208
ジャガー ……79
ジャガーMk.II ……60
ジャンドビアン, オリヴィエ
　……50, 55, 57, 61, 62, 65, 67, 70, 73, 75, 78, 79, 257
シューマッハー, ミハエル ……7, 181, 188, 189, 192, 194,
　198～200, 204, 206～210, 215, 216, 218, 220, 224, 225,
　227, 230, 232, 267
ジュネーヴGP, ナショナル ……30
ジュネーヴ・ショー ……89, 110, 116, 119, 143, 161, 194
ジョーダン無限 ……209
ジョーンズ, アラン ……139, 142, 145
シラクサGP ……74, 87, 97
ジルコ ……14
スイスGP, ブレムガルテン ……26, 37, 40, 41
スウェーデンGP ……52, 53, 57, 126
スーペル・コルテマジョーレGP ……47, 48, 53
スカラブローニ, エンリケ ……273
スカリアリーニ, グイド ……15
スカリエッティ ……47, 53, 63, 64, 74, 76～78, 88, 89, 99,
　101～103, 125, 127
スカリオーネ ……42
スカルフィオッティ, ルドヴィコ ……76, 78, 79, 83,
　86～88, 91～93, 96, 97, 104, 266
スカルラッティ, ジョルジョ ……73, 266
スカンディア, レーシングチーム ……190
スカンピネッリ, セルジョ ……20
スコッティ, ピエロ ……41
鈴鹿500km ……188
スタニョーリ, アントニオ ……268
スタビリメンティ・ファリーナ ……24, 31
スチュワート, ジャッキー ……90, 91, 97, 101, 104, 105,
　112, 119, 122, 123, 268
ステルツィ, ブルーノ ……21, 268
ストーン, シャロン ……186
スノコ, レーシングチーム ……112
スパ・フランコルシャン24時間 ……10, 26, 41, 42
スパ1000km ……93, 96
スパ500km ……83
スペインGP, ハラマ
　……109, 124, 125, 130, 135, 145, 147
スペインGP, バルセロナ・ペナ・リン
　……30, 32, 33, 45, 47
スペインGP, バルセロナ・モンテメロ
　……199, 209, 218, 225, 232
スペインGP, ペドラルベ ……46
スペインGP, ヘレス ……176
スポーリィ ……91
セイズ ……202
セイデル, ヴォルフガング ……57, 267
セヴェール, フランソワ ……112, 123
セナ, アイルトン ……165, 168, 173, 176, 177, 179, 185,
　189, 198, 224, 230
ゼネラルモーターズ ……133

セブリング2時間, オクトーバー・フェスト, IMSA
　……202
セブリング12時間 ……41, 53, 60, 61, 65, 73, 75, 78, 82, 83,
　86, 87, 96, 109, 110, 114, 119, 191, 192, 202
セブリング12時間, IMSA ……191, 192, 202
セラーズ, ピーター ……89
セラフィーニ, ドリーノ ……28, 30, 267
セルスドン ……21, 27
セルミ, エンツォ ……73
ソマー, レイモン ……15, 19, 21, 22, 23, 268
ゾルダー・サーキット, IMSA ……202
ソレックス40PⅡ, キャブレター ……50
ゾンダGP ……101
タヴァノ ……63, 77
タヴォーニ, ロモロ ……60, 73
タスマン・シリーズ ……104, 105, 108
ダナヒュー ……112, 114
ダラーラ ……190
タルガ・デル・ムジェッロ ……48
タルガ・フローリオ ……21, 26, 31, 41, 60～62, 73～75,
　78, 91, 96, 111, 116, 119
タルフィ, ピエロ ……27, 32, 37, 48, 55～57, 269
タルボ4.5 ……26
ダルマス ……202
タンベイ, パトリック ……148, 151～153, 269
ダンロップ ……65
チェコスロバキアGP, ブルノ ……25
チェザーナ／セストリエール ……105, 112
チッタ・デル・カーボ3時間 ……101
デ・アダミッチ, アンドレア ……101, 256
デ・アンジェリス, エリオ ……155
デ・ポルタゴ, アルフォンソ ……49, 53, 55, 56, 60, 256
ディ・モンテゼーモロ, ルカ
　……125, 130, 180, 184, 185, 202
デイトナ2000km ……87
デイトナ24時間 ……96, 97, 102, 112, 114, 191
デイトナ6時間 ……119
テイラー ……192
ティレル ……112, 119, 122, 124
ティレル・フォード ……132
ティレル006 ……123
テキサス3時間, IMSA ……192
テクノ ……119
デ・シャンジー ……62
テベニン ……192
デュラン, ヘンリー ……178
デラ・ノーチェ ……188, 199
デル・モナコ, マリオ, テノール歌手 ……63
ドイツGP ……77～79, 83, 87, 118, 185, 190
ドイツGP, アヴス ……64, 65
ドイツGP, ニュルブルクリンク ……32, 36, 37, 41, 51, 53,
　70, 72, 74, 77～79, 83, 87, 119, 124, 160, 161
ドイツGP, ホッケンハイム
　……134, 148, 151～153, 188, 209, 212, 225
トゥーリスト・トロフィ ……42, 75, 78
トゥール・ド・フランス ……32, 33, 55, 57, 60, 61, 63,
　67, 73, 75, 77, 83, 87, 118, 119, 145, 148
ドゥメイ ……75, 91
トゥーリング ……11, 22～24, 26, 31, 39
ドゥルーディ ……192
トゥルベツコイ, イゴール ……21, 26
トッド, ジャン ……184, 188, 199, 202
ド・ディオン, サスペンション ……30, 31, 37, 50, 60, 63,
　64, 130, 132
トヨタ ……225
ドラージュ ……13
トランティニアン, モーリス
　……47～49, 52, 53, 55, 61, 269
トリノGP, ヴァレンティノ ……15, 19, 21

トリノ・ショー ……22, 24, 26, 43, 115, 123, 134, 163
トレント／ボンドーネ ……105, 112
トロッシ ……19
ドロミテ・カップ（コッパ・デッレ・ドロミティ）
　……31, 33, 41
ドロミテ・カップ（コッパ・ドーロ・デッレ・ドロミティ）……37
トンパジス, ニコラス ……218
トンプソン, ジョン ……121, 123
ナヴォーネ ……21
ナッソーGP ……49
ナポリGP ……54, 79
ナルディ, エンリコ ……11
ニコデミ ……91
ニコルス, スティーブ ……176
日本GP, 富士スピードウェイ ……132
日本GP, 鈴鹿サーキット
　……165, 177, 202, 210, 212, 218, 225, 232
ニュージーランドGP ……101, 105
ニュルブルクリンク ……74
ニュルブルクリンク1000km
　……41, 57, 78, 87, 88, 91, 105, 119, 122
ヌヴォラーリ, タツィオ ……11, 13, 15, 20, 263
ノセット, ロベルト ……135
ノリスリンク ……111
ノリスリンク200マイル ……101
パークス, マイク
　……82, 86, 87, 88, 91, 92, 96, 97, 115, 263
パーチェ, カルロス ……116, 263
バーナード, ジョン ……164, 165, 168, 172, 176, 184, 188,
　189, 192, 199, 202, 271
パーレイ, デイヴィド ……123
バーン, ロリー ……202, 204, 208, 212, 218, 271
パイクス・ピーク2時間, IMSA ……202
バイパー, デイヴィド ……93, 101, 264
ハウキンス, ポール ……101
バゲッティ, ジャンカルロ ……73, 74, 79, 253
ハッキネン, ミカ ……206, 209, 210, 212, 215, 219
ハッセン ……41
パトレーゼ, リカルド ……173, 179, 181, 224
"パニィボン" ……32
パピス ……199
パフラヴィー, レザー, イラン国王 ……53
ハミルトン, ダンカン ……258
バラッカ, フランチェスコ ……10
バラッカ, エンリコ&パオリーナ ……10
バラッケット ……32
パリ ……26
パリ12時間 ……21, 31
パリ1000km ……67, 73, 75, 78, 87, 93
パリGP ……20, 21
バリケロ, ルーベンス
　……212, 215, 218, 224, 225, 227, 232, 253
パリ・サロン ……31, 43, 44, 46, 52, 64, 89, 99, 101, 109,
　116, 125, 127, 131, 133, 157, 191
ハリファックス3時間, IMSA ……192
バルディ ……192
バルビエリ ……15
パルマーボッジョ ……76
ハルム, デニス ……97, 100, 101, 119
パレッティ, リカルド ……151
ハンガリーGP, ハンガロリンク ……173, 207, 218, 225
バンディーニ, ロレンツォ
　……73, 77, 78, 79, 83, 85-87, 90-92, 93, 96, 97, 253
ハント, ジェームス ……127, 131, 132
ピアツェンツァ・サーキット ……14
ピアッツィ, ジュゼッペ ……149
ピアノ, レンゾ ……202
ビアンキ ……55, 61, 65, 67, 77, 78, 87

ビオンデッティ, クレメンテ ……21, 23, 26, 37, 254
ピケ, ネルソン ……142, 145, 152, 163, 165, 166, 176
"ビシェ" ……119, 148
ビスカルディ, ジャンピエロ ……254
ビッザリーニ, ジオット ……73, 76, 271
ピッチニーニ, マルコ ……137
ピニン・ファリーナ
　……33, 38, 39, 43, 45〜47, 52, 56, 62〜66
ピニンファリーナ ……66, 74, 82, 86, 88, 89, 99, 101〜103,
　111, 119, 120, 122, 123, 127, 131〜136, 143, 146, 147,
　151, 153, 155, 157, 165, 167, 174, 175, 179, 182, 191,
　195, 201, 210, 211, 215, 216, 226, 227
ピニンファリーナ, セルジオ ……93
ピニンファリーナ, バティスタ ……93
ビューリー ……62
ヒル, グレアム ……77, 82, 83, 85, 87, 90, 91, 101, 103, 127
ヒル, デイモン ……185, 188, 192, 199
ヒル, フィル ……52, 53, 55, 57, 61, 62, 65, 67, 70, 72, 73,
　75, 78, 79, 87, 259
ピレット ……67
ピローニ, ディディエ ……145, 147, 148, 150, 151, 264
ファイアストーン, タイア ……112
ファジョーリ, ルイジ ……31
ファリーナ, ニーノ
　……21, 22, 28, 30, 31, 33, 37, 41, 47, 74, 257
ファンジオ, ファン・マヌエル ……21, 28, 31〜33, 40, 41,
　46〜48, 50〜53, 55, 60, 224, 230, 257
フィアット・スタンゲリーニ ……15
フィアット508C ……10, 11
フィアット
　……9, 101, 104, 110, 130, 135, 136, 148, 169, 176
フィオラーノ ……118, 119, 132, 201
フィオリオ, チェーザレ ……176, 177
フィッティパルディ, エマーソン ……116, 119, 122〜126
フィリピネッティ, スクーデリア ……91
フィレンツェGP ……23
フェニックス200マイル, IMSA ……192
ブエノス・アイレス ……26
ブエノス・アイレス1000km ……47, 55, 61, 67, 115, 119
フェラーリ125F1 ……21〜23, 25, 26, 28, 30, 31, 240
フェラーリ125S ……13, 14, 15, 242
フェラーリ126C ……144, 145, 147, 160, 248
フェラーリ126C2 ……148〜151, 241
フェラーリ126C2B ……152
フェラーリ126C2B/C3 ……152
フェラーリ126C3 ……152, 153, 155, 241
フェラーリ126C4 ……154〜157, 241
フェラーリ126CK ……145, 146, 240
フェラーリ126CX ……146
フェラーリ156-85 ……160, 161, 162, 242
フェラーリ158F1 ……84, 85, 87, 90, 91, 240
フェラーリ158F1-63 ……87
フェラーリ159S ……15, 18, 240
フェラーリ166F1 ……19, 240
フェラーリ166F2 ……18, 19, 21, 23, 26, 28, 31, 240
フェラーリ166MM
　……22, 26, 27, 31, 33, 37, 38, 41, 42, 244
フェラーリ166MMヴィニャーレ・バルケッタ ……42
フェラーリ166MMバルケッタ ……22
フェラーリ166MMベルリネッタ・ピニン・ファリーナ
　……43
フェラーリ166S ……19, 21, 24, 26, 31, 243
フェラーリ166SC ……18, 19, 20, 21, 24, 31, 243
フェラーリ166インテル ……23, 24, 26, 31, 246
フェラーリ166インテル・カブリオレ ……31
フェラーリ166インテル・クーペ・ヴィニャーレ ……31
フェラーリ166インテル・クーペ・トゥーリング ……23
フェラーリ166インテル・グラントゥリズモ ……9
フェラーリ166クーペ・アレマーノ ……22, 42

フェラーリ166スパイダー・ミッレミリア ……19
フェラーリ195S ……31, 37, 243
フェラーリ195S ベルリネッタ・トゥーリング
　……28, 30, 246
フェラーリ195インテル ……31, 33, 247
フェラーリ196P ……245
フェラーリ196SP ……76, 78, 79
フェラーリ208GT4 ……249
フェラーリ208GTB ……143, 249
フェラーリ208GTBターボ ……151, 163
フェラーリ208GTS ……137, 143, 249
フェラーリ208GTSターボ ……151, 163
フェラーリ212エクスポート ……32, 33, 37, 247
フェラーリ212E ……104, 105, 245
フェラーリ212インテル ……32, 33, 38, 39, 247
フェラーリ212ヴィニャーレ ……39
フェラーリ212バルケッタ・トゥーリング ……39
フェラーリ225S ……37, 244
フェラーリ246F1 ……65, 70, 241
フェラーリ246SP ……70, 73, 74, 75, 78, 79, 82, 245
フェラーリ246T ……105
フェラーリ246T ……69 105, 108
フェラーリ248SP ……84, 245
フェラーリ250GT 2+2 ……66, 67, 246
フェラーリ250GT 2+2 ピニン・ファリーナ・クーペ
　……83
フェラーリ250GT
　……42〜44, 49, 52, 53, 55〜57, 60〜62, 65, 73, 74, 79
フェラーリ250GT SWB ……76
フェラーリ250GTL ……83, 247
フェラーリ250GTO64 ……78, 87, 248
フェラーリ250GTO ……76〜79, 82, 83, 87, 88, 166, 247
フェラーリ250GTクーペ ……247
フェラーリ250GTクーペ・ピニン・ファリーナ
　……62, 246
フェラーリ250GTクーペ・ピニン・ファリーナⅡ
　……63, 246
フェラーリ250GTスパイダー・カリフォルニア
　……63, 88, 247
フェラーリ250GTスパイダー・ピニン・ファリーナ
　……65, 246
フェラーリ250GTスペチアーレ ……83
フェラーリ250GTトゥール・ド・フランス ……60
フェラーリ250GTベルトーネ ……79, 88
フェラーリ250GTベルリネッタ ……62, 65, 75, 78, 247
フェラーリ250GTベルリネッタ・インテリム ……64
フェラーリ250GTベルリネッタSWB ……64, 244
フェラーリ250LM ……9, 85〜87, 88, 90, 166, 245
フェラーリ250LMベルリネッタ・スペチアーレ ……91
フェラーリ250MM ……41, 42, 46, 246
フェラーリ250P ……9, 82, 83, 87, 244
フェラーリ250S ……37, 42, 43, 244
フェラーリ250Sベルリネッタ・ヴィニャーレ ……36, 39
フェラーリ250TR58 ……61〜63, 243
フェラーリ250TR59 ……65
フェラーリ250TR59/60 ……67
フェラーリ250TR61 ……70, 73〜75, 78
フェラーリ250アメリカ ……247
フェラーリ250モンツァ ……44, 245
フェラーリ250ヨーロッパ ……46, 247
フェラーリ256F1 ……61, 64〜67, 241
フェラーリ275F1 ……28, 241
フェラーリ275GTB ……9, 88, 89, 93, 182, 248
フェラーリ275GTB/4 ……93, 100, 103, 249
フェラーリ275GTS ……9, 65, 88, 89, 248
フェラーリ275P ……86, 87〜89, 244
フェラーリ275P2 ……91, 245
フェラーリ275S ……30
フェラーリ275Sスパイダー・トゥーリング ……31

フェラーリ288GTO ……155, 157, 248
フェラーリ290MM ……51〜53, 55, 57, 244
フェラーリ308GTB ……127, 134, 135, 161, 249
フェラーリ308GTS ……134, 135, 161, 249
フェラーリ312B F1 ……108, 112, 115, 120, 246
フェラーリ312B2 F1 ……116, 118, 119, 240
フェラーリ312B3 F1 ……121, 122, 124, 240
フェラーリ312B3 F1コロンボ ……123
フェラーリ312B3 F1フォルギエーリ ……120
フェラーリ312B3 F1サイドスカート ……121, 247
フェラーリ312B3S F1 ……125
フェラーリ312F1 ……92, 97, 102, 104, 112, 114, 241
フェラーリ312F1-66 ……93, 245
フェラーリ312F1-67 ……101
フェラーリ312F1-68 ……100, 101, 241
フェラーリ312P ……114, 116, 118, 119, 120, 122, 247
フェラーリ312PB ……115, 118
フェラーリ312T ……126, 127, 130, 144, 146, 241
フェラーリ312T2 ……130〜137, 241
フェラーリ312T3 ……136, 137, 241
フェラーリ312T4 ……138, 139, 173, 240
フェラーリ312T5 ……142, 143, 146, 240
フェラーリ315S ……55, 56, 245
フェラーリ328GTB ……161, 163, 248
フェラーリ328GTS ……161, 163, 248
フェラーリ330GT 2+2 ……99, 248
フェラーリ330GTC ……105, 249
フェラーリ330GTS ……105, 249
フェラーリ330LMB ……244
フェラーリ330P ……87, 244
フェラーリ330P2 ……91, 245
フェラーリ330P3 ……93, 97, 244
フェラーリ330P4 ……96, 97, 101, 245
フェラーリ330TRi LM ……75, 78, 79
フェラーリ333SP ……188〜190, 192, 202, 247, 250
フェラーリ335S ……54〜56, 244
フェラーリ340F1 ……40, 41, 241
フェラーリ340MM ……42, 244
フェラーリ340MMスパイダー・ヴィニャーレ
　……40, 244
フェラーリ340アメリカ ……32, 33, 39, 246
フェラーリ340ベルリネッタ・メキシコ・ヴィニャーレ
　……38, 245
フェラーリ342 ……33
フェラーリ342アメリカ ……39, 43, 246
フェラーリ348tb ……170, 174, 175, 191, 249
フェラーリ348ts ……174, 175, 186, 191, 249
フェラーリ348スパイダー ……250
フェラーリ350 Can-Am ……102
フェラーリ355F1ベルリネッタ ……202, 203, 250
フェラーリ356GTB/4 C ……119
フェラーリ360スパイダー ……216, 217, 251
フェラーリ360モデナ ……210, 211, 216, 217, 251
フェラーリ365GT 2+2 ……99, 116, 248
フェラーリ365GT/4BB
　……115, 120, 122, 123, 131, 133, 249
フェラーリ365GT/4 2+2 ……116, 119, 132, 248
フェラーリ365GTB/4デイトナ
　……89, 100, 102, 103, 116, 249
フェラーリ365GTC ……105, 249
フェラーリ365GTC/4ゴッボーネ ……109, 116, 119, 248
フェラーリ365GTS ……105, 249
フェラーリ365GTS/4 スパイダー ……101, 249
フェラーリ365P ……99, 244
フェラーリ365カリフォルニア ……92, 248
フェラーリ375F1 ……30〜33, 36, 37, 241
フェラーリ375MM ……41, 43, 46, 47, 247
フェラーリ375MMツートーン ……48
フェラーリ375アメリカ ……42, 43, 48, 53, 242

276 | Ferrari　　索引

フェラーリ375インディ ……240
フェラーリ375プラス ……47, 245
フェラーリ375プラス・スパイダー ……47
フェラーリ400GT ……9, 131〜133, 248
フェラーリ400GTA ……131, 133
フェラーリ400i ……248
フェラーリ400オートマチック ……248
フェラーリ400スーパーアメリカ ……65, 74, 79, 246
フェラーリ400スーパーアメリカ・カブリオレ ……79
フェラーリ408/4RM ……248
フェラーリ410S ……244
フェラーリ410スーパーアメリカ ……56, 62, 246
フェラーリ410スーパーアメリカ・クーペ・スポルト ……52
フェラーリ410スーパーファスト ……52, 246
フェラーリ412 ……249
フェラーリ412M1 ……241
フェラーリ412P ……96, 246
フェラーリ412T1 ……188, 189, 243
フェラーリ412T2 ……192, 243
フェラーリ456GT ……182, 201, 250
フェラーリ456GTA ……201
フェラーリ456M GT ……206
フェラーリ456M GTA ……206
フェラーリ500F2 ……36, 37, 40, 41, 45, 46, 70, 240
フェラーリ500TR ……53, 62, 244
フェラーリ500TRC ……245
フェラーリ500スーパーファスト ……88, 89, 92, 249
フェラーリ500モンディアル ……53, 245
フェラーリ512BB ……131, 133, 146, 147, 156, 248
フェラーリ512BBi ……146, 147, 248
フェラーリ512F1 ……86, 90, 91, 104, 240
フェラーリ512M ……109, 112, 114, 191, 200, 201, 246
フェラーリ512S ……109, 110, 111, 114, 246
フェラーリ512TR ……179, 183, 191, 250
フェラーリ550バルケッタ・ピニンファリーナ ……215, 217, 251
フェラーリ550マラネロ ……200, 201, 215, 217, 226, 250
フェラーリ553F1 ……45, 46, 241
フェラーリ553F2 ……240
フェラーリ555F1 ……48, 241
フェラーリ555スーパースクワーロ ……50
フェラーリ575Mマラネロ ……226, 250
フェラーリ612Can-Am ……99, 105, 112, 245
フェラーリ612スカリエッティ ……250
フェラーリ625F1 ……45〜49, 241
フェラーリ625LM ……245
フェラーリ625TF ……245
フェラーリ641 ……176, 177
フェラーリ641/2 ……176
フェラーリ642 ……178
フェラーリ642/643 ……179
フェラーリ712Can-Am ……115
フェラーリ750モンツァ ……44, 47, 48, 244
フェラーリ801F1 ……54, 55, 57, 84, 240
フェラーリ857S ……53
フェラーリ860モンツァ ……53, 242
フェラーリD50 ……50, 53, 54, 84, 85, 240
フェラーリF1 ……211
フェラーリF1-57 ……55
フェラーリF1-86 ……162, 163, 242
フェラーリF1-87 ……164, 165, 242
フェラーリF1-87/88C ……168, 169, 243
フェラーリF1-89（640）……172, 173, 176, 243
フェラーリF1-641 ……243
フェラーリF1-642/643 ……242
フェラーリF1-2000 ……212〜215, 243
フェラーリF40 ……164, 169, 188, 192, 248
フェラーリF40GTE ……199

フェラーリF50 ……192, 194, 195, 227, 251
フェラーリF92A ……180, 181, 200, 242
フェラーリF93A ……184〜186, 188, 242
フェラーリF300 ……204, 206, 207, 242
フェラーリF310 ……198〜200, 243
フェラーリF310B ……202, 203, 242
フェラーリF355スパイダー ……195, 250
フェラーリF355ベルリネッタ ……190, 191, 195, 210, 251
フェラーリF355GTS ……190, 191, 195, 251
フェラーリF399 ……208, 209, 213, 242
フェラーリF512M ……251
フェラーリF2001 ……218〜220, 243
フェラーリF2002 ……224, 225, 227, 230, 243
フェラーリF2003-GA ……230, 232, 242
フェラーリF2004 ……234〜236, 242
フェラーリGTスパイダー・ピニン・ファリーナ ……246
フェラーリGTBターボ ……163, 248
フェラーリGTSターボ ……163, 248
フェラーリP3 ……92
フェラーリP4 ……114
フェラーリP5 ……102
フェラーリPPGベルリネッタ IDeA ……165
フェラーリ、アダルジーザ ……90
フェラーリ・エンツォ ……226, 227, 250
フェラーリ、エンツォ（コメンダトーレ）……7, 9, 10〜13, 26, 46, 50, 54, 61, 66, 67, 73, 90, 93, 104, 108, 114, 118, 139, 149, 160, 166, 168, 169
フェラーリ・スーパーファストⅢ ……79
フェラーリ・スーパーファストⅣ ……79
フェラーリ・チーム、F1 ……213
フェラーリ、ディーノ ……10, 50, 54
フェラーリ・ディーノ156F1 ……60, 70, 72, 73, 78, 83, 240
フェラーリ・ディーノ156F1-63 ……82, 83
フェラーリ・ディーノ156F2 ……55, 67, 70, 240
フェラーリ・ディーノ166F2 ……101, 241
フェラーリ・ディーノ166P ……245
フェラーリ・ディーノ196S／246S ……65, 244
フェラーリ・ディーノ206GT ……98, 99, 105, 111, 248
フェラーリ・ディーノ206P ……91, 93, 245
フェラーリ・ディーノ206S ……91, 93, 244
フェラーリ・ディーノ246F1 ……60, 61, 64, 65
フェラーリ・ディーノ246GT ……105, 111, 116, 127, 249
フェラーリ・ディーノ246GTS ……116, 119, 135, 249
フェラーリ・ディーノ246タスマニア ……101
フェラーリ・ディーノ256F1 ……64, 66, 67
フェラーリ・ディーノ308GT4 ……121, 122, 125, 127, 143, 248
フェラーリ・テスタロッサ ……155, 157, 248
フェラーリ・テスタロッサ・スパイダー・アニエッリ ……165
フェラーリ、ピエロ ……9, 169, 190, 194
フェラーリ・ピニンファリーナ・モデューロ ……110
フェラーリ・ミトス・スパイダー ……175
フェラーリ・モンディアル・カブリオレ ……153, 249
フェラーリ・モンディアル3.2 ……161, 249
フェラーリ・モンディアル3.2 カブリオレ ……161, 249
フェラーリ・モンディアル8 ……142, 143, 151
フェラーリ・モンディアル8クアトロヴァルヴォーレ ……151, 153, 161, 249
フェラーリ・モンディアルt ……175, 249
フェラーリ・モンディアルtカブリオレ ……175, 249
フェラーリ・ロッサ ……215
フェラン、合金 ……183, 201
フェルテ ……192
フェロウ ……202
フォイト, A.J. ……97
フォード ……82, 88, 90, 96, 97, 225

フォード, ヘンリーⅡ世 ……92
フォード・コブラ ……90
フォードGT40 ……90, 96
フォードMk.Ⅱ ……90
フォルギエーリ, マウロ ……76, 82, 118, 120, 123, 148, 162, 272
フォルリ・サーキット ……13
フォン・トリップス, ヴォルフガング ……52, 55, 57, 67, 70, 72, 73, 269
フォンターナ, カロッツェリア ……33
フザロ, ピエロ ……176, 180
富士インター200マイル ……109
プジョー ……208
プジョー・スポール ……184
ブッソ, ジュゼッペ ……12, 13, 15, 18, 271
ブライズ, トニー ……127
ブラウン・ボヴェリ社 ……144
ブラウン, ロス ……202, 204, 208, 212, 271
ブラジルGP, インテルラゴス ……126, 130, 132, 134, 176, 212, 225
ブラジルGP, リオデジャネイロ ……137, 156, 160, 173
フラスケッティ, アンドレア ……53, 55, 62
ブラッコ, ジョヴァンニ ……36, 37, 39, 255
ブラバム ……78, 83, 90, 91, 93, 97, 104, 126, 135, 136, 142
ブラバム, ジャック ……64, 65, 67, 93, 97
ブラバム・フォード ……145
ブラバムBMW ……152
フランクフルト・ショー ……101, 135, 174
フランコルシャン, エキュリー ……91
フランスGP ……49
フランスGP, クレルモンフェラン ……104
フランスGP, ディジョン・プレノア ……145
フランスGP, ポールリカール ……121, 126, 162, 176
フランスGP, マニクー ……199, 202, 207, 218, 225
フランスGP, ランス ……41, 45, 53, 60, 61, 64, 65, 73
フランスGP, ルーアン ……37, 101, 103
ブランズハッチ, チャンピオン・レース ……139
ブランズハッチ1000km ……119
ブランズハッチ500マイル ……97
ブランビッラ, ティーノ ……101, 255
ブリヂストン, タイア ……208, 213, 219
ブリュッセルGP ……26, 79
プリンス・ビラ（ビラボンセ・バヌテル・バヌバン／タイ王国王子）……22, 254
ブルックス, トニー ……61, 62, 64, 65, 255
フルップ ……86
ブルナー, グスタフ ……164, 165, 271
フレール, ポール ……55, 67, 257
フレンツェン, ハインツ-ハラルド ……202, 209
プロスト, アラン ……155, 156, 161〜163, 168, 169, 173, 176, 177〜179, 181, 185, 220, 224, 230, 264
ベーラ, ジャン ……64, 77, 253
ベサーナ, ガブリエーレ＆ソアーヴェ兄弟 ……20
ペスカーラ12時間 ……41
ペスカーラ4時間 ……73
ペターソン, ロニー ……112, 116, 119, 121, 122, 123, 136, 263
ペッピーノ ……9
ベネズエラGP ……55, 57
ベネトン・フォード ……168, 176, 185, 188, 189
ベネトン・ルノー ……192, 194, 199, 202
ベル, デレック ……254
ベルガー ……67, 73, 87
ベルガー, ゲルハルト ……165, 168, 169, 173, 174, 176, 184, 185, 188〜190, 192, 194, 254
ベルギーGP, スパ・フランコルシャン ……30, 37, 40, 41, 53, 72, 73, 92, 93, 101, 103, 162, 199, 202, 215, 218, 225

ベルギーGP, ゾルダー ……126, 132, 139, 149, 150, 155, 156
ベルギーGP, ニヴェル・ボウラー ……119
ベルギー500Km ……109
ベルグーザGP, 地中海 ……79
ベルチェット ……76
ベルディーサ, チェーザレ ……263
ベルトーネ ……24, 79, 122, 125
ベルトワーズ ……104, 115, 121
ベルナ ……26
ヘルマン ……49, 70
ベルンハルト殿下, オランダ ……74, 89
ベレンターニ, ヴィットリオ ……53
ベントレー ……79
ボアーノ・ダ・エレーナ, カロッツェリア ……56, 57
ホーソーン, マイク
　……37, 41, 43, 45, 47, 53, 55, 57, 60, 61, 62, 259
ポーラー ……91
ボスルズウェイト, ハーヴェイ
　……148, 162, 164, 180, 184, 273
ボッシュ ……85, 87
ボッシュK-ジェトロニック, フューエルインジェクション
　……143, 147, 163
ボッシュ・モトロニック, フューエルインジェクション
　……174, 179, 182, 191, 195, 201, 210, 216, 217, 227
ポッツィ, シャルル ……116
ホップス ……112, 114
ボニエ ……78, 87
ボネット, フェリーチェ ……21, 24, 26, 27, 254
ボラーニ ……88
ポルシェ ……64, 70, 73, 78, 104
ポルシェ908 ……111
ポルシェ917 ……110, 111
ポルシェ917K ……112
ボルドーニ, フランコ ……255
ポルトガルGP, エストリル ……165, 173, 174, 176, 177
ホワイトヘッド, ピーター ……25, 31
ボンジョルノ, マイク ……111
ホンダ ……162, 166, 199, 225
ボンデュラント, ボブ ……254
マーチ ……108, 112
マーチ・フォード ……131
マクラーレン ……100, 101, 119, 122, 124, 126, 131~133,
　154, 162~164, 168, 169, 172, 176, 177, 179, 181, 185,
　216, 218, 219, 225, 230
マクラーレンTAGポルシェ ……156, 160
マクラーレン, ブルース ……67, 78, 104, 110
マクラーレン・フォード ……132, 134, 148
マクラーレン・ポルシェ ……155, 161, 163, 165
マクラーレン・ホンダ ……168, 173, 176, 177
マクラーレン・メルセデス
　……202, 206, 209, 212, 215, 225, 232
マス, ヨッヘン ……151
マセラティ ……19, 22, 40, 47, 51~55
マセラティ1500 ……15
マセラティ2500 ……45
マッサーリ, パオロ ……176
マッシミーノ, アルベルト ……11, 53, 272
マドニエ・サーキット ……111
マトラ ……100, 101, 104, 115, 116, 122
マトラ・フォード ……105
マネッティ・マレリ, インジェクション
　……207, 208, 213, 225
マラネロ ……7, 12, 13, 19, 21, 22, 24, 26~28, 33, 50, 70,
　76, 78, 84, 110, 114, 118, 122, 123, 154, 166, 168, 180,
　182, 218
マリーニ ……37
マリオーリ, ウンベルト ……41, 47, 48, 86, 87, 88, 260
マルコ, ヘルムート ……116, 261

マルツォット, ヴィットリオ・エマヌエーレ ……32, 261
マルツォット, ウンベルト ……261
マルツォット, ジャンニーノ ……30, 31, 33, 40, 41, 261
マルツォット, パオロ ……33, 37, 40, 41, 261
マルティネッリ, パオロ ……192, 208
マレーシアGP, セパン ……209, 212, 218, 219
マレリ I.A.W., インジェクション ……156
マンセル, ナイジェル ……163, 165, 166, 172, 173, 176,
　177, 179, 181, 224, 261
マンチーニ ……42
マンツォン, ロベール ……261
マントヴァーニ ……44
マンフレディーニ ……109
ミシュラン, タイア ……136, 142, 150, 219
ミジョー, ジャン-クロード ……164, 178, 180
ミッレミリア ……10, 20~22, 26~28, 30, 31, 36~43, 46,
　47, 50, 51, 53, 55~57
南アフリカGP, キャラミ ……112, 126, 132, 134, 139, 156
ミナルディ, レーシングチーム ……176
ミニ・クーパーS ……127
ミノッツィ, ジョヴァンニ ……10, 11
ミュラー, アルベルト ……111
ムジェッロ・サーキット ……91
ムッソ, ルイジ ……44, 51, 52, 55, 60, 61, 262
ムナーリ, サンドロ ……116, 119, 262
ムナロン, ジーノ ……262
メキシコGP, メキシコシティ ……85, 109, 176
メッシーナ, ノットゥーラ・ディ10時間 ……37, 41, 48
メルセデス・ベンツ ……36, 46, 47, 48, 49, 62
メルセデス・ベンツ300SL ……39, 60
メルセデス・ベンツW196 ……45, 48, 49
メルツァリオ, アルトゥーロ
　……114, 116, 119, 122, 125, 131, 262
メレス, ウィリー ……67, 70, 73, 75, 78, 79, 83, 260
モーガン ……202
モス, スターリング ……48, 51, 53, 55, 60, 61, 65, 67, 73,
　77, 110, 262
モスポート2時間, IMSA ……202
モデナ ……11, 12, 55, 78, 89
モナコGP, モンテカルロ ……28, 37, 48, 49, 55, 70, 90, 93,
　97, 104, 126, 131, 132, 137~139, 144, 145, 147, 162,
　176, 184, 202, 208, 209, 215, 218, 219, 230
モモ, レーシングチーム ……190
モルビデッリ, ジャンニ ……262
モレッティ, ジャン-ピエロ ……109, 188, 190, 199
モンヴァント・ヒルクライム ……105, 112
モンツァ ……48, 72, 74, 82, 204
モンツァ, トロフェオ・スーペル・コルテマジョーレ
　……45
モンツァ1000km ……91, 93, 97, 118, 119, 122
モンセニー・ヒルクライム ……105, 112
モンテルミニ ……202
モントーヤ, ファン・パブロ ……220, 225, 230, 232
モントレーGP, IMSA ……188
モンレリー・サーキット ……41
ヤーノ, ヴィットリオ ……49, 53, 54, 272
ユーロ・モータースポーツ ……190
ヨーロッパGP, ニュルブルクリンク ……212, 218, 225
ヨーロッパ・ヒルクライム・チャンピオンシップ
　……78, 79, 91, 104
ヨハネ・パウロⅡ世 ……168
ヨハンソン, ステファン ……160~163, 165, 260
ライエンハート ……202
ライコネン, キミ ……230, 232
ライトン, ジョージ ……185
ライムロックGP, IMSA ……192, 199, 202
ライムロック2時間, IMSA ……188
ラウダ, ニキ ……124~126, 130, 131, 133, 134, 135, 155,
　156, 260

ラリーニ, ニコラ ……189, 190, 260
ランガー, ブレット ……131
ランゴーニ・マキャヴェッリ, ロタリオ ……10, 11
ランス, クープ・ドゥ・ヴィステ F1 ……55
ランス12時間 ……55, 87, 91
ランチア ……41, 49, 50
ランチアD50 ……49, 51, 84
ランディ, フランシスコ（キッコ）……20, 21, 260
ランド9時間（キャラミ）……109, 114, 119
ランプレディ, アウレリオ ……27, 30, 36, 53, 272
リジェ・フォード ……139
リリアン・ド・レシー, ベルギー王妃 ……45
リント, ヨッヘン ……91, 93, 108~110, 265
ルーカス ……26, 31
ルーカス, インジェクション ……87, 91~93, 96, 100, 109,
　110, 118, 121, 125, 132, 137, 138, 145, 149, 155
ルーカス／マレリ, インジェクション ……155
ルース, ゲオルグ ……109
ルーツ, スーパーチャージャー ……21, 23
ルノー ……142, 148, 164, 172, 225
ルベー, ピエール ……49
ルマン24時間 ……26, 27, 42, 47, 49, 60, 61, 64, 67, 70, 73,
　75, 78, 79, 82, 83, 86~88, 91~93, 97, 111, 114, 116,
　147
ルリオ ……57
ルンケン ……41
レオポルドⅢ世, ベルギー元国王 ……48
レガッツォーニ, クレイ ……109, 112, 114, 116, 118, 119,
　124~127, 130, 132~134, 264
レッドマン, ブライアン ……116, 119, 122, 264
ロイテマン, カルロス
　……122, 126, 134~137, 142, 145, 147, 264
ロージェ, ルイ ……265
ローゼンブラット ……192
ロータス ……73, 78, 83, 84, 91, 97, 101, 104, 119, 122, 136,
　138, 139,
ロータス・クライマックス ……67, 85
ロータス・フォード ……134
ロータス・ルノー ……155, 165
ロータス25 ……72, 79
ロータス33 ……90
ロータス40 ……103
ロータス72 ……109, 123
ロータス72D ……121
ロード・アトランタ2時間, IMSA ……188, 189
ロード・アトランタ3時間, IMSA ……199
ローマGP ……101
ローマGP, カラカッラ浴場 ……14
ローラ ……78
ロサンジェルス・モーターショー ……183
ロズフェルド・ヒルクライム ……104, 105, 112
ロズベルグ, ケケ ……148, 161
ロッキ, フランコ ……96
ロッセリーニ, ロベルト ……46
ロドリゲス, ペドロ
　……73, 78, 87, 91, 93, 96, 97, 105, 111, 112, 265
ロドリゲス, リカルド ……73, 77, 78, 111, 265
ロルフォ ……36
ロンバルディ, クラウディオ ……184, 192
ワーウィック・ファーム ……102
ワトキンス・グレン ……115, 123
ワトキンス・グレン3時間, IMSA ……188
ワトキンス・グレン6時間 ……119
ワトキンス・グレン6時間, IMSA ……199
ワトソン, ジョン ……148

参考文献

Aa.Vv.著　Milano　1998年　『Ferrari formula 1. Gare, modelli, piloti dal 1929 a oggi』
B. Alfieri編　Milano　1990年　『Pininfarina, 1930-1990, catalogo ragionato』
Angelo Tito Anselmi著　Milano　1988年『Le Ferrari di Pininfarina』
S. Bellu著　『Ferrari, guida all'identificazione』
E. Benzig著　『Ferrari Formula 1, catalogo ragionato』
K. Bluemel／J. Pourret共著　Bideford　1998年　『Ferrari 250 GTO』
G. Cancellieri著　Vimodrone（MI）2001年　『Ferrari 1947-1997. Il Libro Ufficiale』
C. Cancellieri編　Milano　2001年　『Ferrari Glory：monoposto vittorie 1948-2000』
A. Cimarosti著　Milano　1990年　『Grand Prix Story』
G. Colombo著　Firenze　1985年　『Le origini del mito：le memorie del progettista delle prime Ferrari』
Andrea Curami／Luca Ronchi共著　Vimodrone（MI）　1997年　『Cinquant'anni di mito Ferrari 1947-1997』
E. Ferrari著　Bologna　1962年　『Le mie gioie terribili』
E. Ferrari著　Bologna　1985年　『Piloti, che gente』
E. Ferrari著　『Una vita per l'auto』
Vimodrone（MI）　1997年　『Ferrari 1947-1997』．
Giorgio Piola編　『Ferrari F1』『Ferrari Testa Rossa V12』
J.E. Finn著　Osceola（Florida, USA）　2003年　『Ferrari Testa Rossa V12』
K. Ludvigsen著　『Ferrari：50 anni di innovazioni tecnologiche』
G. Marzotto／S. Cassano共著　Vimodrone（MI）　2001年　『Frecce Rosse：le Ferrari alla Mille Miglia』
C. Millanta／L. Orsini／F. Zagari共著　Firenze　1985年　『Ferrari：automobili 1947-1953』
G. Munaron著　『Ferrari, le quattro cilindri Sport』
D. Nye著　1993年　『Dino：Little Ferrari』
Giorgio Piola著　Vimodrone（MI）　1999年　『Formula 1 1998 Analisi tecnica』
Giorgio Piola著　Vimodrone（MI）　2000年　『Formula 1 1999 Analisi tecnica』
Giorgio Piola著　Vimodrone（MI）　2001年　『Formula 1 2000 Analisi tecnica（Ferrari Campione del Mondo）』
L. Pomeroy著　London　1959年　『The Grand Prix Car, voll. I e II』
A. Pritchard著　1968年　『Ford versus Ferrari：the Battle for Le Mans』
A. Prunet著　『Ferrari, le Gran Turismo』
A. Prunet著　『La leggenda Ferrari：Sport e Prototipi』
Gianni Rogliatti著　Ferrari SpA刊　Maranello（MO）　2002年　『Tutti i motori Ferrari』
L.J.K. Setright著　『Ferrari』
L.J.K. Setright著　『The Grand Prix Car』
H. Tanner, D. Nye共著　『Ferrari』
F. Varisco著　『815, l'anteprima Ferrari』

定期刊行物

『Annuari Ferrari』
『Auto Italiana』
『Autocourse』
『L'année Automobile』
『Quattroruote』

フォト・クレジット

Agenzia Morris ……43
Amaduzzi ……177
Archivio Bonetto ……27, 51, 53, 89, 104
Archivio Busso-Bonetto ……12, 13 (3), 14, 16
Archivio Millanta ……10, 11 (2), 18, 19 (3), 20, 22, 23, 24, 25, 26 (2), 27 (3), 28, 30, 31, 32, 33 (3), 35, 36 (2), 37, 38, 40, 41 (2), 42, 43, 45 (2), 46 (3), 47, 49, 50, 53, 55 (2), 58
Archivio Quattroruote ……9, 11, 12, 13, 15, 17,18, 19, 20, 21, 23, 25, 27, 29, 31, 33, 38, 39, 41, 42, 43, 46, 48, 49, 50, 51, 52, 53, 54, 55, 56, 57, 58, 59, 60, 61, 62, 63, 64, 65, 67, 70, 71, 72, 73, 74, 78, 79, 82, 83, 84, 85, 86, 87, 88, 89, 90, 91, 92, 93, 94, 96, 97, 98, 99, 100, 101, 102, 103, 104, 105, 106, 108, 109, 110, 111, 113, 114, 115, 116, 117, 118, 119, 122, 123, 124, 125, 126, 127, 130, 131, 132, 134, 136, 137, 138, 140, 142, 143, 144, 145, 146, 147, 148, 149, 150, 151, 152, 153, 154, 155, 156, 157, 158, 160, 161, 162, 163, 164, 165, 166, 167, 168, 169, 170, 172, 174, 175, 176, 178, 179, 180, 181, 182, 183, 184, 185, 186, 187, 188, 189, 190, 191, 192, 193, 194, 195, 196, 198, 199, 200, 201, 202, 204, 206, 207, 208, 209, 210, 211, 212, 213, 214, 215, 216, 217, 218, 220, 223, 224, 226, 232, 233
Associated Press ……51, 71, 78
Attualfoto ……76, 114, 121, 123, 125, 146
Cahier ……57, 70, 73, 75
Colombo ……82, 93, 107, 114, 120, 121, 126, 128, 133 (2), 135, 136, 137, 142, 149, 156, 160, 162, 173, 184, 203, 204, 205, 206, 220, 222, 224, 228, 230, 231, 232, 233, 234, 235
Dalmas ……68
DPPI ……106
Falletti ……177
Farabola ……51, 59
Ficarelli ……20
Fotosport ……41
Klemantaski ……32
L'Automobile ……92
Ludvigsen ……103
Maggi ……26, 38, 39, 47 (2), 76, 80, 122, 135
Mailander ……49
Moisio ……49
Olympia ……74
Phipps ……78, 84, 85, 239
Pressesport ……55
Pubblifoto ……18, 24, 41, 57 (2)
Photo4 ……81
Quattroruote-Papetti ……214, 215
Ric della Faille ……94
Terreni ……26
Varisco ……67, 70, 82, 94
Worner ……66
Zacchia ……205
Zagari ……90

この本に掲載したデザイン画と写真は、900万点以上を保有するクワトロルオーテの資料室のものを使用した。撮影者等を確定できない何点かについては、それぞれが属するコレクション名を記した。また、いくつかのイラストレーションについては、印刷を進める一方で、作者、継承者、出版社との交渉を行なった。

クワトロルオーテ編集部で著者等の確定できなかったものについて、その出所を知らせていただければいつでも受け入れる用意がある。